正点原子教你学嵌入式系列丛书

原子教你玩 STM32
(库函数版)
(第 3 版)

张 洋 刘 军 严汉羽 左忠凯 编著

U0245393

北京航空航天大学出版社

内 容 简 介

《原子教你玩 STM32》有 2 个版本：库函数版本和寄存器版本。本书为库函数版本，由浅入深，带领大家进入 STM32 的世界。本书总共分为 3 篇：①硬件篇，主要介绍本书的实验平台；②软件篇，主要介绍 STM32 开发软件的使用以及一些下载调试的技巧，并详细介绍几个常用的系统文件（程序）；③实战篇，详细介绍 28 个实例，从最简单的开始，循序渐进，带领大家慢慢掌握 STM32。每个实例均配有软硬件设计，且附上实例代码以及详细注释，方便读者快速理解。本书是再版书，相比旧版，主要对硬件平台、开发环境以及相关例程进行了更新。

本书配套资料可以供读者免费下载，包括视频教程、详细原理图以及所有实例的完整代码。这些代码都有详细的注释，所有源码都经过严格测试；另外，源码有生成好的 hex 文件，读者只需要通过串口下载到开发板即可看到实验现象，从而亲自体验实验过程。

本书不仅非常适合广大学生和电子爱好者学习 STM32，其大量的实验以及详细的解说也是公司产品开发者的不二参考。

图书在版编目（CIP）数据

原子教你玩 STM32 ：库函数版 / 张洋等编著.
3 版. -- 北京 ：北京航空航天大学出版社，2025. 4.
ISBN 978 - 7 - 5124 - 4709 - 7

Ⅰ. TP368.1

中国国家版本馆 CIP 数据核字第 2025BN5536 号

原子教你玩 STM32（库函数版）（第 3 版）

张 洋 刘 军 严汉羽 左忠凯 编著

责任编辑 董立娟

*

北京航空航天大学出版社出版发行

北京市海淀区学院路 37 号（邮编 100191） http://www.buaapress.com.cn
发行部电话：(010)82317024 传真：(010)82328026
读者信箱：emsbook@buaacm.com.cn 邮购电话：(010)82316936
北京雅图新世纪印刷科技有限公司印装 各地书店经销

*

开本：710×1 000 1/16 印张：27.5 字数：619 千字
2025 年 4 月第 3 版 2025 年 4 月第 1 次印刷 印数：3 000 册
ISBN 978 - 7 - 5124 - 4709 - 7 定价：89.00 元

若本书有倒页、脱页、缺页等印装质量问题，请与本社发行部联系调换。联系电话：(010)82317024

前　　言

本书的由来

2011 年，ALIENTEK 工作室同北京航空航天大学出版社合作，出版发行了《例说 STM32》。该书由刘军（网名：正点原子）编写，自发行以来，广受读者好评，更是被 ST 官方作为学习 STM32 的推荐书本。

《原子教你玩 STM32》在《例说 STM32》的基础上使用全新的开发平台，新增了很多例程，规范了代码编写；并根据之前读者的反应，分为库函数版本（本书为库函数版本）和寄存器版本两个版本，以适合不同使用人群的需要。

库函数版本代码的底层驱动绝大部分采用 ST 提供的库函数（V3.5 版）实现，具有简单、方便的特点，对于偏软件、对硬件不太了解的读者比较适用。寄存器版本代码底层驱动绝大部分是直接操作寄存器实现的，具有高效、快速特点，对于喜欢底层或者刚从 51、AVR 等单片机转型过来学习 ARM 的朋友比较适用。不管哪种方式，都可以用来很好地学习和使用 STM32，大家根据自己的喜欢选择即可。

STM32 的优势

与 ARM7 相比，STM32 采用 Cortex-M3 内核。Cortex-M3 采用 ARMV7（哈佛）构架（注意，ARM7 采用的是 ARMV4T（冯·诺依曼）架构），不仅支持 Thumb-2 指令集，而且拥有很多新特性。较之 ARM7 TDMI，Cortex-M3 拥有更强劲的性能、更高的代码密度、位带操作、可嵌套中断、低成本、低功耗等众多优势。

与 51 单片机相比，STM32 在性能方面则是完胜。STM32 内部 SRAM 比很多 51 单片机的 FLASH 还多；其他外设就不比较了，STM32 具有绝对优势。另外，STM32 最低个位数的价格，与 51 相比也是相差无几，因此 STM32 可以称得上是性价比之王。

现在，ST 又推出了 STM32F0（Cortex-M0）、STM32F2（STM32F1 系列的增强版）、STM32F3/F4（Cortex-M4）等芯片满足各种应用需求。本书仅对目前使用的最多、最广泛的 STM32F1 系列进行介绍。

如何学习 STM32

STM32 与一般单片机/ARM7 最大的不同，就是它的寄存器特多，在我们开发过程中，很难全部都记下来，所以 ST 官方根据规范提供了一整套库函数源码，我们直接操作库函数便可达到操作寄存器的目的。这样就可以摆脱直接操作寄存器的麻烦，大大缩短了学习时间,节省了开发成本。但是对于 STM32 这种处理器,了解一些底层知识必不可少,否则就像空中楼阁没有根基。对于学习 STM32,推荐 3 份不错的中文资料供参考:《STM32 参考手册》中文版 V10.0、《ARM Cortex-M3 权威指南》中文版(宋岩 译)以及 STM32F10x_StdPeriph_Driver_3.5.0(中文版).chm。

《STM32 参考手册》中文版 V10.0 是 ST 官方针对 STM32 的一份通用参考资料,包含了所有寄存器的描述和使用,内容翔实,但是没有实例,也没有对 Cortex-M3 内核进行过多介绍,读者只能根据自己对书本的理解来编写相关代码。

《ARM Cortex-M3 权威指南》中文版是专门介绍 Cortex-M3 的书,有简短的实例,但没有专门针对 STM32 的介绍。所以,在学习 STM32 的时候,必须结合这份资料来看。

STM32F10x_StdPeriph_Driver_3.5.0(中文版).chm 是 ST 官方提供的固件库 V3.5 的使用说明文档,对库函数使用方法讲解比较详实,开发过程中经常会查阅此文档。

结合这 3 份资料,再通过本书的实例,循序渐进,你就可以很快上手 STM32。当然,学习的关键还是在于实践,光看不练是没什么效果的。所以建议读者在学习的时候,一定要自己多练习、多编写属于自己的代码,这样才能真正掌握 STM32。

本书的内容

本书结合《STM32 参考手册》和《ARM Cortex-M3 权威指南》两者的优点,并从库函数级别出发,深入浅出,向读者介绍 STM32 各种资源的使用。

总共分为 3 篇:

硬件篇,包括第 1、2 章,详细介绍本书的实验平台及其资源。

软件篇,包括第 3~5 章,主要介绍 STM32 开发软件的使用以及一些下载调试的技巧,并详细介绍了几个常用的系统文件(程序)。

实战篇,包括第 6~33 章,详细介绍了 28 个实例,从最简单的开始,循序渐进,带领大家慢慢掌握 STM32。基本上每个实例均配有软硬件设计,并且附上实例代码及详细注释及说明,方便读者快速理解代码。

这 28 个实例涵盖了 STM32 的绝大部分内部资源,并且提供很多实用级别的程序。所有实例在 MDK5.36 编译器下编译通过,大家只须下载程序到本书的实验平台(ALIENTEK 战舰 STM32 开发板)即可验证实验。

本书适合的读者群

不管你是一个 STM32 初学者,还是一个老手,本书都非常适合。尤其对于初学者,本书将手把手地教你如何使用 MDK,包括新建工程、编译、仿真、下载调试等一系列步骤,让你轻松上手。

本书使用的开发板

本书的实验平台是 ALIENTEK 战舰 STM32 开发板,有这款开发板的朋友可以直接拿本书配套资料上的例程在开发板上运行、验证。而没有这款开发板而又想要的朋友,可以上淘宝购买。当然如果已有了一款自己的开发板,而又不想再买,也是可以的,只要你的板子上有 ALIENTEK 战舰 STM32 开发板上的相同资源(需要实验用到的),代码一般都是可以通用的,你需要做的就只是把底层的驱动函数(一般是 I/O 操作)稍做修改,使之适合你的开发板即可。

版本迭代与优化

自 2013 年发布第 1 版以来,已经经历了一次重要的更新,本版具体更新如下:

1) 硬件平台更新

本书采用战舰 STM32 开发板 V4.0,相比 V3.0,硬件设计上进行了优化,提升了性能和稳定性。本书大部分例程在 V4.0 之前的开发板上均能直接使用,小部分例程得做适当修改才可以在之前版本使用。本书中的相关硬件与原理图也进行了更新,以确保与硬件平台匹配。V4.0 平台与之前平台的资源变更明细详见本书 1.2 节。

2) 开发环境更新

本书采用 MDK5.36 作为 STM32 的开发环境。

3) 例程精简与调整

为提升本书的实用性,本书去掉了一些不常用的例程(如光敏传感器、音乐播放等),但硬件功能未变,依然可以在 V4.0 平台上进行完整的开发。示例代码继续使用标准库 3.5.0。例程的具体更改请见 1.2.2 小节。

本书配套资料和互动方式

本书配套资料里面包含详细原理图以及所有实例的完整代码,这些代码都有详细的注释。另外,源码有生成好的 hex 文件,读者只须通过仿真器下载到开发板即可看到实验现象,亲自体验实验过程。读者可以通过以下方式免费获取配套资料,也可以和作者互动:

技术论坛　www.openedv.com

官网　www.alientek.com

官方店铺　http://eboard.taobao.com

邮箱　xingyidianzi@foxmail.com

有任何问题的读者都可以登录论坛或发邮件与我们交流,本书配备的所有资料也可以到网站下载。

致　谢

感谢刘军、严汉羽对本书的大力支持,他们参与了本书部分内容的编写,本书的发行少不了他们的努力和付出。

另外,特别感谢北京航空航天大学出版社在本书出版过程中给予作者的指导和大力支持。

编　者
2025 年 1 月

目 录

第1篇 硬件篇

实践出真知,要想学好 STM32,实验平台必不可少。本篇将详细介绍我们用来学习 STM32 的硬件平台:ALIENTEK 战舰 STM32 开发板,使读者了解其功能及特点。

为了让读者更好地使用 ALIENTEK 战舰 STM32 开发板,本篇还介绍了开发板使用的一些注意事项。

本篇将分为如下 2 章:

1. 实验平台简介
2. 实验平台硬件资源详解

第1章

实验平台简介

本章简要介绍本书的实验平台:ALIENTEK 战舰 STM32F103。通过本章的学习,读者将对实验平台有个大概了解,为后面的学习做铺垫。

1.1 ALIENTEK 战舰 STM32F103 资源初探

自从 2012 年上市以来,ALIENTEK 战舰 STM32F103 开发板广受客户好评,并常年稳居淘宝 STM32 系列开发板销量冠军,总销量超过 10 万套。最新的战舰 STM32F103 V4.0 开发板是根据广大客户反馈,在原有战舰板的基础上改进而来(具体改变见 1.2 节)。ALIENTEK 战舰 STM32F103 V4.0 的资源图如图 1.1.1 所示。可以看出,ALIENTEK 战舰 STM32F103 资源十分丰富,并把 STM32F103 的内部资源发挥到了极致,基本所有 STM32F103 的内部资源都可以在此开发板上验证,同时扩充丰富的接口和功能模块,整个开发板显得十分大气。

图 1.1.1 战舰 STM32F103 资源图

开发板的外形尺寸为 121 mm×160 mm 大小,板子的设计充分考虑了人性化设计,并结合 ALIENTEK 多年的 STM32 开发板设计经验,同时听取了很多网友以及客户的建议,经过多次改进,最终确定了这样的设计。

  ALIENTEK 战舰 STM32F103 板载资源如下:

◆ CPU:STM32F103ZET6,LQFP144,Flash:512 KB,SRAM:64 KB;

◆ 外扩 SRAM:1 MB;

◆ 外扩 SPI Flash:16 MB;

◆ 一个电源指示灯(蓝色);

◆ 2 个状态指示灯(DS0:红色,DS1:绿色);

◆ 一个红外接收头,并配备一款小巧的红外遥控器;

◆ 一个 EEPROM 芯片,24C02,容量 256 字节;

◆ 一个板载扬声器(在底面,用于音频输出);

◆ 一个光敏传感器;

◆ 一个高性能音频编解码芯片,VS1053;

◆ 一个无线模块接口(可接 NRF24L01/RFID 模块等);

◆ 一路 CAN 接口;

◆ 一路 485 接口;

◆ 2 路 RS232 串口(一公一母)接口,采用 SP3232 芯片;

◆ 一个游戏手柄接口(与公头串口共用 DB9 口),可接插 FC(红白机)游戏手柄;

◆ 一路数字温湿度传感器接口,支持 DS18B20、DHT11 等;

◆ 一个 ATK 模块接口,支持 ALIENTEK 蓝牙、GPS 模块、MPU6050 模块等;

◆ 一个标准的 2.4、2.8、3.5 寸 LCD 接口,支持触摸屏;

◆ 一个摄像头模块接口;

◆ 一个 OLED 模块接口(与摄像头接口共用);

◆ 一个 USB 串口,可用于程序下载和代码调试(USMART 调试);

◆ 一个 USB SLAVE 接口,用于 USB 通信;

◆ 一个有源蜂鸣器;

◆ 一个游戏手柄、RS232 选择开关;

◆ 一个 RS232、RS485 选择接口;

◆ 一个 RS232、模块选择接口;

◆ 一个 CAN/USB 选择接口;

◆ 一个串口选择接口;

◆ 一个 TF 卡接口;

◆ 一个 10M/100M 以太网接口(RJ45);

◆ 一个标准的 JTAG/SWD 调试下载口;

◆ 一个录音头(MIC/咪头);

◆ 一路立体声音频输出接口;

◆ 一路立体声录音输入接口；

◆ 一组多功能端口(DAC、ADC、PWM DAC、AUDIO IN、TPAD)；

◆ 一组 5 V 电源供应/接入口；

◆ 一组 3.3 V 电源供应/接入口；

◆ 一个参考电压设置接口；

◆ 一个直流电源输入接口(输入电压范围:6～15 V)；

◆ 一个启动模式选择配置接口；

◆ 一个 RTC 后备电池座，并带电池；

◆ 一个复位按钮，可用于复位 MCU 和 LCD；

◆ 4 个功能按钮，其中 WK_UP 兼具唤醒功能；

◆ 一个电容触摸按键；

◆ 一个电源开关，控制整个板的电源；

◆ 独创的一键下载功能；

◆ 除晶振占用的 I/O 口外，其余所有 I/O 口全部引出；

◆ 一个可调电位器，用于设置 RV1 的电源。

ALIENTEK 战舰 STM32F103 的特点包括：

① 接口丰富。板子提供十来种标准接口，可以方便地进行各种外设的实验和开发。

② 设计灵活。板上很多资源都可以灵活配置，以满足不同条件下的使用。我们引出了除晶振占用的 I/O 口外的所有 I/O 口，可以极大地方便读者扩展及使用。另外，板载一键下载功能可避免频繁设置 B0、B1 的麻烦，仅通过一根 USB 线即可实现 STM32 的开发。

③ 资源充足。主芯片采用自带 512 KB Flash 的 STM32F103ZET6，并外扩 1 MB SRAM 和 16 MB Flash，满足大内存需求和大数据存储。板载高性能音频编解码芯片、双 RS232 串口、百兆网卡、光敏传感器以及各种接口芯片，从而满足各种应用需求。

④ 人性化设计。各个接口都有丝印标注，且用方框框出，使用起来一目了然；部分常用外设用大丝印标出，方便查找；接口位置设计安排合理，方便顺手。资源搭配合理，物尽其用。

1.2　ALIENTEK 战舰 STM32F103 资源说明

1.2.1　硬件资源说明

这里详细介绍战舰 STM32F103 各个部分(图 1.1.1 中的标注部分)的硬件资源，我们将按逆时针的顺序依次介绍。

(1) WIRELESS 模块接口

这是开发板板载的无线模块接口(U4),可以外接 NRF24L01/RFID 等无线模块,从而实现无线通信等功能。注意,接 NRF24L01 模块进行无线通信的时候,必须同时有 2 个模块和 2 个板子,才可以测试,单个模块/板子例程是不能测试的。

(2) 16 MB SPI Flash

这是开发板外扩的 SPI Flash 芯片(U10),容量为 128 Mbit,也就是 16 MB,可用于存储字库和其他用户数据,满足大容量数据存储要求。当然如果觉得 16 MB 还不够用,你可以把数据存放在外部 SD 卡。

(3) TF 卡接口

这是开发板板载的一个标准 TF 卡接口,SDIO 方式驱动。有了这个 TF 卡接口,就可以满足海量数据存储的需求。

(4) 引出 I/O 口(总共有 3 处)

这是开发板 I/O 引出端口,总共有 3 组主 I/O 引出口:P1、P2 和 P3。其中,P1 和 P2 分别采用 2×22 排针引出,总共引出 86 个 I/O 口,P3 采用 1×16 排针,按顺序引出 FSMC_D0～D15 这 16 个 I/O 口。而 STM32F103ZET6 总共只有 112 个 I/O,除去 RTC 晶振占用的 2 个 I/O,还剩下 110 个,前面 3 组排针总共引出 102 个 I/O,剩下的分别通过 P4、P7、P8 和 P9 引出。

(5) CAN/USB 选择口

这是一个 CAN/USB 的选择接口(P9),因为 STM32 的 USB 和 CAN 共用一组 I/O (PA11 和 PA12),所以通过跳线帽来选择不同的功能,以实现 USB/CAN 的实验。

(6) JTAG/SWD 接口

这是 ALIENTEK 战舰 STM32F103 板载的 20 针标准 JTAG 调试口(JTAG),直接可以和 ULINK、JLINK 或者 STLINK 等调试器(仿真器)连接。同时由于 STM32 支持 SWD 调试,这个 JTAG 口也可以用 SWD 模式来连接。

用标准的 JTAG 调试,需要占用 5 个 I/O 口,有些时候可能造成 I/O 口不够用,而用 SWD 则只需要 2 个 I/O 口,大大节约了 I/O 数量,但它们达到的效果是一样的,所以建议仿真器使用 SWD 模式!

(7) USB 串口/串口 1

这是 USB 串口同 STM32F103ZET6 的串口 1 进行连接的接口(P4)。标号 RXD 和 TXD 是 USB 转串口的 2 个数据口(对 CH340 来说),而 PA9(TXD)和 PA10(RXD) 则是 STM32 的串口 1 的 2 个数据口(复用功能下)。它们通过跳线帽对接就可以和连接在一起了,从而实现 STM32 的程序下载以及串口通信。

设计成 USB 串口是出于现在计算机上串口正在消失,尤其是笔记本,几乎清一色没有串口。所以板载了 USB 串口可以方便读者下载代码和调试。而板子上并没有直接连接在一起,则是出于使用方便的考虑。这样设计就可以把 ALIENTEK 战舰 STM32F103 当成一个 USB 转 TTL 串口来和其他板子通信,而其他板子的串口也可以方便地接到 ALIENTEK 战舰 STM32F103 上。

（8）STM32F103ZET6

这是开发板的核心芯片（U2），型号为 STM32F103ZET6。该芯片具有 64 KB SRAM、512 KB Flash、2 个基本定时器、4 个通用定时器、2 个高级定时器、2 个 DMA 控制器（共 12 个通道）、3 个 SPI、2 个 IIC、5 个串口、一个 USB、一个 CAN、3 个 12 位 ADC、一个 12 位 DAC、一个 SDIO 接口、一个 FSMC 接口以及 112 个通用 I/O 口。

（9）24C02 EEPROM

这是开发板板载的 EEPROM 芯片（U11），容量为 2 kbit，也就是 256 字节，用于存储一些掉电不能丢失的重要数据，比如系统设置的一些参数/触摸屏校准数据等。有了这个就可以方便地实现掉电数据保存。

（10）USB SLAVE

这是开发板板载的一个 TypeCUSB 头（USB_SLAVE），用于 USB 从机（SLAVE）通信，一般用于 STM32 与计算机的 USB 通信。通过此 TypeCUSB 头，开发板就可以和计算机进行 USB 通信了。

开发板总共板载了 2 个 TypeCUSB 头，一个（USB_SLAVE）用于 USB 转串口，连接 CH340 芯片；另外一个（USB_SLAVE）用于 STM32 内带的 USB。同时开发板可以通过此 TypeCUSB 头供电，板载 2 个 TypeCUSB 头（不共用）主要是考虑了使用的方便性以及可以给板子提供更大的电流（2 个 USB 都接上）这 2 个因素。

（11）后备电池接口

这是 STM32 后备区域的供电接口（BAT），可安装 CR1220 电池（默认安装了），可以用来给 STM32 的后备区域提供能量；在外部电源断电的时候，维持后备区域数据的存储以及 RTC 的运行。

（12）USB 转串口

这是开发板板载的另外一个 TypeCUSB 头（USB_SLAVE），用于 USB 连接 CH340 芯片，从而实现 USB 转 TTL 串口。同时，此 TypeCUSB 接头也是开发板电源的主要提供口。

（13）小喇叭

这是开发板自带的一个 8 Ω 2 W 的小喇叭，安装在开发板的背面，并带了一个小音腔，可以用来播放音频。该喇叭由 HT6872 单声道 D 类功放 IC 驱动，最大输出功率可达 2 W。

特别注意：HT6872 受 VS1053 的 GPIO4 控制，必须程序上控制 VS1053 的 GPIO4 输出 1，才可以控制 HT6872 工作，从而听到声音。默认条件下（GPIO4＝0）HT6872 是关闭的。

（14）OLED/摄像头模块接口

这是开发板板载的一个 OLED/摄像头模块接口（P6），如果是 OLED 模块，靠左插即可（右边 2 个孔位悬空）。如果是摄像头模块（ALIENTEK 提供），则刚好插满。通过这个接口可以分别连接 2 种外部模块，从而实现相关实验。

(15) 光敏传感器

这是开发板板载的一个光敏传感器(LS1),通过该传感器,开发板可以感知周围环境光线的变化,从而可以实现类似自动背光控制的应用。

(16) 有源蜂鸣器

这是开发板的板载蜂鸣器(BEEP),可以实现简单的报警/闹铃等功能。

(17) 红外接收头

这是开发板的红外接收头(U8),可以实现红外遥控功能。通过这个接收头,可以接收市面常见的各种遥控器的红外信号,读者甚至可以自己实现万能红外解码。当然,如果应用得当,该接收头也可以用来传输数据。

战舰 STM32F103 配备了一个小巧的红外遥控器,外观如图 1.2.1 所示。

(18) DS18B20/DHT11 接口

这是开发板的一个复用接口(U6),由 4 个镀金排孔组成,可以用来接 DS18B20/DS1820 等数

图 1.2.1 红外遥控器

字温度传感器。也可以用来接 DHT11 这样的数字温湿度传感器,实现一个接口 2 个功能。不用的时候可以拆下上面的传感器,放到其他地方去用,使用上是十分方便灵活的。

(19) 2 个 LED

这是开发板板载的 2 个 LED 灯(DS0 和 DS1),DS0 是红色的,DS1 是绿色的,主要是方便读者识别。这里提醒读者不要停留在 51 跑马灯的思维,设置这么多灯,除了浪费 I/O 口,实在是想不出其他什么优点。

一般的应用 2 个 LED 足够了,调试代码的时候使用 LED 来指示程序状态是非常不错的一个辅助调试方法。战舰 STM32F103 几乎每个实例都使用了 LED 来指示程序的运行状态。

(20) 复位按钮

这是开发板板载的复位按键(RESET),用于复位 STM32;还具有复位液晶的功能,因为液晶模块的复位引脚和 STM32 的复位引脚是连接在一起的。按下该键的时候,STM32 和液晶一并被复位。

(21) 启动选择端口

这是开发板板载的启动模式选择端口(BOOT)。STM32 有 BOOT0(B0) 和 BOOT1(B1)共 2 个启动选择引脚,用于选择复位后 STM32 的启动模式。作为开发板,这 2 个是必需的。在开发板上,通过跳线帽选择 STM32 的启动模式。

(22) 4 个按键

这是开发板板载的 4 个机械式输入按键(KEY0、KEY1、KEY2 和 WK_UP)。其中,WK_UP 具有唤醒功能,该按键连接到 STM32 的 WAKE_UP(PA0)引脚,可用于

待机模式下的唤醒;在不使用唤醒功能的时候,也可以作为普通按键输入使用。

其他 3 个是普通按键,可以用于人机交互的输入,这 3 个按键是直接连接在 STM32 的 I/O 口上的。注意,WK_UP 是高电平有效,而 KEY0、KEY1 和 KEY2 是低电平有效,使用的时候留意一下。

(23) 参考电压选择端口

这是 STM32 的参考电压选择端口(P5),默认是接开发板的 3.3 V(VDDA)。如果想设置其他参考电压,只需要把参考电压源接到 Vref+ 和 GND 即可。

(24) 触摸按钮

这是开发板板载的一个电容触摸输入按键(TPAD),利用电容充放电原理实现触摸按键检测。

(25) 电源指示灯

这是开发板板载的一颗蓝色的 LED 灯(PWR),用于指示电源状态。在电源开启的时候(通过板上的电源开关控制),该灯会亮,否则不亮。通过这个 LED 可以判断开发板的上电情况。

(26) 多功能端口

这是一个由 6 个排针组成的一个接口(P10&P11)。可别小看这 6 个排针,这可是本开发板设计得很巧妙的一个端口(由 P10 和 P11 组成),这组端口通过组合可以实现的功能有 ADC 采集、DAC 输出、PWM DAC 输出、外部音频输入、电容触摸按键、DAC 音频、PWM DAC 音频、DAC ADC 自测等,所有这些只需要一个跳线帽的设置就可以逐一实现。

(27) MIC(咪头)

这是开发板的板载录音输入口(MIC),直接接到 VS1053 的输入上,可以用来实现录音功能。

(28) 录音输入接口

这是开发板板载的外部录音输入接口(LINE_IN)。通过咪头只能实现单声道的录音,而通过这个 LINE_IN 可以实现立体声录音。

(29) 耳机输出接口

这是开发板板载的音频输出接口(PHONE),可以插 3.5 mm 的耳机。当 VS1053 放音的时候,就可以通过在该接口插入耳机,欣赏音乐。

(30) ATK 模块接口

这是开发板板载的一个 ALIENTEK 通用模块接口(U5),目前可以支持 ALIENTEK 开发的 GPS 模块、蓝牙模块和 MPU6050 模块等,直接插上对应的模块就进行开发。后续将开发更多兼容该接口的其他模块,实现更强大的扩展性能。

(31) RS232/模块选择接口

这是开发板板载的一个 RS232(COM3)/ATK 模块接口(U5)选择接口(P8),通过该选择接口,我们可以选择 STM32 的串口 3 连接在 COM3 还是连接在 ATK 模块接口上面,以实现不同的应用需求。这样的设计还有一个好处,就是我们的开发板还可以充当 RS232 到 TTL 串口的转换(注意,这里的 TTL 高电平是 3.3 V)。

(32) 3.3 V 电源输入/输出

这是开发板板载的一组 3.3 V 电源输入输出排针(2×3)(VOUT1),用于给外部提供 3.3 V 的电源,也可以用于从外部接 3.3 V 的电源给板子供电。

实验的时候可能经常会为没有 3.3 V 电源而苦恼不已,有了 ALIENTEK 战舰 STM32F103,就可以很方便地拥有一个简单的 3.3 V 电源(USB 供电的时候,最大电流不能超过 500 mA;外部供电的时候,最大可达 1 000 mA)。

(33) 5 V 电源输入/输出

这是开发板板载的一组 5 V 电源输入输出排针(2×3)(VOUT2),用于给外部提供 5 V 的电源,也可以用于从外部接 5 V 的电源给板子供电。

同样,读者在实验的时候可能经常会为没有 5 V 电源而苦恼不已,ALIENTEK 充分考虑到了这点,有了这组 5 V 排针就可以很方便地拥有一个简单的 5 V 电源(USB 供电的时候,最大电流不能超过 500 mA;外部供电的时候,最大可达 1 000 mA)。

(34) RS232/485 选择接口

这是开发板板载的 RS232(COM2)/RS485 选择接口(P7)。因为 RS485 基本上就是一个半双工的串口,为了节约 I/O,我们把 RS232(COM2)和 RS485 共用一个串口,通过 P7 来设置当前是使用 RS232(COM2)还是 RS485。这样的设计还有一个好处,就是我们的开发板既可以充当 RS232 到 TTL 串口的转换,又可以充当 RS485 到 TTL485 的转换。(注意,这里的 TTL 高电平是 3.3 V。)

(35) 电源开关

这是开发板板载的电源开关(K2)。该开关用于控制整个开发板的供电,如果切断,则整个开发板都将断电,电源指示灯(PWR)会随着此开关的状态而亮灭。

(36) DC6～15 V 电源输入

这是开发板板载的一个外部电源输入口(DC_IN),采用标准的直流电源插座。开发板板载了 DC - DC 芯片,用于给开发板提供高效、稳定的 5 V 电源。由于采用了 DC - DC 芯片,所以开发板的供电范围十分宽,读者可以很方便地找到合适的电源(只要输出范围在 DC6～15 V 的基本都可以)来给开发板供电。在耗电比较大的情况下,比如用到 4.3 屏/7 寸屏/网口的时候,建议使用外部电源供电,可以提供足够的电流给开发板使用。

(37) RS485 总线接口

这是开发板板载的 RS485 总线接口(RS485),通过 2 个端口和外部 RS485 设备连接。这里提醒大家,RS485 通信的时候必须 A 接 A、B 接 B,否则可能通信不正常! 另外,开发板自带了终端电阻(120 Ω)。

(38) 以太网接口(RJ45)

这是开发板板载的网口(EARTHNET),可以用来连接网线,实现网络通信功能。该接口使用 CH395Q 作为网络芯片,该芯片自带协议栈,支持 10M/100M 网络,通过 SPI 接口连接。

(39) RS232 接口(母)

这是开发板板载的一个 RS232 接口(COM2),通过一个标准的 DB9 母头和外部的串口连接。通过这个接口可以连接带有串口的计算机或者其他设备,实现串口通信。

(40) LCD 接口

这是开发板板载的 LCD 模块接口,该接口兼容 ALIENTEK 全系列 TFTLCD 模块,包括 2.4 寸、2.8 寸、3.5 寸、4.3 寸和 7 寸等 TFTLCD 模块,并且支持电阻/电容触摸功能。

(41) 外部 SRAM

开发板外扩了一个 SRAM 芯片,容量为 8 Mbit,也就是 1 MB,这样,对大内存需求的应用(比如 GUI)就可以很好地实现了。

(42) JOYPAD/RS232 选择开关

这是开发板板载的一个游戏手柄接口(JOYPAD)和 RS232 接口选择开关(K1)。开发板的游戏手柄接口和 RS232 接口共用 COM3,它们需要分时复用。当插游戏手柄时,K1 需要打在 JOYPAD 位置,此时,该接口(COM3)可以用来连接 FC 手柄(红白机/小霸王游戏机手柄),这样就可以在开发板上编写游戏程序,直接通过手柄玩游戏。当作为串口使用时,K1 需要打在 RS232 位置。

(43) JOYPAD/RS232 接口(公)

这是开发板板载的一个游戏手柄/RS232 接口(COM3),通过一个标准的 DB9 公头和外部的 FC 手柄/RS232 串口连接。具体用来接游戏手柄接口还是 RS232 接口,可通过 K1 开关进行选择。

(44) CAN 接口

这是开发板板载的 CAN 总线接口(CAN),通过 2 个端口和外部 CAN 总线连接,即 CANH 和 CANL。注意,CAN 通信的时候必须 CANH 接 CANH、CANL 接 CANL,否则可能通信不正常!

(45) 可调电位器

这是一个 3362 型可调电位器(RV1),通过它可以调节 RV1 端口电压(范围:0～3.3 V)。用杜邦线连接 P10 的 RV1 和 ADC 后,做 ADC 实验时就可以通过它调整 ADC 的输入电压,方便测试。

1.2.2 软件资源说明

接下来简要介绍一下战舰 STM32F103 的软件资源。战舰 STM32F103 提供的标准例程多达 54 个,而本书侧重讲解其中的 28 个例程。一般的 STM32 开发板仅提供库函数代码,而我们则提供寄存器和库函数 2 个版本的代码(本书介绍库函数版本)。我们提供的这些例程基本都是原创,拥有非常详细的注释,代码风格统一、循序渐进,非常适合初学者入门。

战舰 STM32F103 的例程列表（本书介绍的例程）如表 1.2.1 所列。可以看出，ALIENTEK 战舰 STM32F103 的例程基本上涵盖了 STM32F103ZET6 的所有内部资源，并且外扩展了很多有价值的例程，比如 Flash 模拟 EEPROM 实验、USMART 调试实验、内存管理实验、汉字显示实验和 USB 读卡器实验等。

表 1.2.1　ALIENTEK 战舰 STM32F103 例程表

编　号	实验名字	编　号	实验名字
1	跑马灯实验	15	DAC 实验
2	按键输入实验	16	DMA 实验
3	串口实验	17	IIC 实验
4	外部中断实验	18	SPI 实验
5	独立看门狗实验	19	RS485 实验
6	窗口看门狗实验	20	CAN 收发实验
7	定时器中断实验	21	触摸屏实验
8	PWM 输出实验	22	外部 SRAM 实验
9	输入捕获实验	23	内存管理实验
10	TFTLCD 显示实验	24	SD 卡实验
11	USMART 调试实验	25	FATFS 实验
12	RTC 实验	26	汉字显示实验
13	待机唤醒实验	27	USB 虚拟串口实验
14	ADC 实验	28	USB 读卡器实验

而且从表 1.2.1 可以看出，例程安排是循序渐进的，首先从最基础的跑马灯开始，然后一步步深入，从简单到复杂，有利于读者的学习和掌握。所以，ALIENTEK 战舰 STM32F103 是非常适合初学者的。当然，对于想深入了解 STM32 内部资源的读者，ALIENTEK 战舰 STM32F103 也绝对是一个不错的选择。

1.2.3　I/O 引脚分配

为了让读者更快、更好地使用我们的战舰 V4 开发板，这里特地将战舰 V4 开发板主芯片 STM32F103ZET6 的 I/O 资源分配做了一个总表，以便读者查阅。本书仅介绍部分 I/O 口引脚分配情况，如图 1.2.2 所示。

图中，引脚栏即 STM32F103ZET6 的引脚编号；GPIO 栏表示 GPIO；连接资源栏表示对应 GPIO 所连接到的网络；独立栏表示该 I/O 是否可以完全独立（不接其他任何外设和上下拉电阻）使用，通过一定的方法可以达到完全独立使用该 I/O，Y 表示可做独立 I/O，N 表示不可做独立 I/O；连接关系栏则对每个 I/O 的连接做了简单的介绍。

该图在本书配套资料"3，ALIENTEK 战舰 STM32F1 V4 开发板原理图"文件夹下有非常全面的 Excel 格式文件，并注有详细说明和使用建议，读者可以详细查看每个引脚分配情况。

引脚	GPIO	连接资源		独立	连接关系说明
34	PA0	WK_UP		Y	1,按键 KEY_UP 2,可以做待机唤醒脚(WKUP)
35	PA1	STM_ADC	TPAD	Y	ADC 输入引脚,同时做 TPAD 检测脚
36	PA2	USART2_TX	485_RX	Y	1,RS232 串口 2(COM2)RX 脚(P7 设置) 2,RS485 RX 脚(P7 设置)
37	PA3	USART2_RX	485_TX	Y	1,RS232 串口 2(COM2)TX 脚(P7 设置) 2,RS485 TX 脚(P7 设置)
此处省略大部分 I/O 口引脚分配情况,详情请查看书本配套资料中的 Excel 表格					
57	PG1	FSMC_A11		N	FSMC 总线地址线 A11(SRAM 专用)
128	PG13	OV_SDA		Y	OLED/CAMERA 接口的 SDA 脚
129	PG14	FIFO_RRST		Y	OLED/CAMERA 接口的 RRST 脚
132	PG15	FIFO_OE		Y	OLED/CAMERA 接口的 OE 脚

图 1.2.2　战舰 V3 I/O 资源分配总表

第 2 章

实验平台硬件资源详解

本章将详细介绍 ALIENTEK 战舰 STM32F103 各部分的硬件原理图,使读者对该开发板的各部分硬件原理有个深入理解,并介绍开发板的使用注意事项,为后面的学习做好准备。

2.1 开发板原理图详解

1. MCU

ALIENTEK 战舰 STM32 开发板选择的是 STM32F103ZET6 作为 MCU,该芯片是 STM32F103 里面配置非常强大的,拥有的资源包括 64 KB SRAM、512 KB Flash、2 个基本定时器、4 个通用定时器、2 个高级定时器、2 个 DMA 控制器(共 12 个通道)、3 个 SPI、2 个 IIC、5 个串口、一个 USB、一个 CAN、3 个 12 位 ADC、一个 12 位 DAC、一个 SDIO 接口、一个 FSMC 接口以及 112 个通用 I/O 口。该芯片的配置十分强,并且还带外部总线(FSMC),可以用来外扩 SRAM 和连接 LCD 等;通过 FSMC 驱动 LCD 可以显著提高 LCD 的刷屏速度。MCU 部分的原理图如图 2.1.1(打开本书配套资料的原理图查看清晰版本)所示。

图中 U2 为主芯片 STM32F103ZET6。这里主要讲解以下 3 个地方:

① 后备区域供电脚 VBAT 的供电采用 CR1220 纽扣电池和 VCC3.3 混合供电的方式,在有外部电源(VCC3.3)的时候 CR1220 不给 VBAT 供电;而在外部电源断开的时候则由 CR1220 给其供电。这样,VBAT 总是有电的,从而保证 RTC 的走时以及后备寄存器的内容不丢失。

② 图中的 R8 和 R9 用来隔离 MCU 部分和外部的电源,这样的设计主要是考虑了后期维护。如果 3.3 V 电源短路,则可以断开这 2 个电阻从而确定是 MCU 部分短路还是外部短路,有助于生产和维修。当然,在自己的设计上这 2 个电阻是完全可以去掉的。

③ 图中 P5 是参考电压选择端口。开发板默认是接板载的 3.3 V 作为参考电压,如果想用自己的参考电压,则把参考电压接入 Vref+即可。

图 2.1.1 MCU 部分原理图

2. 引出 I/O 口

ALIENTEK 战舰 STM32 引出了 STM32F103ZET6 的所有 I/O 口,如图 2.1.2 所示。

图中 P1、P2 和 P3 为 MCU 主 I/O 引出口,共引出了 102 个 I/O 口。STM32F103ZET6 总共有 112 个 I/O,除去 RTC 晶振占用的 2 个,还剩 110 个,这 3 组主引出排针总共引出了 102 个 I/O,剩下的 8 个 I/O 口分别通过 P4(PA9&PA10)、P7(PA2&PA3)、P8(PB10&PB11)和 P9(PA11&PA12)这 4 组排针引出。

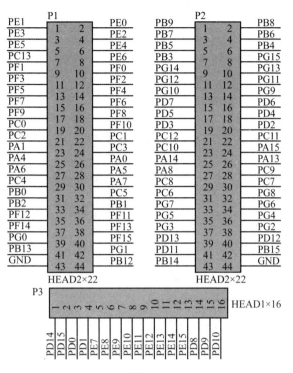

图 2.1.2　引出 I/O 口

3. USB 串口/串口 1 选择接口

ALIENTEK 战舰 STM32F103 板载的 USB
串口和 STM32F103ZET6 的串口是通过 P4 连
接起来的,如图 2.1.3 所示。图中 TXD/RXD 是
相对 CH340 来说的,也就是 USB 串口的发送和
接收脚。而 USART1_RX 和 USART1_TX 则
是相对于 STM32F103ZET6 来说的。这样,通过对接就可以实现 USB 串口和
STM32F103ZET6 的串口通信了。同时,P4 是 PA9 和 PA10 的引出口。

图 2.1.3　USB 串口/串口 1 选择接口

这样设计的好处就是使用非常灵活。比如需要用到外部 TTL 串口和 STM32 通
信的时候,只需要拔了跳线帽,通过杜邦线连接外部 TTL 串口就可以实现和外部设备
的串口通信了;又比如有个板子需要和计算机通信,但是计算机没有串口,那么就可以使
用开发板的 RXD 和 TXD 来连接设备,把我们的开发板当成 USB 转 TTL 串口用了。

4. JTAG/SWD

ALIENTEK 战舰 STM32F103 板载的标准 20 针 JTAG/SWD 接口电路如图 2.1.4 所
示。这里采用的是标准的 JTAG 接法,但是 STM32 还有 SWD 接口,SWD 只需要最少
2 根线(SWCLK 和 SWDIO)就可以下载并调试代码了,这与使用串口下载代码差不
多,而且速度非常快,能调试。所以建议读者在设计产品的时候可以留出 SWD 来下载

调试代码,而摒弃 JTAG。STM32 的 SWD 接口与 JTAG 是共用的,只要接上 JTAG 就可以使用 SWD 模式了(其实并不需要 JTAG 这么多线),当然,调试器必须支持 SWD 模式,JLINK V7/V8、ULINK2 和 ST LINK 等都支持 SWD 调试。

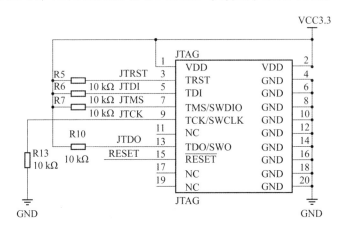

图 2.1.4　JTAG/SWD 接口

特别提醒,JTAG 有几个信号线用来接其他外设了,但是 SWD 是完全没有接任何其他外设的,所以建议一律使用 SWD 模式!

5. SRAM

ALIENTEK 战舰 STM32F103 外扩了 1 MB 的 SRAM 芯片,如图 2.1.5 所示。注意,图中的地址线标号是以 XMBA51216 为模版的,但是和 XM8A51216(兼容

图 2.1.5　外扩 SRAM

IS62WV51216）的 datasheet 标号有出入，不过，因为地址的唯一性，这并不会影响使用（注意，地址线可以乱，但是数据线必须一致），因此，该原理图对这 2 个芯片都是可以正常使用的。

图中 U1 为外扩的 SRAM 芯片，型号为 XM8A51216，容量为 1 MB，其挂在 STM32 的 FSMC 上。这样大大扩展了 STM32 的内存（芯片本身有 64 KB），所以在需要大内存的场合，战舰 STM32F103 也可以胜任。

6. LCD 模块接口

ALIENTEK 战舰 STM32F103 板载的 LCD 模块接口电路如图 2.1.6 所示。图中 TFT_LCD 是一个通用的液晶模块接口，支持 ALIENTEK 全系列 TFTLCD 模块，包括 2.4 寸、2.8 寸、3.5 寸、4.3 寸和 7 寸等尺寸的 TFTLCD 模块。LCD 接口连接在 STM32F103ZET6 的 FSMC 总线上面，可以显著提高 LCD 的刷屏速度。

图 2.1.6　LCD 模块接口

图中的 T_MISO、T_MOSI、T_PEN、T_SCK、T_CS 连接在 MCU 的 PB2、PF9、PF10、PB1、PF11 上，用来实现对液晶触摸屏的控制（支持电阻屏和电容屏）。LCD_BL 连接在 MCU 的 PB0 上，用于控制 LCD 的背光。液晶复位信号 RESET 则是直接连接在开发板的复位按钮上，和 MCU 共用一个复位电路。

7. 复位电路

ALIENTEK 战舰 STM32F103 的复位电路如图 2.1.7 所示。因为 STM32 是低电平复位的，所以我们设计的电路也是低电平复位的，这里的 R3 和 C12 构成了上电复位电路。同时，开发板把 TFT_LCD 的复位引脚也接在 RESET 上，这样这个复位按钮不仅可以用来复位 MCU，还可以复位 LCD。

8. 启动模式设置接口

ALIENTEK 战舰 STM32F103 的启动模式设置端口电路如图 2.1.8 所示。图中的 BOOT0 和 BOOT1 用于设置 STM32 的启动方式，其对应启动模式如表 2.1.1

所列。

图 2.1.7　复位电路　　　　　图 2.1.8　启动模式设置接口

表 2.1.1　BOOT0、BOOT1 启动模式表

BOOT0	BOOT1	启动模式	说　明
0	X	用户闪存存储器	用户闪存存储器,也就是 Flash 启动
1	0	系统存储器	系统存储器启动,用于串口下载
1	1	SRAM 启动	SRAM 启动,用于在 SRAM 中调试代码

按照表 2.1.1,如果想用用串口下载代码,则必须配置 BOOT0 为 1,BOOT1 为 0;而如果想让 STM32 一按复位键就开始跑代码,则需要配置 BOOT0 为 0,BOOT1 随便设置都可以。这里 ALIENTEK 战舰 STM32F103 专门设计了一键下载电路,通过串口的 DTR 和 RTS 信号自动配置 BOOT0 和 RST 信号,因此不需要手动切换它们的状态,直接串口下载软件自动控制,可以非常方便地下载代码。

9. RS232 串口/JOYPAD 接口

ALIENTEK 战舰 STM32F103 板载了一公一母共 2 个 RS232 接口,其中 COM3 不但可以接 RS232 还可以接游戏手柄(JOYPAD),电路原理图如图 2.1.9 所示。

图 2.1.9　RS232 串口

因为 RS232 电平不能直接连接到 STM32,所以需要一个电平转换芯片。这里选择 TP3232(也可以用 SP3232)来做电平转接,同时图中的 P7 用来实现 RS232(COM2)/RS485 的选择,P8 用来实现 RS232(COM3)/ATK 模块接口的选择,以满足不同实验的需要。

图中 COM2 是母头,COM3 是公头,而且 COM3 可以接 RS232 串口或者接 FC 游戏手柄(JOYPAD),具体选择哪个功能则是通过 K1 开关来切换(请看板载丝印)。使用的时候要特别注意,K1 先设置对了,再去接 RS232 串口/FC 游戏手柄。

图中 USART2_TX/USART2_RX 连接在 MCU 的串口 2 上(PA2/PA3),所以这里的 RS232(COM2)/RS485 都是通过串口 2 来实现的。图中 RS485_TX 和 RS485_RX 信号接在 TP8485 的 DI 和 RO 信号上。

图中的 USART3_TX/USART3_RX 连接在 MCU 的串口 3 上(PB10/PB11),所以 RS232(COM3)/ATK 模块接口都是通过串口 3 来实现的。图中 GBC_RX 和 GBC_TX 连接在 ATK 模块接口 U5 上面。

P7/P8 的存在还带来另外一个好处,就是我们可以把开发板变成一个 RS232 电平转换器或者 RS485 电平转换器。比如买的核心板可能没有板载 RS485/RS232 接口,通过连接战舰 STM32F103 的 P7/P8 端口就可以让你的核心板拥有 RS232/RS485 的功能。

10. RS485 接口

ALIENTEK 战舰 STM32F103 板载的 RS485 接口电路如图 2.1.10 所示。RS485 电平也不能直接连接到 STM32,同样需要电平转换芯片。这里使用 TP8485 来做 RS485 电平转换,其中 R25 为终端匹配电阻,而 R22 和 R19 则是 2 个偏置电阻,用来保证静默状态时 RS485 总线维持逻辑 1。

图 2.1.10　RS485 接口

RS485_RX/RS485_TX 连接在 P7 上面,通过 P7 跳线来选择是否连接在 MCU 上面,RS485_RE 则直接连接在 MCU 的 I/O 口(PD7)上,用来控制 TP8485 的工作模式(高电平为发送模式,低电平为接收模式)。

注意,RS485_RE 和 DM395Q_RST 共同接在 PD7 上面,同时用到这 2 个外设时,需要注意下。

11. CAN/USB 接口

ALIENTEK 战舰 STM32F103 板载的 CAN 接口电路以及 STM32 USB 接口电路如图 2.1.11 所示。

CAN 总线电平也不能直接连接到 STM32,同样需要电平转换芯片。这里使用 SIT1050T 来做 CAN 电平转换,其中 R30 为终端匹配电阻。USB_D+/USB_D-连接

图 2.1.11　CAN/USB 接口

在 MCU 的 USB 口(PA12/PA11)上,同时,因为 STM32 的 USB 和 CAN 共用这组信号,所以我们通过 P9 来选择使用 USB 还是 CAN。

USB_SLAVE 可以用来连接计算机,实现 USB 读卡器或 USB 虚拟串口等 USB 从机实验。另外,该接口还具有供电功能,VUSB 为开发板的 USB 供电电压,通过这个 USB 口就可以给整个开发板供电了。

12. EEPROM

ALIENTEK 战舰 STM32F103 板载的 EEPROM 电路如图 2.1.12 所示。EEPROM 芯片我们使用的是 24C02,该芯片的容量为 2 kbit,也就是 256 字节,对于普通应用足够了。当然,也可以选择大容量的芯片,因为我们的电路在原理上是兼容 24C02～24C512 全系列 EEPROM 芯片的。

图 2.1.12　EEPROM

这里把 A0～A2 均接地,对 24C02 来说也就是把地址位设置成了 0,写程序的时候要注意这点。IIC_SCL 接在 MCU 的 PB6 上,IIC_SDA 接在 MCU 的 PB7 上,这里虽然接到了 STM32 的硬件 IIC 上,但是我们并不提倡使用硬件 IIC,因为 STM32 的 IIC 是鸡肋,请谨慎使用。

13. 光敏传感器

ALIENTEK 战舰 STM32F103 板载了一个光敏传感器,用来感应周围光线的变化。该部分电路如图 2.1.13 所示。图中的 LS1 就是光敏传感器,其实就是一个光敏二极管,周围环境越亮,电流越大,反之电流越小;即可等效为一个电阻,环境越亮阻值越小,反之越大。所以通过读取 LIGHT_SENSOR 的电压,即可知道周围环境光线强弱。LIGHT _ SENSOR 连接在 MCU 的 ADC3 _ IN6(ADC3 通道 6)上面,即 PF8 引脚。

图 2.1.13　光敏传感器电路

14. SPI Flash

ALIENTEK 战舰 STM32F103 板载的 SPI Flash 电路如图 2.1.14 所示。SPI Flash 芯片型号为 25Q128(可选品牌为诺存、华邦、博雅等),容量为 128 Mbit,也就是 16 MB。该芯片和 NRF24L01 共用一个 SPI(SPI2),通过片选来选择使用某个器件,使用其中一个器件的时候必经禁止另外一个器件的片选信号。

图 2.1.14　SPI Flash 芯片

图中 F_CS 连接在 MCU 的 PB12 上,SPI2_SCK、SPI2_MOSI、SPI2_MISO 则分别连接在 MCU 的 PB13、PB15、PB14 上。

15. 温湿度传感器接口

ALIENTEK 战舰 STM32F103 板载的温湿度传感器接口电路如图 2.1.15 所示。该接口(U6)支持 DS18B20、DS1820、DHT11 等单总线数字温湿度传感器。1WIRE_DQ 是传感器的数据线,连接在 MCU 的 PG11 上。

16. 红外接收头

ALIENTEK 战舰 STM32F103 板载的红外接收头电路如图 2.1.16 所示。LF0038 是一个通用的红外接收头,几乎可以接收市面上所有红外遥控器的信号。有了它,就可以用红外遥控器来控制开发板了。REMOTE_IN 为红外接收头的输出信号,连接在 MCU 的 PB9 上。

17. 无线模块接口

ALIENTEK 战舰 STM32F103 板载的无线模块接口电路如图 2.1.17 所示。该接口用来连接 NRF24L01 或者 RFID 等无线模块,从而实现开发板与其他设备的无线数据传输(注意,NRF24L01 不能和蓝牙/WIFI 连接)。NRF24L01 无线模块的最大传输速度可以达到 2 Mbps,传输距离最大可以到 30 m 左右(空旷地,无干扰)。

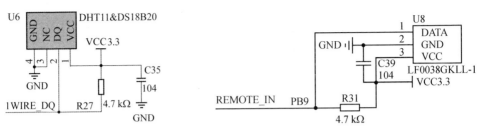

图 2.1.15　温湿度传感器接口　　　　　　图 2.1.16　红外接收头

NRF_CE、NRF_CS、NRF_IRQ 连接在 MCU 的 PG8、PG7、PG6 上,另外 3 个 SPI 信号则和 SPI Flash 共用,接 MCU 的 SPI2。注意,PG6 还接了 DM9000_INT 信号,所以在使用 NRF_IRQ 中断引脚的时候不能和 DM9000 同时使用;不过,如果没用到 NRF_IRQ 中断引脚,那么 DM9000 和无线模块就可以同时使用了。

18. LED

ALIENTEK 战舰 STM32F103 板载总共有 3 个 LED,其原理图如图 2.1.18 所示。其中,PWR 是系统电源指示灯,为蓝色。LED0(DS0)和 LED1(DS1)分别接在 PB5 和 PE5 上。为了方便大家判断,我们选择 DS0 为红色的 LED,DS1 为绿色的 LED。

图 2.1.17　无线模块接口　　　　　　　图 2.1.18　LED

19. 按　键

ALIENTEK 战舰 STM32F103 板载总共有 4 个输入按键,原理如图 2.1.19 所示。KEY0、KEY1 和 KEY2 用作普通按键输入,分别连接在 PE4、PE3 和 PE2 上,这里并没有使用外部上拉电阻,但是 STM32 的 I/O 作为输入的时候可以设置上下拉电阻,所以我们使用 STM32 的内部上拉电阻来为按键提供上拉。

KEY_UP 按键连接到 PA0(STM32 的 WKUP 引脚),它除了可以用作普通输入按键外,还可以用作 STM32 的唤醒输入。注意,这个按键是高电平触发的。

20. TPAD 电容触摸按键

ALIENTEK 战舰 STM32F103 板载了一个电容触摸按键,其原理图如图 2.1.20 所示。图中 1 MΩ 电阻是电容充电电阻;TPAD 并没有直接连接在 MCU 上,而是连接在多功能端口(P10)上面,通过跳线帽来选择是否连接到 STM32。多功能端口将在后面介绍。

图 2.1.19　输入按键

图 2.1.20　电容触摸按键

21. OLED/摄像头模块接口

ALIENTEK 战舰 STM32F103 板载了一个 OLED/摄像头模块接口,其原理图如图 2.1.21 所示。图中 P6 是接口,可以用来连接 ALIENTEK OLED 模块或者 ALIENTEK 摄像头模块。如果是 OLED 模块,则 FIFO_WEN 和 OV_VSYNC 不需要接(在板上靠左插即可);如果是摄像头模块,则需要用到全部引脚。

其中, OV_SCL、OV_SDA、FIFO_WRST、FIFO_RRST、FIFO_OE 这 5 个信号是分别连接在 MCU 的 PD3、PG13、PD6、PG14、PG15 上面,OV_D0 ~ OV_D7 则连接在 PC0~7 上面(放在连续的 I/O 上,可以提高读/写效率),FIFO_RCLK、FIFO_WEN、OV_VSYNC 这 3 个信号分别连接在 MCU 的 PB4、PB3、PA8 上面。其中,PB3 和 PB4 又是 JTAG 的 JTRST/JTDO 信号,所以

图 2.1.21　OLED/摄像头模块接口

在使用 OV7670 的时候不要用 JTAG 仿真,要选择 SWD 模式(所以建议直接用 SWD 模式来连接我们的开发板,这样所有的实验都可以仿真)。

特别注意:OV_SCL 和 JOY_CLK 共用 PD3,OV_VSYNC 和 PWM_DAC 共用 PA8,它们必须分时复用。使用的时候需要注意这个问题。

22. 有源蜂鸣器

ALIENTEK 战舰 STM32F103 板载了一个有源蜂鸣器,其原理图如图 2.1.22 所示。

有源蜂鸣器是指自带了振荡电路的蜂鸣器,一接上电就会自己振荡发声。而如果是无源蜂鸣器,则需要外加一定频率(2~5 kHz)的驱动信号才会发声。这里选择使用有源蜂鸣器,方便大家使用。

图中 Q1 用来扩流;R38 是一个下拉电阻,避免 MCU 复位的时候蜂鸣器可能发声的现象。BEEP 信号直接连接在 MCU 的 PB8 上面,PB8 可以做 PWM 输出,所以如果想玩高级点(如控制蜂鸣器"唱歌"),就可以使用 PWM 来控制蜂鸣器。

图 2.1.22　有源蜂鸣器

23. TF 卡接口

ALIENTEK 战舰 STM32F103 板载了一个 TF 卡(小卡/Micro SD 卡)接口,其原理图如图 2.1.23 所示。图中 TF_CARD 为 TF 卡接口,在开发板的底面。

图 2.1.23　TF 卡接口

TF 卡采用 4 位 SDIO 方式驱动,理论上最大速度可以达到 12 MB/s,非常适合需要高速存储的情况。图中,SDIO_D0、SDIO_D1、SDIO_D2、SDIO_D3、SDIO_SCK、SDIO_CMD 分别连接在 MCU 的 PC8、PC9、PC10、PC11、PC12、PD2 上面。

24. ATK 模块接口

ALIENTEK 战舰 STM32F103 板载了 ATK 模块接口,其原理图如图 2.1.24 所示。U5 是一个 1×6 的排座,可以用来连接 ALIENTEK 推出的一些模块,比如蓝牙串口模块、GPS 模块、MPU6050 模块等。有了这个接口,我们连接模块

图 2.1.24　ATK 模块接口

就非常简单,插上即可工作。

图中,GBC_TX/GBC_RX 可通过 P8 排针选择接入 PB11/PB10(即串口 3)。GBC_KEY 和 GBC_LED 则分别连接在 MCU 的 PA4 和 PA15 上面。注意,GBC_KEY 与 PWM_DAC 共用 PA4,GBC_LED 和 JTDI 共用 PA15,在使用的时候要注意这个问题。

25. 多功能端口

ALIENTEK 战舰 STM32F103 板载的多功能端口是由 P10 和 P11 构成的一个 6PIN 端口,其原理图如图 2.1.25 所示。

图 2.1.25　多功能端口

首先介绍图 2.1.25 中的 P10,其中 TPAD 为电容触摸按键信号,连接在电容触摸按键上。STM_ADC 和 STM_DAC 则分别连接在 PA1 和 PA4 上,用于 ADC 采集或 DAC 输出。当需要电容触摸按键的时候,我们通过跳线帽短接 TPAD 和 STM_ADC,就可以实现电容触摸按键(利用定时器的输入捕获)。STM_DAC 信号既可以用作 DAC 输出,也可以用作 ADC 输入,因为 STM32 的该引脚同时具有这 2 个复用功能。注意,STM_DAC 与摄像头的 GBC_KEY 共用 PA4,所以它们不可以同时使用,但是可以分时复用。P10 第四引脚接可调电位器 RV1 的滑动端,通过调整 RV1 可以改变 P10 第四引脚的电压(0～3.3 V 之间)。

再来看看 P11。PWM_DAC 连接在 MCU 的 PA8,是定时器 1 的通道 1 输出,后面跟一个二阶 RC 滤波电路,其截止频率为 33.8 kHz。经过这个滤波电路,MCU 输出的方波就变为直流信号了。PWM_AUDIO 是一个音频输入通道,连接到 TDA1308 和 HT6872 的输入,输出到耳机/扬声器。注意,PWM_DAC 和 OV_VSYNC 共用 PA8,所以 PWM_DAC 和摄像头模块不可以同时使用,可以分时复用。

单独介绍完了 P10 和 P11,我们再来看看它们组合在一起的多功能端口,如图 2.1.26 所示。图中 AIN 是 PWM_AUDIO,PDC 是滤波后的 PWM_DAC 信号。下面来看看通过一个跳线帽,这个多功能接口可以实现哪些功能?

当不用跳线帽的时候:① AIN 和 GND 组成一个音频输入通道;② PDC 和 GND

图 2.1.26　组合后的多功能端口

组成一个 PWM_DAC 输出;③ DAC 和 GND 组成一个 DAC 输出/ADC 输入(因为 DAC 脚也刚好也可以做 ADC 输入);④ ADC 和 GND 组成一组 ADC 输入;⑤ TPAD 和 GND 组成一个触摸按键接口,可以连接其他板子实现触摸按键。

当使用一个跳线帽的时候:① AIN 和 PDC 组成一个 MCU 的音频输出通道,实现 PWM DAC 播放音乐。② AIN 和 DAC 同样可以组成一个 MCU 的音频输出通道,也可以用来播放音乐。③ DAC 和 ADC 组成一个自输出测试,用 MCU 的 ADC 来测试 MCU 的 DAC 输出。④ PDC 和 ADC 组成另外一个自输出测试,用 MCU 的 ADC 来测试 MCU 的 PWM DAC 输出。⑤ ADC 和 TPAD 组成一个触摸按键输入通道,实现 MCU 的触摸按键功能。⑥ DAC 和 RV1 组成一个 ADC 测试,通过 RV1 可调电阻可以调整电压值。

可以看出,这个多功能端口可以实现 10 个功能,所以,只要设计合理,那么 1+1 是大于 2 的。

26. 以太网接口(RJ45)

ALIENTEK 战舰 STM32F103 板载了一个以太网接口(RJ45),其原理图如图 2.1.27 所示。STM32F1 本身并不带网络功能,战舰 STM32 开发板 V4 板载了一颗 CH579Q 网络接口芯片,用于给 STM32F1 提供网络接口。该芯片集成了以太网 MAC 层与网络协议栈,有了它,战舰 V3 STM32 开发板就可以实现网络相关的功能了。

CH579Q 和 STM32F103ZET6 通过 SPI 接口(SPI1)连接,总共 6 个信号线,连接关系为:CH579Q_RST、CH579Q_INT、CH579Q_CS、CH579Q_SCK、CH579Q_MOSI、CH579Q_MISO 分别接在 PD7、PG6、PG9、PA5、PA7、PA6 上。SPI1 上面还挂了 VS1053B,它和 CH579Q 通过不同片选分时复用,互不影响。

特别注意:CH579Q_RST 和 RS485_RE 共用 PD7,CH579Q_INT 和 NRF_IRQ 共用 PG6,使用的时候要分时复用。另外,CH579Q 的中断引脚加了 D9 二极管,防止干扰 NRF_IRQ,所以,在战舰板上仅支持低电平有效的中断方式。

27. 板载喇叭

ALIENTEK 战舰 STM32 开发板板载了一个小喇叭(扬声器),通过 D 类功放驱动,其原理图如图 2.1.28 所示。

HT6872 是一款低 EMI、防削顶失真的、单声道免滤波 D 类音频功率放大器。在 6.5 V 电源,10% THD+N,4 Ω 负载条件下,输出 4.71 W 功率,在各类音频终端应用中维持高效率并提供 AB 类放大器的性能。在战舰 STM32 开发板 V3 上面,我们采用它来驱动板载的 8 Ω 2 W 喇叭。

图中 SP－和 SP＋是喇叭焊接焊盘(在开发板底部),开发板板载的喇叭就是焊接在这 2 个焊盘上。SPK_IN 是 HT6872 的音频信号输入端,该信号来自 MP3_LEFT/

图 2.1.27　以太网接口电路

PWM_AUDIO。SPK_CTRL 由 VS1053 的 GPIO4 控制,当 SPK_CTRL 为低电平的时候,HT6872 进入关断模式;当 SPK_CTRL 为高电平的时候,HT6872 正常工作,这里加了 10 kΩ 的下拉电阻。所以,默认情况下,HT6872 是关断的,也就是喇叭并不会发声。我们必须在程序上控制 VS1053 的 GPIO4 输出高电平,才可以使板载喇叭发声。

有了板载喇叭就可以直接通过板载喇叭欣赏开发板播放的音乐或者其他音频了,更加人性化。

图 2.1.28　喇叭输出电路

28．音频编解码

ALIENTEK 战舰 STM32 开发板板载 VS1053 音频编解码芯片，其原理图如图 2.1.29 所示。

图 2.1.29　音频编解码芯片

VS1053 是一颗单片 OGG/MP3/AAC/WMA/MIDI 音频解码器，通过 patch 可以实现 FLAC 的解码；同时该芯片可以支持 IMA ADPCM 编码，通过 patch 可以实现 OGG 编码。相比它的"前辈"VS1003，VS1053 性能提升了不少，比如支持 OGG 编解码、支持 FLAC 解码,同时音质上也有比较大的提升,还支持空间效果设置。

图中,MP3_LEFT/MP3_RIGHT 这 2 个信号是 VS1053 的音频输出接口,输出到耳机/板载喇叭。VS1053 通过 7 根线连接到 MCU,VS_MISO/VS_MOSI/VS_SCK/VS_XCS/VS_XDCS/VS_DREQ/VS_RST 这 7 根线分别连接到 MCU 的 PA6/PA7/PA5/PF7/PF6/PC13/PE6 上,VS1053 通过 STM32 的 SPI1 访问。

图中的 SPK_CTRL 连接在 VS1053 的 GPIO4 上面,用于控制 HT6872 是否工作,从而控制板载喇叭是否出声。要让板载喇叭发声,必须通过软件控制 VS1053 的 GPIO4 输出高电平,否则板载喇叭关闭。

29. 电　源

ALIENTEK 战舰 STM32F103 板载的电源供电部分,其原理图如图 2.1.30 所示。图中,总共有 3 个稳压芯片 U12/U15/U16;DC_IN 用于外部直流电源输入,范围是 DC6～15 V;输入电压经过 U16 DC - DC 芯片转换为 5 V 电源输出,其中 VD1 是防反接二极管,避免外部直流电源极性搞错的时候烧坏开发板。K2 为开发板的总电源开关,F1 为 1 000 mA 自恢复保险丝,用于保护 USB。U12 为 3.3 V 稳压芯片,给开发板提供 3.3 V 电源,而 U15 则是 1.8 V 稳压芯片,供 VS1053 的 CVDD 使用。

图 2.1.30　电　源

这里还有 USB 供电部分没有列出来,其中 VUSB 就是来自 USB 供电部分,后来再介绍。

30. 电源输入/输出接口

ALIENTEK 战舰 STM32F103 板载了 2 组简单电源输入/输出接口,其原理图如图 2.1.31 所示。图中,VOUT1 和 VOUT2 分别是 3.3 V 和 5 V 的电源输入输出接口,有了这 2 组接口,我们就可以通过开发板给外部提供 3.3 V 和 5 V 电源了。虽然功率不大(最大 1 000 mA),但是一般情况都够用了,很方便。同时,这 2 组端口也可以用来由外部给开发板供电。

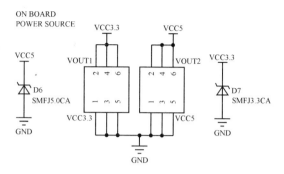

图 2.1.31　电　　源

图中 D6 和 D7 为 TVS 管,可以有效避免 VOUT 外接电源/负载不稳的时候(尤其是开发板外接电机/继电器/电磁阀等感性负载的时候)对开发板造成的损坏。同时,还能一定程度防止外接电源接反,对开发板造成的损坏。

31．USB 串口

ALIENTEK 战舰 STM32F103 板载了一个 USB 串口,其原理图如图 2.1.32 所示。

图 2.1.32　USB 串口

USB 转串口功能,我们选择的是 CH340C,无需外部晶振,是 CH340G 的升级版本,非常好用。

图中 Q2 和 Q3 的组合构成了我们开发板的一键下载电路,只需要在 flymcu 软件设置 DTR 的低电平复位、RTS 高电平进 BootLoader,就可以一键下载代码了,不需要手动设置 B0 和按复位了。其中,RESET 是开发板的复位信号,BOOT0 则是启动模式的 B0 信号。

一键下载电路的具体实现过程:首先,mcuisp 控制 DTR 输出低电平,则 DTR_N

输出高,然后 RTS 置高,则 RTS_N 输出低,这样 Q3 导通了,BOOT0 被拉高,即实现 BOOT0 设置为 1,同时 Q2 也会导通,STM32F1 的复位脚被拉低,实现复位。然后,延时 100 ms 后,mcuisp 控制 DTR 为高电平,DTR_N 输出低电平,RTS 维持高电平,则 RTS_N 继续为低电平,此时 STM32F1 的复位引脚由于 Q2 不再导通而变为高电平, STM32F1 结束复位,但是 BOOT0 还是维持为 1,从而进入 ISP 模式。接着 mcuisp 就可以开始连接 STM32F1 下载代码了,从而实现一键下载。

USB_UART 是一个 USB TypeC 座,提供 CH340C 和计算机通信的接口,同时可以给开发板供电;VUSB 就是来自计算机 USB 的电源,USB_UART 是本开发板的主要供电口。

2.2　开发板使用注意事项

为了让读者更好地使用 ALIENTEK 战舰 STM32F103,这里总结该开发板使用的时候尤其要注意的一些问题,以减少不必要的问题。

① 开发板一般情况由 USB_UART 口供电,在第一次上电的时候由于 CH340C 在和计算机建立连接的过程中,导致 DTR/RTS 信号不稳定,会引起 STM32 复位 2～3 次,这个现象是正常的,后续按复位键就不会出现这种问题了。

② 一个 USB 供电最多 500 mA,但是由于导线电阻的存在,供到开发板的电压一般不会有 5 V,如果使用了很多大负载外设,比如 4.3 寸屏、7 寸屏、网络、摄像头模块等,那么可能引起 USB 供电不够。所以如果是使用 4.3/7 寸屏,或者同时用到多个模块的时候,建议使用一个独立电源供电。如果没有独立电源,建议可以同时插 2 个 USB 口,并插上 JTAG,这样供电可以更足一些。

③ JTAG 接口有几个信号(JTDI、JTDO、JTRST)被 GBC_LED(ATK MOD- ULE)、OV_WEN(摄像头模块)、OV_RCLK(摄像头模块)占用了,所以在调试这些模块的时候,请选择 SWD 模式,其实最好一直用 SWD 模式。

④ 想使用某个 I/O 口用作其他用处的时候,请先看看开发板的原理图,该 I/O 口是否有连接在开发板的某个外设上,如果有,该外设的这个信号是否会对使用造成干扰,先确定无干扰再使用这个 I/O。比如 PB8 就不适合再用做其他输出,因为它接了蜂鸣器,如果输出高电平就会听到蜂鸣器的叫声了。

⑤ 开发板上的跳线帽比较多,使用某个功能的时候要先查查这个是否需要设置跳线帽,以免浪费时间。

⑥ 当液晶显示白屏的时候,须先检查液晶模块是否插好(拔下来重新插试试),如果还不行,可以通过串口看看 LCD ID 是否正常,再做进一步的分析。

至此,本书的实验平台(ALIENTEK 战舰 STM32F103)的硬件部分就介绍完了,其他资料及教程更新都可以在技术论坛 www.openedv.com 下载到。

2.3 STM32F103 学习方法

STM32 作为目前较热门的 ARM Cortex - M3 处理器,正在被越来越多的公司选择使用。学习 STM32 的朋友也越来越多,初学者可能会认为 STM32 很难学,以前只学过 51 甚至连 51 都没学过的,一看到 STM32 那么多寄存器就懵了。其实,万事开头难,只要掌握了方法,学好 STM32 还是非常简单的,这里总结几个学习 STM32 的要点:

1. 一款实用的开发板

这是实验的基础,有时候软件仿真通过了,在板上并不一定能跑起来,而且有个开发板在手,什么东西都可以直观地看到,效果不是仿真能比的。但开发板不宜多,否则连自己都不知道该学哪个了,结果学个四不像。倒不如从一而终,学完一个在学另外一个。

2. 2 本参考资料,即《STM32 中文参考手册》和《ARM Cortex - M3 权威指南》

《STM32 中文参考手册》是 ST 公司的官方资料,有 STM32 的详细介绍,包括 STM32 的各种寄存器定义以及功能等,是学习 STM32 的必备资料之一。而《ARM Cortex - M3 权威指南》则是对《STM32 中文参考手册》的补充,有简短的实例,这样两者搭配,基本上任何问题都能得到解决了。

3. 掌握方法,勤学慎思

STM32 不是"妖魔鬼怪",不要畏难,其学习和普通单片机一样,基本方法就是:

(1) 掌握时钟树图(见《STM32 中文参考手册_V10 版》图 8)

任何单片机必定是靠时钟驱动的,时钟就是单片机的动力,STM32 也不例外,通过时钟树可以知道各种外设的时钟是怎么来的? 有什么限制? 从而理清思路,方便理解。

(2) 多思考,多动手

所谓熟能生巧,先要熟,才能巧。如何熟悉? 这就要靠自己动手、多多练习了,光看/说是没什么太多用的。很多人问笔者,STM32 这么多寄存器,如何记得啊? 回答是:不需要全部记住。只需要知道这些寄存器在哪个地方,用到的时候可以迅速查找到就可以了,不需要死记硬背。掌握学习的方法远比掌握学习的内容重要得多。

熟悉了之后就应该进一步思考,也就是所谓的巧了。我们提供了几十个例程供读者学习,跟着例程走,无非就是熟悉 STM32 的过程,只有进一步思考,才能更好地掌握 STM32,即所谓的举一反三。例程是死的,人是活的,所以,可以在例程的基础上自由发挥,实现更多的其他功能并总结规律,为以后的学习/使用打下坚实的基础,如此,方能信手拈来。

所以,学习一定要自己动手,光看视频或文档是不行的。机会总是留给有准备的人,只有平时多做准备,才可能抓住机会。

　　只要以上 3 点做好了,学习 STM32 基本上就不会有什么太大问题了。如果遇到问题,可以在我们的技术论坛(www. openedv. com)提问;论坛 STM32 版块已经有 5 万多个主题,很多疑问已经有网友提过了,所以可以在论坛先搜索一下,很多时候就可以直接找到答案了。

　　另外,ST 官方发布的所有资料(芯片文档、用户手册、应用笔记、固件库、勘误手册等)也可以在 www. stmcu. org 下载到。

第 2 篇　软件篇

上一篇介绍了本书的实验平台,本篇详细介绍 STM32 的开发软件:MDK5。通过该篇的学习可以了解到:①如何在 MDK5 下新建 STM32 工程;②工程的编译;③MDK5 的一些使用技巧;④软件仿真;⑤程序下载;⑥在线调试。以上几个环节概括了一个完整的 STM32 开发流程。本篇将图文并茂地介绍以上几个方面,使读者能掌握 STM32 的开发流程,并能独立开始 STM32 的编程和学习。

在学习 STM32 库函数之前,须准备如下资料,这些资料在本书配套资料中都有:

① STM32 固件库 V3.5 文件包:STM32F10x_StdPeriph_Lib_V3.5.0。

配套资料目录:软件资料\STM32 固件库使用参考资料\。

② STM32F10x_StdPeriph_Driver_3.5.0(中文版).chm:中文版的固件库使用手册。

配套资料目录:软件资料\STM32 固件库使用参考资料\。

③《STM32 中文参考手册 V10》:这个资料很重要,很多概念都在这个资料中。

配套资料目录:STM32 参考资料/STM32 中文参考手册_V10.pdf。

④《Cortex - M3 权威指南 Cn》这个讲解了很多 Cortex - M3 底层的东西。

本书配套资料目录:STM32 参考资料/Cortex - M3 权威指南(中文).pdf

⑤ MDK5.13 软件:这是编程编译软件。

本书配套资料目录:软件资料\软件\MDK5。

本篇将分为如下 3 个章节:

1. MDK5 软件入门

2. STM32 开发基础知识入门

3. SYSTEM 文件介绍

第3章

MDK5 软件入门

本章将介绍 MDK5 软件的使用、ST 官方固件库介绍以及怎样建一个基于 STM32 官方固件库 V3.5 的工程模板。通过本章的学习，我们最终将建立一个自己的 MDK5 工程，并介绍 MDK5 软件的一些使用技巧。

3.1 STM32 官方固件库简介

ST(意法半导体)为了方便用户开发程序，提供了一套丰富的 STM32 固件库。到底什么是固件库？它与直接操作寄存器开发有什么区别和联系？很多初学用户很是费解，这一节将讲解 STM32 固件库相关的基础知识，希望能够让读者对 STM32 固件库有一个初步的了解，至于固件库的详细使用方法，我们会在后面的章节一一介绍。

官方包的地址：软件资料\STM32 固件库使用参考资料\STM32F10x_StdPeriph_Lib_V3.5.0。

3.1.1 库开发与寄存器开发的关系

很多用户都是从学 51 单片机开发转而想进一步学习 STM32 开发，他们习惯了 51 单片机的寄存器开发方式，突然一个 ST 官方库摆在面前会一头雾水，不知道从何下手。下面通过一个简单的例子来告诉 STM32 固件库到底是什么，和寄存器开发有什么关系？其实一句话就可以概括：固件库就是函数的集合，固件库函数的作用是向下负责与寄存器直接打交道，向上提供用户函数调用的接口(API)。

在 51 的开发中我们常常的作法是直接操作寄存器，比如要控制某些 I/O 口的状态，则直接操作寄存器：

```
P0 = 0x11;
```

而在 STM32 的开发中，我们同样可以操作寄存器：

```
GPIOx->BRR = 0x0011;
```

这种方法当然可以，但是这种方法的劣势是需要去掌握每个寄存器的用法，这样才能正确使用 STM32，而对于 STM32 这种级别的 MCU，数百个寄存器记起来又是谈何容易。于是 ST(意法半导体)推出了官方固件库，固件库将这些寄存器底层操作都封装起来，提供一整套接口(API)供开发者调用，大多时候读者不需要知道操作的是哪个寄存器，只需要知道调用哪些函数即可。比如上面的控制 BRR 寄存器实现电平控制，官方库封装了一个函数：

```
void GPIO_ResetBits(GPIO_TypeDef * GPIOx, uint16_t GPIO_Pin)
{
  GPIOx->BRR = GPIO_Pin;
}
```

这个时候你不需要再直接去操作 BRR 寄存器了，只需要知道怎么使用 GPIO_Reset-Bits()函数就可以了。对外设的工作原理有一定的了解之后，你再去看固件库函数，基本上函数名字能告诉你这个函数的功能是什么、该怎么使用，这样开发会方便。

任何处理器，不管它有多么的高级，归根结底都是要对处理器的寄存器进行操作。但是固件库不是万能的，如果想要把 STM32 学透，光读 STM32 固件库是远远不够的。还是要了解一下 STM32 的原理，这样在进行固件库开发过程中才可能得心应手、游刃有余。

3.1.2　STM32 固件库与 CMSIS 标准讲解

前面讲到，STM32 固件库就是函数的集合，那么对这些函数有什么要求呢？这里就涉及一个 CMSIS 标准的基础知识。经常有人问到，STM32 和 ARM 以及 ARM7 是什么关系这样的问题，其实 ARM 是一个做芯片标准的公司，它负责的是芯片内核的架构设计，而 TI、ST 这样的公司并不做标准，它们是芯片公司，是根据 ARM 公司提供的芯片内核标准设计自己的芯片。所以，任何一个 Cortex-M3 芯片的内核结构都是一样的，不同的是它们的存储器容量、片上外设、I/O 以及其他模块的区别。所以你会发现，不同公司设计的 Cortex-M3 芯片的端口数量、串口数量、控制方法这些都是有区别的，它们可以根据自己的需求理念来设计。同一家公司设计的多种 Cortex-M3 内核芯片的片上外设也会有很大的区别，比如 STM32F103RBT 和 STM32F103ZET，它们的片上外设就有很大的区别。可以通过图 3.1.1 来了解一下。可以看出，芯片虽然是芯片公司设计，但是内核却要服从 ARM 公司提出的 Cortex-M3 内核标准了。当然，芯片公司每卖出一片芯片，需要向 ARM 公司交一定的专利费。

图 3.1.1　Cortex-M3 芯片结构

既然大家都使用的是 Cortex - M3 核,也就是说,本质上都是一样的,这样 ARM 公司为了能让不同的芯片公司生产的 Cortex - M3 芯片能在软件上基本兼容,和芯片生产商共同提出了一套标准 CMSIS 标准(Cortex Microcontroller Software Interface Standard),翻译过来是"ARM Cortex 微控制器软件接口标准"。ST 官方库就是根据这套标准设计的。这里引用参考资料里面的图片来看看基于 CMSIS 应用程序基本结构,如图 3.1.2 所示。

图 3.1.2　基于 CMSIS 应用程序基本结构

CMSIS 分为 3 个基本功能层

① 核内外设访问层:ARM 公司提供的访问,定义处理器内部寄存器地址以及功能函数。

② 中间件访问层:定义访问中间件的通用 API,也是 ARM 公司提供。

③ 外设访问层:定义硬件寄存器的地址以及外设的访问函数。

从图 3.1.2 中可以看出,CMSIS 层在整个系统中是处于中间层,向下负责与内核、各个外设直接打交道,向上提供实时操作系统用户程序调用的函数接口。如果没有 CMSIS 标准,那么各个芯片公司就会设计自己喜欢的风格的库函数,而 CMSIS 标准就是要强制规定,芯片生产公司设计的库函数必须按照 CMSIS 这套规范来设计。

其实不用这么讲这么复杂的,一个简单的例子。我们在使用 STM32 芯片的时候首先要进行系统初始化,CMSIS 规范就规定:系统初始化函数名字必须为 SystemInit,所以各个芯片公司写自己的库函数的时候就必须用 SystemInit 对系统进行初始化。CMSIS 还对各个外设驱动文件的文件名字规范化,以及函数名字规范化等一系列规定。前面讲的函数 GPIO_ResetBits 函数名字也是不能随便定义的,是要遵循 CMSIS 规范的。

CMSIS 的具体内容就不必多讲了,需要了解详细的读者可以到网上搜索资料,相关资料非常多。

3.1.3　STM32 官方库包介绍

这一小节主要讲解 ST 官方提供的 STM32 固件库包的结构。ST 官方提供的固件库完整包可以在官方下载,本书配套资料也会提供。固件库是不断完善升级的,所以有不同的版本,我们使用的是 V3.5 版本的固件库,读者可以到本书配套资料"软件资料\STM32 固件库使用参考资料\STM32F10x_StdPeriph_Lib_V3.5.0"下面查看。下面看看官方库包的目录结构,如图 3.1.3 和图 3.1.4 所示。

图 3.1.3　官方库包根目录

图 3.1.4　官方库目录列表

1. 文件夹介绍

Libraries 文件夹下面有 CMSIS 和 STM32F10x_StdPeriph_Driver 共 2 个目录,包含固件库核心的所有子文件夹和文件。其中 CMSIS 目录下面是启动文件,STM32F10x_StdPeriph_Driver 放的是 STM32 固件库源码文件。源文件目录下面的 inc 目录存放的是 stm32f10x_xxx.h 头文件,无须改动。src 目录下面放的是 stm32f10x_xxx.c 格式的固件库源码文件。每一个.c 文件和一个相应的.h 文件对应。

这里的文件也是固件库的核心文件,每个外设对应一组文件。

　　Libraries 文件夹里面的文件在我们建立工程的时候都会使用到。Project 文件夹下面有 2 个文件夹。顾名思义,STM32F10x_StdPeriph_Examples 文件夹下面存放的是 ST 官方提供的固件实例源码,在以后的开发过程中可以参考修改这个官方提供的实例来快速驱动自己的外设,很多开发板的实例都参考了官方提供的例程源码,这些源码对以后的学习非常重要。STM32F10x_StdPeriph_Template 文件夹下面存放的是工程模板。

　　Utilities 文件下就是官方评估板的一些对应源码,这个可以忽略不看。

　　根目录中还有一个 stm32f10x_stdperiph_lib_um.chm 文件,直接打开可以知道,这是一个固件库的帮助文档,这个文档非常有用,只可惜是英文的,在开发过程中,这个文档会经常被使用到。

2. 关键文件介绍

　　下面着重介绍 Libraries 目录下面几个重要的文件。

　　core_cm3.c 和 core_cm3.h 文件位于\Libraries\CMSIS\CM3\CoreSupport 目录下面的,是 CMSIS 核心文件,提供进入 Cortex – M3 内核接口。这是 ARM 公司提供,对所有 Cortex – M3 内核的芯片都一样。永远都不需要修改这个文件,所以这里就点到为止。

　　和 CoreSupport 同一级还有一个 DeviceSupport 文件夹。DeviceSupport\ST\STM32F10xt 文件夹下面主要存放一些启动文件、比较基础的寄存器定义以及中断向量定义的文件,如图 3.1.5 所示。这个目录下面有 3 个文件:system_stm32f10x.c、system_stm32f10x.h 以及 stm32f10x.h 文件。其中,system_stm32f10x.c 和对应头文件 system_stm32f10x.h 的功能是设置系统以及总线时钟,这个里面有一个非常重要的 SystemInit( )函数,这个函数在系统启动的时候都会调用,用来设置系统的整个时钟系统。

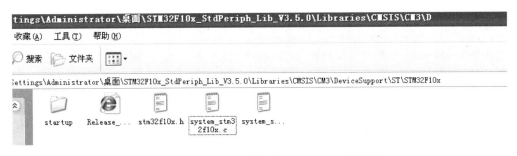

图 3.1.5　DeviceSupport\ST\STM32F10x 目录结构

　　stm32f10x.h 这个文件就相当重要了,只要做 STM32 开发,几乎时刻都要查看这个文件相关的定义。这个文件打开可以看到,里面非常多的结构体以及宏定义。这个文件里面主要是系统寄存器定义申明以及包装内存操作,对于这里是怎样申明以及怎样将内存操作封装起来的将在后面的章节"MDK 中寄存器地址名称映射分析"中会讲到。

　　DeviceSupport\ST\STM32F10x 同一级还有一个 startup 文件夹,这个文件夹里面放的文件顾名思义是启动文件。\startup\arm 目录下可以看到 8 个 startup 开头的.s 文件,如图 3.1.6 所示。这里之所以有 8 个启动文件,是因为对于不同容量的芯片启动文件不一样。对于 103 系列,主要是用其中 3 个启动文件:

> startup_stm32f10x_ld.s,适用于小容量产品;
> startup_stm32f10x_md.s,适用于中等容量产品;
> startup_stm32f10x_hd.s,适用于大容量产品。

　　这里的容量是指 Flash 的大小,判断方法如下:

> 小容量,Flash≤32 KB;
> 中容量,64 KB≤Flash≤128 KB;
> 大容量,256 KB≤Flash。

```
startup_stm32f10x_cl.s
startup_stm32f10x_hd.s
startup_stm32f10x_hd_vl.s
startup_stm32f10x_ld.s
startup_stm32f10x_ld_vl.s
startup_stm32f10x_md.s
startup_stm32f10x_md_vl.s
startup_stm32f10x_xl.s
```

图 3.1.6　startup 文件

　　ALIENTEK STM32 战舰精英板以及 mini 板采用的 STM32F103ZET6 和 stm32F103RCT6 芯片,都属于大容量产品,所以启动文件选择 startup_stm32f10x_hd.s。对于中等容量芯片请选择 startup_stm32f10x_md.s 启动文件,小容量芯片请选择 startup stm32f10x_ld.s。

　　启动文件到底什么作用,其实可以打开启动文件进去看看。启动文件主要是进行堆栈之类的初始化、定义中断向量表以及中断函数。启动文件要引导进入 main 函数。Reset_Handler 中断函数是唯一实现了的中断处理函数,其他的中断函数基本都是死循环。Reset_handler 在系统启动的时候会调用,下面看看 Reset_handler 这段代码:

```
;Reset handler
Reset_Handler   PROC
                EXPORT  Reset_Handler           [WEAK]
                IMPORT  __main
                IMPORT  SystemInit
                LDR     R0, = SystemInit
                BLX     R0
                LDR     R0, = __main
                BX      R0
                ENDP
```

这段代码笔者也看不懂,只知道这里面要引导进入 main 函数,同时在进入 main 函数之前首先要调用 SystemInit 系统初始化函数。

　　stm32f10x_it.c 里面用来编写中断服务函数,中断服务函数也可以随意编写在工程里面的任意一个文件里面。打开 stm32f10x_conf.h 文件可以看到一堆的 #include,建立工程的时候可以注释掉一些不用的外设头文件。

3.2　MDK5 简介

MDK 源自德国的 KEIL 公司，是 RealView MDK 的简称。在全球 MDK 被超过 10 万的嵌入式开发工程师使用，目前最新版本为 MDK5.41。该版本使用 μVision5 IDE 集成开发环境，是目前针对 ARM 处理器，尤其是 Cortex - M 内核处理器的最佳开发工具。

MDK5 向后兼容 MDK4 和 MDK3 等，以前的项目同样可以在 MDK5 上进行开发（但是头文件方面得全部自己添加），MDK5 同时加强了针对 Cortex - M 微控制器开发的支持，并且对传统的开发模式和界面进行升级。MDK5 由 2 个部分组成：MDK Core 和 Software Packs。其中，Software Packs 可以独立于工具链进行新芯片支持和中间库的升级，如图 3.2.1 所示。

MDK-ARM Version5

MDK Core	μVision IDE with Editor		ARM C/C++ Compiler	
	Pack Installer		μVision Debugger with Trace	

Software Packs	Device	CMSIS	MDK Professional Middlewar	
	System/Startup	CMSIS-CORE	TCP/IP Networking	
	Driver 1:SPI			
	Driver 2:Ethernet	CMSIS-DSP	USB Host	File System
	...			
	Driver n:USB	CMSIS-RTOS	USB Device	Graphic

图 3.2.1　MDK5 组成

可以看出，MDK Core 又分成 4 个部分：μVision IDE with Editor（编辑器）、ARM C/C++ Compiler（编译器）、Pack Installer（包安装器）、μVision Debugger with Trace（调试跟踪器）。μVision IDE 从 MDK4.7 版本开始就加入了代码提示功能和语法动态检测等实用功能，相对于以往的 IDE 改进很大。

Software Packs（包安装器）又分为 Device（芯片支持）、CMSIS（ARM Cortex 微控制器软件接口标准）和 Mdidleware（中间库）3 个小部分，通过包安装器可以安装最新的组件，从而支持新的器件、提供新的设备驱动库以及最新例程等，加速产品开发进度。

同以往的 MDK 不同，以往的 MDK 把所有组件到包含到了一个安装里面，显得十分"笨重"，MDK5 则不一样，MDK Core 是一个独立的安装包，并不包含器件支持、设备驱动等组件，但是一般都会包括 CMSIS 组件，大小 350M 左右，相对于 MDK4.70A 的 500 多 M，"瘦身不少"。MDK5 安装包可以在 http://www.keil.com/demo/eval/arm.htm 下载到。而器件支持、设备驱动、CMSIS 等组件则可以单击 MDK5 的 Build Toolbar 的最后一个图标调出 Pack Installer 来安装各种组件。也可以在 http://www.keil.com/dd2/pack 下载安装。

在 MDK5 安装完成后,要让 MDK5 支持 STM32F103 的开发,我们还需要安装 STM32F1 的器件支持包 Keil. STM32F1xx_DFP. 1. 0. 5. pack(STM32F1 的器件包)。这个包以及 MDK5.41 安装软件都已经在本书配套资料中提供了,自行安装即可。

3.3　新建基于固件库的 MDK5 工程模板

前面介绍了 STM32 官方库包的一些知识,这些着重讲解建立基于固件库的工程模板的详细步骤。在此之前,首先要准备如下资料:

① V3.5 固件库包 STM32F10x_StdPeriph_Lib_V3.5.0,这是 ST 官网下载的固件库完整版,本书配套资料目录为"软件资料 \ STM32 固件库使用参考资料 \ STM32F10x_StdPeriph_Lib_V3.5.0"。我们官方论坛下载地址 http://openedv. com/posts/list/6054. htm。

② MDK5 开发环境(我们板子的开发环境目前是使用这个版本),可以在本书配套资料的软件目录下面有安装包:"软件资料\软件\MDK5"。

在建立工程模板之前,首先要安装 MDK5 开发环境。MDK5 的详细安装步骤可参考本书配套资料的安装文档"\1,ALIENTEK 战舰 STM32 开发板入门资料\MDK 5.14 安装手册. pdf"或者配套的视频教程。

注意,本节新建的工程模板已经存放在本书配套资料目录下面,路径为:"\4,程序源码\2,标准例程- V3.5 库函数版本\实验 0 - 1Template 工程模板-新建工程章节使用"。读者在新建工程过程中有任何疑问,都可以跟这个模板进行比较,找出问题所在。接下来将手把手地教读者新建一个基于 V3.5 版本固件库的 STM32F1 工程模板,步骤如下:

① 在建立工程之前建议用户在计算机的某个目录下面建立一个文件夹,后面建立的工程都可以放在这个文件夹下面,这里建立一个文件夹为 Template。

② 打开 MDK,选择 Project→New Uvision Project 菜单项,然后将目录定位到刚才建立的文件夹 Template 之下,在这个目录下面建立子文件夹 USER(我们的代码工程文件都是放在 USER 目录,很多人喜欢新建"Project"目录放在下面,这也是可以的),然后定位到 USER 目录下面,我们的工程文件就都保存到 USER 文件夹下面。工程命名为 Template,单击"保存"。

③ 接下来会弹出现一个选择 CPU 的界面,就是选择我们的芯片型号,如图 3.3.1 所示。ALIENTEK 战舰 STM32F103 使用的 STM32 型号为 STM32F103ZET6,所以这里选择 STMicroelectronics→STM32F1 Series→STM32F103→STM32F103ZET6 (如果使用的是其他系列的芯片,选择相应的型号就可以了。注意,一定要安装对应的器件 pack 才会显示这些内容,如果没得选择,则关闭 MDK,然后安装本书配套资料"6,软件资料\1,软件\MDK5\Keil. STM32F1xx_DFP. 1. 0. 5. pack"安装包)。

单击 OK,则 MDK 弹出 Manage Run - Time Environment 对话框,如图 3.3.2 所示。

图 3.3.1　选择芯片型号

图 3.3.2　Manage Run – Time Environment 界面

　　这是 MDK5 新增的一个功能,在这个界面可以添加自己需要的组件,从而方便构建开发环境。在图 3.3.2 所示界面直接单击 Cancel 即可得到如图 3.3.3 所示界面。

　　到这里,我们还只是建了一个框架,还需要添加启动代码以及. c 文件等。

　　④ 现在可以看到 USER 目录下面包含 2 个文件夹和 2 个文件,如图 3.3.4 所示。

　　这里说明一下,Template. uvprojx 是工程文件,非常关键,不能轻易删除。Listings 和 Objects 文件夹是 MDK 自动生成的文件夹,用于存放编译过程产生的中间文件。这里把 2 个文件夹删除,我们会在下一步骤中新建一个 OBJ 文件夹来存放编译中间文件。当然,不删除这 2 个文件夹也是没有关系的,只是我们不用它而已。

图 3.3.3 工程初步建立

图 3.3.4 工程 USER 目录文件

⑤ 接下来,在 Template 工程目录下面新建 3 个文件夹 CORE、OBJ 以及 STM32F10x_FWLib。CORE 用来存放核心文件和启动文件,OBJ 用来存放编译过程文件以及 hex 文件,STM32F10x_FWLib 文件夹用来存放 ST 官方提供的库函数源码文件。已有的 USER 目录除了用来放工程文件外,还用来存放主函数文件 main. c 以及 system_stm32f10x. c 等。

⑥ 下面要将官方固件库包里的源码文件复制到工程目录文件夹下面。打开官方固件库包,定位到之前准备好的固件库包的目录:STM32F10x_StdPeriph_Lib_V3.5.0\Libraries\STM32F10x_StdPeriph_Driver 下面,将目录下面的 src、inc 文件夹复制到刚才建立的 STM32F10x_FWLib 文件夹下面。src 存放的是固件库的. c 文件,inc 存放的是对应的. h 文件。

⑦ 下面要将固件库包里面相关的启动文件复制到工程目录 CORE 之下。打开官方固件库包,定位到目录:STM32F10x_StdPeriph_Lib_V3.5.0\Libraries\CMSIS\CM3\Core-

Support 下面,将文件 core_cm3. c 和文件 core_cm3. h 复制到 CORE 下面去。然后定位到目录 STM32F10x_StdPeriph_Lib_V3. 5. 0\Libraries\CMSIS\CM3\DeviceSupport\ST\STM32F10x\startup\arm 下面,将里面 startup_stm32f10x_hd. s 文件复制到 CORE 下面。STM32F103ZET6 是大容量芯片,所以选择这个启动文件。

现在 CORE 文件夹下面的文件,如图 3.3.5 所示。

图 3.3.5　启动文件夹

⑧ 定位到目录:STM32F10x_StdPeriph_Lib_V3. 5. 0\Libraries\CMSIS\CM3\DeviceSupport\ST\STM32F10x 下面,将里面的 3 个文件 stm32f10x. h、system_stm32f10x. c、system_stm32f10x. h 复制到 USER 目录下。然后将 STM32F10x_StdPeriph_Lib_V3. 5. 0\Project\STM32F10x_StdPeriph_Template 下面的 4 个文件 main. c、stm32f10x_conf. h、stm32f10x_it. c、stm32f10x_it. h 复制到 USER 目录下面。

⑨ 前面 8 个步骤将需要的固件库相关文件复制到了工程目录下,下面将这些文件加入我们的工程中去。右击 Target1,在弹出的级联菜单中选择 Manage Project I-tems,如图 3.3.6 所示。

⑩ 在弹出的 Manage Project Items 对话框中,在 Project Targets 栏将 Target 名字修改为 Template,然后在 Groups 栏删掉一个 Source Group1,建立 3 个 Groups:US-ER、CORE、FWLIB,如图 3.3.7 所示。然后单击 OK,则可以看到 Target 名字以及 Groups 情况,如图 3.3.8 所示。

⑪ 下面往 Group 里面添加需要的文件。按照步骤⑩的方法,右击 Tempate,在弹出的级联菜单选择 Manage Project Items。然后选择需要添加文件的 Group,这里第一步选择 FWLIB。然后单击右边的 Add Files,定位到刚才建立的目录 STM32F10x_FWLib/src 下面。将里面所有的文件选中(Ctrl+A),然后单击 Add,再单击 Close,则可以看到 Files 列表下面包含添加的文件,如图 3.3.9 所示。

这里需要说明一下,如果写代码时只用到了其中的某个外设,则可以不用添加没有用到的外设的库文件。例如只用 GPIO,则可以只添加 stm32f10x_gpio. c,而其他的可以不用添加。这里全部添加进来是为了后面方便,不用每次添加,当然这样的坏处是工程太大,编译起来速度慢,读者可以自行选择。

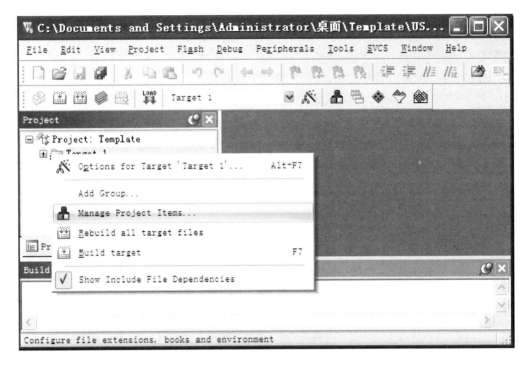

图 3.3.6 右击 Management Components

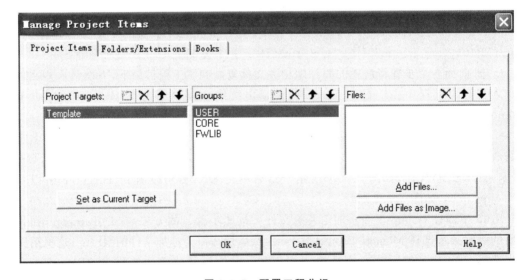

图 3.3.7 配置工程分组

⑫ 用同样的方法,将 Groups 定位到 CORE 和 USER 下面,添加需要的文件。这里 CORE 下面需要添加的文件为 core_cm3.c、startup_stm32f10x_hd.s(注意,默认添加的时候文件类型为.c,也就是添加 startup_stm32f10x_hd.s 启动文件的时候需要选择文件类型为 All files 才能看得到这个文件),USER 目录下面需要添加的文件为

图 3.3.8　工程分组情况

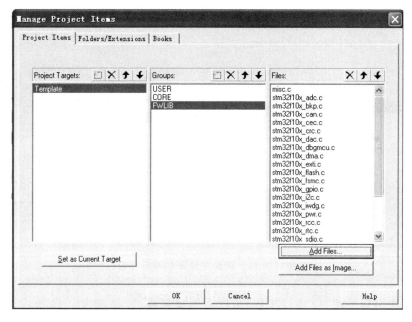

图 3.3.9　添加文件到 FWLIB 分组

main. c、stm32f10x_it. c、system_stm32f10x. c。这样需要添加的文件已经添加到我们的工程中了,最后单击 OK,回到工程主界面,如图 3.3.10～图 3.3.12 所示。

⑬ 接下来编译工程,在编译之前首先要选择编译中间文件,用于编译后存放目录。方法是单击魔术棒,然后在弹出的 Options for Target 'Template'对话框中选择 Output 选项卡,并单击 Select folder for objects,然后选择目录为我们上面新建的 OBJ 目录,如图 3.3.13 所示。注意,如果不设置 Output 路径,那么默认的编译中间文件存放目录就是 MDK 自动生成的 Objects 目录和 Listings 目录。

图 3.3.10 添加文件到 USER 分组

图 3.3.11 添加文件到 CORE 分组

⑭ 单击编译按钮 编译工程,可以看到很多报错,如图 3.3.14 所示,因为找不到头文件。

⑮ 下面要告诉 MDK 在哪些路径之下搜索需要的头文件,也就是头文件目录。注意,对于任何一个工程,我们需要把工程中引用到的所有头文件路径都包含进来。回到工程主菜单,单击魔术棒 ,则弹出来一个菜单,然后选择 C/C++选项卡并单击 Include Paths 右边的按钮,如图 3.3.15 所示,则弹出一个添加 path 的对话框(如图 3.3.16 所示),然后将图上面的 3 个目录添加进去。记住,Keil 只会在一级目录查找,所以如果目录下面还有子目录,须定位到最后一级子目录。然后单击 OK 按钮,则弹出如图 3.3.15 所示界面。

图 3.3.12　工程界面

图 3.3.13　选择工程编译后中间文件有效目录

图 3.3.14　编译结果

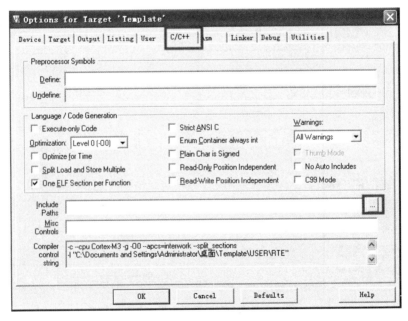

图 3.3.15　选择 Incude Paths 路径

⑯ 接下来再来编译工程,可以看到又报了很多同样的错误。为什么呢? 这是因为 3.5 版本的库函数在配置和选择外设的时候通过宏定义来选择,所以需要配置一个全局的宏定义变量。按照步骤⑮定位到 C/C++ 界面,然后输入"STM32F10X_HD,USE_STDPERIPH_DRIVER"到 Define 文本框里面,如图 3.3.17 所示。

图 3.3.16　添加在文件路径到 include Paths

这里解释一下,如果用的是中容量,则 STM32F10X_HD 修改为 STM32F10X_MD,小容量修改为 STM32F10X_LD,然后单击 OK。

⑰ 编译之前记得打开工程 USER 下面的 main.c,复制下面代码到 main.c 覆盖已有代码,然后进行编译。(记得在代码的最后面加上一个回车,否则会有警告。)可以看到,这次编译已经成功了,如图 3.3.18 所示。

```
# include "stm32f10x.h"
void Delay(u32 count)
{
  u32 i = 0;
  for(;i<count;i++);
}
int main(void)
{
GPIO_InitTypeDef  GPIO_InitStructure;
RCC_APB2PeriphClockCmd(RCC_APB2Periph_GPIOB|
RCC_APB2Periph_GPIOE,ENABLE);                    //使能 PB,PE 端口时钟
```

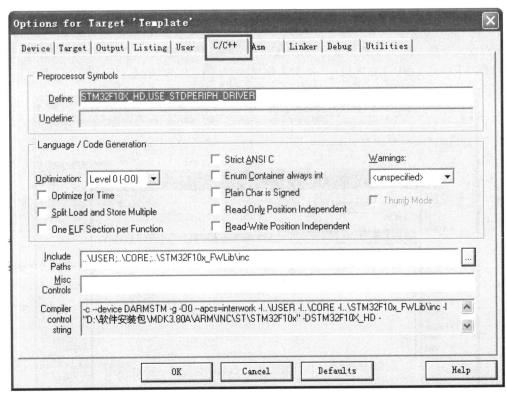

图 3.3.17 添加工程全局宏定义标识符

```
GPIO_InitStructure.GPIO_Pin = GPIO_Pin_5;          //LED0 -->PB.5 端口配置
GPIO_InitStructure.GPIO_Mode = GPIO_Mode_Out_PP;   //推挽输出
GPIO_InitStructure.GPIO_Speed = GPIO_Speed_50MHz;  //I/O 口速度为 50 MHz
GPIO_Init(GPIOB,&GPIO_InitStructure);              //初始化 GPIOB.5
GPIO_SetBits(GPIOB,GPIO_Pin_5);                    //PB.5 输出高
GPIO_InitStructure.GPIO_Pin = GPIO_Pin_5;          //LED1 -->PE.5 推挽输出
GPIO_Init(GPIOE,&GPIO_InitStructure);              //初始化 GPIO
GPIO_SetBits(GPIOE,GPIO_Pin_5);                    //PE.5 输出高
while(1)
{
    GPIO_ResetBits(GPIOB,GPIO_Pin_5);
    GPIO_SetBits(GPIOE,GPIO_Pin_5);
    Delay(3000000);
    GPIO_SetBits(GPIOB,GPIO_Pin_5);
    GPIO_ResetBits(GPIOE,GPIO_Pin_5);
    Delay(3000000);
  }
}
```

注意,上面 main.c 文件的代码可以打开本书配套资料目录的工程模板,从工程的 main.c 文件中复制过来,具体工程为"实验 0 - 1 能性 Template 工程模板-新建工程章节使用"。

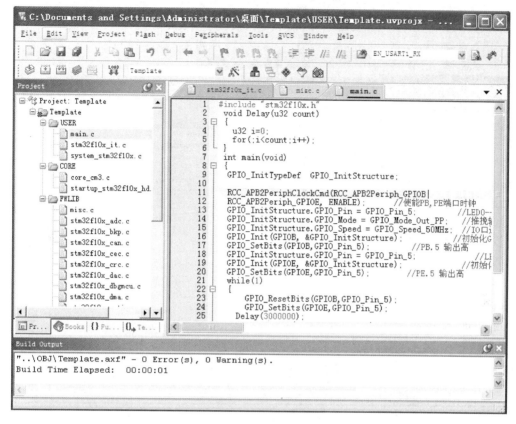

图 3.3.18　单击魔术棒按钮

⑱ 这样一个工程模版建立完毕。下面还需要配置,使编译之后能够生成 hex 文件。同样单击魔术棒,进入配置菜单,选择 Output 选项卡。然后选中如图 3.3.19 所示的 3 个选项。其中,Create HEX file 是编译生成 hex 文件,Browser Information 是可以查看变量和函数定义。

⑲ 重新编译代码,可以看到生成了 hex 文件在 OBJ 目录下面,这个文件用 flymcu 下载到 mcu 即可。到这里,一个基于固件库 V3.5 的工程模板就建立了。

⑳ 实际上经过前面 19 个步骤,我们的工程模板已经建立完成。但是在 ALIEN-TEK 提供的实验中,每个实验都有一个 SYSTEM 文件夹,下面有 3 个子目录分别为 sys、usart、delay,存放的是每个实验都要使用到的共用代码。该代码是由 ALIEN-TEK 编写,原理在第 5 章会有详细讲解,这里只是引入到工程中,方便后面的实验建立工程。

首先,找到本书配套资料,打开任何一个固件库的实验,可以看到下面有一个 SYSTEM 文件夹,比如打开实验 1 的工程目录如图 3.3.20 所示。可以看到,有一个 SYSTEM 文件夹,其中有 3 个子文件夹分别为 delay、sys、usart,每个子文件夹下面都有相应的.c 文件和.h 文件。接下来要将这 3 个目录下面的代码加入到工程中去。

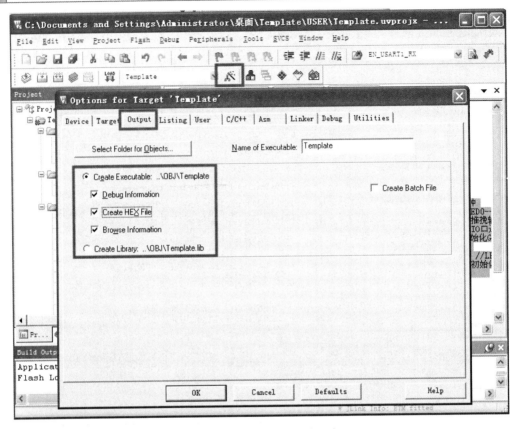

图 3.3.19　配置 Output 选项卡

图 3.3.20　SYSTEM 文件夹

　　用之前讲解步骤⑬的办法在工程中新建一个组,命名为 SYSTEM,然后加入这 3 个文件夹下面的.c 文件,分别为 sys.c、delay.c、usart.c,如图 3.3.21 所示。然后单击 OK,则可以看到工程中多了一个 SYSTEM 组,下面有 3 个.c 文件,如图 3.3.22 所示。

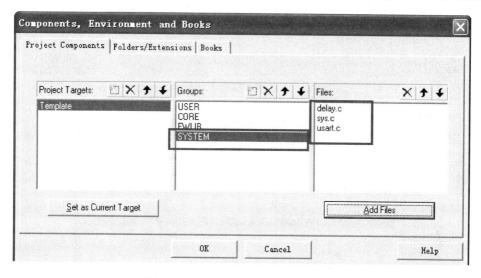

图 3.3.21　添加文件到 SYSTEM 分组

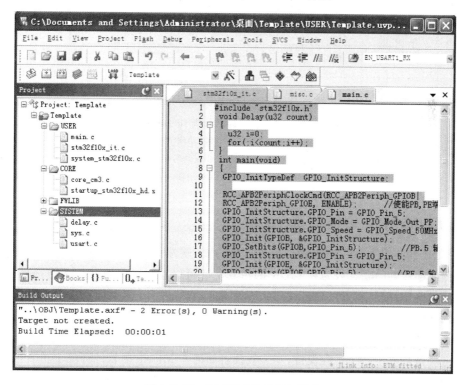

图 3.3.22　SYSTEM 分组添加完成

接下来将对应的 3 个目录(sys、usart、delay)加到 PATH 中去。因为每个目录下面都有相应的.h 头文件,参考步骤⑮即可,加入后的截图如图 3.3.23 所示。最后单击 OK。这样我们的工程模板就彻底完成了,就可以调用 ALIENTEK 提供的 SYSTEM 文件夹里面的函数了。建立好的工程模板在本书配套资料的实验目录里面,名字为"实验 0－1 Template 工程模板-新建工程章节使用"。

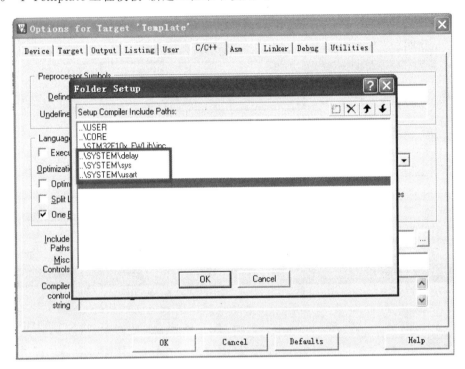

图 3.3.23　添加头文件路径到 Include Paths

3.4　程序下载与调试

3.4.1　STM32 软件仿真

　　MDK 的一个强大的功能就是提供软件仿真,软件仿真最大的好处是能很方便地检查程序存在的问题。因为在 MDK 的仿真下面可以查看很多硬件相关的寄存器,通过观察这些寄存器,就可以知道代码是不是真正有效。另外一个优点是不必频繁地刷机,从而延长了 STM32 的 Flash 寿命(STM32 的 Flash 寿命≥1 万次)。当然,软件仿真不是万能的,很多问题还是要到在线调试才能发现。

　　上一节创立了一个工程模板,本节教读者如何在 MDK5 的软件环境下仿真这个工程,以验证代码的正确性。首先将工程模板中 main.c 中代码修改如下:

```
# include "delay.h"
# include "usart.h"
```

```
int main(void)
{
  u8 t = 0;
  delay_init();
  NVIC_PriorityGroupConfig(NVIC_PriorityGroup_2);
  uart_init(115200);
  while(1)
  {
    printf("t:%d\n",t);
    delay_ms(500);
    t++;
  }
}
```

注意:上面这段代码可以从本书配套资料"实验 0 - 2 Template 工程模板-调试章节使用"的 main. c 文件中复制过来即可。

开始软件仿真之前,先检查一下配置是不是正确,在 IDE 里面单击 ,确定 Target 选项卡内容如图 3.4.1 所示(主要检查芯片型号和晶振频率,其他的一般默认就可以)。

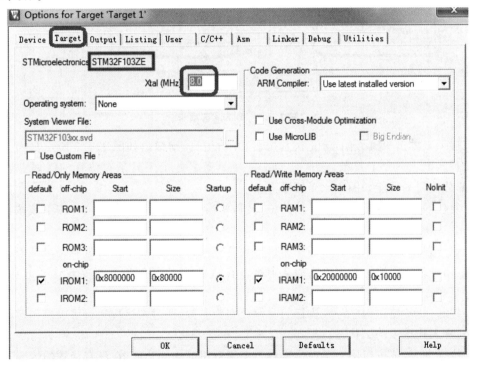

图 3.4.1　Target 选项卡

确认了芯片以及外部晶振频率(8.0 MHz)之后,基本上就确定了 MDK5.14 软件仿真的硬件环境了。接下来选择 Debug 选项卡,设置为如图 3.4.2 所示。图中选择 Use Simulator,即使用软件仿真。选择 Run to main(),即跳过汇编代码,直接跳转到 main 函数开始仿真。设置下方的 Dialog DLL 分别为 DARMSTM. DLL 和 TARM-

STM. DLL, Parameter 均为-pSTM32F103ZE, 用于设置支持 STM32F103ZE 的软硬件仿真(即可以通过 Peripherals 选择对应外设的对话框观察仿真结果)。最后单击 OK, 完成设置。

图 3.4.2　Debug 选项卡

接下来单击 🔍(开始/停止仿真按钮)开始仿真, 则弹出如图 3.4.3 所示界面。可以发现多出了一个工具条, 这就是 Debug 工具条。这个工具条在仿真的时候非常有用, 部分按钮的功能如图 3.4.4 所示。

复位: 其功能等同于硬件上按复位按钮, 相当于实现了一次硬复位。按下该按钮则代码会重新从头开始执行。

执行到断点处: 该按钮用来快速执行到断点处, 有时候并不需要观看每步是怎么执行的, 而是想快速地执行到程序的某个地方看结果, 这个按钮就可以实现这样的功能, 前提是在查看的地方设置了断点。

挂起: 此按钮在程序一直执行的时候会变为有效, 通过按该按钮就可以使程序停止下来, 进入到单步调试状态。

执行进去: 该按钮用来实现执行到某个函数里面去的功能, 在没有函数的情况下是等同于执行过去按钮的。

执行过去: 在碰到有函数的地方, 通过该按钮就可以单步执行过这个函数, 而不进入这个函数单步执行。

执行出去: 进入函数单步调试的时候, 有时候可能不必再执行该函数的剩余部分了, 通过该按钮就直接一步执行完函数余下的部分并跳出函数, 回到函数被调用的位置。

图 3.4.3　开始仿真

图 3.4.4　Debug 工具条

执行到光标处:该按钮可以迅速使程序运行到光标处,执行到断点处按钮功能,但是两者是有区别的,断点可以有多个,但是光标所在处只有一个。

汇编窗口:通过该按钮就可以查看汇编代码,这对分析程序很有用。

观看变量/堆栈窗口:该按钮按下则弹出一个显示变量的窗口,在里面可以查看各种想要看的变量值,也是很常用的一个调试窗口。

串口打印窗口:该按钮按下则弹出一个类似串口调试助手界面的窗口,用来显示从串口打印出来的内容。

内存查看窗口:该按钮按下则弹出一个内存查看窗口,可以在里面输入要查看的内存地址,然后观察这一片内存的变化情况。这是一个很常用的调试窗口。

性能分析窗口:按下该按钮则弹出一个观看各个函数执行时间和所占百分比的窗口,用来分析函数的性能。

逻辑分析窗口:按下该按钮则弹出一个逻辑分析窗口,通过 SETUP 按钮新建一些I/O 口,就可以观察这些 I/O 口的电平变化情况,并以多种形式显示出来,比较直观。

Debug 工具条上的其他几个按钮用得比较少,这里就不介绍了。

在上面的仿真界面里面选内存查看窗口、串口打印窗口,然后调节一下这 2 个窗口的位置,如图 3.4.5 所示。把光标放到 main.c 的 12 行的空白处,双击则可以看到在12 行的左边出现了一个红框,即表示设置了一个断点(也可以通过鼠标右键弹出菜单来加入,再次双击则取消)。然后单击 ,执行到该断点处,如图 3.4.6 所示。

图 3.4.5 调出仿真串口打印窗口

现在先不忙着往下执行,选择 Peripherals→USARTs→USART 1 菜单项,则可以看到有很多外设可以查看,这里查看的是串口 1 的情况,如图 3.4.7(a)所示。这是STM32 串口 1 的默认设置状态,从中可以看到所有与串口相关的寄存器全部在这上面表示出来了,而且有当前串口的波特率等信息的显示。接着单击 执行完串口初始化函数,则得到了如图 3.4.7(b)所示的串口信息。对比这 2 个图的区别就知道在 uart_init(115200)函数里面大概执行了哪些操作。

通过图 3.4.7(b)可以查看串口 1 的各个寄存器设置状态,从而判断编写的代码是否有问题,只有这里的设置正确了之后,才有可能在硬件上正确执行。这样的方法也可以适用于很多其他外设,这一方法不论是在排错还是在编写代码的时候都非常有用。

图 3.4.6　执行到断点处

(a)　　　　　　　　　　　　　　(b)

图 3.4.7　串口 1 各寄存器初始化前后对比

　　然后继续单击 按钮一步步执行,最后就会看到在 USART ♯1 中打印出相关的信息,如图 3.4.8 所示。图中方框内的数据是串口 1 打印出来的,证明我们的仿真是通过的,代码运行时会在串口 1 不停地输出 t 的值,每 0.5 s 执行一次。软件仿真的时间可以在 IDE 的最下面(右下角)观看到,如图 3.4.9 所示。并且 t 自增,与预期的一致。再次按下 结束仿真。

图 3.4.8　串口 1 输出信息

图 3.4.9　仿真持续时间

至此,软件仿真就结束了。通过软件仿真,我们在 MDK5 中验证了代码的正确性,接下来下载代码到硬件上来真正验证一下代码是否在硬件上也是可行的。

3.4.2　STM32 串口程序下载

STM32 的程序下载有多种方法:USB、串口、JTAG、SWD 等,这几种方式都可以用来给 STM32 下载代码,不过,最常用的、最经济的就是通过串口给 STM32 下载代码。本节介绍如何利用串口给 STM32 下载代码。

STM32 的串口下载一般是通过串口 1 下载的,本书的实验平台 ALIENTEK 战舰STM32 开发板不是通过 RS232 串口下载的,而是通过自带的 USB 串口来下载。看起来像 USB 下载(只需一根 USB 线,并不需要串口线)的,实际上是通过 USB 转成串口,然后再下载的。

下面就一步步介绍如何在实验平台上利用 USB 串口来下载代码。首先要在板子上设置一下,在板子上把 RXD 和 PA9(STM32 的 TXD)、TXD 和 PA10(STM32 的RXD)通过跳线帽连接起来,这样就把 CH340G 和 MCU 的串口 1 连接上了。由于

ALIENTEK 这款开发板自带了一键下载电路,所以并不需要关心 BOOT0 和 BOOT1 的状态,但是为了让下载完成可以按复位执行程序,建议把 BOOT1 和 BOOT0 都设置为 0。设置完成如图 3.4.10 所示。

图 3.4.10　开发板串口下载跳线设置

这里简单说明一下一键下载电路的原理。STM32 串口下载的标准方法是 2 个步骤:①把 B0 接 V3.3(保持 B1 接 GND)。②按一下复位按键。通过这 2 个步骤就可以通过串口下载代码了,下载完成之后,如果没有设置从 0X08000000 开始运行,则代码不会立即运行,此时还需要把 B0 接回 GND,然后再按一次复位才会开始运行刚刚下载的代码。所以整个过程得跳动 2 次跳线帽,还得按 2 次复位,比较繁琐。而一键下载电路则利用串口的 DTR 和 RTS 信号,分别控制 STM32 的复位和 B0,配合上位机软件 (flymcu),设置 DTR 的低电平复位、RTS 高电平进 BootLoader,这样,B0 和 STM32 的复位完全可以由下载软件自动控制,从而实现一键下载。

接着,在 USB_232 处插入 USB 线并接上计算机,如果之前没有安装 CH340C 的驱动(如果已经安装过了驱动,则应该能在设备管理器里面看到 USB 串口;如果不能则要先卸载之前的驱动并重启计算机,再重新安装我们提供的驱动),则计算机会提示找到新硬件,如图 3.4.11 所示。

不理会这个提示,直接找到本书配套资料"软件资料→软件"文件夹下的 CH340 驱动并安装,如图 3.4.12 所示。

图 3.4.11 找到新硬件

驱动安装成功之后拔掉 USB 线,然后重新插入计算机,此时计算机就会自动给其安装驱动了。安装完成之后,可以在计算机的设备管理器里面找到 USB 串口(如果找不到,则重启),如图 3.4.13 所示。在图 3.4.13 可以看到,我们的 USB 串口被识别为COM3,注意:不同计算机可能不一样,读者的可能是 COM4、COM5 等,但是 USB - SERIAL CH340 一定是一样的。如果没找到 USB 串口,则有可能是安装有误或者系统不兼容。

图 3.4.12 CH340 驱动安装   图 3.4.13 USB 串口

安装了 USB 串口驱动之后就可以开始串口下载代码了,这里的串口下载软件选择的是 flymcu 该软件是 mcuisp 的升级版本(flymcu 新增对 STM32F4 的支持),由 ALI-ENTEK 提供部分赞助,mcuisp 开发,该软件可以在 www.mcuisp.com 免费下载,本书配套资料也附带了这个软件,版本为 V0.188。该软件启动界面如图 3.4.14 所示。

图 3.4.14　flymcu 启动界面

然后选择要下载的 Hex 文件。以前面新建的工程为例,因为前面在工程建立的时候就已经设置了生成 Hex 文件,所以编译的时候已经生成了 Hex 文件,只需要找到这个 Hex 文件下载即可。

用 flymcu 软件打开 OBJ 文件夹,找到 Template.hex,打开并进行相应设置后,如图 3.4.15 所示。图中圈内的设置是建议的设置。编程后执行,这个选项在无一键下载功能的条件下是很有用的,当选中该选项之后,可以在下载完程序之后自动运行代码。否则,还需要按复位键,才能开始运行刚刚下载的代码。

图 3.4.15　flymcu 设置

编程前重装文件,该选项也比较有用,当选中该选项之后,flymcu 会在每次编程之前将 hex 文件重新装载一遍,这对于代码调试的时候是比较有用的。特别提醒:不要选择使用 RamIsp,否则,可能没法正常下载。

最后,选择 DTR 的低电平复位,RTS 高电平进 BootLoader,这个选择项选中,则 flymcu 就会通过 DTR 和 RTS 信号来控制板载的一键下载功能电路,以实现一键下载功能。如果不选择,则无法实现一键下载功能。这个是必要的选项(在 BOOT0 接 GND 的条件下)。

装载 hex 文件之后,我们要下载代码还需要选择串口,这里 flymcu 有智能串口搜索功能。每次打开 flymcu 软件,软件会自动搜索当前计算机上可用的串口,然后选中一个作为默认的串口(一般是最后一次关闭时所选择的串口)。也可以通过单击菜单栏的搜索串口来实现自动搜索当前可用串口。串口波特率则可以通过 bps 那里设置,对于 STM32,该波特率最大为 460 800。然后,找到 CH340 虚拟的串口,如图 3.4.16 所示。

图 3.4.16 CH340 虚拟串口

从之前 USB 串口的安装可知,开发板的 USB 串口被识别为 COM3 了(如果读者的计算机是被识别为其他的串口,则选择相应的串口即可),所以我们选择 COM3。选择了相应串口之后就可以通过按开始编程(P)按钮一键下载代码到 STM32 上,下载成功后如图 3.4.17 所示。

图 3.4.17 下载完成

图 3.4.17 中圈出了 flymcu 对一键下载电路的控制过程,其实就是控制 DTR 和 RTS 电平的变化,控制 BOOT0 和 RESET,从而实现自动下载。

另外,下载成功后,会有"共写入 xxxxKB,耗时 xxxx 毫秒"的提示,并且从 0X80000000 处开始运行了。打开串口调试助手(XCOM V2.0,在本书配套资料"6,软件资料→软件→串口调试助手"里面),选择 COM3(得根据实际情况选择),设置波特率为 115 200,则发现从 ALIENTEK 战舰 STM32F103 发回来的信息,如图 3.4.18 所示。

图 3.4.18 程序开始运行了

接收到的数据和仿真的一样,证明程序没有问题。至此,说明下载代码成功了,并且也从硬件上验证了代码的正确性。

3.4.3 JTAG/SWD 程序下载和调试

上一小节介绍了如何通过利用串口给 STM32 下载代码,并在 ALIENTEK 战舰 STM32 开发板上验证了程序的正确性。这个代码比较简单,所以不需要硬件调试,直接就一次成功了。可是,如果代码工程比较大,难免存在一些 bug,这时就有必要通过硬件调试来解决问题了。

串口只能下载代码,并不能实时跟踪调试,而利用调试工具,比如 JLINK、ULINK、STLINK 等就可以实时跟踪程序,从而找到程序中的 bug,使开发事半功倍。这里以 JLINK V8 为例,说说如何在线调试 STM32。

JLINK V8 支持 JTAG 和 SWD,同时 STM32 也支持 JTAG 和 SWD。所以,有 2 种方式可以用来调试,JTAG 调试的时候占用的 I/O 线比较多,而 SWD 调试的时候占用的 I/O 线很少,只需要 2 根即可。

JLINK V8 的驱动安装比较简单,这里就不说了。安装了 JLINK V8 的驱动之后接上 JLINK V8,并把 JTAG 口插到 ALIENTEK 战舰 STM32 开发板上。打开 3.2 节新建的工程,单击🔨,打开 Options for Target 'Target' 对话框,选择 Debug 选项卡,在

Use 下拉列表框选择仿真工具为 J－LINK/J－TRACE Cortex,如图 3.4.19 所示。

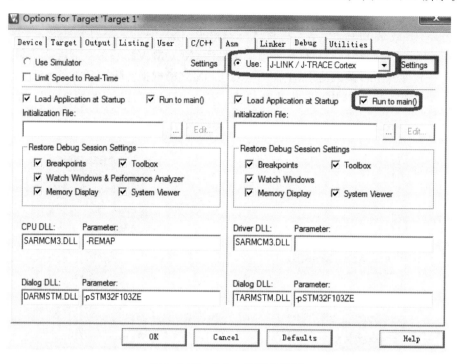

图 3.4.19　Debug 选项卡设置

图 3.4.19 中还选中了 Run to main(),该选项选中后,只要单击仿真就会直接运行到 main 函数;如果没选择这个选项,则先执行 startup_stm32f10x_hd. s 文件的 Reset_Handler,再跳到 main 函数。

然后单击 Settings 按钮(注意,如果 JLINK 固件比较老,此时可能会提示升级固件,单击"确认升级"即可),设置 J－LINK 的一些参数,如图 3.4.20 所示。图中使用 J－LINK V8 的 SW 模式调试,因为我们 JTAG 需要占用比 SW 模式多很多的 I/O 口,而在 ALIENTEK 战舰 STM32 开发板上这些 I/O 口可能被其他外设用到,可能造成部分外设无法使用。所以,建议调试的时候一定要选择 SW 模式。Max Clock 项可以单击 Auto Clk 来自动设置,图 3.4.20 中设置 SWD 的调试速度为 10 MHz。如果 USB 数据线比较差,那么可能会出问题,此时可以通过降低这里的速率来试试。

单击 OK 完成此部分设置。接下来还需要在 Utilities 选项卡里面设置下载时的目标编程器,如图 3.4.21 所示。图中直接选中 Use Debug Driver 项,即和调试一样,选择 JLINK 来给目标器件的 Flash 编程。然后单击 Settings 按钮进入 Flash 算法设置,设置如图 3.4.22 所示。

MDK5 会根据新建工程时选择的目标器件自动设置 Flash 算法,这里使用的是 STM32F103ZET6,Flash 容量为 512 KB,所以 Programming Algorithm 里面默认有 512 K 型号的 STM32F10x High－density Flash 算法。如果这里没有 Flash 算法,则可以单击 Add 按钮,在弹出的窗口自行添加即可。最后,选中 Reset and Run 选项,从而实现编程后自动运行,其他默认设置即可。设置完成之后如图 3.4.23 所示。

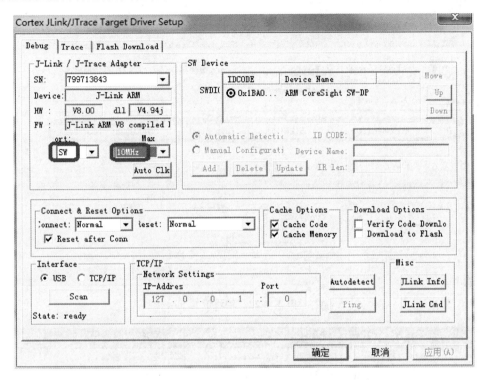

图 3.4.20　J – LINK 模式设置

图 3.4.21　Flash 编程器选择

图 3.4.22　编程设置

图 3.4.23　下载程序到 STM32

设置完之后单击 OK 回到 IDE 界面,编译一下工程。如果这个时候要进行程序下载,那么只需要单击图标 即可下载程序到 STM32,非常方便实用,参考图 3.4.24。

图 3.4.24　开始仿真

接下来主要讲解通过 JTAG/SWD 实现程序在线调试的方法。这里只需要单击 图标就可以开始对 STM32 进行仿真(注意,开发板上的 B0 和 B1 都要设置到 GND,否则代码下载后不会自动运行),如图 3.4.24 所示。

因为之前选中了 Run to main()选项,所以,程序直接就运行到了 main 函数的入口处。在 uart_init()处设置了一个断点,单击 ,则程序快速执行到该处。

接下来就可以使用和 3.4.1 小节介绍的软件仿真一样的方法开始操作了,不过这是真正在硬件上运行,而不是软件仿真,其结果更可信。

3.5　MDK5 使用技巧

下面将介绍 MDK5 软件的一些使用技巧,这些在代码编辑和编写方面非常有用,希望读者好好掌握,最好实际操作一下,加深印象。

3.5.1 文本美化

文本美化主要是设置一些关键字、注释、数字等的颜色和字体。MDK 提供了自定义字体颜色的功能。可以在工具条上单击🔧(配置对话框),则弹出如图 3.5.1 所示界面。

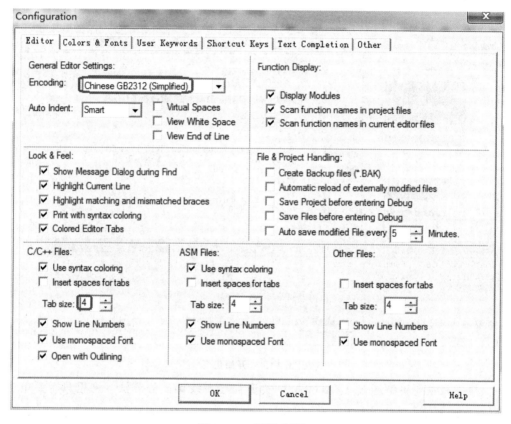

图 3.5.1 设置对话框

在该对话框中,先设置 Encoding 为 Chinese GB2312(Simplified),然后设置 Tab size 为 4。以更好地支持简体中文(否则,复制到其他地方的时候,中文可能是一堆问号),同时 TAB 间隔设置为 4 个单位。然后,选择 Colors&Fonts 选项卡,在该选项卡内可以设置自己的代码的子体和颜色了。由于我们使用的是 C 语言,故在 Window 下面选择 C/C++ Editor Files,于是在右边就可以看到相应的元素了,如图 3.5.2 所示。

然后单击各个元素,并修改为喜欢的颜色(注意双击,且有时候可能需要设置多次才生效,这是 MDK 的 bug),当然也可以在 Font 栏设置字体的类型以及字体的大小等。设置完成之后,单击 OK 就可以在主界面看到修改后的结果。例如修改后的代码显示效果如图 3.5.3 所示,代码中的数字全部修改为红色。

这就比开始的效果好看一些了。可以直接按住 Ctrl+鼠标滚轮进行字体、放大或者缩小,也可以在刚刚的配置界面设置字体大小。

图 3.5.2　Colors&Fonts 选项卡

```
1   #include "sys.h"
2   #include "delay.h"
3   #include "usart.h"
4
5   //实验0：ALIENTEK STM32F103开发板工程模板
6
7   int main(void)
8   {
9       u8 t=0;
10      NVIC_PriorityGroupConfig(NVIC_PriorityGroup_2);//设置中断优先级
11      delay_init();          //延时函数初始化
12      uart_init(115200);     //串口初始化为115200
13      while(1)
14      {
15          printf("t:%d\r\n",t);
16          delay_ms(500);
17          t++;
18      }
19  }
20
21
```

图 3.5.3　设置完后显示效果

细心的读者可能会发现上面的代码里面有一个 u8 还是黑色的,这是一个用户自定义的关键字,为什么不显示蓝色(假定刚刚已经设置了用户自定义关键字颜色为蓝色)呢? 这就又要回到刚刚的配置对话框了,但这次要选择 User Keywords 选项卡,同样选择 C/C++ Editor Files,在右边的 User Keywords 对话框下面输入自定义的关键字,如图 3.5.4 所示。

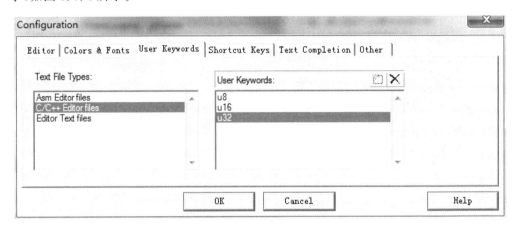

图 3.5.4　用户自定义关键字

图 3.5.5 中定义了 u8、u16、u32 这 3 个关键字,这样在以后的代码编辑里面只要出现这 3 个关键字,肯定就会变成蓝色。单击 OK 回到主界面,可以看到 u8 变成了蓝色了,如图 3.5.5 所示。其实这个编辑配置对话框里面还可以对其他很多功能进行设置,比如动态语法检测等。

```
1   #include "sys.h"
2   #include "delay.h"
3   #include "usart.h"
4
5   //实验0: ALIENTEK STM32F103开发板工程模板
6
7   int main(void)
8   {
9       u8 t=0;
10      NVIC_PriorityGroupConfig(NVIC_PriorityGroup_2);//设置中断优先级
11      delay_init();          //延时函数初始化
12      uart_init(115200);     //串口初始化为115200
13      while(1)
14      {
15          printf("t:%d\r\n",t);
16          delay_ms(500);
17          t++;
18      }
19  }
20
21
```

图 3.5.5　设置完后显示效果

3.5.2　语法检测 & 代码提示

MDK4.70 以上的版本新增了代码提示与动态语法检测功能,使得 MDK 的编辑器越来越好用了,这里简单说一下如何设置。单击 🔧 打开配置对话框,选择 Text Completion 选项卡,如图 3.5.6 所示。

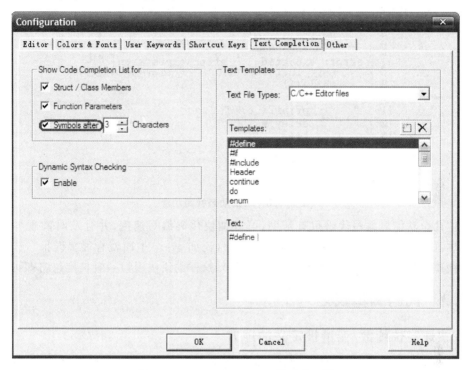

图 3.5.6　Text Completion 选项卡设置

Strut/Class Members 项用于开启结构体/类成员提示功能。Function Parameters 项用于开启函数参数提示功能。Symbols after xx characters 项用于开启代码提示功能,即在输入多少个字符以后提示匹配的内容(比如函数名字、结构体名字、变量名字等),这里默认设置 3 个字符以后就开始提示,如图 3.5.7 所示。

```
1   #include "sys.h"
2   #include "usart.h"
3   #include "delay.h"
4   int main(void)
5   {
6       u8 t=0;
7       del
8       delay_init          (9);    //72M
9       delay_ms                    //延时函数初始化
10      delay_us            );      //初始化串口1波特率
11      __DELAY_H
12
13          printf("t:%d\n",t);
14          delay_ms(500);
```

图 3.5.7　代码提示

Dynamic Syntax Checking 项用于开启动态语法检测,比如编写的代码存在语法错误的时候,则在对应行前面出现✖图标;如出现警告,则出现⚠图标;将鼠标光标放到图标上面,则会提示产生的错误/警告的原因,如图 3.5.8 所示。

```
1    #include "sys.h"
2    #include "delay.h"
3    int main(void)
4    {
5        u8 t=0;
6        Stm32_Clock_Init(9);   //72M
7    error: expected ';' after expression        始化
8        uart_init(72,9600);   //初始化串口1波特率
9        while(1)
10       {
11           printf("t:%d\n",t);
12           delay_ms(500);
13           t++;
14       }
15   }
16
```

图 3.5.8 语法动态检测功能

这几个功能对编写代码很有帮助,可以加快代码编写速度,并且及时发现各种问题。注意,语法动态检测功能有的时候会误报(比如 sys.c 里面就有很多误报),读者可以不用理会,只要能编译通过(0 错误,0 警告),这样的语法误报一般直接忽略即可。

3.5.3 代码编辑技巧

1. 快速定位函数/变量被定义的地方

在调试代码或编写代码的时候,一定有时想看看某个函数是在哪个地方定义的、具体里面的内容是怎么样的、某个变量或数组是在哪个地方定义的等。尤其在调试代码或者看别人代码的时候,如果编译器没有快速定位的功能,那就只能慢慢找,代码量一大,就要花很久的时间来找这个函数到底在哪里。MDK 提供了这样的快速定位的功能(CVAVR 2.0 以后的版本也有这个功能),只要把光标放到这个函数/变量(xxx)的上面(xxx 为想要查看的函数或变量的名字)然后右击,在弹出级联菜单中选择 Go to Definition Of'delay_init',就可以快速跳到 delay_init 函数的定义处(注意,要先在 Options for Target 的 Output 选项卡里面选中 Browse Information 选项,再编译、定位,否则无法定位),如图 3.5.9 所示。

对于变量,也可以按这样的操作快速来定位这个变量被定义的地方,大大缩短了查找代码的时间。细心的读者会发现级联菜单中还有一个类似的选项,就是 Go to Reference To'delay_init',这个是快速跳到该函数被声明的地方,有时候也会用到,但不如前者使用得多。

很多时候利用 Go to Definition/Reference 看完函数/变量的定义/申明后,又想返回之前的代码继续看,此时可以通过 IDE 上的 ⬅ 按钮(Back to previous position)快速

返回之前的位置,这个按钮非常好用!

```
034   void delay_init()
035 □ {
036
037   #ifdef OS_CRITICAL_METHOD    //如果OS_CRITICAL_METHOD定义了,说明使用ucosII了.
038       u32 reload;
039   #endif
040       SysTick_CLKSourceConfig(SysTick_CLKSource_HCLK_Div8);     //选择外部时钟   H
041       fac_us=SystemCoreClock/8000000;  //为系统时钟的1/8
042
043   #ifdef OS_CRITICAL_METHOD    //如果OS_CRITICAL_METHOD定义了,说明使用ucosII了.
044       reload=SystemCoreClock/8000000;        //每秒钟的计数次数 单位为K
045       reload*=1000000/OS_TICKS_PER_SEC;//根据OS_TICKS_PER_SEC设定溢出时间
046                        //reload为24位寄存器,最大值:16777216,在72M下,约合
047       fac_ms=1000/OS_TICKS_PER_SEC;//代表ucos可以延时的最少单位
048       SysTick->CTRL|=SysTick_CTRL_TICKINT_Msk;        //开启SYSTICK中断
049       SysTick->LOAD=reload;    //每1/OS_TICKS_PER_SEC秒中断一次
050       SysTick->CTRL|=SysTick_CTRL_ENABLE_Msk;        //开启SYSTICK
051   #else
052       fac_ms=(u16)fac_us*1000;//非ucos下,代表每个ms需要的systick时钟数
053   #endif
054 □ }
```

图 3.5.9　定位结果

2. 快速注释与快速消注释

调试代码的时候,可能会想注释某一片的代码来看看执行的情况,MDK 提供了这样的快速注释/消注释块代码的功能,也是通过右键实现的。这个操作比较简单,就是先选中要注释的代码区,然后右击,在弹出的级联菜单中选择 Advanced→Comment Selection 就可以了。

以 delay_init 函数为例,比如要注释掉图 3.5.10 中所选中区域的代码。只要在

```
034   void delay_init()
035 □ {
036
037   #ifdef OS_CRITICAL_METHOD    //如果OS_CRITICAL_METHOD定义了,说明使用ucosII了.
038       u32 reload;
039   #endif
040       SysTick_CLKSourceConfig(SysTick_CLKSource_HCLK_Div8);     //选择外部时钟   H
041       fac_us=SystemCoreClock/8000000;  //为系统时钟的1/8
042
043   #ifdef OS_CRITICAL_METHOD    //如果OS_CRITICAL_METHOD定义了,说明使用ucosII了.
044       reload=SystemCoreClock/8000000;        //每秒钟的计数次数 单位为K
045       reload*=1000000/OS_TICKS_PER_SEC;//根据OS_TICKS_PER_SEC设定溢出时间
046                        //reload为24位寄存器,最大值:16777216,在72M下,约合
047       fac_ms=1000/OS_TICKS_PER_SEC;//代表ucos可以延时的最少单位
048       SysTick->CTRL|=SysTick_CTRL_TICKINT_Msk;        //开启SYSTICK中断
049       SysTick->LOAD=reload;    //每1/OS_TICKS_PER_SEC秒中断一次
050       SysTick->CTRL|=SysTick_CTRL_ENABLE_Msk;        //开启SYSTICK
051   #else
052       fac_ms=(u16)fac_us*1000;//非ucos下,代表每个ms需要的systick时钟数
053   #endif
054 □ }
```

图 3.5.10　选中要注释的区域

选中了之后右击,在弹出的级联菜单中选择 Advanced→Comment Selection 就可以把这段代码注释掉了。执行这个操作以后的结果如图 3.5.11 所示。

```
034  void delay_init()
035  {
036  //
037  //#ifdef OS_CRITICAL_METHOD      //如果OS_CRITICAL_METHOD定义了,说明使用ucosII
038  //  u32 reload;
039  //#endif
040  //  SysTick_CLKSourceConfig(SysTick_CLKSource_HCLK_Div8);  //选择外部时钟  H
041  //  fac_us=SystemCoreClock/8000000;  //为系统时钟的1/8
042  //
043  //#ifdef OS_CRITICAL_METHOD      //如果OS_CRITICAL_METHOD定义了,说明使用ucosII
044  //  reload=SystemCoreClock/8000000;      //每秒钟的计数次数 单位为K
045  //  reload*=1000000/OS_TICKS_PER_SEC;//根据OS_TICKS_PER_SEC设定溢出时间
046  //                    //reload为24位寄存器,最大值:16777216,在72M下,约合
047  //  fac_ms=1000/OS_TICKS_PER_SEC;//代表ucos可以延时的最少单位
048  //  SysTick->CTRL|=SysTick_CTRL_TICKINT_Msk;    //开启SYSTICK中断
049  //  SysTick->LOAD=reload;   //每1/OS_TICKS_PER_SEC秒中断一次
050  //  SysTick->CTRL|=SysTick_CTRL_ENABLE_Msk;    //开启SYSTICK
051  //#else
052  //  fac_ms=(u16)fac_us*1000;//非ucos下,代表每个ms需要的systick时钟数
053  //#endif
054  }
```

图 3.5.11　注释完毕

这样就快速注释掉了一片代码,而在某些时候又希望这段注释的代码能快速地取消注释,MDK 也提供了这个功能。与注释类似,先选中被注释掉的地方,然后右击,在弹出的级联菜单中选择 Advanced→Uncomment Selection。

3.5.4　其他小技巧

第一个是快速打开头文件。将光标放到要打开的引用头文件上,然后右击,在弹出的级联菜单中选择 Open Document"XXX",就可以快速打开这个文件了(XXX 是你要打开的头文件名字),如图 3.5.12 所示。

图 3.5.12　快速打开头文件

第二个小技巧是查找替换功能。这个和 WORD 等很多文档操作的替换功能差不多，在 MDK 里面查找替换的快捷键是"CTRL＋H"，只要按下该按钮就会调出如图 3.5.13 所示界面。

图 3.5.13　替换文本

第三个小技巧是跨文件查找功能，先双击要找的函数/变量名（这里还是以系统时钟初始化函数 delay_init 为例），然后再单击 IDE 上面的　，则弹出如图 3.5.14 所示对话框。单击 Find，MDK 就会找出所有含有 delay_init 字段的文件并列出其所在位置，如图 3.5.15 所示。

图 3.5.14　跨文件查找

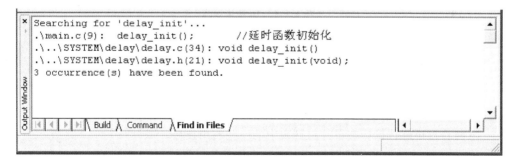

图 3.5.15　查找结果

该方法可以很方便地查找各种函数/变量，而且可以限定搜索范围（比如只查找.c 文件和.h 文件等），是非常实用的一个技巧。

第 **4** 章

STM32 开发基础知识入门

这一章介绍 STM32 开发的一些基础知识,让读者对 STM32 开发有一个初步的了解,为后面 STM32 的学习做一个铺垫,方便后面的学习。这一章的内容可以只了解一个大概,后面需要用到这方面的知识的时候再回过头来仔细看看。

4.1 MDK 下 C 语言基础复习

这一节主要讲解一下 C 语言基础知识。这里主要是简单复习几个 C 语言基础知识点,引导那些 C 语言基础知识不是很扎实的读者能够快速开发 STM32 程序。同时希望这些读者能够多复习 C 语言基础知识,C 语言毕竟是单片机开发中的必备基础知识。对于 C 语言基础比较扎实的读者,这部分知识可以忽略不看。

1. 位操作

C 语言位操作,简而言之,就是对基本类型变量可以在位级别进行操作。C 语言支持如表 4.1.1 所列的 6 种位操作。

表 4.1.1　16 种位操作

运算符	含　义	运算符	含　义
&	按位与	~	取反
|	按位或	<<	左移
^	按位异或	>>	右移

下面着重讲解位操作在单片机开发中的一些实用技巧。

① 不改变其他位的值的状况下对某几个位进行设置。

这个场景单片机开发中经常使用,方法就是先对需要设置的位用"&"操作符进行清零操作,然后用"|"操作符设置。比如要改变 GPIOA 的状态,可以先对寄存器的值进行"&"清零操作:

```
GPIOA->CRL&=0XFFFFFF0F;//将第 4-7 位清 0
```

然后再与需要设置的值进行|或运算:

```
GPIOA->CRL|=0X00000040;//设置相应位的值,不改变其他位的值
```

② 移位操作提高代码的可读性。

移位操作在单片机开发中也非常重要,固件库 GPIO 初始化的函数里面的一行

第 4 章 STM32 开发基础知识入门

代码：

```
GPIOx->BSRR = (((uint32_t)0x01) << pinpos);
```

这个操作就是将 BSRR 寄存器的第 pinpos 位设置为 1，为什么要通过左移而不是直接设置一个固定的值呢？其实，这是为了提高代码的可读性以及可重用性。这行代码可以很直观明了地知道是将第 pinpos 位设置为 1。如果写成：

```
GPIOx->BSRR = 0x0030;
```

这样的代码就不好看也不好重用了。

类似这样的代码很多：

```
GPIOA->ODR| = 1<<5;        //PA.5 输出高,不改变其他位
```

这样一目了然，5 告诉我们是第 5 位也就是第 6 个端口，1 告诉我们是设置为 1 了。

③ ～取反操作使用技巧

SR 寄存器的每一位都代表一个状态，某个时刻我们希望去设置某一位的值为 0，同时其他位都保留为 1，简单的做法是直接给寄存器设置一个值：

```
TIMx->SR = 0xFFF7;
```

这样的做法设置第 3 位为 0，但是这样的做法同样不好看，并且可读性很差。看看库函数代码中怎样使用的：

```
TIMx->SR = (uint16_t)~TIM_FLAG;
```

而 TIM_FLAG 是通过宏定义定义的值：

```
#define TIM_FLAG_Update          ((uint16_t)0x0001)
#define TIM_FLAG_CC1             ((uint16_t)0x0002)
```

看这个应该很容易明白，可以直接从宏定义中看出 TIM_FLAG_Update 就是设置的第 0 位了，可读性非常强。

2. define 宏定义

define 是 C 语言中的预处理命令，用于宏定义，可以提高源代码的可读性，为编程提供方便。常见的格式：

```
#define 标识符  字符串
```

"标识符"为所定义的宏名。"字符串"可以是常数、表达式、格式串等。例如：

```
#define SYSCLK_FREQ_72MHz  72000000
```

定义标识符 SYSCLK_FREQ_72MHz 的值为 72000000。

至于 define 宏定义的其他一些知识，比如宏定义带参数这里我们就不多讲解。

3. ifdef 条件编译

单片机程序开发过程中，经常会遇到一种情况，当满足某条件时对一组语句进行编译，而条件不满足时则编译另一组语句。条件编译命令最常见的形式为：

```
#ifdef 标识符
程序段 1
#else
程序段 2
#endif
```

· 81 ·

它的作用是:当标识符已经被定义过(一般是用♯define 命令定义),则对程序段 1 进行编译,否则编译程序段 2。其中♯else 部分也可以没有,即:

```
♯ifdef
  程序段 1
♯endif
```

这个条件编译在 MDK 里面是用得很多的,在 stm32f10x. h 头文件中经常会看到这样的语句:

```
♯ifdef STM32F10X_HD
大容量芯片需要的一些变量定义
♯end
```

而 STM32F10X_HD 则是通过♯define 来定义的。条件编译也是 c 语言的基础知识,这里也就点到为止吧。

4. extern 变量申明

C 语言中 extern 可以置于变量或者函数前,以表示变量或者函数的定义在别的文件中,提示编译器遇到此变量和函数时在其他模块中寻找其定义。注意,对于 extern 申明变量可以多次,但定义只有一次。代码中会看到这样的语句:

```
extern u16 USART_RX_STA;
```

这个语句是申明 USART_RX_STA 变量在其他文件中已经定义了,这里要使用到。所以,肯定可以找到在某个地方有变量定义的语句:

```
u16 USART_RX_STA;
```

的出现。下面通过一个例子说明一下使用方法。

在 main. c 定义的全局变量 id,其 id 的初始化都是在 main. c 里面进行的。Main. c 文件:

```
u8 id;//定义只允许一次
main()
{
  id = 1;
  printf("d%",id);//id = 1
  test();
  printf("d%",id);//id = 2
}
```

但是我们希望在 test. c 的 changeId(void)函数中使用变量 id,这个时候就需要在 test. c 里面去申明变量 id 是外部定义的了,因为如果不申明,变量 id 的作用域是到不了 test. c 文件中。看下面 test. c 中的代码:

```
extern u8 id;//申明变量 id 是在外部定义的,申明可以在很多个文件中进行
void test(void){
  id = 2;
}
```

在 test. c 中申明变量 id 在外部定义,然后在 test. c 中就可以使用变量 id 了。Extern 申明函数在外部定义的应用这里就不多讲解了。

5. 在于 typedef 类型别名

Typedef 用于为现有类型创建一个新的名字,或称为类型别名,用来简化变量的定义。Typedef 在 MDK 用得最多的就是定义结构体的类型别名和枚举类型了。

```
struct _GPIO
{
    __IO uint32_t CRL;
    __IO uint32_t CRH;
    ...
};
```

定义了一个结构体 GPIO,这样我们定义变量的方式为:

```
struct _GPIO GPIOA;//定义结构体变量 GPIOA
```

但是这样很繁琐,MDK 中有很多这样的结构体变量需要定义。这里可以为结体定义一个别名 GPIO_TypeDef,这样就可以在其他地方通过别名 GPIO_TypeDef 来定义结构体变量了。方法如下:

```
typedef struct
{
    __IO uint32_t CRL;
    __IO uint32_t CRH;
    ...
} GPIO_TypeDef;
```

Typedef 为结构体定义一个别名 GPIO_TypeDef,这样我们可以通过 GPIO_TypeDef 来定义结构体变量:

```
GPIO_TypeDef _GPIOA,_GPIOB;
```

这里的 GPIO_TypeDef 就跟 struct _GPIO 是等同的作用了,这样是不是方便很多?

6. 结构体

很多读者提到对结构体使用不是很熟悉,但是 MDK 中太多地方使用结构体以及结构体指针,这让他们一下子摸不着头脑,学习 STM32 的积极性大大降低。其实结构体并不是那么复杂,这里稍微提一下结构体的一些知识,还有一些知识会在后面的“寄存器地址名称映射分析”中讲到一些。

声明结构体类型:

```
Struct 结构体名{
成员列表;
}变量名列表;
```

例如:

```
Struct U_TYPE {
Int BaudRate
Int  WordLength;
}usart1,usart2;
```

在结构体申明的时候可以定义变量,也可以申明之后定义,方法是:

```
Struct 结构体名字　结构体变量列表;
```

例如:struct U_TYPE usart1,usart2;

结构体成员变量的引用方法是：

结构体变量名字.成员名

比如要引用 usart1 的成员 BaudRate,方法是:"usart1.BaudRate;"。

结构体指针变量定义也是一样的,跟其他变量没有啥区别。例如:

struct U_TYPE *usart3;//定义结构体指针变量 usart1;

结构体指针成员变量引用方法是通过"→"符号实现,比如要访问 usart3 结构体指针指向的结构体的成员变量 BaudRate,方法是:

usart3->BaudRate;

上面讲解了结构体和结构体指针的一些知识,其他的这里就不多讲解了。讲到这里,有人会问,结构体到底有什么作用呢? 为什么要使用结构体呢? 下面简单地通过一个实例回答一下这个问题。

在单片机程序开发过程中,经常会遇到要初始化一个外设比如串口,它的初始化状态是由几个属性来决定的,比如串口号、波特率、极性以及模式。对于这种情况,在没有学习结构体的时候,一般的方法是:

voidUSART_Init(u8 usartx,u32 u32 BaudRate,u8 parity,u8 mode);

这种方式是有效的,并且在一定场合是可取的。但是试想,如果有一天,我们希望往这个函数里面再传入一个参数,那么势必需要修改这个函数的定义,重新加入字长这个入口参数。于是我们的定义被修改为:

voidUSART_Init (u8 usartx,u32 BaudRate, u8 parity,u8 mode,u8 wordlength);

但是如果这个函数的入口参数是随着开发不断增多,那么是不是就要不断地修改函数的定义呢? 这是不是给我们开发带来很多的麻烦? 那又怎样解决这种情况呢? 使用结构体就能解决这个问题了。我们可以在不改变入口参数的情况下,只需要改变结构体的成员变量,就可以达到上面改变入口参数的目的。

结构体就是将多个变量组合为一个有机的整体。上面的函数中 BaudRate、wordlength、Parity、mode、wordlength 参数,对于串口而言,是一个有机整体,都是来设置串口参数的,所以可以将它们通过定义一个结构体来组合在一个。MDK 中是这样定义的:

```
typedef struct
{
    uint32_t USART_BaudRate;
    uint16_t USART_WordLength;
    uint16_t USART_StopBits;
    uint16_t USART_Parity;
    uint16_t USART_Mode;
    uint16_t USART_HardwareFlowControl;
} USART_InitTypeDef;
```

于是,在初始化串口的时候入口参数就可以是 USART_InitTypeDef 类型的变量或者指针变量了,MDK 中是这样做的:

void USART_Init(USART_TypeDef * USARTx, USART_InitTypeDef * USART_InitStruct);

这样,任何时候,我们只需要修改结构体成员变量,向结构体中间加入新的成员变量,而不需要修改函数定义就可以达到修改入口参数同样的目的了,这样的好处是不用修改任何函数定义就可以达到增加变量的目的。

　　理解了结构体在这个例子中间的作用吗? 在以后的开发过程中,如果变量定义过多,如果某几个变量是用来描述某一个对象,则可以考虑将这些变量定义在结构体中,从而提高代码的可读性。

　　使用结构体组合参数可以提高代码的可读性,不会觉得变量定义混乱。当然,结构体的作用就远远不止这个了,同时,MDK 中用结构体来定义外设也不只是这个作用,这里只是举一个例子,通过最常用的场景让读者理解结构体的一个作用而已。

4.2　STM32 系统架构

　　STM32 的系统架构比 51 单片机就要强大很多了,详细可以参考《STM32 中文参考手册 V10》的 P25～28。这里把这一部分知识抽取出来讲解,是为了读者在学习 STM32 之前对系统架构有一个初步的了解。

　　这里所讲的 STM32 系统架构主要针对的 STM32F103 这些非互联型芯片。首先看看 STM32 的系统架构图,如图 4.2.1 所示。

图 4.2.1　STM32 系统架构图

STM32 主系统主要由 4 个驱动单元和 4 个被动单元构成。其中,4 个驱动单元是

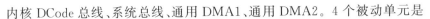

内核 DCode 总线、系统总线、通用 DMA1、通用 DMA2。4 个被动单元是

> AHB 到 APB 的桥:连接所有的 APB 设备;

> 内部 FlASH 闪存;

> 内部 SRAM;

> FSMC。

下面具体讲解一下图中几个总线的知识。

① ICode 总线:该总线将 Cortex - M3 内核指令总线和闪存指令接口相连,指令的预取在该总线上面完成。

② DCode 总线:该总线将 Cortex - M3 内核的 DCode 总线与闪存存储器的数据接口连接,常量加载和调试访问在该总线上面完成。

③ 系统总线:该总线连接 Cortex - M3 内核的系统总线到总线矩阵,总线矩阵协调内核和 DMA 间访问。

④ DMA 总线:该总线将 DMA 的 AHB 主控接口与总线矩阵相连,总线矩阵协调 CPU 的 DCode 和 DMA 到 SRAM、闪存和外设的访问。

⑤ 总线矩阵:总线矩阵协调内核系统总线和 DMA 主控总线之间的访问仲裁,仲裁利用轮换算法。

⑥ AHB/APB 桥:这 2 个桥在 AHB 和 2 个 APB 总线间提供同步连接,APB1 操作速度限于 36 MHz,APB2 操作速度全速。

对于系统架构的知识,在刚开始学习 STM32 的时候只需要一个大概了解,大致知道是个什么情况即可。对于寻址之类的知识,这里就不做深入的讲解,中文参考手册都有很详细的讲解。

4.3 STM32 时钟系统

众所周知,时钟系统是 CPU 的脉搏,就像人的心跳一样。所以时钟系统的重要性就不言而喻了。STM32 的时钟系统比较复杂,不像简单的 51 单片机一个系统时钟就可以解决一切。于是有人要问,采用一个系统时钟不是很简单吗? 为什么 STM32 要有多个时钟源呢? 因为首先 STM32 本身非常复杂,外设非常的多,但是并不是所有外设都需要系统时钟这么高的频率,比如看门狗以及 RTC 只需要几十 k 的时钟即可。同一个电路,时钟越快功耗越大,同时抗电磁干扰能力也会越弱,所以较为复杂的 MCU 一般采取多时钟源的方法来解决这些问题。

首先看看 STM32 的时钟系统图,如图 4.3.1 所示。

STM32 中有 5 个时钟源,为 HSI、HSE、LSI、LSE、PLL。从时钟频率来分可以分为高速时钟源和低速时钟源,在这 5 个中 HIS、HSE 以及 PLL 是高速时钟,LSI 和 LSE 是低速时钟。从来源可分为外部时钟源和内部时钟源,外部时钟源就是从外部通过接晶振的方式获取时钟源,其中,HSE 和 LSE 是外部时钟源,其他的是内部时钟源。下面看看 STM32 的 5 个时钟源,这里按图中圆圈标示的顺序:

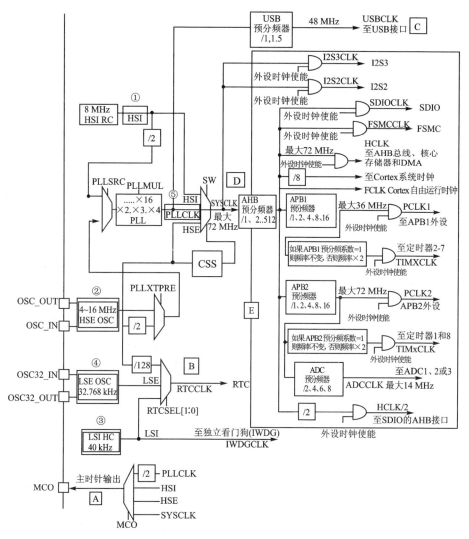

图 4.3.1　STM32 时钟系统图

① HSI 是高速内部时钟,RC 振荡器,频率为 8 MHz。

② HSE 是高速外部时钟,可接石英/陶瓷谐振器或者接外部时钟源,频率范围为 4~16 MHz。我们的开发板接的是 8 MHz 的晶振。

③ LSI 是低速内部时钟,RC 振荡器频率为 40 kHz。独立看门狗的时钟源只能是 LSI,同时 LSI 还可以作为 RTC 的时钟源。

④ LSE 是低速外部时钟,接频率为 32.768 kHz 的石英晶体。这个主要是 RTC 的时钟源。

⑤ PLL 为锁相环倍频输出,其时钟输入源可选择为 HSI/2、HSE 或者 HSE/2。倍频可选择为 2~16 倍,但是其输出频率最大不得超过 72 MHz。

上面简要概括了 STM32 的时钟源,那么这 5 个时钟源是怎么给各个外设以及系统提供时钟的呢？这里将一一讲解。

图中用 A～E 标示我们要讲解的地方。

A. MCO 是 STM32 的一个时钟输出 I/O(PA8)，可以选择一个时钟信号输出，可以选择为 PLL 输出的 2 分频、HSI、HSE 或者系统时钟。这个时钟可以用来给外部其他系统提供时钟源。

B. 这里是 RTC 时钟源，从图 4.3.1 可以看出，RTC 的时钟源可以选择 LSI、LSE 以及 HSE 的 128 分频。

C. 从图 4.3.1 可以看出 C 处 USB 的时钟是来自 PLL 时钟源。STM32 中有一个全速功能的 USB 模块，其串行接口引擎需要一个频率为 48 MHz 的时钟源。该时钟源只能从 PLL 输出端获取，可以选择为 1.5 分频或者 1 分频，也就是，当需要使用 USB 模块时，PLL 必须使能，并且时钟频率配置为 48 MHz 或 72 MHz。

D. D 处就是 STM32 的系统时钟 SYSCLK，是供 STM32 中绝大部分部件工作的时钟源。系统时钟可选择为 PLL 输出、HSI 或者 HSE。系统时钟最大频率为 72 MHz，当然也可以超频，不过一般情况为了系统稳定性是没有必要冒风险去超频的。

E. 这里的 E 处是指其他所有外设了。从时钟图上可以看出，其他所有外设的时钟最终来源都是 SYSCLK。SYSCLK 通过 AHB 分频器分频后送给各模块使用。这些模块包括：

➢ AHB 总线、内核、内存和 DMA 使用的 HCLK 时钟。

➢ 通过 8 分频后送给 Cortex 的系统定时器时钟，也就是 systick 了。

➢ 直接送给 Cortex 的空闲运行时钟 FCLK。

➢ 送给 APB1 分频器。APB1 分频器输出一路供 APB1 外设使用(PCLK1，最大频率 36 MHz)，另一路送给定时器(Timer)2、3、4 倍频器使用。

➢ 送给 APB2 分频器。APB2 分频器分频输出一路供 APB2 外设使用(PCLK2，最大频率 72 MHz)，另一路送给定时器(Timer)1 倍频器使用。

其中需要理解的是 APB1 和 APB2 的区别，APB1 上面连接的是低速外设，包括电源接口、备份接口、CAN、USB、I2C1、I2C2、UART2、UART3 等，APB2 上面连接的是高速外设包括 UART1、SPI1、Timer1、ADC1、ADC2、所有普通 I/O 口(PA～PE)、第二功能 I/O 口等。

在以上的时钟输出中，有很多是带使能控制的，例如 AHB 总线时钟、内核时钟、各种 APB1 外设、APB2 外设等。当需要使用某模块时，记得一定要先使能对应的时钟。后面我们讲解实例的时候回讲解到时钟使能的方法。

STM32 时钟系统的配置除了初始化的时候在 system_stm32f10x.c 中的 SystemInit()函数中外，其他的配置主要在 stm32f10x_rcc.c 文件中，里面有很多时钟设置函数，可以打开这个文件浏览一下，基本上看看函数的名称就知道这个函数的作用。设置时钟的时候一定要仔细参考 STM32 的时钟图，做到心中有数。这里需要指明一下，对于系统时钟,默认情况下是在 SystemInit 函数的 SetSysClock() 函数中间判断的,而设置是通过宏定义设置的。可以看看 SetSysClock() 函数体:

```
static void SetSysClock(void)
{
# ifdef SYSCLK_FREQ_HSE
  SetSysClockToHSE();
# elif defined SYSCLK_FREQ_24MHz
  SetSysClockTo24();
# elif defined SYSCLK_FREQ_36MHz
  SetSysClockTo36();
# elif defined SYSCLK_FREQ_48MHz
  SetSysClockTo48();
# elif defined SYSCLK_FREQ_56MHz
  SetSysClockTo56();
# elif defined SYSCLK_FREQ_72MHz
  SetSysClockTo72();
# endif
}
```

这段代码非常简单,就是判断系统宏定义的时钟是多少,然后设置相应值。系统默认宏定义是 72 MHz:

```
# define SYSCLK_FREQ_72MHz  72000000
```

如果要设置为 36 MHz,则只需要注释掉上面代码,然后加入下面代码即可:

```
# define SYSCLK_FREQ_36MHz  36000000
```

注意,当设置好系统时钟后,可以通过变量 SystemCoreClock 获取系统时钟值;如果系统是 72 MHz 时钟,那么 SystemCoreClock = 72000000。这是在 system_stm32f10x.c 文件中设置的:

```
# ifdef SYSCLK_FREQ_HSE
  uint32_t SystemCoreClock         = SYSCLK_FREQ_HSE;
# elif defined SYSCLK_FREQ_36MHz
  uint32_t SystemCoreClock          = SYSCLK_FREQ_36MHz;
# elif defined SYSCLK_FREQ_48MHz
  uint32_t SystemCoreClock         = SYSCLK_FREQ_48MHz;
# elif defined SYSCLK_FREQ_56MHz
  uint32_t SystemCoreClock         = SYSCLK_FREQ_56MHz;
# elif defined SYSCLK_FREQ_72MHz
  uint32_t SystemCoreClock         = SYSCLK_FREQ_72MHz;
# else
  uint32_t SystemCoreClock        = HSI_VALUE;
# endif
```

这里总结一下 SystemInit() 函数中设置的系统时钟大小:

SYSCLK(系统时钟)　　　　　　　=72 MHz

AHB 总线时钟(使用 SYSCLK)　　=72 MHz

APB1 总线时钟(PCLK1)　　　　　=36 MHz

APB2 总线时钟(PCLK2)　　　　　=72 MHz

PLL 时钟　　　　　　　　　　　=72 MHz

4.4 端口复用和重映射

1. 端口复用功能

STM32 有很多的内置外设,这些外设的外部引脚都是与 GPIO 复用的。也就是说,一个 GPIO 如果可以复用为内置外设的功能引脚,那么当这个 GPIO 作为内置外设使用的时候,就叫复用。详细可以参考《STM32 中文参考手册 V10》的 P109、P116～P121。

大家都知道,MCU 都有串口,STM32 有好几个串口。比如说 STM32F103ZET6 有 5 个串口,查手册可知,串口 1 的引脚对应的 I/O 为 PA9、PA10。PA9、PA10 默认功能是 GPIO,所以当 PA9、PA10 引脚作为串口 1 的 TX、RX 引脚使用的时候,那就是端口复用。

复用端口初始化有几个步骤:

① GPIO 端口时钟使能。要使用到端口复用,当然要使能端口的时钟了。

```
RCC_APB2PeriphClockCmd(RCC_APB2Periph_GPIOA, ENABLE);
```

② 复用的外设时钟使能。比如要将端口 PA9,PA10 复用为串口,所以要使能串口时钟。

```
RCC_APB2PeriphClockCmd(RCC_APB2Periph_USART1,ENABLE);
```

③ 端口模式配置。在 I/O 复用位内置外设功能引脚的时候,必须设置 GPIO 端口的模式。至于在复用功能下 GPIO 的模式是怎么对应的,可以查看手册《STM32 中文参考手册 V10》P110 的表 8.1.11。这里拿 Usart1 举例,配置如图 4.4.1 所示。可以看出,要配置全双工的串口 1,那么 TX 引脚需要配置为推挽复用输出,RX 引脚配置为浮空输入或者带上拉输入。

```
//USART1_TX  PA.9 复用推挽输出
GPIO_InitStructure.GPIO_Pin = GPIO_Pin_9;//PA.9
GPIO_InitStructure.GPIO_Speed = GPIO_Speed_50MHz;
GPIO_InitStructure.GPIO_Mode = GPIO_Mode_AF_PP;//复用推挽输出
GPIO_Init(GPIOA,&GPIO_InitStructure);
//USART1_RX PA.10 浮空输入
GPIO_InitStructure.GPIO_Pin = GPIO_Pin_10;//PA10
GPIO_InitStructure.GPIO_Mode = GPIO_Mode_IN_FLOATING;//浮空输入
GPIO_Init(GPIOA,&GPIO_InitStructure);
```

USART 引脚	配置	GPIO 配置
USARTx_TX	全双工模式	推挽复用输出
	半双工同步模式	推挽复用输出
USARTx_RX	全双工模式	浮空输入或带上拉输入
	半双工同步模式	未用,可作为通用 I/O

图 4.4.1 串口复用 GPIO 配置

所以,使用复用功能的时候最少要使能 2 个时钟:GPIO 时钟使能、复用的外设时钟使能。同时要初始化 GPIO 以及复用外设功能。

2. 端口重映射

为了使不同器件封装的外设 I/O 功能数量达到最优,可以把一些复用功能重新映射到其他一些引脚上。STM32 中有很多内置外设的输入/输出引脚都具有重映射(remap)的功能。我们知道,每个内置外设都有若干个输入/输出引脚,一般这些引脚的输出端口都是固定不变的,为了更好地安排引脚的走向和功能,在 STM32 中引入了外设引脚重映射的概念,即一个外设的引脚除了具有默认的端口外,还可以通过设置重映射寄存器的方式把这个外设的引脚映射到其他的端口。

简单讲就是把引脚的外设功能映射到另一个引脚,但不是可以随便映射的,具体对应关系《STM32 中文参考手册 V10》的 P116 页 8.3 节。这里我们同样拿串口 1 为例来讲解。

图 4.4.2 是截取的中文参考手册中的重映射表,可以看出,默认情况下,串口 1 复用时的引脚为 PA9、PA10,同时可以将 TX 和 RX 重新映射到引脚 PB6 和 PB7 上面去。所以重映射同样要使能复用功能的时候讲解的 2 个时钟外,还要使能 AFIO 功能时钟,然后调用重映射函数。详细步骤为:

复用功能	USART1_REMAP=0	USART1_REMAP=1
USART1_TX	PA9	PB6
USART1_RX	PA10	PB7

图 4.4.2　串口重映射引脚表

① 使能 GPIOB 时钟:

```
RCC_APB2PeriphClockCmd(RCC_APB2Periph_GPIOB,ENABLE);
```

② 使能串口 1 时钟:

```
RCC_APB2PeriphClockCmd(RCC_APB2Periph_USART1,ENABLE);
```

③ 使能 AFIO 时钟:

```
RCC_APB2PeriphClockCmd(RCC_APB2Periph_AFIO,ENABLE);
```

④ 开启重映射:

```
GPIO_PinRemapConfig(GPIO_Remap_USART1,ENABLE);
```

这样就将串口的 TX 和 RX 重映射到引脚 PB6 和 PB7 上面了。至于有哪些功能可以重映射,读者除了查看中文参考手册之外,还可以从 GPIO_PinRemapConfig 函数入手查看第一个入口参数的取值范围得知。stm32f10x_gpio.h 文件中定义了取值范围为下面宏定义的标识符,这里贴一小部分:

```
#define GPIO_Remap_SPI1          ((uint32_t)0x00000001)
#define GPIO_Remap_I2C1          ((uint32_t)0x00000002)
#define GPIO_Remap_USART1        ((uint32_t)0x00000004)
#define GPIO_Remap_USART2        ((uint32_t)0x00000008)
#define GPIO_PartialRemap_USART3    ((uint32_t)0x00140010)
#define GPIO_FullRemap_USART3       ((uint32_t)0x00140030)
```

可以看出,USART1 只有一种重映射,而 USART3 存在部分重映射和完全重映射。所谓部分重映射就是部分引脚和默认的是一样的,而部分引脚是重新映射到其他引脚。完全重映射就是所有引脚都重新映射到其他引脚。手册中的 USART3 重映射表如图 4.4.3 所示。

复用功能	USART3_REMAP[1:0]=00 (没有重映像)	USART3_REMAP[1:0]=01 (没有重映像)	USART3_REMAP[1:0]=11 (没有重映像)
USART3_TX	PB10	PC10	PD8
USART3_RX	PB11	PC11	PD9
USART3_CK	PB12	PC12	PD10
USART3_CTS	PB13		PD11
USART3_RTS	PB14		PD12

图 4.4.3　USART3 重映射引脚对应表

部分重映射就是 PB10、PB11、PB12 重映射到 PC10、PC11、PC12 上。而 PB13、PB14 和没有重映射情况是一样的,都是 USART3_CTS 和 USART3_RTS 对应引脚。完全重映射就是将这 2 个引脚重新映射到 PD11 和 PD12 上去。要使用 USART3 的部分重映射,调用函数方法为:

```
GPIO_PinRemapConfig(GPIO_PartialRemap_USART3,ENABLE);
```

4.5　STM32 NVIC 中断优先级管理

Cortex-M3 内核支持 256 个中断,其中包含了 16 个内核中断和 240 个外部中断,并且具有 256 级的可编程中断设置。但 STM32 并没有使用 Cortex-M3 内核的全部东西,而是只用了它的一部分。STM32 有 84 个中断,包括 16 个内核中断和 68 个可屏蔽中断,具有 16 级可编程的中断优先级。而常用的就是这 68 个可屏蔽中断,但是 STM32 的 68 个可屏蔽中断在 STM32F103 系列上面又只有 60 个(在 107 系列才有 68 个)。因为我们开发板选择的芯片是 STM32F103 系列的,所以这里就只介绍对 STM32F103 系列这 60 个可屏蔽中断。

MDK 为与 NVIC 相关的寄存器定义了如下的结构体:

```
typedef struct
{
    __IO uint32_t ISER[8];/*! < Interrupt Set Enable Register        */
        uint32_t RESERVED0[24];
    __IO uint32_t ICER[8];/*! < Interrupt Clear Enable Register       */
        uint32_t RSERVED1[24];
    __IO uint32_t ISPR[8];/*! < Interrupt Set Pending Register        */
        uint32_t RESERVED2[24];
    __IO uint32_t ICPR[8];/*! < Interrupt Clear Pending Register      */
        uint32_t RESERVED3[24];
    __IO uint32_t IABR[8];/*! < Interrupt Active bit Register         */
```

```
      uint32_t RESERVED4[56];
  __IO uint8_t   IP[240];/*! < Interrupt Priority Register, 8Bit wide        */
      uint32_t RESERVED5[644];
  __O  uint32_t STIR;/*! < Software Trigger Interrupt Register               */
} NVIC_Type;
```

STM32 的中断在这些寄存器的控制下有序执行,只有了解这些中断寄存器,才能方便地使用 STM32 的中断。下面重点介绍这几个寄存器:

ISER[8]:ISER 全称是 Interrupt Set‐Enable Registers,这是一个中断使能寄存器组。上面说了 Cortex‐M3 内核支持 256 个中断,这里用 8 个 32 位寄存器来控制,每个位控制一个中断。但是 STM32F103 的可屏蔽中断只有 60 个,所以对我们来说,有用的就是 2 个(ISER[0]和 ISER[1]),总共可以表示 64 个中断。而 STM32F103 只用了其中的前 60 位。ISER[0]的 bit0～bit31 分别对应中断 0～31,ISER[1]的 bit0～bit27 对应中断 32～59,这样总共 60 个中断就分别对应上了。要使能某个中断,就必须设置相应的 ISER 位为 1,使该中断被使能(这里仅仅是使能,还要配合中断分组、屏蔽、I/O 口映射等设置才算是一个完整的中断设置)。具体每一位对应哪个中断可参考 stm32f10x.h 里面的第 140 行处(针对编译器 MDK5 来说)。

ICER[8]:全称是 Interrupt Clear‐Enable Registers,是一个中断除能寄存器组。该寄存器组与 ISER 的作用恰好相反,是用来清除某个中断的使能的。其对应位的功能也和 ICER 一样。这里要专门设置一个 ICER 来清除中断位,而不是向 ISER 写 0 来清除,是因为 NVIC 的这些寄存器都是写 1 有效的,写 0 是无效的。

ISPR[8]:全称是 Interrupt Set‐Pending Registers,是一个中断挂起控制寄存器组。每个位对应的中断和 ISER 是一样的。通过置 1 可以将正在进行的中断挂起,而执行同级或更高级别的中断。写 0 是无效的。

ICPR[8]:全称是 Interrupt Clear‐Pending Registers,是一个中断解挂控制寄存器组。其作用与 ISPR 相反,对应位也和 ISER 是一样的。通过设置 1 可以将挂起的中断接挂。写 0 无效。

IABR[8]:全称是 Interrupt Active Bit Registers,是一个中断激活标志位寄存器组。对应位代表的中断和 ISER 一样,如果为 1,则表示该位所对应的中断正在被执行。这是一个只读寄存器,通过它可以知道当前在执行的中断是哪一个。在中断执行完了由硬件自动清零。

IP[240]:全称是 Interrupt Priority Registers,是一个中断优先级控制的寄存器组。这个寄存器组相当重要!STM32 的中断分组与这个寄存器组密切相关。IP 寄存器组由 240 个 8 bit 寄存器组成,每个可屏蔽中断占用 8 bit,这样总共可以表示 240 个可屏蔽中断。而 STM32 只用到了其中的前 60 个,IP[59]～IP[0]分别对应中断 59～0。每个可屏蔽中断占用的 8 bit 并没有全部使用,而是只用了高 4 位。这 4 位又分为抢占优先级和子优先级,抢占优先级在前,子优先级在后。而这 2 个优先级各占几个位又要根据 SCB→AIRCR 中的中断分组设置来决定。

这里简单介绍一下 STM32 的中断分组:STM32 将中断分为 5 个组,组 0～4。该分组的设置是由 SCB→AIRCR 寄存器的 bit10～8 来定义的。具体的分配关系如表 4.4.1 所列。通过这个表可以清楚地看到组 0～4 对应的配置关系,例如组设置为3,那么此时所有 60 个中断的中断优先寄存器高 4 位中的最高 3 位是抢占优先级,低 1位是响应优先级。每个中断可以设置抢占优先级为 0～7,响应优先级为 1 或 0。抢占优先级的级别高于响应优先级,而数值越小所代表的优先级就越高。

表 4.4.1　AIRCR 中断分组设置表

组	AIRCR[10：8]	bit[7：4]分配情况	分配结果
0	111	0：4	0 位抢占优先级,4 位响应优先级
1	110	1：3	1 位抢占优先级,3 位响应优先级
2	101	2：2	2 位抢占优先级,2 位响应优先级
3	100	3：1	3 位抢占优先级,1 位响应优先级
4	011	4：0	4 位抢占优先级,0 位响应优先级

这里需要注意 2 点:第一,如果 2 个中断的抢占优先级和响应优先级都是一样,则看哪个中断先发生就先执行;第二,高优先级的抢占优先级是可以打断正在进行的低抢占优先级中断的。而抢占优先级相同的中断,高优先级的响应优先级不可以打断低响应优先级的中断。

结合实例说明一下:假定设置中断优先级组为 2,然后设置中断 3(RTC 中断)的抢占优先级为 2,响应优先级为 1。中断 6(外部中断 0)的抢占优先级为 3,响应优先级为0。中断 7(外部中断 1)的抢占优先级为 2,响应优先级为 0。那么这 3 个中断的优先级顺序为:中断 7>中断 3>中断 6。这里中断 3 和中断 7 都可以打断中断 6 的中断,而中断 7 和中断 3 却不可以相互打断!

接下来介绍如何使用库函数实现以上中断分组设置以及中断优先级管理,从而使中断设置简单化。NVIC 中断管理函数主要在 misc.c 文件里面。

首先要讲解的是中断优先级分组函数 NVIC_PriorityGroupConfig,其函数申明如下:

```
void NVIC_PriorityGroupConfig(uint32_t NVIC_PriorityGroup);
```

这个函数的作用是对中断的优先级进行分组,这个函数在系统中只能被调用一次,一旦分组确定就最好不要更改。这个函数实现如下:

```
void NVIC_PriorityGroupConfig(uint32_t NVIC_PriorityGroup)
{
    assert_param(IS_NVIC_PRIORITY_GROUP(NVIC_PriorityGroup));
    SCB->AIRCR = AIRCR_VECTKEY_MASK | NVIC_PriorityGroup;
}
```

从函数体可以看出,这个函数唯一目的就是通过设置 SCB→AIRCR 寄存器来设置中断优先级分组,这在前面寄存器讲解的过程中已经讲到。而其入口参数通过双击选中函数体里面的 IS_NVIC_PRIORITY_GROUP,然后右击 Go to defition of 可以查看到为:

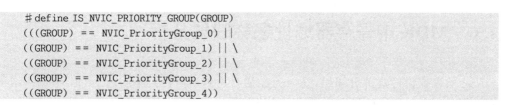

```
#define IS_NVIC_PRIORITY_GROUP(GROUP)
((((GROUP) == NVIC_PriorityGroup_0) || \
((GROUP) == NVIC_PriorityGroup_1) || \
((GROUP) == NVIC_PriorityGroup_2) || \
((GROUP) == NVIC_PriorityGroup_3) || \
((GROUP) == NVIC_PriorityGroup_4))
```

这也是表 4.4.1 讲解的,分组范围为 0~4。比如设置整个系统的中断优先级分组值为 2,那么方法是:

```
NVIC_PriorityGroupConfig(NVIC_PriorityGroup_2);
```

这样就确定了一共为"2 位抢占优先级,2 位响应优先级"。

设置好了系统中断分组,那么对于每个中断我们又怎么确定它的抢占优先级和响应优先级呢? 下面讲解一个重要的函数为中断初始化函数 NVIC_Init,其函数申明为:

```
void NVIC_Init(NVIC_InitTypeDef * NVIC_InitStruct)
```

其中,NVIC_InitTypeDef 是一个结构体,其结构体的成员变量:

```
typedef struct
{
  uint8_t NVIC_IRQChannel;
  uint8_t NVIC_IRQChannelPreemptionPriority;
  uint8_t NVIC_IRQChannelSubPriority;
  FunctionalState NVIC_IRQChannelCmd;
} NVIC_InitTypeDef;
```

> NVIC_InitTypeDef 结构体中间有 4 个成员变量:

> NVIC_IRQChannel:定义初始化的是哪个中断,这个可以在 stm32f10x.h 中找到每个中断对应的名字,例如 USART1_IRQn。

> NVIC_IRQChannelPreemptionPriority:定义这个中断的抢占优先级别。

> NVIC_IRQChannelSubPriority:定义这个中断的子优先级别。

> NVIC_IRQChannelCmd:该中断是否使能。

比如要使能串口 1 的中断,同时设置抢占优先级为 1,子优先级位 2,初始化的方法是:

```
NVIC_InitTypeDef   NVIC_InitStructure;
NVIC_InitStructure.NVIC_IRQChannel = USART1_IRQn;//串口 1 中断
NVIC_InitStructure.NVIC_IRQChannelPreemptionPriority = 1;//抢占优先级为 1
NVIC_InitStructure.NVIC_IRQChannelSubPriority = 2;//子优先级为 2
NVIC_InitStructure.NVIC_IRQChannelCmd = ENABLE;//IRQ 通道使能
NVIC_Init(&NVIC_InitStructure);//根据上面指定的参数初始化 NVIC 寄存器
```

这里讲解了中断的分组的概念以及设置单个中断优先级的方法。

最后总结一下中断优先级设置的步骤:

① 系统运行开始的时候设置中断分组。确定组号也就是确定抢占优先级和子优先级的分配位数,调用函数为"NVIC_PriorityGroupConfig();"。

② 设置所用到的中断的中断优先级别,对每个中断的调用函数为"NVIC_Init();"。

4.6　MDK 中寄存器地址名称映射分析

之所以要讲解这部分知识,是因为经常会遇到用户提到不明白 MDK 中那些结构体是怎么与寄存器地址对应起来的。这里就做一个简要的分析。

首先看看 51 是怎么做的。51 单片机开发中经常会引用一个 reg51.h 的头文件,下面看看它是怎么把名字和寄存器联系起来的:

`sfr P0 = 0x80;`

sfr 也是一种扩充数据类型,点用一个内存单元,值域为 0~255。利用它可以访问 51 单片机内部的所有特殊功能寄存器。如用"sfr P1 ＝ 0x90"一句定义 P1 为 P1 端口在片内的寄存器。往地址为 0x80 的寄存器设值的方法是:"P0＝value;"。

那么在 STM32 中,是否也可以这样做呢? 答案是肯定的,但是 STM32 寄存器太多,如果一一以这样的方式列出来,那要好大的篇幅,既不方便开发,也显得杂乱无序,所以 MDK 采用的方式是通过结构体来将寄存器组织在一起。下面就介绍 MDK 是怎么把结构体和地址对应起来的,为什么修改结构体成员变量的值就可以达到操作对应寄存器的值? 这些事情都是在 stm32f10x.h 文件中完成的。我们通过 GPIOA 的几个寄存器的地址来介绍吧。

《STM32 中文参考手册 V10》中寄存器地址映射表如图 4.6.1 所示。可以看出,GPIOA 的 7 个寄存器都是 32 位的,所以每个寄存器占有 4 个地址,一共占用 28 个地址,地址偏移范围为(000h~01Bh)。这个地址偏移是相对 GPIOA 的基地址而言的。GPIOA 的基地址是怎么算出来的呢? 因为 GPIO 都是挂载在 APB2 总线之上,所以它的基地址是由 APB2 总线的基地址＋GPIOA 在 APB2 总线上的偏移地址决定的。依

偏移	寄存器	31	30	29	28	27	26	25	24	23	22	21	20	19	18	17	16	15	14	13	12	11	10	9	8	7	6	5	4	3	2	1	0
000h	GPIOx_CRL	CNF7[1:0]		MODE7[1:0]		CNF6[1:0]		MODE6[1:0]		CNF5[1:0]		MODE5[1:0]		CNF4[1:0]		MODE4[1:0]		CNF3[1:0]		MODE3[1:0]		CNF2[1:0]		MODE2[1:0]		CNF1[1:0]		MODE1[1:0]		CNF0[1:0]		MODE0[1:0]	
	复位值	0	1	0	0	0	1	0	0	0	1	0	0	0	1	0	0	0	1	0	0	0	1	0	0	0	1	0	0	0	1	0	0
004h	GPIOx_CRH	CNF15[1:0]		MODE15[1:0]		CNF14[1:0]		MODE14[1:0]		CNF13[1:0]		MODE13[1:0]		CNF12[1:0]		MODE12[1:0]		CNF11[1:0]		MODE11[1:0]		CNF10[1:0]		MODE10[1:0]		CNF9[1:0]		MODE9[1:0]		CNF8[1:0]		MODE8[1:0]	
	复位值	0	1	0	0	0	1	0	0	0	1	0	0	0	1	0	0	0	1	0	0	0	1	0	0	0	1	0	0	0	1	0	0
008h	GPIOx_IDR	保留																IDR[15:0]															
	复位值																	0	0	0	0	0	0	0	0	0	0	0	0	0	0	0	0
00Ch	GPIOx_ODR	保留																ODR[15:0]															
	复位值																	0	0	0	0	0	0	0	0	0	0	0	0	0	0	0	0
010h	GPIOx_BSRR	BR[15:0]																BSR[15:0]															
	复位值	0	0	0	0	0	0	0	0	0	0	0	0	0	0	0	0	0	0	0	0	0	0	0	0	0	0	0	0	0	0	0	0
014h	GPIOx_BRR	保留																BR[15:0]															
	复位值																	0	0	0	0	0	0	0	0	0	0	0	0	0	0	0	0
018h	GPIOx_LCKR	保留															LCKK	LCK[15:0]															
	复位值																0	0	0	0	0	0	0	0	0	0	0	0	0	0	0	0	0

图 4.6.1　GPIO 寄存器地址映像

次类推,便可以算出 GPIOA 基地址了。下面打开 stm32f10x. h,定位到 GPIO_TypeDef 定义处:

```
typedef struct
{
    __IO uint32_t CRL;
    __IO uint32_t CRH;
    __IO uint32_t IDR;
    __IO uint32_t ODR;
    __IO uint32_t BSRR;
    __IO uint32_t BRR;
    __IO uint32_t LCKR;
} GPIO_TypeDef;
```

然后定位到:

```
#define GPIOA                ((GPIO_TypeDef * ) GPIOA_BASE)
```

可以看出,GPIOA 是将 GPIOA_BASE 强制转换为 GPIO_TypeDef 指针。这句话的意思是 GPIOA 指向地址 GPIOA_BASE,GPIOA_BASE 存放的数据类型为 GPIO_TypeDef。然后双击 GPIOA_BASE,之后右键选中 Go to definition of,便可查看 GPIOA_BASE 的宏定义:

```
#define GPIOA_BASE            (APB2PERIPH_BASE + 0x0800)
```

依次类推,可以找到最顶层:

```
#define APB2PERIPH_BASE        (PERIPH_BASE + 0x10000)
#define PERIPH_BASE            ((uint32_t)0x40000000)
```

所以可以算出 GPIOA 的基地址位:

```
GPIOA_BASE = 0x40000000 + 0x10000 + 0x0800 = 0x40010800
```

下面再跟《STM32 中文参考手册 V10》比较一下,看看 GPIOA 的基地址是不是 0x40010800? 截图如图 4.6.2 所示的存储器映射表可以看到,GPIOA 的起始地址也就是基地址确实是 0x40010800。

0x4001 2000～0x4001 23FF	GPIO 端口 G
0x4001 2000～0x4001 23FF	GPIO 端口 F
0x4001 1800～0x4001 1BFF	GPIO 端口 E
0x4001 1400～0x4001 17FF	GPIO 端口 D
0x4001 1000～0x4001 13FF	GPIO 端口 C
0x4001 0C00～0x4001 0FFF	GPIO 端口 B
0x4001 0800～0x4001 0BFF	GPIO 端口 A

图 4.6.2　GPIO 存储器地址映射表

同样的道理可以推算出其他外设的基地址。

上面已经知道 GPIOA 的基地址,那么那些 GPIOA 的 7 个寄存器的地址又是怎么算出来的呢? 上面讲过 GPIOA 的各个寄存器对于 GPIOA 基地址的偏移地址,所以自然可以算出来每个寄存器的地址。

GPIOA 的寄存器的地址＝GPIOA 基地址＋寄存器相对 GPIOA 基地址的偏移值
这个偏移值在上面的寄存器地址映像表中可以查到,如图 4.6.3 所示。

寄存器	偏移地址	实际地址＝基地址＋偏移地址
GPIOA→CRL	0x00	0x40010800＋0x00
GPIOA→CRH;	0x04	0x40010800＋0x04
GPIOA→IDR;	0x08	0x40010800＋0x08
GPIOA→ODR	0x0c	0x40010800＋0x0c
GPIOA→BSRR	0x10	0x40010800＋0x10
GPIOA→BRR	0x14	0x40010800＋0x14
GPIOA→LCKR	0x18	0x40010800＋0x18

图 4.6.3　GPIOA 各寄存器实际地址表

那么在结构体里面这些寄存器又是怎么与地址一一对应的呢？这里就涉及结构体的一个特征,那就是结构体存储的成员的地址是连续的。上面讲到 GPIOA 是指向 GPIO_TypeDef 类型的指针,又由于 GPIO_TypeDef 是结构体,所以自然而然就可以算出 GPIOA 指向的结构体成员变量对应地址了。

把 GPIO_TypeDef 定义中的成员变量的顺序和 GPIOx 寄存器地址映像对比可以发现,它们的顺序是一致的,如果不一致,就会导致地址混乱了。

这就是为什么固件库里面"GPIOA→BRR＝value;"就是设置地址为 0x40010800＋0x014(BRR 偏移量)＝0x40010814 的寄存器 BRR 的值了。它和 51 单片机里面 P0＝value 是设置地址为 0x80 的 P0 寄存器的值是一样的道理。

4.7　MDK 固件库快速组织代码技巧

这一节主要讲解在使用 MDK 固件库开发时的一些小技巧,仅供初学者参考。这节的知识可以在学习第一个跑马灯实验的时候参考一下,应该很有帮助。我们就用最简单的 GPIO 初始化函数为例介绍。

现在要初始化某个 GPIO 端口,我们要怎样快速操作呢？在头文件 stm32f10x_gpio.h 头文件中,定义 GPIO 初始化函数为：

```
void GPIO_Init(GPIO_TypeDef * GPIOx, GPIO_InitTypeDef * GPIO_InitStruct);
```

想写初始化函数,那么在不参考其他代码的前提下怎么组织代码呢？

首先,我们可以看出,函数的入口参数是 GPIO_TypeDef 类型指针和 GPIO_InitTypeDef 类型指针,因为 GPIO_TypeDef 入口参数比较简单,所以通过第二个入口参数 GPIO_InitTypeDef 类型指针来讲解。双击 GPIO_InitTypeDef,之后右键选择 Go to definition,如图 4.7.1 所示。

于是,定位到 stm32f10x_gpio.h 中 GPIO_InitTypeDef 的定义处：

```
stm32f10x_gpio.h    main.c    README.TXT    stm32f10x_wwdg.c
342      * @}
343      */
344
345  □/** @defgroup GPIO_Exported_Functions
346      * @{
347      */
348
349   void GPIO_DeInit(GPIO_TypeDef* GPIOx);
350   void GPIO_AFIODeInit(void);
351   void GPIO_Init(GPIO_TypeDef* GPIOx, GP
352   void GPIO_StructInit(GPIO_InitTypeDef*
353   uint8_t GPIO_ReadInputDataBit(GPIO_Typ
354   uint16_t GPIO_ReadInputData(GPIO_TypeD
355   uint8_t GPIO_ReadOutputDataBit(GPIO_Ty
356   uint16_t GPIO_ReadOutputData(GPIO_Type
357   void GPIO_SetBits(GPIO_TypeDef* GPIOx,
358   void GPIO_ResetBits(GPIO_TypeDef* GPIO
359   void GPIO_WriteBit(GPIO_TypeDef* GPIOx
360   void GPIO_Write(GPIO_TypeDef* GPIOx, u
361   void GPIO_PinLockConfig(GPIO_TypeDef*
362   void GPIO_EventOutputConfig(uint8_t GP
363   void GPIO_EventOutputCmd(FunctionalSta
```

```
              Split Window horizontally
              Go To Definition Of 'GPIO_InitTypeDef'
              Go To Reference To 'GPIO_InitTypeDef'
      ▶       Insert/Remove Bookmark        Ctrl+F2
      ↶       Undo                          Ctrl+Z
      ↷       Redo                          Ctrl+Y
      ✂       Cut                           Ctrl+X
      ▣       Copy                          Ctrl+C
      ▣       Paste                         Ctrl+V
              Select All                    Ctrl+A
              Outlining                     ▶
              Advanced                      ▶
```

```
52 RO-data=336 RW-data=52 ZI-data=1836
file...
- O Error(s), O Warning(s).
00:00:01
```

图 4.7.1　查看类型定义方法

```
typedef struct
{  uint16_t GPIO_Pin;
   GPIOSpeed_TypeDef GPIO_Speed;
   GPIOMode_TypeDef GPIO_Mode; GPIOMode_TypeDef * /
}GPIO_InitTypeDef;
```

可以看到,这个结构体有 3 个成员变量,这也告诉我们一个信息,一个 GPIO 口的状态是由速度(Speed)和模式(Mode)来决定的。首先要定义一个结构体变量:

```
GPIO_InitTypeDef  GPIO_InitStructure;
```

接着要初始化结构体变量 GPIO_InitStructure。首先要初始化成员变量 GPIO_Pin,这个变量到底可以设置哪些值呢? 这些值的范围有什么规定吗? 这里我们就要找到 GPIO_Init()函数的实现处,同样,双击 GPIO_Init,之后右击 Go to definition of ,这样光标定位到 stm32f10x_gpio.c 文件中的 GPIO_Init 函数体开始处。可以看到,在函数的开始处有如下几行:

```
void GPIO_Init(GPIO_TypeDef * GPIOx, GPIO_InitTypeDef * GPIO_InitStruct)
{
    ……
    /* Check the parameters */
    assert_param(IS_GPIO_ALL_PERIPH(GPIOx));
    assert_param(IS_GPIO_MODE(GPIO_InitStruct->GPIO_Mode));
    assert_param(IS_GPIO_PIN(GPIO_InitStruct->GPIO_Pin));
    ……
```

```
        assert_param(IS_GPIO_SPEED(GPIO_InitStruct->GPIO_Speed));
        ......
}
```

顾名思义,assert_param 函数式对入口参数的有效性进行判断,所以我们可以从这个函数入手确定入口参数的范围。第一行是对第一个参数 GPIOx 进行有效性判断,双击 IS_GPIO_ALL_PERIPH,之后右击 go to defition of,于是定位到了下面的定义:

```
#define IS_GPIO_ALL_PERIPH(PERIPH) (((PERIPH) == GPIOA) || \
                                     ((PERIPH) == GPIOB) || \
                                     ((PERIPH) == GPIOC) || \
                                     ((PERIPH) == GPIOD) || \
                                     ((PERIPH) == GPIOE) || \
                                     ((PERIPH) == GPIOF) || \
                                     ((PERIPH) == GPIOG))
```

很明显可以看出,GPIOx 的取值规定只允许是 GPIOA~GPIOG。

同样,双击 IS_GPIO_MODE,之后右击 go to defition of,于是定位到下面的定义:

```
typedef enum
{ GPIO_Mode_AIN = 0x0,
  GPIO_Mode_IN_FLOATING = 0x04,
  GPIO_Mode_IPD = 0x28,
  GPIO_Mode_IPU = 0x48,
  GPIO_Mode_Out_OD = 0x14,
  GPIO_Mode_Out_PP = 0x10,
  GPIO_Mode_AF_OD = 0x1C,
  GPIO_Mode_AF_PP = 0x18
}GPIOMode_TypeDef;
#define IS_GPIO_MODE(MODE) (((MODE) == GPIO_Mode_AIN) ||\
                            ((MODE) == GPIO_Mode_IN_FLOATING) || \
                            ((MODE) == GPIO_Mode_IPD) ||  \
                            ((MODE) == GPIO_Mode_IPU) ||  \
                            ((MODE) == GPIO_Mode_Out_OD) ||  \
                            ((MODE) == GPIO_Mode_Out_PP) ||  \
                            ((MODE) == GPIO_Mode_AF_OD) ||  \
                            ((MODE) == GPIO_Mode_AF_PP))
```

所以 GPIO_InitStruct→GPIO_Mode 成员的取值范围只能是上面定义的 8 种。这 8 种模式是通过一个枚举类型组织在一起的。

同样的方法可以找出 GPIO_Speed 的参数限制:

```
typedef enum
{
  GPIO_Speed_10MHz = 1,
  GPIO_Speed_2MHz,
  GPIO_Speed_50MHz
}GPIOSpeed_TypeDef;
#define IS_GPIO_SPEED(SPEED)     ((((SPEED) == GPIO_Speed_10MHz) || \
                                  ((SPEED) == GPIO_Speed_2MHz) || \
                                  ((SPEED) == GPIO_Speed_50MHz))
```

双击 IS_GPIO_PIN,之后右击 go to defition of,定位到下面的定义:

```
#define IS_GPIO_PIN(PIN) (((((PIN) & (uint16_t)0x00) == 0x00) && ((PIN) != (uint16_t)
0x00))
```

可以看出,GPIO_Pin 成员变量的取值范围为 0x0000～0xffff,那么是不是写代码初始化就直接给一个 16 位的数字呢? 这也是可以的,但是大多数情况下,MDK 不会让用户直接在入口参数处设置一个简单的数字,因为这样的代码可读性太差,MDK 会将这些数字的意思通过宏定义定义出来,从而大大增强可读性。可以看到,在 IS_GPIO_PIN(PIN)宏定义的上面还有数行宏定义:

```
#define GPIO_Pin_0        ((uint16_t)0x0001)   /*! < Pin 0 selected */
#define GPIO_Pin_1        ((uint16_t)0x0002)   /*! < Pin 1 selected */
#define GPIO_Pin_2        ((uint16_t)0x0004)   /*! < Pin 2 selected */
……
#define GPIO_Pin_14       ((uint16_t)0x4000)   /*! < Pin 14 selected */
#define GPIO_Pin_15       ((uint16_t)0x8000)   /*! < Pin 15 selected */
#define GPIO_Pin_All      ((uint16_t)0xFFFF)   /*! < All pins selected */

#define IS_GPIO_PIN(PIN) (((((PIN) & (uint16_t)0x00) == 0x00) && ((PIN) != (uint16_t)
0x00))
```

这些宏定义(GPIO_Pin_0～GPIO_Pin_All)是 MDK 事先定义好的,写代码过程中初始化 GPIO_Pin 的时候入口参数可以是这些宏定义。对于这种情况,MDK 一般把取值范围的宏定义放在判断有效性语句的上方,方便查找。

讲到这里,我们基本对 GPIO_Init 的入口参数有比较详细的了解,于是可以组织起来下面的代码:

```
GPIO_InitTypeDef  GPIO_InitStructure;
GPIO_InitStructure.GPIO_Pin = GPIO_Pin_5;//
GPIO_InitStructure.GPIO_Mode = GPIO_Mode_Out_PP; //推挽输出
GPIO_InitStructure.GPIO_Speed = GPIO_Speed_50MHz;
GPIO_Init(GPIOB, &GPIO_InitStructure);
```

接着又有一个问题提出来,这个初始化函数一次只能初始化一个 I/O 口吗? 要同时初始化很多个 I/O 口,是不是要复制很多次这样的初始化代码呢? 这里又有一个小技巧。从上面 GPIO_Pin_x 的宏定义可以看出,这些值是 0、1、2、4 这样的数字,所以每个 I/O 口选定位都对应着一个位,16 位的数据一共对应 16 个 I/O 口。这个位为 0,那么这个对应的 I/O 口不选定;这个位为 1,则对应的 I/O 口选定。如果多个 I/O 口,且都对应同一个 GPIOx,那么可以通过|(或)的方式同时初始化多个 I/O 口。这样操作的前提是它们的 Mode 和 Speed 参数相同,因为 Mode 和 Speed 参数并不能一次定义多种,所以初始化多个 I/O 口的方式可以是如下:

```
GPIO_InitTypeDef  GPIO_InitStructure;
GPIO_InitStructure.GPIO_Pin = GPIO_Pin_5| GPIO_Pin_6| GPIO_Pin_7;//指定端口
GPIO_InitStructure.GPIO_Mode = GPIO_Mode_Out_PP; //端口模式:推挽输出
GPIO_InitStructure.GPIO_Speed = GPIO_Speed_50MHz;      //速度
GPIO_Init(GPIOB, &GPIO_InitStructure);                //初始化
```

哪些参数可以通过|(或)的方式连接,这既有章可循,同时也靠读者在开发过程中不断积累。

有客户经常问到,每次使能时钟的时候都要去查看时钟树,看那些外设是挂载在哪个总线之下的,这好麻烦。学到这里我相信大家就可以很快速地解决这个问题了。

stm32f10x.h 文件里面可以看到如下的宏定义:

```
#define RCC_APB2Periph_GPIOA         ((uint32_t)0x00000004)
#define RCC_APB2Periph_GPIOB         ((uint32_t)0x00000008)
#define RCC_APB2Periph_GPIOC         ((uint32_t)0x00000010)
#define RCC_APB1Periph_TIM2          ((uint32_t)0x00000001)
#define RCC_APB1Periph_TIM3          ((uint32_t)0x00000002)
#define RCC_APB1Periph_TIM4          ((uint32_t)0x00000004)
#define RCC_AHBPeriph_DMA1           ((uint32_t)0x00000001)
#define RCC_AHBPeriph_DMA2           ((uint32_t)0x00000002)
```

可以很明显地看出 GPIOA~GPIOC 是挂载在 APB2 下面,TIM2~TIM4 是挂载在 APB1 下面,DMA 是挂载在 AHB 下面。所以在使能 DMA 的时候记住要调用的是 RCC_AHB-PeriphClock() 函数使能,在使能 GPIO 的时候调用的是 RCC_APB2PeriphResetCmd() 函数使能。

上面讲解有点麻烦,每次要去查找 assert_param() 函数再寻找,那么有没有更好的办法呢? 打开 GPIO_InitTypeDef 结构体定义:

```
typedef struct
{
    uint16_t GPIO_Pin;              /*!< Specifies the GPIO pins to be configured.
                                    This parameter can be any value of
                                    @ref GPIO_pins_define */
    GPIOSpeed_TypeDef GPIO_Speed;   /*!< Specifies the speed for the selected pins.
                                    This parameter can be a value of
                                    @ref GPIOSpeed_TypeDef */
    GPIOMode_TypeDef GPIO_Mode;     /*!< Specifies the operating mode for the selected
                                    pins. This parameter can be a value of
                                    @ref GPIOMode_TypeDef */
}GPIO_InitTypeDef;
```

从结构体成员后面的注释可以看出,GPIO_Mode 的意思是"Specifies the operating mode for the selected pins. This parameter can be a value of @ref GPIOMode_TypeDef"。从这段注释可以看出,GPIO_Mode 的取值为 GPIOMode_TypeDef 枚举类型的枚举值,读者同样可以用之前讲解的方法,即右键双击 GPIOMode_TypeDef,之后选择 Go to definition of 即可查看其取值范围。如果要确定详细的信息,那么就得去查看手册了。至于需要查看手册的哪个地方,则可以在函数 GPIO_Init() 的函数体中搜索 GPIO_Mode 关键字,然后查看库函数设置 GPIO_Mode,从而设置的哪个寄存器的哪个位,然后去中文参考手册查看该寄存器相应位的定义以及前后文的描述。

第**5**章

SYSTEM 文件夹介绍

第 4 章介绍了如何在 MDK5.36 下建立 STM32F1 工程,这个新建的工程中用到了一个 SYSTEM 文件夹里面的代码,此文件夹里面的代码由 ALIENTEK 提供,是 STM32F10x 系列的底层核心驱动函数,可以用在 STM32F10x 系列的各个型号上面,方便读者快速构建自己的工程。

SYSTEM 文件夹下包含了 delay、sys、usart 这 3 个文件夹,分别包含了 delay.c、sys.c、usart.c 及其头文件。通过这 3 个 c 文件,可以快速给任何一款 STM32F1 构建最基本的框架,使用起来是很方便的。

本章将介绍这些代码,使读者了解到这些代码的由来,并可以灵活使用 SYSTEM 文件夹提供的函数来快速构建工程,并实际应用到自己的项目中去。

5.1   delay 文件夹代码介绍

delay 文件夹内包含了 delay.c 和 delay.h 共 2 个文件,这 2 个文件用来实现系统的延时功能,其中包含 7 个函数:void delay_osschedlock(void)、void delay_osschedunlock(void)、void delay_ostimedly(u32 ticks)、void SysTick_Handler(void)、void delay_init(void)、void delay_ms(u16 nms)、void delay_us(u32nus)。前面 4 个函数仅在支持操作系统(OS)的时候需要用到,而后面 3 个函数则不论是否支持 OS 都需要用到。

介绍这些函数之前先了解一下 delay 延时的编程思想:Cortex - M3 内核的处理器内部包含了一个 SysTick 定时器,SysTick 是一个 24 位的倒计数定时器,当计数到 0 时,将从 RELOAD 寄存器中自动重装载定时初值,开始新一轮计数。只要不把它在 SysTick 控制及状态寄存器中的使能位清除,就永不停息。SysTick 在《STM32 中文参考手册》(这里是指 V10.0 版本,下同)里面介绍得很简单,详细介绍可参阅《ARM Cortex - M3 权威指南》第 133 页。我们就是利用 STM32 的内部 SysTick 来实现延时的,这样既不占用中断,也不占用系统定时器。

这里将介绍 ALIENTEK 提供的最新版本的延时函数,该版本的延时函数支持在任意操作系统(OS)下面使用,可以和操作系统共用 SysTick 定时器。

这里以 μC/OS - II 为例,介绍如何实现操作系统和 delay 函数共用 SysTick 定时器。首先简单介绍 μC/OS - II 的时钟:μC/OS 运行需要一个系统时钟节拍(类似"心跳"),而这个节拍是固定的(由 OS_TICKS_PER_SEC 宏定义设置),比如要求 5 ms 一次(即可设置 OS_TICKS_PER_SEC=200),STM32 上面一般是由 SysTick 来提供这个节拍,也就是 SysTick 要设置为 5 ms 中断一次,为 μC/OS 提供时钟节拍,而且这个时钟一般是不能被打断的(否则就不准了)。

因为在 μC/OS 下 SysTick 不能再被随意更改,还想利用 SysTick 来做 delay_us 或者 delay_ms 的延时,就必须想点办法了,这里利用的是时钟摘取法。以 delay_us 为例,比如 delay_us(50),在刚进入 delay_us 的时候先计算好这段延时需要等待的 SysTick 计数次数,这里为 50×9(假设系统时钟为 72 MHz,那么 SysTick 每增加 1,就是 1/9 μs),然后就一直统计 SysTick 的计数变化,直到这个值变化了 50×9;一旦检测到变化达到或者超过这个值,就说明延时 50 μs 时间到了。这样,我们只是抓取 SysTick 计数器的变化,并不需要修改 SysTick 的任何状态,完全不影响 SysTick 作为 μC/OS 时钟节拍的功能,这就是实现 delay 和操作系统共用 SysTick 定时器的原理。

5.1.1 操作系统支持宏定义及相关函数

当需要 delay_ms 和 delay_us 支持操作系统(OS)的时候,我们需要用到 3 个宏定义和 4 个函数,宏定义及函数代码如下:

```
//本例程仅作 UCOSII 和 UCOSIII 的支持,其他 OS,请自行参考着移植
//支持 UCOSII
#ifdefOS_CRITICAL_METHOD
//OS_CRITICAL_METHOD 定义了,说明要支持 UCOSII
#define delay_osrunningOSRunning//OS 是否运行标记,0,不运行;1,在运行
#define delay_ostickspersecOS_TICKS_PER_SEC//OS 时钟节拍,即每秒调度次数
#define delay_osintnestingOSIntNesting//中断嵌套级别,即中断嵌套次数
#endif
//支持 UCOSIII
#ifdefCPU_CFG_CRITICAL_METHOD//CPU_CFG_CRITICAL_METHOD 定义了,说明要支持 UCOSIII
#define delay_osrunningOSRunning//OS 是否运行标记,0,不运行;1,在运行
#define delay_ostickspersecOSCfg_TickRate_Hz//OS 时钟节拍,即每秒调度次数
#define delay_osintnesting OSIntNestingCtr//中断嵌套级别,即中断嵌套次数
#endif
//us 级延时时,关闭任务调度(防止打断 us 级延迟)
void delay_osschedlock(void)
{
#ifdef CPU_CFG_CRITICAL_METHOD//使用 UCOSIII
    OS_ERR err;
    OSSchedLock(&err);//UCOSIII 的方式,禁止调度,防止打断 us 延时
#else//否则 UCOSII
    OSSchedLock();//UCOSII 的方式,禁止调度,防止打断 us 延时
#endif
}
//us 级延时时,恢复任务调度
void delay_osschedunlock(void)
{
#ifdef CPU_CFG_CRITICAL_METHOD//使用 UCOSIII
    OS_ERR err;
    OSSchedUnlock(&err);//UCOSIII 的方式,恢复调度
```

```
#else//否则 UCOSII
    OSSchedUnlock();//UCOSII 的方式,恢复调度
#endif
}
//调用 OS 自带的延时函数延时
//ticks:延时的节拍数
void delay_ostimedly(u32 ticks)
{
#ifdef CPU_CFG_CRITICAL_METHOD//使用 UCOSIII 时
    OS_ERR err;
    OSTimeDly(ticks,OS_OPT_TIME_PERIODIC,&err);//UCOSIII 延时采用周期模式
#else
    OSTimeDly(ticks);//UCOSII 延时
#endif
}
//systick 中断服务函数,使用 ucos 时用到
void SysTick_Handler(void)
{
    if(delay_osrunning == 1)//OS 开始跑了,才执行正常的调度处理
    {
        OSIntEnter();        //进入中断
        OSTimeTick();        //调用 ucos 的时钟服务程序
        OSIntExit();         //触发任务切换软中断
    }
}
```

以上代码仅支持 μC/OS‐II 和 μC/OS‐III,不过,对于其他 OS 的支持也只需要对以上代码进行简单修改即可实现。

支持 OS 需要用到的 3 个宏定义(以 μC/OS‐II 为例)即

```
#define delay_osrunningOSRunning//OS 是否运行标记,0,不运行;1,在运行
#define delay_ostickspersecOS_TICKS_PER_SEC//OS 时钟节拍,即每秒调度次数
#define delay_osintnestingOSIntNesting//中断嵌套级别,即中断嵌套次数
```

宏定义 delay_osrunning,用于标记 OS 是否正在运行。当 OS 已经开始运行时,该宏定义值为 1;当 OS 还未运行时,该宏定义值为 0。

宏定义 delay_ostickspersec,用于表示 OS 的时钟节拍,即 OS 每秒钟任务调度次数。

宏定义 delay_osintnesting,用于表示 OS 中断嵌套级别,即中断嵌套次数。每进入一个中断,该值加 1;每退出一个中断,该值减 1。

支持 OS 需要用到的 4 个函数,即

函数 delay_osschedlock,用于 delay_us 延时,作用是禁止 OS 进行调度,以防打断 μs 级延时,导致延时时间不准。

函数 delay_osschedunlock,同样用于 delay_us 延时,作用是在延时结束后恢复 OS 的调度,继续正常的 OS 任务调度。

函数 delay_ostimedly,则是调用 OS 自带的延时函数实现延时,参数为时钟节拍数。

函数 SysTick_Handler,则是 SysTick 的中断服务函数。该函数为 OS 提供时钟节拍,同时可以引起任务调度。

以上就是 delay_ms 和 delay_us 支持操作系统时需要实现的 3 个宏定义和 4 个函数。

5.1.2 delay_init 函数

该函数用来初始化 2 个重要参数:fac_us 以及 fac_ms,同时把 SysTick 的时钟源选择为外部时钟。如果需要支持操作系统(OS),则只需要在 sys.h 里面设置 SYSTEM_SUPPORT_OS 宏的值为 1 即可。然后,该函数会根据 delay_ostickspersec 宏的设置来配置 SysTick 的中断时间,并开启 SysTick 中断。具体代码如下:

```
//初始化延迟函数
//当使用 OS 的时候,此函数会初始化 OS 的时钟节拍
//SYSTICK 的时钟固定为 HCLK 时钟的 1/8
void delay_init()
{
#if SYSTEM_SUPPORT_OS                              //如果需要支持 OS
    u32 reload;
#endif
    SysTick_CLKSourceConfig(SysTick_CLKSource_HCLK_Div8);
                                        //选择外部时钟    HCLK/8
    fac_us = SystemCoreClock/8000000;       //为系统时钟的 1/8
#if SYSTEM_SUPPORT_OS                              //如果需要支持 OS
    reload = SystemCoreClock/8000000;       //每秒钟的计数次数 单位为 K
    reload *= 1000000/delay_ostickspersec;  //根据 delay_ostickspersec 设定溢出时间
//reload 为 24 位寄存器,最大值:16777216,在 72M 下,约合 1.86 s
    fac_ms = 1000/delay_ostickspersec;      //代表 OS 可以延时的最少单位
    SysTick->CTRL| = SysTick_CTRL_TICKINT_Msk;   //开启 SysTick 中断
    SysTick->LOAD = reload;         //每 1/delay_ostickspersec 秒中断一次
    SysTick->CTRL| = SysTick_CTRL_ENABLE_Msk;      //开启 SysTick
#else
    fac_ms = (u16)fac_us * 1000;   //非 OS 下,代表每个 ms 需要的 SysTick 时钟数
#endif
}
```

可以看到,delay_init 函数使用了条件编译来选择不同的初始化过程。不使用 OS 的时候,只是设置一下 SysTick 的时钟源以及确定 fac_us 和 fac_ms 的值。而使用 OS 的时候则会进行一些不同的配置,这里的条件编译是根据 SYSTEM_SUPPORT_OS 宏来确定的,该宏在 sys.h 里面定义。

SysTick 是 MDK 定义的一个结构体(在 core_m3.h 里面),里面包含 CTRL、LOAD、VAL、CALIB 这 4 个寄存器。

SysTick→CTRL 的各位定义如图 5.1.1 所示。SysTick→LOAD 的定义如图 5.1.2 所示。SysTick→VAL 的定义如图 5.1.3 所示。SysTick→CALIB 不常用,这里不介绍了。

位　段	名　称	类　型	复位值	描　述
16	COUNTFLAG	R	0	如果在上次读取本寄存器后,SysTick 已经数到了 0,是该位为 1。如果读取该位,该位将自动清零
2	CLKSOURCE	R/W	0	0＝外部时钟源(STCLK) 1＝内核时钟(FCLK)
1	TICKINT	R/W	0	1＝SysTick 倒数到 0 时产生 SysTick 异常请求 0＝到 0 时无动作
0	ENABLE	R/W	0	SysTick 定时器的使能位

图 5.1.1　SysTick→CTRL 寄存器各位定义

位　段	名　称	类　型	复位值	描　述
23：0	RELOAD	R/W	0	当倒数至 0 时,将被重装载的值

图 5.1.2　SysTick→LOAD 寄存器各位定义

位　段	名　称	类　型	复位值	描　述
23：0	CURRENT	R/Wc	0	读取时返回当前倒计数的值,写它则使之清零,同时还会清除在 SysTick 控制及状态寄存器中的 COUNTFLAG 标志

图 5.1.3　SysTick→VAL 寄存器各位定义

"SysTick_CLKSourceConfig(SysTick_CLKSource_HCLK_Div8);"这一句将 SysTick 的时钟选择为外部时钟。这里需要注意的是:SysTick 的时钟源自 HCLK 的 8 分频,假设外部晶振为 8 MHz,然后倍频到 72 MHz,那么 SysTick 的时钟即为 9 MHz,也就是 SysTick 的计数器 VAL 每减 1 就代表时间过了 $1/9\ \mu s$。所以"fac_us＝SystemCoreClock/8000000;"这句话就是计算在 SystemCoreClock 时钟频率下延时 $1\ \mu s$ 需要多少个 SysTick 时钟周期。同理,"fac_ms＝(u16)fac_us * 1000;"就是计算延时 1 ms 需要多少个 SysTick 时钟周期,它自然是 $1\ \mu s$ 的 1 000 倍。初始化将计算出 fac_us 和 fac_ms 的值。

在不使用 OS 的时候,fac_us 为 μs 延时的基数,也就是延时 $1\ \mu s$(SysTick→LOAD 应设置的值)。fac_ms 为 ms 延时的基数,也就是延时 1 ms(SysTick→LOAD 所应设置的值)。fac_us 为 8 位整型数据,fac_ms 为 16 位整型数据。Systick 的时钟来自系统时钟 8 分频,正因为如此,系统时钟如果不是 8 的倍数(不能被 8 整除),就会导致延时函数不准确,这也是推荐外部时钟选择 8 MHz 的原因。这点要特别留意。

当使用 OS 的时候,fac_us 还是 μs 延时的基数,不过这个值不会被写到 SysTick→LOAD 寄存器来实现延时,而是通过时钟摘取的办法实现的(前面已经介绍了)。而 fac_ms 则代表 $\mu C/OS$ 自带的延时函数所能实现的最小延时时间(如 delay_ostickspersec＝200,那么 fac_ms 就是 5 ms)。

5.1.3　delay_us 函数

该函数用来延时指定的 μs,其参数 nus 为要延时的微秒数。该函数有使用 OS 和

不使用 OS 共 2 个版本,这里分别介绍。首先是不使用 OS 的时候,实现函数如下:

```
//延时 nus
//nus 为要延时的 us 数
void delay_us(u32 nus)
{
    u32 temp;
    SysTick->LOAD = nus * fac_us;              //时间加载
    SysTick->VAL = 0x00;                       //清空计数器
    SysTick->CTRL| = SysTick_CTRL_ENABLE_Msk;  //开始倒数
    do
    {
        temp = SysTick->CTRL;
    }while((temp&0x01)&&! (temp&(1<<16)));      //等待时间到达
    SysTick->CTRL& = ~SysTick_CTRL_ENABLE_Msk; //关闭计数器
    SysTick->VAL = 0X00;                        //清空计数器
}
```

这段代码其实就是先把要延时的 μs 数换算成 SysTick 的时钟数,然后写入 LOAD 寄存器。然后清空当前寄存器 VAL 的内容,再开启倒数功能。等倒数结束即延时了 nus。最后关闭 SysTick,清空 VAL 的值,实现一次延时 nus 的操作。注意,nus 的值不能太大,必须保证 $nus \leqslant 2^{24}/fac\_us$,否则将导致延时时间不准确。这里特别说明一下:temp&0x01,这一句用来判断 SysTick 定时器是否还处于开启状态,可以防止 SysTick 被意外关闭导致的死循环。

再来看看使用 OS 的时候,delay_us 的实现函数如下:

```
//延时 nus
//nus 为要延时的 us 数
void delay_us(u32 nus)
{
    u32 ticks;
    u32 told,tnow,tcnt = 0;
    u32 reload = SysTick->LOAD;                //LOAD 的值
    ticks = nus * fac_us;                       //需要的节拍数
    delay_osschedlock();                        //阻止 OS 调度,防止打断 us 延时
    told = SysTick->VAL;                        //刚进入时的计数器值
    while(1)
    {
        tnow = SysTick->VAL;
        if(tnow! = told)
        {
            if(tnow<told)tcnt + = told - tnow;  //注意 SysTick 是一个递减的计数器
            else tcnt + = reload - tnow + told;
            told = tnow;
            if(tcnt> = ticks)break;             //时间超过/等于要延迟的时间,则退出
        }
    };
    delay_osschedunlock();                      //恢复 OS 调度
}
```

这里就正是利用了前面提到的时钟摘取法,ticks 是延时 nus 需要等待的 SysTick

计数次数(也就是延时时间),told 用于记录最近一次的 SysTick→VAL 值,tnow 是当前的 SysTick→VAL 值,通过它们的对比累加实现 SysTick 计数次数的统计。统计值存放在 tcnt 里面,然后通过对比 tcnt 和 ticks 来判断延时是否到达,从而达到不修改 SysTick 实现 nus 的延时,可以和 OS 共用一个 SysTick。

上面的 delay_osschedlock 和 delay_osschedunlock 是 OS 提供的 2 个函数,用于调度上锁和解锁。为了防止 OS 在 delay_us 的时候打断延时,从而导致的延时不准,这里利用这 2 个函数来实现免打断,从而保证延时精度! 此时的 delay_us 可以实现最长 2^{32} μs 的延时,大概是 4 294 s。

5.1.4　delay_ms 函数

该函数用来延时指定的 ms,其参数 nms 为要延时的毫秒数。该函数同样有使用 OS 和不使用 OS 共 2 个版本,这里分别介绍。首先是不使用 OS 的时候,实现函数如下:

```
//延时 nms
//SysTick->LOAD 为 24 位寄存器,所以,最大延时为:nms<=0xffffff*8*1000/SYSCLK
//SYSCLK 单位为 Hz,nms 单位为 ms,对 72M 条件下,nms<=1864
void delay_ms(u16 nms)
{
    u32 temp;
    SysTick->LOAD = (u32)nms*fac_ms;//时间加载(SysTick->LOAD 为 24bit)
    SysTick->VAL = 0x00;                           //清空计数器
    SysTick->CTRL| = SysTick_CTRL_ENABLE_Msk;      //开始倒数
    do
    {
        temp = SysTick->CTRL;
    }while((temp&0x01)&&!(temp&(1<<16)));          //等待时间到达
    SysTick->CTRL& = ~SysTick_CTRL_ENABLE_Msk;     //关闭计数器
    SysTick->VAL = 0X00;                           //清空计数器
}
```

此部分代码和 5.1.3 小节的 delay_us(非 OS 版本)大致一样。注意,因为 LOAD 仅仅是一个 24 bit 的寄存器,所以延时的 ms 数不能太长;否则,超出了 LOAD 的范围,高位会被舍去,从而导致延时不准。最大延迟 ms 数可以通过公式"nms<=0xffffff * 8 * 1000/SYSCLK"计算。SYSCLK 单位为 Hz,nms 的单位为 ms。如果时钟为 72 MHz,那么 nms 的最大值为 1 864 ms。超过这个值,则建议通过多次调用 delay_ms 实现,否则就会导致延时不准确。

再来看看使用 OS 的时候,delay_ms 的实现函数如下:

```
//延时 nms
//nms:要延时的 ms 数
void delay_ms(u16 nms)
{
    if(delay_osrunning&&delay_osintnesting==0)
    //如果 OS 已经在跑了,并且不是在中断里面(中断里面不能任务调度)
    {
        if(nms>=fac_ms)//延时的时间大于 OS 的最少时间周期
```

```
    {
        delay_ostimedly(nms/fac_ms);//OS 延时
    }
    nms% = fac_ms;//OS 已经无法提供这么小的延时了,采用普通方式延时
    }
    delay_us((u32)(nms * 1000));//普通方式延时
}
```

该函数中,delay_osrunning 是 OS 正在运行的标志。delay_osintnesting 是 OS 中断嵌套次数,必须 delay_osrunning 为真且 delay_osintnesting 为 0 的时候,才可以调用 OS 自带的延时函数进行延时(可以进行任务调度)。delay_ostimedly 函数就是利用 OS 自带的延时函数实现任务级延时的,其参数代表延时的时钟节拍数(假设 delay_ostickspersec＝200,那么 delay_ostimedly(1),就代表延时 5 ms)。

当 OS 还未运行的时候,delay_ms 就是直接由 delay_us 实现的,OS 下的 delay_us 可以实现很长的延时而不溢出,所以放心使用 delay_us 来实现 delay_ms。不过由于 delay_us 的时候,任务调度被上锁了,所以还是建议不要用 delay_us 来延时很长的时间,否则影响整个系统的性能。

当 OS 运行的时候,delay_ms 函数将先判断延时时长是否大于等于一个 OS 时钟节拍(fac_ms),当大于这个值的时候,就通过调用 OS 的延时函数来实现(此时任务可以调度);不足一个时钟节拍的时候,直接调用 delay_us 函数实现(此时任务无法调度)。

5.2 sys 文件夹代码介绍

sys 文件夹内包含了 sys.c 和 sys.h 共 2 个文件。sys.h 里面定义了 STM32 的 I/O 口输入读取宏定义和输出宏定义,sys.c 里面只定义了一个中断分组函数。

该部分代码在 sys.h 文件中实现对 STM32 各个 I/O 口的位操作,包括读入和输出。当然在这些函数调用之前,必须先进行 I/O 口时钟的使能和 I/O 口功能定义。此部分仅仅对 I/O 口进行输入/输出读取和控制。

位带操作,简单说,就是把每个比特膨胀为一个 32 位的字,当访问这些字的时候就达到了访问比特的目的,比如 BSRR 寄存器有 32 个位,那么可以映射到 32 个地址上,访问这 32 个地址就达到访问 32 个比特的目的,如图 5.2.1 所示。这样我们往某个地址写 1 就达到往对应比特位写 1 的目的,同样往某个地址写 0 就达到往对应的比特位写 0 的目的。

对于图 5.2.1,往 Address0 地址写入 1,那么就可以达到往寄存器的第 0 位 Bit0 赋值 1 的目的。这里不想讲得过于复杂,因为位带操作在实际开发中可能只是用来做 I/O 口的输入输出还比较方便,其他操作在日常开发中很少用。下面看看 sys.h 中位带操作的定义。

寄存器32个位　　　　　　　32个对应地址

图 5.2.1　位带映射图

代码如下：

```
#define BITBAND(addr,bitnum)((addr & 0xF0000000) + 0x2000000 + ((
    addr &0xFFFFF)<<5) + (bitnum<<2))
#define MEM_ADDR(addr)    *((volatile unsigned long    *)(addr))
#define BIT_ADDR(addr, bitnum)   MEM_ADDR(BITBAND(addr,bitnum))
//IO 口地址映射
#define GPIOA_ODR_Addr    (GPIOA_BASE + 12)//0x4001080C
#define GPIOB_ODR_Addr    (GPIOB_BASE + 12) //0x40010C0C
#define GPIOC_ODR_Addr    (GPIOC_BASE + 12) //0x4001100C
//…此处省略 GPIOD～G 的位操作定义
#define GPIOA_IDR_Addr    (GPIOA_BASE + 8)//0x40010808
#define GPIOB_IDR_Addr    (GPIOB_BASE + 8) //0x40010C08
#define GPIOC_IDR_Addr    (GPIOC_BASE + 8) //0x40011008
//IO 口操作,只对单一的 IO 口,请确保 n 的值小于 16!
#define PAout(n)   BIT_ADDR(GPIOA_ODR_Addr,n)   //输出
#define PAin(n)    BIT_ADDR(GPIOA_IDR_Addr,n)   //输入
#define PBout(n)   BIT_ADDR(GPIOB_ODR_Addr,n)   //输出
#define PBin(n)    BIT_ADDR(GPIOB_IDR_Addr,n)   //输入
#define PCout(n)   BIT_ADDR(GPIOC_ODR_Addr,n)   //输出
#define PCin(n)    BIT_ADDR(GPIOC_IDR_Addr,n)   //输入
```

以上代码便是 GPIO 位带操作的具体实现,详细说明可参考《ARM Cortex – M3 权威指南》第 5 章(87 页～92 页)。比如说,调用 PAout(1)＝1 时设置了 GPIOA 的第一个引脚 GPIOA.1 为 1,实际是设置了寄存器 ODR 的某个位,但是定义中跟踪过去看到却是通过计算访问了一个地址。上面一系列公式也就是计算 GPIO 的某个 I/O 口对应的位带区的地址了。

有了上面的代码,我们就可以像 51/AVR 一样操作 STM32 的 I/O 口了。比如,要 PORTA 的第七个 I/O 口输出 1,则使用"PAout(6)＝1;"即可实现。要判断 PORTA 的第 15 个位是否等于 1,则可以使用"if(PAin(14)＝1)…;"。

这里顺便说一下,在 sys. h 中的还有个全局宏定义:

```
//0,不支持 ucos    1,支持 ucos
#define SYSTEM_SUPPORT_UCOS0//定义系统文件夹是否支持 UCOS
```

SYSTEM_SUPPORT_UCOS 宏定义用来定义 SYSTEM 文件夹是否支持 μC/OS,如果在 μC/OS 下面使用 SYSTEM 文件夹,那么设置这个值为 1 即可,否则设置为 0(默认)。

5.3   usart 文件夹介绍

usart 文件夹内包含了 usart. c 和 usart. h 文件,这 2 个文件用于串口的初始化和中断接收。这里只是针对串口 1,比如要用串口 2 或者其他的串口,只要对代码稍作修改就可以了。usart. c 里面包含了 2 个函数一个是 void USART1_IRQHandler(void),另外一个是 void uart_init(u32 bound);里面还有一段对串口 printf 的支持代码,去掉会导致 printf 无法使用,虽然软件编译不会报错,但是硬件上 STM32 是无法启动的,这段代码不要去修改。

5.3.1   printf 函数支持

printf 函数支持的代码在 usart. h 头文件的最上方,这段代码加入之后便可以通过 printf 函数向串口发送需要的内容,方便开发过程中查看代码执行情况以及一些变量值。这段代码不需要修改,引入到 usart. h 即可。这段代码为:

```
//加入以下代码,支持 printf 函数,而不需要选择 use MicroLIB
#if 1
#pragma import(__use_no_semihosting)
//标准库需要的支持函数
struct __FILE
{
    int handle;
};
FILE __stdout;
//定义_sys_exit()以避免使用半主机模式
_sys_exit(int x)
{
    x = x;
}
//重定义 fputc 函数
int fputc(int ch, FILE * f)
{
    while(USART_GetFlagStatus(USART1,USART_FLAG_TC) == RESET);
    USART_SendData(USART1,(uint8_t)ch);
    return ch;
}
#endif
```

5.3.2　uart_init 函数

void uart_init(u32 pclk2,u32 bound)函数是串口 1 初始化函数,有一个参数为波特率。

```
void uart_init(u32 bound){
    //GPIO 端口设置
    GPIO_InitTypeDef GPIO_InitStructure;
    USART_InitTypeDef USART_InitStructure;
    NVIC_InitTypeDef NVIC_InitStructure;
    RCC_APB2PeriphClockCmd(RCC_APB2Periph_USART1|RCC_APB2Periph_GPIOA
        , ENABLE);                                          //使能 USART1,GPIOA 时钟
    //USART1_TX   PA.9
    GPIO_InitStructure.GPIO_Pin = GPIO_Pin_9;               //PA.9 复用推挽输出
    GPIO_InitStructure.GPIO_Speed = GPIO_Speed_50MHz;
    GPIO_InitStructure.GPIO_Mode = GPIO_Mode_AF_PP;         //复用推挽输出
    GPIO_Init(GPIOA,&GPIO_InitStructure);                   //初始化 GPIOA.0 发送端
    //USART1_RX   PA.10 浮空输入
    GPIO_InitStructure.GPIO_Pin = GPIO_Pin_10;
    GPIO_InitStructure.GPIO_Mode = GPIO_Mode_IN_FLOATING;   //浮空输入
    GPIO_Init(GPIOA,&GPIO_InitStructure);                   //初始化 GPIOA.10 接收端
    //Usart1NVIC 中断配置配置
    NVIC_InitStructure.NVIC_IRQChannel = USART1_IRQn;       //对应中断通道
    NVIC_InitStructure.NVIC_IRQChannelPreemptionPriority = 3; //抢占优先级 3
    NVIC_InitStructure.NVIC_IRQChannelSubPriority = 3;      //子优先级 3
    NVIC_InitStructure.NVIC_IRQChannelCmd = ENABLE;         //IRQ 通道使能
    NVIC_Init(&NVIC_InitStructure);                         //中断优先级配置
    //USART 初始化设置
    USART_InitStructure.USART_BaudRate = bound;             //波特率设置;
    USART_InitStructure.USART_WordLength = USART_WordLength_8b;   //字长为 8 位
    USART_InitStructure.USART_StopBits = USART_StopBits_1;  //一个停止位
    USART_InitStructure.USART_Parity = USART_Parity_No;     //无奇偶校验位
    USART_InitStructure.USART_HardwareFlowControl =
    USART_HardwareFlowControl_None;                         //无硬件数据流控制
    USART_InitStructure.USART_Mode = USART_Mode_Rx |USART_Mode_Tx;   //收发模式
    USART_Init(USART1,&USART_InitStructure);                //初始化串口
    USART_ITConfig(USART1,USART_IT_RXNE,ENABLE);            //开启中断
    USART_Cmd(USART1,ENABLE);                               //使能串口
}
```

下面一一分析这段初始化代码。首先是一行时钟使能代码:

```
RCC_APB2PeriphClockCmd(RCC_APB2Periph_USART1|RCC_APB2Periph_GPIOA,ENABLE);
        //使能 USART1,GPIOA 时钟
```

在使用一个内置外设的时候,首先要使能相应的 GPIO 时钟,然后使能复用功能时钟和内置外设时钟。

接下来要初始化相应的 GPIO 端口为特定的状态,复用内置外设的时候到底 GPIO 要设置成什么模式呢?这个在端口复用一节也有讲解,那就是在《STM32 中文参考手册 V10》的 8.1.11 小节中有讲解,截图如图 5.3.1 所示。

USART 引脚	配　置	GPIO 配置
USARTx_TX	全双工模式	推挽复用输出
	半双工同步模式	推挽复用输出
USARTx_RX	全双工模式	浮空输入或带上拉输入
	半双工同步模式	未用,可作为通用 I/O

图 5.3.1　外设的 GPIO 设置

所以接下来的 2 段代码就是将 TX(PA9)设置为推挽复用输出模式,将 RX(PA10)设置为浮空输入模式:

```
//USART1_TX  PA.9
GPIO_InitStructure.GPIO_Pin = GPIO_Pin_9;//PA.9 复用推挽输出
GPIO_InitStructure.GPIO_Speed = GPIO_Speed_50MHz;
GPIO_InitStructure.GPIO_Mode = GPIO_Mode_AF_PP;//复用推挽输出
GPIO_Init(GPIOA,&GPIO_InitStructure);
//USART1_RX  PA.10 浮空输入
GPIO_InitStructure.GPIO_Pin = GPIO_Pin_10;
GPIO_InitStructure.GPIO_Mode = GPIO_Mode_IN_FLOATING;//浮空输入
GPIO_Init(GPIOA,&GPIO_InitStructure);
```

紧接着,要进行 usart1 的中断初始化,设置抢占优先级值和子优先级的值:

```
//Usart1 NVIC 中断配置 配置
NVIC_InitStructure.NVIC_IRQChannel = USART1_IRQn;
NVIC_InitStructure.NVIC_IRQChannelPreemptionPriority = 3;         //抢占优先级 3
NVIC_InitStructure.NVIC_IRQChannelSubPriority = 3;//子优先级 3
NVIC_InitStructure.NVIC_IRQChannelCmd = ENABLE;//IRQ 通道使能
NVIC_Init(&NVIC_InitStructure);//根据指定的参数初始化 VIC 寄存器
```

接下来要设置串口 1 的初始化参数:

```
//USART 初始化设置
USART_InitStructure.USART_BaudRate = bound;//波特率设置;
USART_InitStructure.USART_WordLength = USART_WordLength_8b;         //字长为 8 位
USART_InitStructure.USART_StopBits = USART_StopBits_1;//一个停止位
USART_InitStructure.USART_Parity = USART_Parity_No;   //无奇偶校验位
USART_InitStructure.USART_HardwareFlowControl =
USART_HardwareFlowControl_None;//无硬件数据流控制
USART_InitStructure.USART_Mode = USART_Mode_Rx|USART_Mode_Tx;//收发
USART_Init(USART1,&USART_InitStructure);//初始化串口
```

可以看出,串口的初始化是通过调用 USART_Init()函数实现的,而这个函数重要的参数就是结构体指针变量 USART_InitStructure,下面看看结构体定义:

```
typedef struct
{
  uint32_t USART_BaudRate;
  uint16_t USART_WordLength;
  uint16_t USART_StopBits;
  uint16_t USART_Parity;
  uint16_t USART_Mode;
  uint16_t USART_HardwareFlowControl;
} USART_InitTypeDef;
```

这个结构体有 6 个成员变量,所以有 6 个参数需要初始化。

第一个参数 USART_BaudRate 为串口波特率,波特率可以说是串口最重要的参数了,这里通过初始化传入参数 baund 来设定。第二个参数 USART_WordLength 为字长,这里设置为 8 位字长数据格式。第三个参数 USART_StopBits 为停止位设置,这里设置为 1 位停止位。第四个参数 USART_Parity 设定是否需要奇偶校验,这里设定为无奇偶校验位。第五个参数 USART_Mode 为串口模式,这里设置为全双工收发模式。第六个参数为是否支持硬件流控制,这里设置为无硬件流控制。

在设置完成串口中断优先级以及串口初始化之后,接下来就是开启串口中断以及使能串口了:

```
USART_ITConfig(USART1, USART_IT_RXNE, ENABLE);//开启中断
USART_Cmd(USART1, ENABLE);                      //使能串口
```

开启串口中断和使能串口之后接下来就是写中断处理函数了,下面将着重讲解中断处理函数。

5.3.3　USART1_IRQHandler 函数

void USART1_IRQHandler(void)函数是串口 1 的中断响应函数,串口 1 发生了相应的中断后就会跳到该函数执行。中断相应函数的名字是不能随便定义的,一般遵循 MDK 定义的函数名。这些函数名字在启动文件 startup_stm32f10x_hd.s 中可以找到。

函数体里面通过函数:

```
if(USART_GetITStatus(USART1, USART_IT_RXNE) != RESET)
```

判断是否接收中断,如果是串口接收中断,则读取串口接收到的数据:

```
Res = USART_ReceiveData(USART1);//(USART1->DR);//读取接收到的数据
```

接下来就对数据进行分析。

这里设计了一个小小的接收协议:通过这个函数配合一个数组 USART_RX_BUF[],一个接收状态寄存器 USART_RX_STA(此寄存器其实就是一个全局变量,由作者自行添加。由于它起到类似寄存器的功能,这里暂且称之为寄存器)实现对串口数据的接收管理。USART_RX_BUF 的大小由 USART_REC_LEN 定义,也就是一次接收的数据最大不能超过 USART_REC_LEN 个字节。USART_RX_STA 是一个接收状态寄存器其各的定义如图 5.3.2 所示。

USART_RX_STA		
bit15	bit14	bit13~0
接收完成标志	接收到 0X0D 标志	接收到的有效数据个数

图 5.3.2　接收状态寄存器位定义表

设计思路如下:

当接收到从计算机发过来的数据,把接收到的数据保存在 USART_RX_BUF 中,同时在接收状态寄存器(USART_RX_STA)中计数接收到的有效数据个数,当收到回车(回车的表示由 2 个字节组成:0X0D 和 0X0A)的第一个字节 0X0D 时,计数器将不

再增加,等待 0X0A 的到来;而如果 0X0A 没有来到,则认为这次接收失败,重新开始下一次接收。如果顺利接收到 0X0A,则标记 USART_RX_STA 的第 15 位,这样完成一次接收,并等待该位被其他程序清除,从而开始下一次的接收;而如果迟迟没有收到 0X0D,那么在接收数据超过 USART_REC_LEN 的时候,则会丢弃前面的数据,重新接收。中断相应函数代码如下:

```
void USART1_IRQHandler(void)                      //串口 1 中断服务程序
   {
   u8 Res;
#ifdef OS_TICKS_PER_SEC                    //如果时钟节拍数定义了,说明要使用 ucosII 了
   OSIntEnter();
#endif
   if(USART_GetITStatus(USART1, USART_IT_RXNE) != RESET)
                                  //接收中断(接收到的数据必须是 0x0d 0x0a 结尾)
      {
      Res = USART_ReceiveData(USART1);        //(USART1 - >DR);//读取接收到的数据

      if((USART_RX_STA&0x8000) == 0)            //接收未完成
         {
         if(USART_RX_STA&0x4000)            //接收到了 0x0d
            {
            if(Res! = 0x0a)USART_RX_STA = 0;   //接收错误,重新开始
            else USART_RX_STA| = 0x8000;      //接收完成了
            }
         else                          //还没收到 0X0D
            {
            if(Res == 0x0d)USART_RX_STA| = 0x4000;
            else
               {
               USART_RX_BUF[USART_RX_STA&0X3FFF] = Res ;
               USART_RX_STA ++ ;
               if(USART_RX_STA>(USART_REC_LEN - 1))USART_RX_STA = 0;
                       //接收数据错误,重新开始接收
               }
            }
         }
      }
#ifdef OS_TICKS_PER_SEC//如果时钟节拍数定义了,说明要使用 ucosII 了
   OSIntExit();
#endif
}
```

EN_USART1_RX 和 USART_REC_LEN 都是在 usart. h 文件里面定义的,当需要使用串口接收的时候,只要在 usart. h 里面设置 EN_USART1_RX 为 1 就可以了。不使用的时候,设置 EN_USART1_RX 为 0 即可,这样可以省出部分 SRAM 和 Flash,默认是设置 EN_USART1_RX 为 1,也就是开启串口接收的。

OS_CRITICAL_METHOD 用来判断是否使用 μC/OS,如果使用了 μC/OS,则调用 OSIntEnter 和 OSIntExit 函数;如果没有使用 μC/OS,则不调用这 2 个函数(这 2 个函数用于实现中断嵌套处理,这里先不理会)。

第3篇 实战篇

经过前2篇的学习，我们对STM32开发的软件和硬件平台都有了个比较深入的了解，接下来将通过实例，由浅入深，带读者一步步地学习STM32。

STM32的内部资源非常丰富，对于初学者来说，一般不知道从何开始。本篇将从STM32最简单的外设说起，然后一步步深入。每一个实例都配有详细的代码及解释，手把手教读者如何入手STM32的各种外设。

本篇总共分为28章，每一章即一个实例，下面就开始精彩的STM32之旅。

固件库版本的源码在本书配套资料"程序源码\标准例程－V3.5库函数版本"下载。

第 **6** 章

跑马灯实验

STM32 最简单的外设莫过于 I/O 口的高低电平控制了,本章将通过一个经典的跑马灯程序带大家开启 STM32F1 之旅。本章将通过代码控制 ALIENTEK 战舰 STM32 开发板上的 2 个 LED:DS0 和 DS1 交替闪烁,实现类似跑马灯的效果。

6.1 STM32 I/O 简介

本章将要实现的是控制 ALIENTEK 战舰 STM32 开发板上的 2 个 LED 实现一个类似跑马灯的效果,关键在于如何控制 STM32 的 I/O 口输出。通过这一章的学习将初步掌握 STM32 基本 I/O 口的使用,而这是迈向 STM32 的第一步。

因为这一章是第一个实验章节,所以介绍一些知识为后面的实验做铺垫。为了小节标号与后面实验章节一样,这里不另起一节来讲。

在讲解 STM32 的 GPIO 之前,首先打开本书配套资料的第一个固件库版本实验工程跑马灯实验工程(配套资料目录为“4,程序源码\标准例程- V3.5 库函数版本\实验 1 跑马灯/USER/LED. uvprojx”),可以看到我们的实验工程目录,如图 6.1.1 所示。

接下来逐一讲解工程目录下面的组以及重要文件。

① 组 USER 下面存放的主要是用户代码。system_stm32f10x. c 里面主要是系统时钟初始化函数 SystemInit 相关的定义,一般情况下文件用户不需要修改。stm32f10x_it. c 里面存放的是部分中断服务函数。main. c 函数主要存放的是主函数。

② 组 HARDWARE 下面存放的是每个实验的外设驱动代码,它是通过调用 FWLib 下面的固件库文件实现的,比如 led. c 调用 stm32f10x_gpio. c 里面的函数对 led 进行初始化,这里面的函数是讲解的重点。后面的实验中可以看到会引入多个源文件。

③ 组 SYSTEM 是 ALIENTEK 提供的共用代码,包含 Systick 延时函数、I/O 口位带操作以及串口相关函数。

④ 组 CORE 下面存放的是固件库必需的核心文件和启动文件。这里面的文件用户不需要修改。

⑤ 组 FWLib 下面存放的是 ST 官方提供的外设驱动固件库文件,这些文件可以根据工程需要来添加和删除。每个 stm32f10x_ppp. c 源文件对应一个 stm32f10x_ppp. h 头文件。

图 6.1.1 跑马灯实验目录结构

⑥ README 分组主要就是添加了 README. TXT 说明文件对实验操作进行相关说明。

最后讲解一下这些组之间的层次结构，如图 6.1.2 所示。可以看出，用户代码和 HARDWARE 下面的外设驱动代码不再需要直接操作寄存器，而是直接或间接操作官方提供的固件库函数。但是为了让读者更全面、方便地了解外设，本书会增加重要的外设寄存器的讲解，方便深入学习固件库。

图 6.1.2 代码层次结构图

准备内容就讲解到这里,接下来就要进入跑马灯实验的讲解部分了。需要说明一下,在讲解固件库之前会首先介绍重要寄存器。学习固件库并不需要记住每个寄存器的作用,而只是通过了解寄存器对外设一些功能有个大致的了解,这样对以后的学习也很有帮助。

在固件库中,GPIO 端口操作对应的库函数以及相关定义在文件 stm32f10x_gpio.h 和 stm32f10x_gpio.c 中。

STM32 的 I/O 口相比 51 要复杂得多,所以使用起来也困难很多。STM32 的 I/O 口可以由软件配置成如下 8 种模式,分别是输入浮空、输入上拉、输入下拉、模拟输入、开漏输出、推挽输出、推挽式复用功能、开漏复用功能。每个 I/O 口可以自由编程,但 I/O 口寄存器必须按 32 位字被访问。STM32 的很多 I/O 口都是 5 V 兼容的,这些 I/O 口在与 5 V 电平的外设连接的时候很有优势,具体哪些 I/O 口是 5 V 兼容的可以从该芯片的数据手册引脚描述章节查到(I/O Level 标 FT 的就是 5 V 电平兼容的)。

STM32 的每个 I/O 端口都由 7 个寄存器来控制,分别是配置模式的 2 个 32 位的端口配置寄存器 CRL 和 CRH、2 个 32 位的数据寄存器 IDR 和 ODR、一个 32 位的置位/复位寄存器 BSRR、一个 16 位的复位寄存器 BRR、一个 32 位的锁存寄存器 LCKR。每个寄存器的详细使用方法可以参考《STM32 中文参考手册 V10》P105～P129。CRL 和 CRH 控制着每个 I/O 口的模式及输出速率。

STM32 的 I/O 口位配置表如表 6.1.1 所列。STM32 输出模式配置如表 6.1.2 所列。

表 6.1.1　STM32 的 I/O 口位配置表

配置模式		CNF1	CNF0	MODE1	MODE0	PxODR 寄存器
通用输出	推挽式(Push-Pull)	0	0	01 10 11		0 或 1
	开漏(Open-Drain)		1			0 或 1
复用功能输出	推挽式(Push-Pull)	1	0			不使用
	开漏(Open-Drain)		1			不使用
输入	模拟输入	0	0	00		不使用
	浮空输入		1			不使用
	下拉输入	1	0			0
	上拉输入					1

表 6.1.2　STM32 输出模式配置表

MODE[1:0]	意　义	MODE[1:0]	意　义
00	保留	10	最大输出速度为 2 MHz
01	最大输出速度为 10 MHz	11	最大输出速度为 50 MHz

接下来看看端口低配置寄存器 CRL 的描述,如图 6.1.3 所示。该寄存器的复位值为 0X4444 4444,从图 6.1.1 可以看到,复位值其实就是配置端口为浮空输入模式,并且 STM32 的 CRL 控制着每组 I/O 端口(A～G)的低 8 位的模式。每个 I/O 端口的位

占用 CRL 的 4 个位,高 2 位为 CNF,低 2 位为 MODE。这里可以记住几个常用的配置,比如 0X0 表示模拟输入模式(ADC 用)、0X3 表示推挽输出模式(做输出口用,50 MHz 速率)、0X8 表示上/下拉输入模式(做输入口用)、0XB 表示复用输出(使用 I/O 口的第二功能,50 MHz 速率)。

31	30	29	28	27	26	25	24	23	22	21	20	19	18	17	16
CNF7[1:0]		MODE7[1:0]		CNF6[1:0]		MODE6[1:0]		CNF5[1:0]		MODE5[1:0]		CNF4[1:0]		MODE4[1:0]	
rw	rw	rw	rw	rw	rw	rw	rw	rw	rw	rw	rw	rw	rw	rw	rw
15	14	13	12	11	10	9	8	7	6	5	4	3	2	1	0
CNF3[1:0]		MODE3[1:0]		CNF2[1:0]		MODE2[1:0]		CNF1[1:0]		MODE1[1:0]		CNF0[1:0]		MODE0[1:0]	
rw	rw	rw	rw	rw	rw	rw	rw	rw	rw	rw	rw	rw	rw	rw	rw

位 31:30 27:26 23:22 19:18 15:14 11:10 7:6 3:2	CNFy[1:0]:端口 x 配置位(y=0:7) 软件通过这些位配置相应的 I/O 端口 在输入模式(MODE[1:0]=00); 00:模拟输入模式;01:浮空输入模式(复位后的状态);10:上拉/下拉输入模式;11:保留 在输出摸式(MODE[1:0]>00): 00:通用推挽输出模式;　01:通用开漏输出模式; 10:复用功能推挽输出横式;　11:复用功能开漏输出横式
位 29:28 25:24 21:20 17:16 13:12 9:8,5:4 1:0	MODEy[0:0]:端口 x 的模式位(y=0:7) 软件通过过些位配置相应的 I/O 端口 00:输入模式(复位后的状态); 01:输出模式,最大速度 10 MHz 10:输出模式,最大速度 2 MHz; 11:输出模式,最大速度 50 MHz

图 6.1.3　端口低配置寄存器 CRL 各位描述

CRH 的作用和 CRL 完全一样,只是 CRL 控制的是低 8 位输出口,而 CRH 控制的是高 8 位输出口。下面介绍怎样通过固件库设置 GPIO 的相关参数和输出。

GPIO 相关的函数和定义分布在固件库文件 stm32f10x_gpio.c 和头文件 stm32f10x_gpio.h 文件中。在固件库开发中,操作寄存器 CRH 和 CRL 来配置 I/O 口的模式和速度是通过 GPIO 初始化函数完成的:

```
void GPIO_Init(GPIO_TypeDef * GPIOx, GPIO_InitTypeDef * GPIO_InitStruct);
```

这个函数有 2 个参数,第一个参数是用来指定 GPIO,取值范围为 GPIOA～GPIOG。第二个参数为初始化参数结构体指针,结构体类型为 GPIO_InitTypeDef。下面看看这个结构体的定义。首先打开本书配套资料的跑马灯实验,然后找到 FWLib 组下面的 stm32f10x_gpio.c 文件,定位到 GPIO_Init 函数体处,双击入口参数类型 GPIO_InitTypeDef 后右击,在弹出的级联菜单中选择 Go to definition of 可以查看结构体的定义:

```
typedef struct
{  uint16_t GPIO_Pin;
   GPIOSpeed_TypeDef GPIO_Speed;
   GPIOMode_TypeDef GPIO_Mode;
}GPIO_InitTypeDef;
```

下面通过一个 GPIO 初始化实例来讲解这个结构体的成员变量的含义。通过初始化结构体初始化 GPIO 的常用格式是：

```
GPIO_InitTypeDef  GPIO_InitStructure;
GPIO_InitStructure.GPIO_Pin = GPIO_Pin_5;              //LED0 -->PB.5 端口配置
GPIO_InitStructure.GPIO_Mode = GPIO_Mode_Out_PP;       //推挽输出
GPIO_InitStructure.GPIO_Speed = GPIO_Speed_50MHz;      //速度 50 MHz
GPIO_Init(GPIOB, &GPIO_InitStructure);                 //根据设定参数配置 GPIO
```

这段代码的意思是设置 GPIOB 的第 5 个端口为推挽输出模式,同时速度为 50 MHz。可以看出,结构体 GPIO_InitStructure 的第一个成员变量 GPIO_Pin 用来设置是要初始化哪个或者哪些 I/O 口;第二个成员变量 GPIO_Mode 用来设置对应 I/O 端口的输出输入模式。这些模式是上面讲解的 8 个模式,在 MDK 中是通过一个枚举类型定义的:

```
typedef enum
{ GPIO_Mode_AIN = 0x0,                    //模拟输入
  GPIO_Mode_IN_FLOATING = 0x04,           //浮空输入
  GPIO_Mode_IPD = 0x28,                   //下拉输入
  GPIO_Mode_IPU = 0x48,                   //上拉输入
  GPIO_Mode_Out_OD = 0x14,                //开漏输出
  GPIO_Mode_Out_PP = 0x10,                //通用推挽输出
  GPIO_Mode_AF_OD = 0x1C,                 //复用开漏输出
  GPIO_Mode_AF_PP = 0x18,                 //复用推挽
}GPIOMode_TypeDef;
```

第三个参数是 I/O 口速度设置,有 3 个可选值,在 MDK 中同样是通过枚举类型定义的:

```
typedef enum
{
  GPIO_Speed_10MHz = 1,
  GPIO_Speed_2MHz,
  GPIO_Speed_50MHz
}GPIOSpeed_TypeDef;
```

这些入口参数的取值范围怎么定位、怎么快速定位到这些入口参数取值范围的枚举类型参考 4.7 节。

IDR 是一个端口输入数据寄存器,只用了低 16 位。该寄存器为只读寄存器,并且只能以 16 位的形式读出。该寄存器各位的描述如图 6.1.4 所示。要想知道某个 I/O 口的电平状态,则只要读这个寄存器,再看某个位的状态就可以了。使用起来比较简单。

位 31:16　保留,始终读为 0
位 15:0　IDRy[15:0]:端口输入数据(y=0:15)
　　　　这些位为只读并只能以字(16 位)的形式读出。读出的值为对应 I/O 口的状态

图 6.1.4　端口输入数据寄存器 IDR 各位描述

在固件库中操作 IDR 寄存器读取 I/O 端口数据是通过 GPIO_ReadInputDataBit

函数实现的：

```
uint8_t GPIO_ReadInputDataBit(GPIO_TypeDef * GPIOx, uint16_t GPIO_Pin)
```

比如要读 GPIOA.5 的电平状态，那么方法是：

```
GPIO_ReadInputDataBit(GPIOA, GPIO_Pin_5);
```

返回值是 1(Bit_SET)或者 0(Bit_RESET)。

　　ODR 是一个端口输出数据寄存器，也只用了低 16 位。该寄存器为可读/写，从该寄存器读出来的数据可以用于判断当前 I/O 口的输出状态。而向该寄存器写数据则可以控制某个 I/O 口的输出电平。该寄存器的各位描述如图 6.1.5 所示。

31	30	29	28	27	26	25	24	23	22	21	20	19	18	17	16
保留															
15	14	13	12	11	10	9	8	7	6	5	4	3	2	1	0
ODR15	ODR14	ODR13	ODR12	ODR11	ODR10	ODR9	ODR8	ODR7	ODR6	ODR5	ODR4	ODR3	ODR2	ODR1	ODR0
rw	rw	rw	rw	rw	rw	rw	rw	rw	rw	rw	rw	rw	rw	rw	rw

位 31:16　保留，始终读为 0

图 6.1.5　端口输出数据寄存器 ODR 各位描述

　　固件库中，设置 ODR 寄存器的值来控制 I/O 口的输出状态是通过函数 GPIO_Write 来实现的：

```
void GPIO_Write(GPIO_TypeDef * GPIOx, uint16_t PortVal);
```

该函数一般用来一次性往一组 GPIO 下的多个 I/O 口设值。

　　BSRR 寄存器是端口位设置/清除寄存器，和 ODR 寄存器具有类似的作用，都可以用来设置 GPIO 端口的输出位是 1 还是 0。该寄存器的描述如图 6.1.6 所示。

31	30	29	28	27	26	25	24	23	22	21	20	19	18	17	16
BR15	BR14	BR13	BR12	BR11	BR10	BR9	BR8	BR7	BR6	BR5	BR4	BR3	BR2	BR1	BR0
w	w	w	w	w	w	w	w	w	w	w	w	w	w	w	w
15	14	13	12	11	10	9	8	7	6	5	4	3	2	1	0
BS15	BS14	BS13	BS12	BS11	BS10	BS9	BS8	BS7	BS6	BS5	BS4	BS3	BS2	BS1	BS0
w	w	w	w	w	w	w	w	w	w	w	w	w	w	w	w

位 31:16	BRy:清除端口 x 的位 y(y=0:15) 这些位只能写入并只能以字(16 位)的形式操作。 0:对应的 ODRy 位不产生影响;1:清除对应的 ODRy 位为 0 注:如果同时设置了 BSy 和 BRy 的对应位,BSy 位起作用
位 15:0	BSy:设置端口 x 的位 y(y=0:15) 这些位只能写入并只能以字(16 位)的形式操作。 0:对应的 ODRy 位不产生影响;1:设置对应的 ODRy 位为 1

图 6.1.6　端口位设置/清除寄存器 BSRR 各位描述

　　通过举例子可以很清楚了解它的使用方法。例如要设置 GPIOA 的第一个端口值为 1,那么只需要往寄存器 BSRR 的低 16 位对应位写 1 即可：

```
GPIOA->BSRR = 1<<1;
```

如果要设置 GPIOA 的第一个端口值为 0,则只需要往寄存器高 16 位对应为写 1 即可：

```
GPIOA->BSRR = 1<<(16+1)
```

该寄存器往相应位写 0 是无影响的,所以要设置某些位时,不用管其他位的值。

BRR 寄存器是端口位清除寄存器,作用跟 BSRR 的高 16 位类似。在 STM32 固件库中,通过 BSRR 和 BRR 寄存器设置 GPIO 端口输出是通过函数 GPIO_SetBits() 和函数 GPIO_ResetBits() 来完成的。

```
void GPIO_SetBits(GPIO_TypeDef * GPIOx, uint16_t GPIO_Pin)
void GPIO_ResetBits(GPIO_TypeDef * GPIOx, uint16_t GPIO_Pin)
```

在多数情况下,采用这 2 个函数来设置 GPIO 端口的输入和输出状态。比如要设置 GPIOB.5 输出 1,那么方法为:

```
GPIO_SetBits(GPIOB, GPIO_Pin_5);
```

反之,要设置 GPIOB.5 输出位 0,方法为:

```
GPIO_ResetBits (GPIOB, GPIO_Pin_5);
```

虽然 I/O 操作步骤很简单,这里还是做个概括性的总结,操作步骤为:

① 使能 I/O 口时钟,调用函数为 RCC_APB2PeriphClockCmd()。

② 初始化 I/O 参数,调用函数 GPIO_Init()。

③ 操作 I/O。

6.2 硬件设计

本章用到的硬件只有 LED(DS0 和 DS1),其电路在 ALIENTEK 战舰 STM32F103 开发板上默认是已经连接好了的,DS0 接 PB5,DS1 接 PE5,所以在硬件上不需要动任何东西。其连接原理图如图 6.2.1 所示。

图 6.2.1 LED 与 STM32F1 连接原理图

6.3 软件设计

跑马灯实验主要用到的固件库文件是:

```
stm32f10x_gpio.c /stm32f10x_gpio.h
stm32f10x_rcc.c/stm32f10x_rcc.h
misc.c/ misc.h
stm32f10x_usart/stm32f10x_usart.h
```

其中,stm32f10x_rcc.h 头文件在每个实验中都要引入,因为系统时钟配置函数以及相关的外设时钟使能函数都在这个源文件中。stm32f10x_usart.h 和 misc.h 头文件在 SYSTEM 文件夹中都需要使用到,所以每个实验都会引用。

首先,找到 3.3 节新建的 Template 工程,在该文件夹下面新建一个 HARDWARE 的文件夹,用来存储以后与硬件相关的代码。然后在 HARDWARE 文件夹下新建一个 LED 文件夹,用来存放与 LED 相关的代码,如图 6.3.1 所示。

图 6.3.1　新建 HARDWARE 文件夹

然后打开 USER 文件夹下的 LED.uvprojx 工程(如果是使用的上面新建的工程模板,那么就是 Template.uvprojx,也可以将其重命名为 LED.uvprojx),单击 📄 按钮新建一个文件,然后保存在 HARDWARE→LED 文件夹下面,命名为 led.c。在该文件中输入如下代码:

```
#include "led.h"
//初始化 PB5 和 PE5 为输出口.并使能这 2 个口的时钟
//LED I/O 初始化
void LED_Init(void)
{
  GPIO_InitTypeDef  GPIO_InitStructure;
  RCC_APB2PeriphClockCmd(RCC_APB2Periph_GPIOB|
                RCC_APB2Periph_GPIOE, ENABLE);  //使能 PB,PE 端口时钟

  GPIO_InitStructure.GPIO_Pin = GPIO_Pin_5;    //LED0 -->PB.5 推挽输出
  GPIO_InitStructure.GPIO_Mode = GPIO_Mode_Out_PP;//推挽输出
  GPIO_InitStructure.GPIO_Speed = GPIO_Speed_50MHz;
  GPIO_Init(GPIOB, &GPIO_InitStructure);
  GPIO_SetBits(GPIOB,GPIO_Pin_5);  //PB.5 输出高

  GPIO_InitStructure.GPIO_Pin = GPIO_Pin_5;    //LED1 -->PE.5 推挽输出
  GPIO_Init(GPIOE,&GPIO_InitStructure);
  GPIO_SetBits(GPIOE,GPIO_Pin_5);   /PE.5 输出高
}
```

该代码里面就包含了一个函数,即 void LED_Init(void)函数,该函数的功能就是

配置 PB5 和 PE5 为推挽输出。注意,在配置 STM32 外设的时候,任何时候都要先使能该外设的时钟。GPIO 是挂载在 APB2 总线上的外设,在固件库中对挂载在 APB2 总线上的外设时钟使能是通过函数 RCC_APB2PeriphClockCmd()来实现的。代码如下:

```
RCC_APB2PeriphClockCmd(RCC_APB2Periph_GPIOB|RCC_APB2Periph_GPIOE, ENABLE);
        //使能 GPIOB,GPIOE 端口时钟
```

作用是使能 APB2 总线上的 GPIOB 和 GPIOE 的时钟。

配置完时钟之后,LED_Init 配置了 GPIOB.5 和 GPIOE.5 的模式为推挽输出,并且默认输出 1,这样就完成了对这 2 个 I/O 口的初始化。代码是:

```
GPIO_InitStructure.GPIO_Pin = GPIO_Pin_5;      //LED0 -->GPIOB.5 端口配置
GPIO_InitStructure.GPIO_Mode = GPIO_Mode_Out_PP;    //推挽输出
GPIO_InitStructure.GPIO_Speed = GPIO_Speed_50MHz;     //I/O 口速度为 50 MHz
GPIO_Init(GPIOB, &GPIO_InitStructure);      //初始化 GPIOB.5
GPIO_SetBits(GPIOB,GPIO_Pin_5);      //GPIOB.5 输出高
GPIO_InitStructure.GPIO_Pin = GPIO_Pin_5;      //LED1 -->GPIOE.5 推挽输出
GPIO_Init(GPIOE,&GPIO_InitStructure);      //初始化 GPIOE.5
GPIO_SetBits(GPIOE,GPIO_Pin_5);      //GPIOE.5 输出高
```

这里需要说明的是,因为 GPIOB 和 GPIOE 的 I/O 口的初始化参数都设置在结构体变量 GPIO_InitStructure 中,且 2 个 I/O 口的模式和速度都一样,所以只用初始化一次,在 GPIOE.5 初始化的时候就不需要再重复初始化速度和模式了。最后一行代码:

```
GPIO_SetBits(GPIOE,GPIO_Pin_5);
```

的作用是在初始化中将 GPIOE.5 输出设置为高。

保存 led.c 代码,然后同样的方法新建一个 led.h 文件,也保存在 LED 文件夹下面。在 led.h 中输入如下代码:

```
#ifndef__LED_H
#define__LED_H
#include "sys.h"
//LED 端口定义
#define LED0 PBout(5)        // DS0
#define LED1 PEout(5)        // DS1
void LED_Init(void);        //LED 引脚初始化
#endif
```

这段代码里面最关键就是 2 个宏定义:

```
#define LED0 PBout(5)// DS0
#define LED1 PEout(5)// DS1
```

这里使用位带操作来实现操作某个 I/O 口的一个位。这里介绍一下操作 I/O 口输出高低电平的 3 种方法。

① 通过位带操作 PB5 输出高低电平从而控制 LED0 的方法如下:

```
LED0 = 1;      //通过位带操作控制 LED0 的引脚 PB5 输出高电平
LED0 = 0;      //通过位带操作控制 LED0 的引脚 PB5 输出低电平
```

② 使用固件库操作和寄存器操作来实现 I/O 口操作,方法如下:

```
GPIO_SetBits(GPIOB,GPIO_Pin_5);        //设置 GPIOB.5 输出 1,等同 LED0 = 1;
GPIO_ResetBits (GPIOB, GPIO_Pin_5);        //设置 GPIOB.5 输出 0,等同 LED0 = 0;
```

库函数操作是直接调用2个函数即可控制I/O输出高低电平。

③ 通过直接操作寄存器 BRR 和 BSRR 的方式来操作 I/O 口输出高低电平,方法如下:

```
GPIOB->BRR = GPIO_Pin_5;          //设置 GPIOB.5 输出 1,等同 LED0 = 1;
GPIOE->BSRR = GPIO_Pin_5;         //设置 GPIOB.5 输出 0,等同 LED0 = 0;
```

这3种方法在I/O口速度没有太大要求的情况下效果都是一样的。

接下来将 led.h 也保存一下。接着,在 Manage Project Items 管理里面新建一个 HARDWARE 的组,并把 led.c 加入到这个组里面,如图 6.3.2 所示。

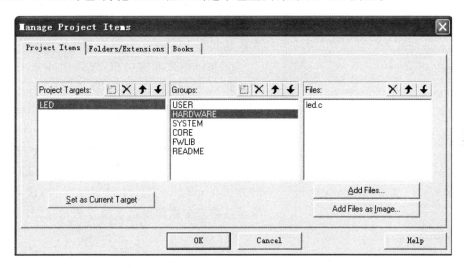

图 6.3.2 给工程新增 HARDWARE 组

单击 OK 按钮回到工程,则发现 Project Workspace 里面多了一个 HARDWARE 的组,该组下面有一个 led.c 的文件,如图 6.3.3 所示。

然后将 led.h 头文件的路径加到工程里面。回到主界面,在 main 函数里面编写如下代码:

```
# include "led.h"
# include "delay.h"
# include "sys.h"
int main(void)
  {
    delay_init();           //延时函数初始化
    LED_Init();             //初始化与 LED 连接的硬件接口
    while(1)
    {
        LED0 = 0; LED1 = 1;    //LED0 端口输出低电平(亮),LED1 端口输出高电平(灭)
        delay_ms(300);        //延时 300 ms
        LED0 = 1;  LED1 = 0;   //LED0 端口输出高电平(灭),LED1 端口输出低电平(亮)
        delay_ms(300);        //延时 300 ms
    }
  }
```

图 6.3.3 新增 HARDWARE 组

代码包含了 ♯ include "led. h"这句,使得 LED0、LED1、LED_Init 等能在 main()函数里被调用。需要重申的是,在固件库 V3.5 中,系统在启动的时候会调用 system_stm32f10x.c 中的函数 SystemInit()对系统时钟进行初始化,初始化完毕会调用 main()函数。所以不需要再在 main()函数中调用 SystemInit()函数。当然如果有需要重新设置时钟系统,可以写自己的时钟设置代码,SystemInit()只是将时钟系统初始化为默认状态。

main()函数非常简单,先调用 delay_init()初始化延时,接着调用 LED_Init()来初始化 GPIOB.5 和 GPIOE.5 为输出。最后在死循环里面实现 LED0 和 LED1 交替闪烁,间隔为 300 ms。

上面是通过位带操作实现 I/O 操作,通过调用库函数以及直接操作寄存器来实现 LED 控制的方法在 main. c 文件中已经注释掉,读者可以取消注释来分别测试这 2 种方法,实际效果是一模一样的。

最后单击 编译工程,结果如图 6.3.4 所示。可以看到没有错误,也没有警告。从编译信息可以看出,我们的代码占用 Flash 大小为 1 892 字节(1 556+336),所用的 SRAM 大小为 1 864 个字节(32+1 832)。

图 6.3.4 编译结果

其中,

➤ Code 表示程序占用 Flash 的大小(Flash)。

➤ RO-data 即 Read Only-data,表示程序定义的常量,如 const 类型(Flash)。

➤ RW-data 即 Read Write-data,表示已被初始化的全局变量(SRAM)。

➤ ZI-data 即 Zero Init-data,表示未被初始化的全局变量(SRAM)。

有了这个就可以知道当前使用的 Flash 和 SRAM 大小了,所以,一定要注意的是程序的大小不是. hex 文件的大小,而是编译后的 Code 和 RO-data 之和。

接下来就先进行软件仿真,验证一下是否有错误,然后下载到战舰 STM32 开发板看看实际运行的结果。

6.4　仿真与下载

首先进行软件仿真（先确保 Options for Target′Target′对话框的 Debug 选项卡里面已经设置为 Use Simulator，参考 3.4.1 小节）。先单击 开始仿真，接着单击 显示逻辑分析窗口，单击 Setup 新建 2 个信号 PORTB.5 和 PORTE.5，如图 6.4.1 所示。Display Type 下拉列表框中选择 bit，然后单击 Close 关闭该对话框，可以看到逻辑分析窗口出来了 2 个信号，如图 6.4.2 所示。

图 6.4.1　逻辑分析设置

图 6.4.2　设置后的逻辑分析窗口

接着,单击 ⬛↓ 开始运行。运行一段时间之后,单击 ⊗ 按钮暂停仿真回到逻辑分析窗口,可以看到如图 6.4.3 所示波形。

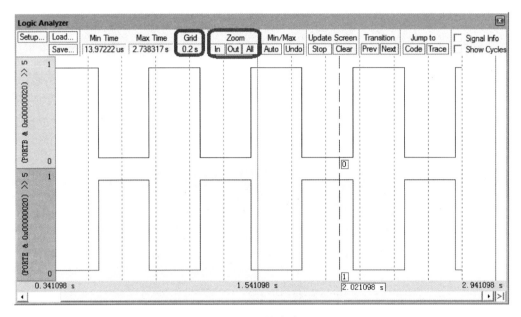

图 6.4.3 仿真波形

注意,Gird 要调节到 0.2 s 左右比较合适,可以通过 Zoom 里面的 In 按钮来放大波形,通过 Out 按钮来缩小波形,或者按 All 显示全部波形。从图 6.4.3 可以看到 PORTB.5 和 PORTE.5 交替输出,周期可以通过中间那根红线来测量。至此,软件仿真已经顺利通过。

软件仿真没有问题后,我们就可以把代码下载到开发板上,看看运行结果是否与仿真的一致。运行结果如图 6.4.4 所示。

图 6.4.4 执行结果

至此,第一章的学习就结束了。本章作为 STM32 的入门第一个例子,详细介绍了 STM32 的 I/O 口操作,同时巩固了前面的学习,并进一步介绍了 MDK 的软件仿真功能。

第 **7** 章

按键输入实验

第 6 章介绍了 STM32F1 的 I/O 口作为输出的使用,这一章介绍如何使用 STM32F1 的 I/O 口作为输入用。本章将利用板载的 4 个按键来控制板载的 2 个 LED 的亮灭和蜂鸣器的开关。

7.1　STM32 I/O 口简介

STM32F1 的 I/O 口作为输入使用的时候,是通过调用 GPIO_ReadInputDataBit() 函数来读取 I/O 口状态的。接下来就可以开始编写代码了。这一章通过 ALIENTEK 战舰 STM32 开发板上载有的 4 个按钮(WK_UP、KEY0、KEY1 和 KEY2)来控制板上的 2 个 LED(DS0 和 DS1)和蜂鸣器,其中,WK_UP 控制蜂鸣器,按一次叫,再按一次停;KEY2 控制 DS0,按一次亮,再按一次灭;KEY1 控制 DS1,效果同 KEY2;KEY0 则同时控制 DS0 和 DS1,按一次,它们的状态就翻转一次。

7.2　硬件设计

本实验用到的硬件资源有指示灯 DS0、DS1;蜂鸣器;4 个按键:KEY0、KEY1、KEY2 和 WK_UP。DS0、DS1 与 STM32 的连接已经介绍了,在战舰 STM32 开发板上的按键 KEY0 连接在 PE4 上、KEY1 连接在 PE3 上、KEY2 连接在 PE2 上、WK_UP 连接在 PA0 上,如图 7.2.1 所示。

图 7.2.1　按键与 STM32 连接原理图

需要注意的是:KEY0、KEY1 和 KEY2 是低电平有效的,而 WK_UP 是高电平有效的,并且外部都没有上下拉电阻,所以,需要在 STM32 内部设置上下拉。

7.3 软件设计

从这章开始,软件设计部分是直接打开本书配套资料的实验工程,而不再讲解怎么加入文件和头文件目录,详细方法请参考 3.3 和 6.3 节。

打开按键实验工程可以看到,引入了 key.c 文件以及头文件 key.h。首先打开 key.c 文件,代码如下:

```c
# include "key.h"
# include "sys.h"
# include "delay.h"
//按键初始化函数
void KEY_Init(void) //I/O初始化
{
    GPIO_InitTypeDef GPIO_InitStructure;
    RCC_APB2PeriphClockCmd(RCC_APB2Periph_GPIOA|
            RCC_APB2Periph_GPIOE,ENABLE);                //使能PORTA,PORTE时钟

    GPIO_InitStructure.GPIO_Pin  = GPIO_Pin_2|GPIO_Pin_3|GPIO_Pin_4;   //GPIOE.2~4
    GPIO_InitStructure.GPIO_Mode = GPIO_Mode_IPU;    //设置成上拉输入
    GPIO_Init(GPIOE,&GPIO_InitStructure);            //初始化GPIOE2,3,4

    GPIO_InitStructure.GPIO_Pin  = GPIO_Pin_0;       //初始化WK_UP-->GPIOA.0
    GPIO_InitStructure.GPIO_Mode = GPIO_Mode_IPD;    //PA0设置成输入,下拉
    GPIO_Init(GPIOA,&GPIO_InitStructure);            //初始化GPIOA.0
}
//按键处理函数
//返回按键值
//mode:0,不支持连续按;1,支持连续按
//0,没有任何按键按下;1,KEY0按下;2,KEY1按下;3,KEY2按下;4,WK_UP按下
//注意此函数有响应优先级,KEY0>KEY1>KEY2>KEY3
u8 KEY_Scan(u8 mode)
{
    static u8 key_up = 1;                            //按键按松开标志
    if(mode)key_up = 1;                              //支持连按
    if(key_up&&(KEY0 == 0||KEY1 == 0||KEY2 == 0||KEY3 == 1))
    {
        delay_ms(10);                                //去抖动
        key_up = 0;                                  /
        if(KEY0 == 0)return KEY0_PRES;
        else if(KEY1 == 0)return KEY1_PRES;
        else if(KEY2 == 0)return KEY2_PRES;
        else if(KEY3 == 1)return WKUP_PRES;
    }else if(KEY0 == 1&&KEY1 == 1&&KEY2 == 1&&KEY3 == 0)key_up = 1;
    return 0;                                        //无按键按下
}
```

这段代码包含 2 个函数,void KEY_Init(void)和 u8 KEY_Scan(u8 mode),KEY_Init()是用来初始化按键输入的 I/O 口的。首先使能 GPIOA 和 GPIOE 时钟,然后实

现 PA0、PE2～4 的输入设置,和第 6 章的输出配置差不多,只是这里设置成输入而第 6 章是输出。

　　KEY_Scan()函数用来扫描这 4 个 I/O 口是否有按键按下,支持 2 种扫描方式,通过 mode 参数来设置。

　　当 mode 为 0 的时候,KEY_Scan()函数不支持连续按。扫描某个按键,该按键按下之后必须松开,才能第二次触发,否则不会再响应这个按键;这样的好处就是可以防止按一次多次触发,而坏处就是在需要长按的时候不合适。

　　当 mode 为 1 的时候,KEY_Scan()函数支持连续按。如果某个按键一直按下,则一直返回这个按键的键值,这样可以方便地实现长按检测。

　　有了 mode 这个参数,就可以根据需要选择不同的方式。这里要提醒大家,因为该函数里面有 static 变量,所以该函数不是一个可重入函数,在有 OS 的情况下要留意下。还有一点要注意,该函数的按键扫描是有优先级的,最优先的是 KEY0,第二优先的是 KEY1,接着 KEY2,最后是 WK_UP 按键。该函数有返回值,如果有按键按下,则返回非 0 值;如果没有或者按键不正确,则返回 0。

　　接下来看看头文件 key. h 里面的代码:

```
#ifndef __KEY_H
#define __KEY_H
#include "sys. h"
#define KEY0    GPIO_ReadInputDataBit(GPIOE,GPIO_Pin_4)      //读取按键 0
#define KEY1    GPIO_ReadInputDataBit(GPIOE,GPIO_Pin_3)      //读取按键 1
#define KEY2    GPIO_ReadInputDataBit(GPIOE,GPIO_Pin_2)      //读取按键 2
#define WK_UP   GPIO_ReadInputDataBit(GPIOA,GPIO_Pin_0)      //读取按键 3(WK_UP)
#define KEY0_PRES 1//KEY0 按下
#define KEY1_PRES 2//KEY1 按下
#define KEY2_PRES 3//KEY2 按下
#define WKUP_PRES  4//WK_UP 按下(即 WK_UP/WK_UP)
void KEY_Init(void);          //IO 初始化
u8 KEY_Scan(u8);          //按键扫描函数
#endif
```

这段代码里面最关键就是 4 个宏定义:

```
#define KEY0  GPIO_ReadInputDataBit(GPIOE,GPIO_Pin_4)      //读取按键 0
#define KEY1  GPIO_ReadInputDataBit(GPIOE,GPIO_Pin_3)      //读取按键 1
#define KEY2  GPIO_ReadInputDataBit(GPIOE,GPIO_Pin_2)      //读取按键 2
#defineWK_UP GPIO_ReadInputDataBit(GPIOA,GPIO_Pin_0)      //读取按键 3(WK_UP)
```

前面 2 个实验用位带操作实现设定某个 I/O 口的位,这里采取库函数方式读取 I/O 口的值。当然,上面的功能也同样可以通过位带操作来实现:

```
#define KEY0    PEin(4)    //PE4
#define KEY1    PEin(3)    //PE3
#define KEY2    PEin(2)    //PE2
#defineWK_UP   PAin(0)    //PA0  WK_UP
```

用库函数实现的好处是在各个 STM32 芯片上面的可移植性非常好,不需要修改任何代码。用位带操作的好处是简洁。

　　key. h 中还定义了 KEY0_PRES、KEY1_PRES、KEY2_PRES、WKUP_PRES 这 4

个宏定义,分别对应开发板上下左右(KEY0/KEY1/KEY2/WKUP)按键按下时 KEY_Scan()返回的值。这些宏定义的方向直接和开发板的按键排列方式相同,方便使用。

最后看看 main.c 里面编写的主函数/代码,如下:

```
# include "led.h"
# include "delay.h"
# include "key.h"
# include "sys.h"
# include "beep.h"
int main(void)
{
    u8 key = 0;
    delay_init();                    //延时函数初始化
    LED_Init();                      //LED 端口初始化
    KEY_Init();                      //初始化与按键连接的硬件接口
    BEEP_Init();                     //初始化蜂鸣器端口
    LED0 = 0;                        //先点亮红灯
    while(1)
    {
        key = KEY_Scan(0);           //得到键值
        if(key)
        {   switch(t)
            {   case WKUP_PRES:      //WKUP 按下,控制蜂鸣器
                    BEEP = ! BEEP;break;
                case KEY2_PRES:      //KEY2 按下,控制 LED0 翻转
                    LED0 = ! LED0; break;
                case KEY1_PRES:      //KEY1 按下,控制 LED1 翻转
                    LED1 = ! LED1;break;
                case KEY0_PRES:      //KEY0 按下,同时控制 LED0,LED1 翻转
                    LED0 = ! LED0;
                    LED1 = ! LED1;break;
            }
        }else delay_ms(10);
    }
}
```

主函数代码比较简单,先进行一系列的初始化操作,然后在死循环中调用按键扫描函数 KEY_Scan()扫描按键值,最后根据按键值控制 LED 和蜂鸣器的翻转。

7.4 仿真与下载

先单击🔍开始仿真,接着单击▦显示逻辑分析窗口,单击 Setup,新建 7 个信号 PORTB.5、PORTE.5、PORTB.8、PORTA.0、PORTE.2、PORTE.3、PORTE.4,如图 7.4.1 所示。

然后再选择 Peripherals→General Purpose I/O→GPIOE,则弹出 GPIOE 的查看窗口,如图 7.4.2 所示。

图 7.4.1　新建仿真信号

图 7.4.2　查看 GPIOE 寄存器

　　然后在"key＝KEY_Scan();"这里设置一个断点,单击■↓直接执行到这里,然后在图 7.4.2 中的 Pins 里面选中 2、3、4 位。这是虽然已经设置了这几个 I/O 口为上拉输入,但是 MDK 不会考虑 STM32 自带的上拉和下拉,所以须手动设置以使其初始状态和外部硬件的状态一模一样,如图 7.4.3 所示。

　　本来还需要设置 PORTA.0 的,但是 GPIOA.0 是高电平有效,刚好默认的就满足要求,不需要再选中 PORTA.0 了。所以这里可以省略一个 GPIOA.0 的设置。执行过这句可以看到 key 的值依旧为 0,也就是没有任何按键按下。接着再单击 ![icon],再次执行到"key=KEY_Scan();",此次把 Pins 的 PE2 取消选中,再次执行过这句,得到 key 的值为 3,如图 7.4.4 所示。

图 7.4.3 执行到断点处

然后按相似的方法分别取消选中 PE3 和 PE4,并选中 PA0,然后再把它们还原,可以看到逻辑分析窗口的波形如图 7.4.5 所示。

从图 7.4.5 可以看出,当 PE2 按下的时候 PB5 翻转,PE3 按下的时候 PE5 翻转,PE4 按下的时候 PB5 和 PE5 一起翻转,PA0 按下的时候 PB8 翻转,是我们想要得到的结果。因此,可以确定软件仿真基本没有问题了。接下来可以把代码下载到战舰 STM32 开发板上看看运行结果是否正确。

在下载完之后,我们可以按 KEY0、KEY1、KEY2 和 WK_UP 来看看 DS0、DS1 以及蜂鸣器的变化,是否和仿真结果一致(结果肯定是一致的)。

至此,本章的学习就结束了。本章作为 STM32 的入门第二个例子,介绍了 STM32 的 I/O 作为输入的使用方法,同时巩固了前面的学习。希望读者在开发板上实际验证一下,从而加深印象。

图 7.4.4　按键扫描结果

图 7.4.5　仿真波形

第 8 章

串口实验

这一章将介绍 STM32F 的串口,教读者如何使用 STM32F1 的串口来发送和接收数据。本章实现功能:通过串口和上位机的对话,STM32F1 在收到上位机发过来的字符串后原原本本地返回给上位机。

8.1　STM32 串口简介

串口作为 MCU 的重要外部接口,同时也是软件开发重要的调试手段,其重要性不言而喻。现在基本上所有的 MCU 都带有串口,STM32 自然也不例外。

STM32 的串口资源相当丰富,功能也相当强大。ALIENTEK 战舰 STM32 开发板使用的 STM32F103ZET6 最多可提供 5 路串口,有分数波特率发生器、支持同步单线通信和半双工单线通信、支持 LIN、支持调制解调器操作、智能卡协议和 IrDA SIR ENDEC 规范、具有 DMA 等。

5.3 节对串口有过简单的介绍,读者看这个实验的时候记得翻过去看看。接下来主要从库函数操作层面结合寄存器的描述,介绍如何设置串口以达到最基本的通信功能。本章将实现利用串口 1 不停地打印信息到计算机上,同时接收从串口发过来的数据,把发送过来的数据直接送回给计算机。战舰 STM32 开发板板载了一个 USB 串口和一个 RS232 串口,本章介绍的是通过 USB 串口和计算机通信。

对于复用功能的 I/O,首先要使能 GPIO 时钟,然后使能复用功能时钟,同时要把 GPIO 模式设置为复用功能对应的模式。这些准备工作做完之后,剩下的当然是串口参数的初始化设置,包括波特率、停止位等参数。在设置完成后接下来就是使能串口,这很容易理解。如果开启了串口的中断,当然要初始化 NVIC 设置中断优先级别,最后编写中断服务函数。

串口设置的一般步骤可以总结为如下几个步骤:

① 串口时钟使能,GPIO 时钟使能。

② 串口复位。

③ GPIO 端口模式设置。

④ 串口参数初始化。

⑤ 开启中断并且初始化 NVIC(如果需要开启中断才需要这个步骤)。

⑥ 使能串口。

⑦ 编写中断处理函数。

下面就简单介绍这几个与串口基本配置直接相关的固件库函数，它们的定义主要分布在 stm32f10x_usart.h 和 stm32f10x_usart.c 文件中。

① 串口时钟使能。串口是挂载在 APB2 下面的外设，所以使能函数为：

```
RCC_APB2PeriphClockCmd(RCC_APB2Periph_USART1);
```

② 串口复位。当外设出现异常的时候可以通过复位设置实现该外设的复位，然后重新配置这个外设达到让其重新工作的目的。一般在系统刚开始配置外设的时候，都会先执行复位该外设的操作。复位是在函数 USART_DeInit() 中完成：

```
void USART_DeInit(USART_TypeDef * USARTx);   //串口复位
```

比如要复位串口 1，方法为：

```
USART_DeInit(USART1);    //复位串口 1
```

③ 串口参数初始化。串口初始化是通过 USART_Init() 函数实现的，

```
void USART_Init(USART_TypeDef * USARTx, USART_InitTypeDef * USART_InitStruct);
```

这个函数的第一个入口参数是指定初始化的串口标号，这里选择 USART1。第二个入口参数是一个 USART_InitTypeDef 类型的结构体指针，这个结构体指针的成员变量用来设置串口的一些参数。一般的实现格式为：

```
USART_InitStructure.USART_BaudRate = bound;             //波特率设置
USART_InitStructure.USART_WordLength = USART_WordLength_8b;  //字长为 8 位数据格式
USART_InitStructure.USART_StopBits = USART_StopBits_1;  //一个停止位
USART_InitStructure.USART_Parity = USART_Parity_No;     //无奇偶校验位
USART_InitStructure.USART_HardwareFlowControl
          = USART_HardwareFlowControl_None;             //无硬件数据流控制
USART_InitStructure.USART_Mode = USART_Mode_Rx | USART_Mode_Tx;  //收发模式
USART_Init(USART1, &USART_InitStructure);               //初始化串口
```

可以看出，初始化需要设置的参数为波特率、字长、停止位、奇偶校验位、硬件数据流控制、模式（收/发）。

④ 数据发送与接收。STM32 的发送与接收是通过数据寄存器 USART_DR 来实现的，这是一个双寄存器，包含了 TDR 和 RDR。当向该寄存器写数据的时候，串口就会自动发送；当收到数据的时候，也是存在该寄存器内。

STM32 库函数操作 USART_DR 寄存器发送数据的函数是：

```
void USART_SendData(USART_TypeDef * USARTx, uint16_t Data);
```

通过该函数向串口寄存器 USART_DR 写入一个数据。

STM32 库函数操作 USART_DR 寄存器读取串口接收到的数据的函数是：

```
uint16_t USART_ReceiveData(USART_TypeDef * USARTx);
```

通过该函数可以读取串口接收到的数据。

⑤ 串口状态。串口的状态可以通过状态寄存器 USART_SR 读取。USART_SR 的各位描述如图 8.1.1 所示。这里关注 2 个位，即第 5、6 位 RXNE 和 TC。

31	30	29	28	27	26	25	24	23	22	21	20	19	18	17	16
保留															

15	14	13	12	11	10	9	8	7	6	5	4	3	2	1	0
保留						CTS	LBD	TXE	TC	RXNE	IDLE	ORE	NE	FE	PE
						rc w0	rc w0	r	rc w0	rc w0	r	r	r	r	r

图 8.1.1 USART_SR 寄存器各位描述

RXNE(读数据寄存器非空):当该位被置 1 的时候,就是提示已经有数据被接收到了,并且可以读出来了。这时候要做的就是尽快去读取 USART_DR,从而将该位清零;也可以向该位写 0,直接清除。

TC(发送完成):当该位被置位的时候,表示 USART_DR 内的数据已经被发送完成了。如果设置了这个位的中断,则会产生中断。该位也有 2 种清零方式:①读 US-ART_SR,写 USART_DR。②直接向该位写 0。

状态寄存器的其他位这里就不过多讲解,可以查看中文参考手册。

在固件库函数里面,读取串口状态的函数是:

```
FlagStatus USART_GetFlagStatus(USART_TypeDef * USARTx, uint16_t USART_FLAG);
```

这个函数的第二个入口参数非常关键,是标识我们要查看串口的哪种状态,比如上面讲解的 RXNE(读数据寄存器非空)以及 TC(发送完成)。例如,要判断读寄存器是否非空(RXNE),操作库函数的方法是:

```
USART_GetFlagStatus(USART1, USART_FLAG_RXNE);
```

要判断发送是否完成(TC),操作库函数的方法是:

```
USART_GetFlagStatus(USART1, USART_FLAG_TC);
```

这些标识号在 MDK 里面是通过宏定义定义的:

```
#define USART_IT_PE                    ((uint16_t)0x0028)
#define USART_IT_TXE                   ((uint16_t)0x0727)
#define USART_IT_TC                    ((uint16_t)0x0626)
//…此处省略部分宏定义
#define USART_IT_NE                    ((uint16_t)0x0260)
#define USART_IT_FE                    ((uint16_t)0x0160)
```

⑥ 串口使能。串口使能是通过函数 USART_Cmd() 来实现的,使用方法是:

```
USART_Cmd(USART1, ENABLE);                      //使能串口
```

⑦ 开启串口响应中断。有些时候还需要开启串口中断,那么就需要使能串口中断。使能串口中断的函数是:

```
void USART_ITConfig(USART_TypeDef * USARTx, uint16_t USART_IT,
                    FunctionalState NewState)
```

这个函数的第二个入口参数是标识使能串口的类型,也就是使能哪种中断,因为串口的中断类型有很多种。比如在接收到数据的时候(RXNE 读数据寄存器非空)要产生中断,那么开启中断的方法是:

```
USART_ITConfig(USART1, USART_IT_RXNE, ENABLE);//开启中断,接收到数据中断
```

在发送数据结束的时候(TC,发送完成)要产生中断,那么方法是:

```
USART_ITConfig(USART1,USART_IT_TC,ENABLE);
```

⑧ 获取相应中断状态。使能某个中断的时候,当该中断发生了,则就会设置状态寄存器中的某个标志位。在中断处理函数中,要判断该中断是哪种中断,则使用的函数是:

```
ITStatus USART_GetITStatus(USART_TypeDef * USARTx, uint16_t USART_IT)
```

比如使能了串口发送完成中断,那么当中断发生了,我们便可以在中断处理函数中调用这个函数来判断是否是串口发送完成中断,方法是:

```
USART_GetITStatus(USART1, USART_IT_TC)
```

返回值是 SET 说明串口发送完中断。

通过以上的讲解就可以完成串口最基本的配置了,更详细的介绍可参考《STM32参考手册》第 516～548 页。

8.2　硬件设计

本实验需要用到的硬件资源有指示灯 DS0、串口 1。本实验用到的串口 1 与 USB 串口并没有在 PCB 上连接在一起,需要通过跳线帽来连接一下。这里把 P6 的 RXD、TXD 用跳线帽与 PA9、PA10 连接起来,如图 8.2.1 所示。连接之后,硬件设置完成了,可以开始软件设计了。

图 8.2.1　硬件连接图示意图

8.3　软件设计

本章的代码设计比前 2 章简单很多,因为串口初始化代码和接收代码就是用 5.3节介绍的 SYSTEM 文件夹下的串口部分的内容。

打开串口实验工程,然后在 SYSTEM 组下双击 usart.c,则可以看到该文件里面的代码。先介绍 uart_init 函数,代码如下:

```
//初始化 I/O 串口 1
//bound:波特率
void uart_init(u32 bound)
{
  GPIO_InitTypeDef GPIO_InitStructure;
  USART_InitTypeDef USART_InitStructure;
  NVIC_InitTypeDef NVIC_InitStructure;
  //①串口时钟使能,GPIO 时钟使能
  RCC_APB2PeriphClockCmd(RCC_APB2Periph_USART1|
              RCC_APB2Periph_GPIOA, ENABLE);        //使能 USART1,GPIOA 时钟
  //②串口复位
  USART_DeInit(USART1);                             //复位串口 1
  //③GPIO 端口模式设置
```

```
    GPIO_InitStructure.GPIO_Pin = GPIO_Pin_9;                          //USART1_TX PA9
    GPIO_InitStructure.GPIO_Speed = GPIO_Speed_50MHz;                  //速度 50MHz
    GPIO_InitStructure.GPIO_Mode = GPIO_Mode_AF_PP;                    //复用推挽输出
    GPIO_Init(GPIOA, &GPIO_InitStructure);                             //初始化 GPIOA9
    GPIO_InitStructure.GPIO_Pin = GPIO_Pin_10;                         //USART1_RX PA10
    GPIO_InitStructure.GPIO_Mode = GPIO_Mode_IN_FLOATING;             //浮空输入
    GPIO_Init(GPIOA, &GPIO_InitStructure);                             //初始化 GPIOA10
    //④串口参数初始化
    USART_InitStructure.USART_BaudRate = bound;                       //波特率设置
    USART_InitStructure.USART_WordLength = USART_WordLength_8b;        //字长为 8 位
    USART_InitStructure.USART_StopBits = USART_StopBits_1;            //一个停止位
    USART_InitStructure.USART_Parity = USART_Parity_No;              //无奇偶校验位
    USART_InitStructure.USART_HardwareFlowControl
     = USART_HardwareFlowControl_None;                                 //无硬件数据流控制
    USART_InitStructure.USART_Mode = USART_Mode_Rx | USART_Mode_Tx;   //收发模式
    USART_Init(USART1,&USART_InitStructure);                          //初始化串口
    #if EN_USART1_RX                                                   //如果使能了接收
    //⑤初始化 NVIC
    NVIC_InitStructure.NVIC_IRQChannel = USART1_IRQn;
    NVIC_InitStructure.NVIC_IRQChannelPreemptionPriority = 3 ;       //抢占优先级 3
    NVIC_InitStructure.NVIC_IRQChannelSubPriority = 3;               //子优先级 3
    NVIC_InitStructure.NVIC_IRQChannelCmd = ENABLE;                  //IRQ 通道使能
    NVIC_Init(&NVIC_InitStructure);                                  //中断优先级初始化
    //⑤开启中断
    USART_ITConfig(USART1,USART_IT_RXNE,ENABLE);                     //开启中断
    #endif
    //⑥使能串口
    USART_Cmd(USART1,ENABLE);                                        //使能串口
}
```

可以看出,其初始化串口的过程和前面介绍的一致。我们用标号①~⑥标示了顺序:

① 串口时钟使能,GPIO 时钟使能;

② 串口复位。

③ GPIO 端口模式设置。

④ 串口参数初始化。

⑤ 初始化 NVIC 并且开启中断。

⑥ 使能串口。

对于复用功能下的 GPIO 模式怎么判定须查看《中文参考手册 V10》P110 的表 8.1.11。查看手册得知,配置全双工的串口 1,那么 TX(PA9)引脚需要配置为推挽复用输出,RX(PA10)引脚配置为浮空输入或者带上拉输入。模式配置如表 8.3.1 所列。

注意,因为使用了串口的中断接收,必须在 usart.h 里面设置 EN_USART1_RX 为 1(默认设置就是 1),该函数才会配置中断使能,并开启串口 1 的 NVIC 中断。这里把串口 1 中断放在组 2,优先级设置为组 2 里面的最低。

表 8.3.1 串口 GPIO 模式配置表

USART 引脚	配置	GPIO 配置
USARTx_TX	全双工模式	推挽复用输出
	半双工同步模式	推挽复用输出
USARTx_RX	全双工模式	浮空输入或带上拉输入
	半双工同步模式	未用,可作为通用 I/O

接下来还要编写中断服务函数。串口 1 的中断服务函数 USART1_IRQHandler 参见 5.3.3 小节。

打开 main.c 文件(从本章实验开始,出于篇幅考虑,相关源文件和头文件开头部分的头文件包含关系代码就不再列出):

```
int main(void)
{
    u8 t ,len;
    u16 times = 0;
    delay_init();                                  //延时函数初始化
    NVIC_PriorityGroupConfig(NVIC_PriorityGroup_2); //设置 NVIC 中断分组 2
    uart_init(115200);                             //串口初始化波特率为 115 200
    LED_Init();                                    //LED 端口初始化
    KEY_Init();                                    //初始化与按键连接的硬件接口
    while(1)
    {
        if(USART_RX_STA&0x8000)                    //如果一次接收完成
        {   len = USART_RX_STA&0x3f;               //得到此次接收到的数据长度
            printf("\r\n 您发送的消息为:\r\n\r\n");
            for(t = 0;t<len;t + + )
            {   USART_SendData(USART1,USART_RX_BUF[t]);  //向串口 1 发送数据
                while(USART_GetFlagStatus(USART1,USART_FLAG_TC)! = SET);
                                                   //等待发送结束
            }
            printf("\r\n\r\n");                    //插入换行
            USART_RX_STA = 0;
        }else
        {   times + + ;
            if(times % 5000 = = 0)
            {   printf("\r\n 战舰 STM32 开发板串口实验\r\n");
                printf("正点原子@ALIENTEK\r\n\r\n");
            }
            if(times % 200 = = 0)  printf("请输入数据,以回车键结束\n");
            if(times % 30 = = 0)  LED0 = ! LED0;   //闪烁 LED,提示系统正在运行
            delay_ms(10);
        }
    }
}
```

这段代码比较简单,首先看看 NVIC_PriorityGroupConfig(NVIC_PriorityGroup_2)函数,该函数是设置中断分组号为 2,也就是 2 位抢占优先级和 2 位子优先级。

现在重点看下以下 2 句:

```
USART_SendData(USART1,USART_RX_BUF[t]);        //向串口1发送数据
while(USART_GetFlagStatus(USART1,USART_FLAG_TC)!=SET);
```

第一句,其实就是发送一个字节到串口。第二句就是在发送一个数据到串口之后要检测这个数据是否已经被发送完成了。USART_FLAG_TC 是宏定义的数据发送完成标识符。

其他的代码比较简单,编译之后看看有没有错误,没有错误就可以开始下载验证了。

8.4 下载验证

前面 2 章实例均介绍了软件仿真,仿真的基本技巧也差不多介绍完了,接下来将淡化这部分,因为代码都是经过作者检验,并且全部在 ALIENTEK 战舰 STM32 开发板上验证了的,有兴趣的读者可以自己仿真看看。但是这里要说明几点:

① I/O 口复用的信号在逻辑分析窗口是不能显示出来的(看不到波形),比如串口的输出、SPI、USB、CAN 等,仿真的时候在该窗口看不到任何信息。遇到这样的情况就不得不准备一个逻辑分析仪,外加一个 ULINK 或者 JLINK 来做在线调试。但一般情况,这些都有现成的例子,不用这几个东西一般也能编出来。

② 仿真并不能代表实际情况。只能从某些方面给一些启示,告诉你大方向,不能尽信仿真,当然也不能完全没有仿真。比如上面 I/O 口的输出,仿真的时候,其翻转速度可以达到很快,但是实际上 STM32 的 I/O 输出就达不到这个速度。

把程序下载到战舰 STM32 板子可以看到,板子上的 DS0 开始闪烁,说明程序已经在跑了。串口调试助手用 XCOM V2.0,该软件在本书配套资料有提供,且无须安装,直接可以运行,但是需要你的计算机安装有.NET Framework 4.0(WIN7 及以上系统直接自带了)或以上版本的环境才可以,详细介绍请看 http://www.openedv.com/posts/list/22994.htm 这个帖子。

接着,打开 XCOM V2.0,设置串口为开发板的 USB 转串口(CH340 虚拟串口须根据自己的计算机选择,笔者的计算机是 COM3,注意,波特率是 115 200),可以看到如图 8.4.1 所示界面。

从图 8.4.1 可以看出,STM32F1 的串口数据发送是没问题的了。但是,因为我们在程序上面设置了必须输入回车,串口才认可接收到的数据,所以必须在发送数据后再发送一个回车符。这里 XCOM 提供的发送方法是通过选中"发送新行"实现,如图 8.4.1 所示。只要选中了这个选项,每次发送数据后,XCOM 都会自动多发一个回车(0X0D+0X0A)。设置好了"发送新行",再在发送区输入想要发送的文字,然后单击"发送",可以得到如图 8.4.2 所示结果。

图 8.4.1 串口调试助手收到的信息

图 8.4.2 发送数据后收到的数据

可以看到,我们发送的消息被发送回来了(图中圈圈内)。读者可以试试,如果不发送回车(取消"发送新行"),在输入内容之后直接按"发送"是什么结果?

第9章

外部中断实验

这一章将介绍如何使用 STM32F1 的外部输入中断。前面几章的学习中已掌握了 STM32F1 的 I/O 口最基本的操作。本章将介绍如何将 STM32F1 的 I/O 口作为外部中断输入,以中断的方式实现在第 7 章所实现的功能。

9.1 STM32 外部中断简介

STM32 的 I/O 口在第 6 章有详细介绍,而中断管理分组管理在前面也有详细的阐述。这里将介绍 STM32 外部 I/O 口的中断功能,通过中断的功能达到第 7 章实验的效果,即通过板载的 4 个按键控制板载的 2 个 LED 的亮灭以及蜂鸣器的发声。

这里首先介绍 STM32 I/O 口中断的一些基础概念。STM32 的每个 I/O 都可以作为外部中断的中断输入口,这点也是 STM32 的强大之处。STM32F103 的中断控制器支持 19 个外部中断/事件请求。每个中断设有状态位,每个中断/事件都有独立的触发和屏蔽设置。STM32F103 的 19 个外部中断为

➤ 线 0～15:对应外部 I/O 口的输入中断。

➤ 线 16:连接到 PVD 输出。

➤ 线 17:连接到 RTC 闹钟事件。

➤ 线 18:连接到 USB 唤醒事件。

可以看出,STM32 供 I/O 口使用的中断线只有 16 个,但是 STM32 的 I/O 口却远远不止 16 个,那么 STM32 是怎么把 16 个中断线和 I/O 口一一对应起来的呢? 于是 STM32 就这样设计,GPIO 的引脚 GPIOx.0～GPIOx.15(x＝A,B,C,D,E,F,G)分别对应中断线 0～15,这样每个中断线对应了最多 7 个 I/O 口,以线 0 为例:它对应了 GPIOA.0、GPIOB.0、GPIOC.0、GPIOD.0、GPIOE.0、GPIOF.0、GPIOG.0。而中断线每次只能连接到一个 I/O 口上,这样就需要通过配置来决定对应的中断线配置到哪个 GPIO 上了。GPIO 与中断线的映射关系图如图 9.1.1 所示。

在库函数中,使用函数 GPIO_EXTILineConfig()来配置 GPIO 与中断线的映射关系。这里需要先补充说明一下,外部中断相关的固件库申明、定义在头文件 stm32f10x_exti.h 和源文件 stm32f10x_exti.c 中。接下来看看函数 GPIO_EXTILineConfig 的定义,如下:

```
void GPIO_EXTILineConfig(uint8_t GPIO_PortSource, uint8_t GPIO_PinSource)
```

该函数将 GPIO 端口与中断线映射起来,使用范例是:

```
GPIO_EXTILineConfig(GPIO_PortSourceGPIOE,GPIO_
PinSource2);
```

将中断线 2 与 GPIOE 映射起来,那么很显然是 GPIOE.2 与 EXTI2 中断线连接了。设置好中断线映射之后,那么到底来自这个 I/O 口的中断是通过什么方式触发的呢? 接下来就要设置该中断线上中断的初始化参数了。

中断线上中断的初始化是通过函数 EXTI_Init()实现的。EXTI_Init()函数的定义是:

```
void EXTI_Init(EXTI_InitTypeDef * EXTI_Init-
Struct);
```

下面用一个使用范例来说明这个函数的使用:

```
EXTI_InitTypeDef EXTI_InitStructure;
EXTI_InitStructure.EXTI_Line = EXTI_Line4;
EXTI_InitStructure.EXTI_Mode = EXTI_Mode_In-
                            terrupt;
EXTI_InitStructure.EXTI_Trigger = EXTI_Trigger_
                            Falling;
EXTI_InitStructure.EXTI_LineCmd = ENABLE;
EXTI_Init(&EXTI_InitStructure); //初始化 EXTI
```

上面的例子设置中断线 4 上的中断为下降沿触发。STM32 外设的初始化都是通过结构体来设置初始值的。来看看结构体 EXTI_InitTypeDef 的成员变量:

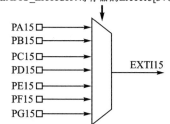

图 9.1.1 GPIO 和中断线的映射关系图

```
typedef struct
{
  uint32_t EXTI_Line;
  EXTIMode_TypeDef EXTI_Mode;
  EXTITrigger_TypeDef EXTI_Trigger;
  FunctionalState EXTI_LineCmd;
}EXTI_InitTypeDef;
```

可以看出,有 4 个参数需要设置。第一个参数是中断线的标号,取值范围为 EXTI_Line0~EXTI_Line15。也就是说,这个函数配置的是某个中断线上的中断参数。第二个参数是中断模式,可选值为中断 EXTI_Mode_Interrupt 和事件 EXTI_Mode_Event。第三个参数是触发方式,可以是下降沿触发 EXTI_Trigger_Falling、上升沿触发 EXTI_Trigger_Rising,或者任意电平(上升沿和下降沿)触发 EXTI_Trigger_Rising_Falling。最后一个参数就是使能中断线了。

既然是外部中断,就还要设置 NVIC 中断优先级。前面已经讲解过,这里就接着上面的范例设置中断线 2 的中断优先级:

```
NVIC_InitTypeDef NVIC_InitStructure;
NVIC_InitStructure.NVIC_IRQChannel = EXTI2_IRQn;                      //使能按键外部中断通道
NVIC_InitStructure.NVIC_IRQChannelPreemptionPriority = 0x02;   //抢占优先级 2
NVIC_InitStructure.NVIC_IRQChannelSubPriority = 0x02;            //子优先级 2
NVIC_InitStructure.NVIC_IRQChannelCmd = ENABLE;                  //使能外部中断通道
NVIC_Init(&NVIC_InitStructure);                                         //中断优先级初始化
```

配置完中断优先级之后,接着要做的就是编写中断服务函数。中断服务函数的名字是在 MDK 中事先有定义的。这里需要说明一下,STM32 的 I/O 口外部中断函数只有 6 个,分别为:

```
EXPORT   EXTI0_IRQHandler
EXPORT   EXTI1_IRQHandler
EXPORT   EXTI2_IRQHandler
EXPORT   EXTI3_IRQHandler
EXPORT   EXTI4_IRQHandler
EXPORT   EXTI9_5_IRQHandler
EXPORT   EXTI15_10_IRQHandler
```

中断线 0~4 每个中断线对应一个中断函数,中断线 5~9 共用中断函数 EXTI9_5_IRQHandler,中断线 10~15 共用中断函数 EXTI15_10_IRQHandler。编写中断服务函数的时候会经常使用到 2 个函数,第一个函数是判断某个中断线上的中断是否发生(标志位是否置位):

```
ITStatus EXTI_GetITStatus(uint32_t EXTI_Line);
```

一般使用在中断服务函数的开头判断中断是否发生。另一个函数是清除某个中断线上的中断标志位:

```
void EXTI_ClearITPendingBit(uint32_t EXTI_Line);
```

这个函数一般应用在中断服务函数结束之前,清除中断标志位。

常用的中断服务函数格式为:

```
voidEXTI3_IRQHandler(void)
{
    if(EXTI_GetITStatus(EXTI_Line3)!= RESET)   //判断某个线上的中断是否发生
    {
        中断逻辑…
        EXTI_ClearITPendingBit(EXTI_Line3);   //清除 LINE 上的中断标志位
    }
}
```

在这里需要说明一下,固件库还提供了 2 个函数来判断外部中断状态以及清除外部状态标志位的函数 EXTI_GetFlagStatus、EXTI_ClearFlag,它们的作用和前面 2 个函数的作用类似。只是在 EXTI_GetITStatus 函数中会先判断这种中断是否使能,使能了才去判断中断标志位,而 EXTI_GetFlagStatus 直接用来判断状态标志位。

下面再总结一下使用 I/O 口外部中断的一般步骤:

① 初始化 I/O 口为输入。

② 开启 AFIO 时钟。

③ 设置 I/O 口与中断线的映射关系。

④ 初始化线上中断,设置触发条件等。

⑤ 配置中断分组(NVIC),并使能中断。

⑥ 编写中断服务函数。

通过以上几个步骤的设置,我们就可以正常使用外部中断了。

本章要实现同第 7 章差不多的功能,但是这里使用的是中断来检测按键,还是 WK_UP 控制蜂鸣器,按一次叫,再按一次停;KEY2 控制 DS0,按一次亮,再按一次灭;KEY1 控制 DS1,效果同 KEY2;KEY0 则同时控制 DS0 和 DS1,按一次,它们的状态就翻转一次。

9.2　硬件设计

本实验用到的硬件资源和第 7 章实验的一模一样,不再多做介绍了。

9.3　软件设计

直接打开本书配套资料的外部中断实验工程可以看到,相比上一个工程,HARDWARE 目录下面增加了 exti.c 文件,同时固件库目录增加了 stm32f10x_exti.c 文件。

exit.c 文件总共包含 5 个函数,一个是外部中断初始化函数 void EXTIX_Init(void),另外 4 个都是中断服务函数。

> void EXTI0_IRQHandler(void)是外部中断 0 的服务函数,负责 WK_UP 按键的中断检测;

> void EXTI2_IRQHandler(void)是外部中断 2 的服务函数,负责 KEY2 按键的中断检测;

> void EXTI3_IRQHandler(void)是外部中断 3 的服务函数,负责 KEY1 按键的中断检测;

> void EXTI4_IRQHandler(void)是外部中断 4 的服务函数,负责 KEY0 按键的中断检测。

因为 exit.c 里面的代码较多,而且对于每个中断线的配置几乎都是雷同的,下面列出中断线 2 的相关配置代码:

```
void EXTIX_Init(void)   //外部中断初始化
{
    EXTI_InitTypeDef EXTI_InitStructure;
    NVIC_InitTypeDef NVIC_InitStructure;

    KEY_Init();         //①按键端口初始化

    RCC_APB2PeriphClockCmd(RCC_APB2Periph_AFIO,ENABLE);        //②开启 AFIO 时钟

    //GPIOE.2 中断线以及中断初始化配置,下降沿触发
    GPIO_EXTILineConfig(GPIO_PortSourceGPIOE,GPIO_PinSource2);//③中断线配置
```

```
    EXTI_InitStructure.EXTI_Line = EXTI_Line2;                //中断线 2
    EXTI_InitStructure.EXTI_Mode = EXTI_Mode_Interrupt;       //中断
    EXTI_InitStructure.EXTI_Trigger = EXTI_Trigger_Falling;   //下降沿触发
    EXTI_InitStructure.EXTI_LineCmd = ENABLE;
    EXTI_Init(&EXTI_InitStructure);                           //④初始化中断线参数

    NVIC_InitStructure.NVIC_IRQChannel = EXTI2_IRQn;          //使能按键外部中断通道
    NVIC_InitStructure.NVIC_IRQChannelPreemptionPriority = 0x02; //抢占优先级 2
    NVIC_InitStructure.NVIC_IRQChannelSubPriority = 0x02;     //子优先级 2
    NVIC_InitStructure.NVIC_IRQChannelCmd = ENABLE;           //使能外部中断通道
    NVIC_Init(&NVIC_InitStructure);                          //⑤初始化 NVIC
}
//⑥外部中断 2 服务程序
void EXTI2_IRQHandler(void)
{
    delay_ms(10);                                            //消抖
    if(KEY2 == 0)                                            //按键 KEY2
    {
      LED0 = ! LED0;
    }
    EXTI_ClearITPendingBit(EXTI_Line2);                      //清除 LINE2 上的中断标志位
}
```

外部中断初始化函数 void EXTIX_Init(void)严格按照之前的步骤来初始化外部中断,首先调用 KEY_Init()函数,利用第 7 章按键初始化函数来初始化外部中断输入的 I/O 口,接着调用 RCC_APB2PeriphClockCmd()函数来使能复用功能时钟。接着配置中断线和 GPIO 的映射关系,然后初始化中断线。需要说明的是,因为 WK_UP 按键是高电平有效的,而 KEY0、KEY1 和 KEY2 是低电平有效的,所以设置 WK_UP 为上升沿触发中断,而 KEY0、KEY1 和 KEY2 则设置为下降沿触发。这里把所有中断都分配到第二组,把按键的抢占优先级设置成一样,而子优先级不同,这 4 个按键中 KEY0 的优先级最高。

接下来介绍各个按键的中断服务函数,一共 4 个。先看按键 KEY2 的中断服务函数 void EXTI2_IRQHandler(void),该函数代码比较简单,先延时 10 ms 以消抖,再检测 KEY2 是否还是为低电平,如果是,则执行此次操作(翻转 LED0 控制信号);如果不是,则直接跳过。最后通过一句“EXTI_ClearITPendingBit(EXTI_Line2);”清除已经发生的中断请求。同样可以发现,KEY0、KEY1 和 WK_UP 的中断服务函数和 KEY2 按键的十分相似,这里就不逐个介绍了。

接下来看看 main.c 里面里面的内容:

```
int main(void)
{
    delay_init();                                           //延时函数初始化
    NVIC_PriorityGroupConfig(NVIC_PriorityGroup_2);         //设置 NVIC 中断分组 2
    uart_init(.115200);                                     //串口初始化波特率为 115 200
    LED_Init();                                             //初始化与 LED 连接的硬件接口
    BEEP_Init();                                            //初始化蜂鸣器端口
```

```
KEY_Init();                          //初始化与按键连接的硬件接口
EXTIX_Init();                        //外部中断初始化
LED0 = 0;                            //点亮 LED0
while(1)
{  printf("OK\r\n");//打印 OK
    delay_ms(1000);
}
}
```

该部分代码很简单,在初始化完中断后点亮 LED0,就进入死循环等待了。死循环里面通过一个 printf 函数来告诉我们系统正在运行,在中断发生后,就执行中断服务函数做出相应的处理,从而实现第 7 章类似的功能。

9.4 下载验证

在编译成功之后,下载代码到战舰 STM32 开发板上,实际验证一下我们的程序是否正确。下载代码后,在串口调试助手里面可以看到如图 9.4.1 所示信息。可以看出,程序已经在运行了,此时可以通过按下 KEY0、KEY1、KEY2 和 WK_UP 来观察 DS0、DS1 以及蜂鸣器是否跟着按键的变化而变化。

图 9.4.1 串口收到的数据

第 **10** 章

独立看门狗(IWDG)实验

这一章将介绍如何使用 STM32 的独立看门狗(以下简称 IWDG)。STM32 内部
自带了 2 个看门狗:独立看门狗(IWDG)和窗口看门狗(WWDG)。这一章只介绍独立
看门狗,将通过按键 WK_UP 来喂狗,然后通过 DS0 提示复位状态。

10.1 STM32 独立看门狗简介

STM32 的独立看门狗由内部专门的 40 kHz 低速时钟驱动,即使主时钟发生故障,
它也仍然有效。注意,独立看门狗的时钟是一个内部 RC 时钟,所以并不是准确的
40 kHz,而是在 30~60 kHz 之间的一个可变化的时钟,只是在估算的时候以 40 kHz
的频率来计算。看门狗对时间的要求不是很精确,所以,时钟有些偏差都是可以接
受的。

首先讲解一下看门狗的原理。单片机系统在外界的干扰下会出现程序跑飞的现象
导致出现死循环,看门狗电路就是为了避免这种情况的发生。看门狗的作用就是在一
定时间内(通过定时计数器实现)没有接收喂狗信号(表示 MCU 已经挂了),便实现处
理器的自动复位重启(发送复位信号)。

下面介绍怎么通过库函数来实现配置。首先是键值寄存器 IWDG_KR,各位描述
如图 10.1.1 所示。

31	30	29	28	27	26	25	24	23	22	21	20	19	18	17	16
保留															

15	14	13	12	11	10	9	8	7	6	5	4	3	2	1	0
KEY[15:0]															
w	w	w	w	w	w	w	w	w	w	w	w	w	w	w	w

位 31:16	保留,始终读为 0
位 15:0	KEY[15:0]:键值(只写寄存器,读出值为 0x0000) 软件必须以一定的间隔写入 0xAAAA,否则,当计数器为 0 时,看门狗会产生复位。 写入 0x5555 表示允许访问 IWDG_PR 和 WDG_RLR 寄存器 写入 0xCCCC,启动看门狗工作(若选择了硬件看门狗则不受此命令官限制)

图 10.1.1 IWDG_KR 寄存器各位描述

在键值寄存器(IWDG_KR)中写入 0xCCCC,开始启用独立看门狗,此时计数器开

始从其复位值 0xFFF 递减计数。当计数器计数到末尾 0x000 时,会产生一个复位信号 (IWDG_RESET)。无论何时,只要键寄存器 IWDG_KR 中被写入 0xAAAA,IWDG_RLR 中的值就会被重新加载到计数器中,从而避免产生看门狗复位。

IWDG_PR 和 IWDG_RLR 寄存器具有写保护功能。要修改这 2 个寄存器的值,必须先向 IWDG_KR 寄存器中写入 0x5555。将其他值写入这个寄存器将会打乱操作顺序,寄存器将重新被保护。重装载操作(即写入 0xAAAA)也会启动写保护功能。

还有 2 个寄存器,一个预分频寄存器(IWDG_PR),用来设置看门狗时钟的分频系数;另一个是重装载寄存器,用来保存重装载到计数器中的值。该寄存器也是一个 32 位寄存器,但是只有低 12 位是有效的。

只要对以上 3 个寄存器进行相应的设置,就可以启动 STM32 的独立看门狗,启动过程可以按如下步骤实现(独立看门狗相关的库函数、定义分布在文件 stm32f10x_iwdg.h 和 stm32f10x_iwdg.c 中):

1) 取消寄存器写保护(向 IWDG_KR 写入 0X5555)

通过这步可取消 IWDG_PR 和 IWDG_RLR 的写保护,使后面可以操作这 2 个寄存器,即设置 IWDG_PR 和 IWDG_RLR 的值。这在库函数中的实现函数是:

```
IWDG_WriteAccessCmd(IWDG_WriteAccess_Enable);
```

这个函数非常简单,顾名思义就是开启/取消写保护,也就是使能/失能写权限。

2) 设置独立看门狗的预分频系数和重装载值

设置看门狗的分频系数的函数是:

```
void IWDG_SetPrescaler(uint8_t IWDG_Prescaler);   //设置 IWDG 预分频值
```

设置看门狗的重装载值的函数是:

```
void IWDG_SetReload(uint16_t Reload);   //设置 IWDG 重装载值
```

设置好看门狗的分频系数 prer 和重装载值就可以知道看门狗的喂狗时间(也就是看门狗溢出时间),该时间的计算方式为:

$$T_{out} = ((4 \times 2^{prer}) \cdot rlr)/40$$

其中,T_{out} 为看门狗溢出时间(单位为 ms);prer 为看门狗时钟预分频值(IWDG_PR 值),范围为 0~7;rlr 为看门狗的重装载值(IWDG_RLR 的值)。

比如设 prer 值为 4,rlr 值为 625,那么就可以得到 $T_{out} = 64 \times 625/40 = 1\,000$ ms,这样,看门狗的溢出时间就是 1 s。只要一秒钟之内有一次写入 0XAAAA 到 IWDG_KR,就不会导致看门狗复位(当然写入多次也是可以的)。注意,看门狗的时钟不是准确的 40 kHz,所以喂狗的时候最好不要太晚了,否则,有可能发生看门狗复位。

3) 重载计数值喂狗(向 IWDG_KR 写入 0XAAAA)

库函数里面重载计数值的函数是:

```
IWDG_ReloadCounter();   //按照 IWDG 重装载寄存器的值重装载 IWDG 计数器
```

通过这句将使 STM32 重新加载 IWDG_RLR 的值到看门狗计数器里面,即实现独立看门狗的喂狗操作。

4) 启动看门狗(向 IWDG_KR 写入 0XCCCC)

库函数里面启动独立看门狗的函数是:

```
IWDG_Enable();  //使能 IWDG
```

通过这句来启动 STM32 的看门狗。注意,IWDG 一旦启用,就不能再被关闭!想要关闭,只能重启,并且重启之后不能打开 IWDG,否则问题依旧。所以如果不用 IWDG 的话,就不要去打开它,免得麻烦。

通过上面 4 个步骤就可以启动 STM32 的看门狗了,使能了看门狗,在程序里面就必须间隔一定时间喂狗,否则将导致程序复位。利用这一点,本章将通过一个 LED 灯来指示程序是否重启,从而验证 STM32 的独立看门狗。

在配置看门狗后,DS0 将常亮,WK_UP 按键按下就喂狗。只要 WK_UP 不停地按,看门狗就一直不会产生复位,保持 DS0 的常亮。一旦超过看门狗定溢出时间(T_{out})还没按,那么将会导致程序重启,这将导致 DS0 熄灭一次。

10.2 硬件设计

本实验用到的硬件资源有指示灯 DS0、WK_UP 按键、独立看门狗。前面 2 个已有介绍,而独立看门狗实验的核心是在 STM32 内部进行,并不需要外部电路。但是考虑到指示当前状态和喂狗等操作,我们需要 2 个 I/O 口,一个用来输入喂狗信号,另外一个用来指示程序是否重启。喂狗采用板上的 WK_UP 键来操作,而程序重启则是通过 DS0 来指示的。

10.3 软件设计

直接打开本书配套资料的独立看门狗实验工程可以看到,工程里面新增了 wdg.c,同时引入了头文件 wdg.h。同样加入固件库看门狗支持文件 stm32f10x_iwdg.h 和 stm32f10x_iwdg.c 文件。

wdg.c 里面的代码如下:

```
#include "wdg.h"
//初始化独立看门狗
//prer:分频数:0~7(只有低 3 位有效);分频因子 = 4 * 2^prer.但最大值只能是 256
//rlr:重装载寄存器值:低 11 位有效;时间计算(大概):Tout = ((4 * 2^prer) * rlr)/40 (ms)
void IWDG_Init(u8 prer,u16 rlr)
{
    IWDG_WriteAccessCmd(IWDG_WriteAccess_Enable);     //①使能对寄存器 I 写操作
    IWDG_SetPrescaler(prer);            //②设置 IWDG 预分频值:设置 IWDG 预分频值
    IWDG_SetReload(rlr);                //②设置 IWDG 重装载值
    IWDG_ReloadCounter();               //③按照 IWDG 重装载寄存器的值重装载 IWDG 计数器
    IWDG_Enable();                      //④使能 IWDG
}
//喂独立看门狗
```

```
void IWDG_Feed(void)
{
    IWDG_ReloadCounter();//喂狗
}
```

该代码就 2 个函数,void IWDG_Init(u8 prer,u16 rlr)是独立看门狗初始化函数,就是按照上面介绍的步骤 1)～4)来初始化独立看门狗的。该函数有 2 个参数,分别用来设置预分频数与重装寄存器的值。通过这 2 个参数就可以大概知道看门狗复位的时间周期为多少了。

void IWDG_Feed(void)函数用来喂狗,因为 STM32 的喂狗只需要向键值寄存器写入 0XAAAA 即可,也就是调用 IWDG_ReloadCounter()函数,所以,这个函数也很简单。

接下来看看主函数 main 的代码。在主程序里面先初始化一下系统代码,然后启动按键输入和看门狗,在看门狗开启后马上点亮 LED0(DS0),并进入死循环等待按键的输入。一旦 WK_UP 有按键,则喂狗,否则等待 IWDG 复位的到来。这段代码很容易理解,该部分代码如下:

```
int main(void)
{
    delay_init();                                //延时函数初始化
    NVIC_PriorityGroupConfig(NVIC_PriorityGroup_2);    //设置 NVIC 中断分组 2
    uart_init(115200);                           //串口初始化波特率为 115 200
    LED_Init();                                  //初始化与 LED 连接的硬件接口
    KEY_Init();                                  //按键初始化
    delay_ms(500);                               //让人看得到灭
    IWDG_Init(4,625);                            //与分频数为 64,重载值为 625,溢出时间为 1 s
    LED0 = 0;                                    //点亮 LED0
    while(1)
    {
        if(KEY_Scan(0) == WKUP_PRESS)
        {
            IWDG_Feed();                         //如果 WK_UP 按下,则喂狗
        }
        delay_ms(10);
    };
}
```

至此,独立看门狗的实验代码就全部编写完了,接着要做的就是下载验证,看看我们的代码是否真的正确,当然在下载之前可以通过软件仿真看看是否可行。

10.4　下载验证

编译成功之后,下载代码到战舰 STM32 开发板上实际验证一下。下载代码后可以看到,DS0 不停地闪烁,证明程序在不停地复位,否则只会 DS0 常亮。试试不停地按 WK_UP 按键,可以看到 DS0 就常亮了,不会再闪烁,说明我们的实验是成功的。

第**11**章

窗口看门狗(**WWDG**)实验

这一章将介绍如何使用 STM32F1 的另外一个看门狗,窗口看门狗(以下简称WWDG)。本章将利用窗口看门狗的中断功能来喂狗,通过 DS0 和 DS1 提示程序的运行状态。

11.1 STM32F1 窗口看门狗简介

窗口看门狗(WWDG)通常用来监测由外部干扰或不可预见的逻辑条件造成的应用程序背离正常运行序列而产生的软件故障。除非递减计数器的值在 T6 位(WWDG→CR的第 6 位)变成 0 前被刷新,否则看门狗电路在达到预置的时间周期时会产生一个MCU 复位。在递减计数器达到窗口配置寄存器(WWDG→CFR)数值之前,如果 7 位递减计数器的数值(在控制寄存器中)被刷新,那么也将产生一个 MCU 复位,这表明递减计数器需要在一个有限的时间窗口中被刷新。它们的关系可以用图 11.1.1 来说明。

图 11.1.1 中,T[6:0]就是 WWDG_CR 的低 7 位,W[6:0]即 WWDG→CFR的低 7 位。T[6:0]就是窗口看门狗的计数器,而 W[6:0]则是窗口看门狗的上窗口,下窗口值是固定的(0X40)。当窗口看门狗的计数器在上窗口值之外被刷新,或者低于下窗口值时,都会产生复位。

上窗口值(W[6:0])是由用户自己设定的,根据实际要求来设计窗口值,但是一定要确保窗口值大于 0X40,否则窗口就不存在了。

图 11.1.1 窗口看门狗工作示意图

窗口看门狗的超时公式如下:

$$T_{wwdg} = (4\,096 \times 2^{WDGTB} \times (T[5:0]+1))/F_{pclk1}$$

其中,为 T_{wwdg} 为 WWDG 超时时间(单位为 ms),F_{pclk1} 为 APB1 的时钟频率(单位为 kHz),WDGTB 为 WWDG 的预分频系数,T[5:0]为窗口看门狗的计数器低 6 位。

假设 $F_{pclk1}=36$ MHz,那么可以得到最小-最大超时时间表如表 11.1.1 所列。

表 11.1.1　36 MHz 时钟下窗口看门狗的最小最大超时表

WDGTB	最小超时值/μs	最大超时值/ms	WDGTB	最小超时值/μs	最大超时值/ms
0	113	7.28	2	455	29.12
1	227	14.56	3	910	58.25

接下来介绍窗口看门狗的 3 个寄存器。首先介绍控制寄存器(WWDG_CR),各位描述如图 11.1.2 所示。可以看出,这里的 WWDG_CR 只有低 8 位有效,T[6:0]用来存储看门狗的计数器值,随时更新,为每个窗口看门狗计数周期($4\,096\times2^{\text{WDGTB}}$)减 1。当该计数器的值从 0X40 变为 0X3F 的时候,将产生看门狗复位。

31	30	29	28	27	26	25	24	23	22	21	20	19	18	17	16
保留															

15	14	13	12	11	10	9	8	7	6	5	4	3	2	1	0
保留								WDGA	T6	T5	T4	T3	T2	T1	T0
								rs	rw	rw	rw	rw	rw	rw	rw

图 11.1.2　WWDG_CR 寄存器各位描述

WDGA 位是看门狗的激活位,由软件置 1,以启动看门狗。注意,该位一旦设置,就只能在硬件复位后才能清零了。

窗口看门狗的第二个寄存器是配置寄存器(WWDG_CFR),各位及其描述如图 11.1.3 所示。

31	30	29	28	27	26	25	24	23	22	21	20	19	18	17	16
保留															

15	14	13	12	11	10	9	8	7	6	5	4	3	2	1	0
保留						EWI	WDG TB1	WDG TB0	W6	W5	W4	W3	W2	W1	W0
						rs	rw	rw	rw	rw	rw	rw	rw	rw	rw

位 31:8	保留
位 9	EWI:提前唤醒中断 此位若置 1,则当计数器值达到 40 h,即产生中断。 此中断只能由硬件在复位后清除
位 8:7	WDGTB[1:0]:时基 预分频器的时基可根据如下修改 00:CK 计时器时钟(PCLK1 除以 4 096)除以 1;01:CK 计时器时钟(PCLK1 除以 4 096)除以 2 10:CK 计时器时钟(PCLK1 除以 4 096)除以 4;11:CK 计时器时钟(PCLK1 除以 4 096)除以 8
位 6:0	W[6:0]:7 位窗口值 这些位包含了用来与递减计数器进行比较用的窗口值

图 11.1.3　WWDG_CFR 寄存器各位描述

该位中的 EWI 是提前唤醒中断,也就是在快要产生复位的前一段时间(T[6:0]=0X40)来提醒我们,需要进行喂狗了,否则将复位!因此,一般用该位来设置中断,当窗口看门狗的计数器值减到 0X40 的时候,如果该位设置并开启了中断,则产生中断,可以在中断里面向 WWDG_CR 重新写入计数器的值来达到喂狗的目的。注意,进入中断后,必须在不大于一个窗口看门狗计数周期的时间(在 PCLK1 频率为 36 MHz 且 WDGTB 为 0 的条件下,该时间为 113 μs)内重新写 WWDG_CR,否则,看门狗将产生复位!

最后要介绍的是状态寄存器(WWDG_SR),该寄存器用来记录当前是否有提前唤醒的标志。该寄存器仅有位 0 有效,其他都是保留位。当计数器值达到 40h 时,此位由硬件置 1。它必须通过软件写 0 来清除。对此位写 1 无效。即使中断未被使能,在计数器的值达到 0X40 的时候,此位也会被置 1。

接下来介绍如何启用 STM32 的窗口看门狗。这里介绍库函数中用中断的方式来喂狗的方法,窗口看门狗库函数相关源码、定义分布在文件 stm32f10x_wwdg.c 文件和头文件 stm32f10x_wwdg.h 中。步骤如下:

1) 使能 WWDG 时钟

WWDG 不同于 IWDG,IWDG 有自己独立的 40 kHz 时钟,不存在使能问题。而 WWDG 使用的是 PCLK1 的时钟,需要先使能时钟。方法是:

```
RCC_APB1PeriphClockCmd(RCC_APB1Periph_WWDG,ENABLE);   //WWDG 时钟使能
```

2) 设置窗口值和分频数

设置窗口值的函数是:

```
void WWDG_SetWindowValue(uint8_t WindowValue);
```

这个函数的入口参数 WindowValue 用来设置看门狗的上窗口值。

设置分频数的函数是:

```
void WWDG_SetPrescaler(uint32_t WWDG_Prescaler);
```

这个函数同样只有一个入口参数,用来设置看门狗的分频值。

3) 开启 WWDG 中断并分组

开启 WWDG 中断的函数为:

```
WWDG_EnableIT();//开启窗口看门狗中断
```

接下来是进行中断优先级配置,这里就不重复了,使用 NVIC_Init()函数即可。

4) 设置计数器初始值并使能看门狗

这一步在库函数里面是通过一个函数实现的:

```
void WWDG_Enable(uint8_t Counter);
```

该函数既设置了计数器初始值,同时使能了窗口看门狗。

5) 编写中断服务函数

最后还是要编写窗口看门狗的中断服务函数,通过该函数来喂狗。喂狗要快,否则当窗口看门狗计数器值减到 0X3F 的时候就会引起软复位了。在中断服务函数里面也要将状态寄存器的 EWIF 位清空。

完成了以上 5 个步骤之后,就可以使用 STM32 的窗口看门狗了。这一章的实验将通过 DS0 来指示 STM32 是否被复位了,如果被复位了就会点亮 300 ms。DS1 用来指示中断喂狗,每次中断喂狗翻转一次。

11.2　硬件设计

本实验用到的硬件资源有指示灯 DS0 和 DS1、窗口看门狗。其中指示灯前面介绍过了,窗口看门狗属于 STM32 的内部资源,只需要软件设置好即可正常工作。通过 DS0 和 DS1 来指示 STM32 的复位情况和窗口看门狗的喂狗情况。

11.3　软件设计

打开窗口看门狗实验可以看到,相对于独立看门狗,我们只增加了窗口看门狗相关的库函数支持文件 stm32f10x_wwdg.c、stm32f10x_wwdg.c,然后在 wdg.c 加入如下代码(之前代码保留):

```
u8 WWDG_CNT = 0x7f; //保存 WWDG 计数器的设置值,默认为最大
//tr:T[6:0],计数器值 wr :W[6:0],窗口值
//fprer:分频系数(WDGTB),仅最低 2 位有效
//Fwwdg = PCLK1/(4096 * 2^fprer)
void WWDG_Init(u8 tr,u8 wr,u32 fprer) //初始化窗口看门狗
{
    RCC_APB1PeriphClockCmd(RCC_APB1Periph_WWDG, ENABLE);        // WWDG 时钟使能
    WWDG_CNT = tr&WWDG_CNT;                                     //初始化 WWDG_CNT
    WWDG_SetPrescaler(fprer);                                   //设置 IWDG 预分频值
    WWDG_SetWindowValue(wr);                                    //设置窗口值
    WWDG_Enable(WWDG_CNT);                                      //使能看门狗,设置 counter
    WWDG_ClearFlag();                                           //清除提前唤醒中断标志位
    WWDG_NVIC_Init();                                           //初始化窗口看门狗 NVIC
    WWDG_EnableIT();                                            //开启窗口看门狗中断
}
//重设置 WWDG 计数器的值
void WWDG_Set_Counter(u8 cnt)
{
    WWDG_Enable(cnt);                                          //使能看门狗,设置 counter
}
//窗口看门狗中断服务程序
void WWDG_NVIC_Init()
{
    NVIC_InitTypeDef NVIC_InitStructure;
    NVIC_InitStructure.NVIC_IRQChannel = WWDG_IRQn;            //WWDG 中断
    NVIC_InitStructure.NVIC_IRQChannelPreemptionPriority = 2; //抢占 2 子优先级 3 组 2
    NVIC_InitStructure.NVIC_IRQChannelSubPriority = 3;        //抢占 2,子优先级 3,组 2
    NVIC_InitStructure.NVIC_IRQChannelCmd = ENABLE;           //使能通道
    NVIC_Init(&NVIC_InitStructure);                           //NVIC 初始化
}
void WWDG_IRQHandler(void)                   //窗口看门狗中断服务函数
{
    WWDG_SetCounter(WWDG_CNT);               //当禁掉此句后,窗口看门狗将产生复位
    WWDG_ClearFlag();                        //清除提前唤醒中断标志位
```

```
    LED1 = ! LED1;                      //LED 状态翻转
}
```

新增的这 4 个函数都比较简单，第一个函数 void WWDG_Init(u8 tr,u8 wr,u8 fprer)用来设置 WWDG 的初始化值，包括看门狗计数器的值和看门狗比较值等。该函数就是按照 11.1 节讲解的 4 个步骤设计出来的代码。注意到这里有个全局变量 WWDG_CNT，用来保存最初设置 WWDG_CR 计数器的值，在后续的中断服务函数里面，就又把该数值放回到 WWDG_CR 上。

WWDG_Set_Counter()函数比较简单，用来重设窗口看门狗的计数器值。然后是中断分组函数，这个函数非常简单，之前有讲解，这里不重复。

最后在中断服务函数里面先重设窗口看门狗的计数器值，然后清除提前唤醒中断标志。最后对 LED1(DS1)取反，从而监测中断服务函数的执行状况。把这几个函数名加入到头文件里面去，以方便其他文件调用。

在完成了以上部分之后，就回到主函数，代码如下：

```
int main(void)
{
    delay_init();                                       //延时函数初始化
    NVIC_PriorityGroupConfig(NVIC_PriorityGroup_2);     //设置 NVIC 中断分组 2
    uart_init(115200);                                  //串口初始化波特率为 115 200
    LED_Init();                                         //LED 初始化
    KEY_Init();                                         //按键初始化
    LED0 = 0;
    delay_ms(300);
    WWDG_Init(0X7F,0X5F,WWDG_Prescaler_8);              //计数器值为 7f,窗口寄存器为 5f
                                                        //分频数为 8

    while(1)
    {
        LED0 = 1;
    }
}
```

该函数通过 LED0(DS0)来指示是否正在初始化，而 LED1(DS1)用来指示是否发生了中断。先让 LED0 亮 300 ms 然后关闭，从而判断是否有复位发生了。初始化 WWDG 之后回到死循环，关闭 LED1，并等待看门狗中断的触发/复位。

在编译完成之后，就可以下载这个程序到战舰 STM32 开发板上，看看结果是不是和我们设计的一样。

11.4 下载验证

将代码下载到战舰 STM32 后可以看到，DS0 亮一下之后熄灭，紧接着 DS1 开始不停地闪烁。每秒钟闪烁 5 次左右，和预期的一致，说明我们的实验是成功的。

第 **12** 章

定时器中断实验

　　这一章将介绍如何使用 STM32F1 的通用定时器。STM32F1 的定时器功能十分强大,有 TIME1 和 TIME8 等高级定时器,也有 TIME2～TIME5 等通用定时器,还有 TIME6 和 TIME7 等基本定时器。《STM32 参考手册》里面定时器的介绍占了 1/5 的篇幅,足见其重要性。本章将利用 TIM3 的定时器中断来控制 DS1 的翻转,在主函数用 DS0 的翻转来提示程序正在运行。本章选择难度适中的通用定时器来介绍。

12.1　STM32 通用定时器简介

　　STM32F1 的通用定时器是由一个通过可编程预分频器(PSC)驱动的 16 位自动装载计数器(CNT)构成,可用于测量输入信号的脉冲长度(输入捕获)或者产生输出波形(输出比较和 PWM)等。使用定时器预分频器和 RCC 时钟控制器预分频器,可以使脉冲长度和波形周期在几个微秒到几个毫秒间调整。STM32 的每个通用定时器都是完全独立的,没有互相共享的任何资源。

　　STM3F1 的通用 TIMx(TIM2、TIM3、TIM4 和 TIM5)定时器功能包括:

　　① 16 位向上、向下、向上/向下自动装载计数器(TIMx_CNT)。

　　② 16 位可编程(可以实时修改)预分频器(TIMx_PSC),计数器时钟频率的分频系数为 1～65 535 之间的任意数值。

　　③ 4 个独立通道(TIMx_CH1～4),这些通道可以用来作为:输入捕获、输出比较、PWM 生成(边缘或中间对齐模式)或单脉冲模式输出。

　　④ 可使用外部信号(TIMx_ETR)控制定时器和定时器互连(可以用一个定时器控制另外一个定时器)的同步电路。

　　⑤ 如下事件发生时产生中断/DMA:

　　➢ 更新:计数器向上溢出/向下溢出,计数器初始化(通过软件或者内部/外部触发);

　　➢ 触发事件(计数器启动、停止、初始化或者由内部/外部触发计数);

　　➢ 输入捕获;

　　➢ 输出比较;

　　➢ 支持针对定位的增量(正交)编码器和霍尔传感器电路;

　　➢ 触发输入作为外部时钟或者按周期的电流管理。

由于 STM32 通用定时器比较复杂,这里不多介绍,可直接参考《STM32 参考手册》第 253 页。为了深入了解 STM32 的通用寄存器,下面先介绍一下与这章的实验密切相关的几个通用定时器的寄存器。

首先是控制寄存器 1(TIMx_CR1),该寄存器位关键位描述如图 12.1.1 所示。

15	14	13	12	11	10	9	8	7	6	5	4	3	2	1	0
保留						CKD[1:0]		ARPE	CMS[1:0]		DIR	OPM	URS	UDIS	CEN
						rw	rw	rw	rw	rw	rw	rw	rw	rw	rw

位9:8	CKD[1:0]:时钟分频因子 定义在定时器时钟(CK_INT)频率与数字滤波器(ETR,TIx)使用的采样频率之间的分频比例。 $00:t_{DTS}=t_{CK\_INT};01:t_{DTS}=2 \cdot t_{CK\_INT}$ $10:t_{DTS}=4 \cdot t_{CK\_INT};11:$保留
位7	ARPE:自动重装载预装载允许位 0:TIMx_ARR 寄存器没有缓冲;1:TIMx_ARR 寄存器被装入缓冲器
位6:5	CMS[1:0]:选择中央对齐模式 00:边沿对齐模式。计数器依方向位(DIR)向上或向下计数。 01:中央对齐模式 1。计数器交替地向上和向下计数。配置为输出的通道(TIMX_CCMRx 寄存器中 CCxS=00)的输出比较中断标志位,只在计数器向下计数时被设置。 10:中央对齐模式 2。计数器交替地向上和向下计数。计数器交替地向上和向下计数。配置为输出的通道(TIMx_CCMRx 寄存器中 CCxS=00)的输出比较中断标志位,只在计数器向上计数时被设置。 11:中央对齐模式 3。计数器交替地向上和向下计数。计数器交替地向上和向下计数。配置为输出的通道(TIMx_CCMRx 寄存器 CCxS=00)的输出比较中断标志位,在计数器向上和向下计数时均被设置。 注:在计数器开启时(CEN=1),不允许从边沿对齐模式转换到中央对齐模式
位4	DIR:方向 0:计数向上计数;1:计数向下计数。 注:当计数器配置为中央对齐模式或编码器模式时,该位为只读
位0	CEN:使能计数器 0:禁止计数器;1:使能计数器。 注:在软件设置了 CEN 位后,外部时钟、门控模式和编码器模式才能工作。触发模式可以自动地通过硬件设置 CEN 位。 在单脉冲模式下,当发生更新事件时,CEN 被自动清除

图 12.1.1　TIMx_CR1 寄存器各位描述

首先来看看 TIMx_CR1 的最低位,也就是计数器使能位,该位必须置 1 才能让定时器开始计数。从第 4 位 DIR 可以看出,默认的计数方式是向上计数,同时也可以向下计数,第 5、6 位是设置计数对齐方式的。从第 8 和第 9 位可以看出,还可以设置定时器的时钟分频因子为 1、2、4。该寄存器其他位含义请参考中文参考手册。

接下来介绍 DMA/中断使能寄存器(TIMx_DIER)。该寄存器是一个 16 位的寄存器,其各位描述如图 12.1.2 所示。这里同样仅关心它的第 0 位,该位是更新中断允许位,本章用到的是定时器的更新中断,所以该位要设置为 1 来允许由于更新事件所产生的中断。

15	14	13	12	11	10	9	8	7	6	5	4	3	2	1	0
保留	TDE	保留	CC4DE	CC3DE	CC2DE	CC1DE	UDE	保留	TIE	保留	CC4IE	CC3IE	CC2IE	CC1IE	UIE
	rw		rw	rw	rw	rw	rw		rw		rw	rw	rw	rw	rw

图 12.1.2　TIMx_DIER 寄存器各位描述

接下来看第三个与这章有关的寄存器:预分频寄存器(TIMx_PSC)。该寄存器用来设置时钟分频因子,然后提供给计数器,作为计数器的时钟。该寄存器的各位描述如图 12.1.3 所示。

位 15:0 PSC[15:0]:预分频器的值
计数器的时钟频率 CK_CNT 等于 $f_{CK\_PSC}/(PSC[15:0]+1)$。
PSC 包含了当更新事件产生时装入当前预分频器寄存器的值

图 12.1.3 TIMx_PSC 寄存器各位描述

这里,定时器的时钟来源有 4 个

➢ 内部时钟(CK_INT);

➢ 外部时钟模式 1:外部输入脚(TIx);

➢ 外部时钟模式 2:外部触发输入(ETR);

➢ 内部触发输入(ITRx):使用 A 定时器作为 B 定时器的预分频器(A 为 B 提供时钟)。

这些时钟中,具体选择哪个可以通过 TIMx_SMCR 寄存器的相关位来设置。这里的 CK_INT 时钟是从 APB1 倍频得来的,除非 APB1 的时钟分频数设置为 1,否则通用定时器 TIMx 的时钟是 APB1 时钟的 2 倍。当 APB1 的时钟不分频的时候,通用定时器 TIMx 的时钟就等于 APB1 的时钟。注意,高级定时器的时钟不是来自 APB1,而是来自 APB2 的。

这里顺带介绍一下 TIMx_CNT 寄存器,该寄存器是定时器的计数器,存储了当前定时器的计数值。

接着介绍自动重装载寄存器(TIMx_ARR),该寄存器在物理上实际对应着 2 个寄存器。一个是程序员可以直接操作的,另外一个是程序员看不到的,这个看不到的寄存器在《STM32 参考手册》里面叫影子寄存器。事实上真正起作用的是影子寄存器。根据 TIMx_CR1 寄存器中 APRE 位的设置:APRE=0 时,预装载寄存器的内容可以随时传送到影子寄存器,此时二者是连通的;APRE=1 时,在每一次更新事件(UEV)时,才把预装在寄存器的内容传送到影子寄存器。

自动重装载寄存器的各位描述如图 12.1.4 所示。

位 15:0 ARR[15:0]:自动重装载的值
ARR 包含了将要装载入实际的自动重装寄存器的数值。
当自动重装载的值为空时,计数器不工作

图 12.1.4 TIMx_ARR 寄存器各位描述

最后要介绍的寄存器是状态寄存器(TIMx_SR)。该寄存器用来标记当前与定时器相关的各种事件/中断是否发生,各位描述如图 12.1.5 所示。

15	14	13	12	11	10	9	8	7	6	5	4	3	2	1	0
保留			CC4OF	CC3OF	CC2OF	CC1OF	保留		TIF	保留	CC4IF	CC3IF	CC2IF	CC1IF	UIF
			rc w0	rc w0	rc w0	rc w0			rc w0		rc w0	rc w0	rc w0	rc w0	rc w0

图 12.1.5 TIMx_SR 寄存器各位描述

这些位的详细描述可参考《STM32 参考手册》第 282 页。只要对以上几个寄存器进行简单的设置,就可以使用通用定时器了,并且可以产生中断。

这一章将使用定时器产生中断,然后在中断服务函数里面翻转 DS1 上的电平,从而指示定时器中断的产生。接下来以通用定时器 TIM3 为实例来说明要经过哪些步骤,才能达到这个要求,并产生中断。这里就对每个步骤通过库函数的实现方式来讲解。首先要提到的是,定时器相关的库函数主要集中在固件库文件 stm32f10x_tim.h 和 stm32f10x_tim.c 文件中。

1) TIM3 时钟使能

TIM3 挂载在 APB1 下,所以通过 APB1 总线下的使能函数来使能 TIM3,调用的函数是:

```
RCC_APB1PeriphClockCmd(RCC_APB1Periph_TIM3,ENABLE);//时钟使能
```

2) 初始化定时器参数,设置自动重装值、分频系数、计数方式等

在库函数中,定时器的初始化参数是通过初始化函数 TIM_TimeBaseInit 实现的:

```
voidTIM_TimeBaseInit(TIM_TypeDef * TIMx,
                 TIM_TimeBaseInitTypeDef * TIM_TimeBaseInitStruct);
```

第一个参数是确定是哪个定时器。第二个参数是定时器初始化参数结构体指针,结构体类型为 TIM_TimeBaseInitTypeDef,下面看看这个结构体的定义:

```
typedef struct
{
  uint16_t TIM_Prescaler;
  uint16_t TIM_CounterMode;
  uint16_t TIM_Period;
  uint16_t TIM_ClockDivision;
  uint8_t TIM_RepetitionCounter;
} TIM_TimeBaseInitTypeDef;
```

这个结构体一共有 5 个成员变量,对于通用定时器只有前面 4 个参数有用,最后一个参数 TIM_RepetitionCounter 是高级定时器才有用的,这里不多解释。

第一个参数 TIM_Prescaler 用来设置分频系数。第二个参数 TIM_CounterMode 用来设置计数方式,可以设置为向上计数、向下计数方式还有中央对齐计数方式,比较常用的是向上计数模式 TIM_CounterMode_Up 和向下计数模式 TIM_CounterMode_Down。第三个参数是设置自动重载计数周期值。第四个参数是用来设置时钟分频因子。

针对 TIM3 初始化范例代码格式:

```
TIM_TimeBaseInitTypeDef  TIM_TimeBaseStructure;
```

```
TIM_TimeBaseStructure.TIM_Period = 5000;
TIM_TimeBaseStructure.TIM_Prescaler = 7199;
TIM_TimeBaseStructure.TIM_ClockDivision = TIM_CKD_DIV1;
TIM_TimeBaseStructure.TIM_CounterMode = TIM_CounterMode_Up;
TIM_TimeBaseInit(TIM3,&TIM_TimeBaseStructure);
```

3）设置 TIM3_DIER 允许更新中断

要使用 TIM3 的更新中断，寄存器的相应位便可使能更新中断。在库函数里面定时器中断使能是通过 TIM_ITConfig 函数来实现的：

```
void TIM_ITConfig(TIM_TypeDef * TIMx, uint16_t TIM_IT, FunctionalState NewState);
```

第一个参数是选择定时器号，这个容易理解，取值为 TIM1～TIM17。

第二个参数非常关键，用来指明使能的定时器中断的类型。定时器中断的类型有很多种，包括更新中断 TIM_IT_Update、触发中断 TIM_IT_Trigger 以及输入捕获中断等等。

第三个参数就很简单了，就是失能还是使能。

例如，要使能 TIM3 的更新中断，格式为：

```
TIM_ITConfig(TIM3,TIM_IT_Update,ENABLE);
```

4）TIM3 中断优先级设置

定时器中断使能之后，要产生中断，必不可少的就要设置 NVIC 相关寄存器，设置中断优先级。

5）允许 TIM3 工作，也就是使能 TIM3

只配置好定时器还不行，没有开启定时器照样不能用。配置完后要开启定时器，通过 TIM3_CR1 的 CEN 位来设置。在固件库里面使能定时器的函数是通过 TIM_Cmd 函数来实现的：

```
void TIM_Cmd(TIM_TypeDef * TIMx, FunctionalState NewState)
```

这个函数非常简单，比如要使能定时器 3，方法为：

```
TIM_Cmd(TIM3, ENABLE);  //使能 TIMx 外设
```

6）编写中断服务函数

最后还是要编写定时器中断服务函数，从而处理定时器产生的相关中断。中断产生后，通过状态寄存器的值来判断此次产生的中断属于什么类型。然后执行相关的操作，这里使用的是更新（溢出）中断，所以在状态寄存器 SR 的最低位。处理完中断之后应该向 TIM3_SR 的最低位写 0 来清除该中断标志。

在固件库函数里面，用来读取中断状态寄存器的值从而判断中断类型的函数是：

```
ITStatus TIM_GetITStatus(TIM_TypeDef * TIMx, uint16_t)
```

该函数的作用是判断定时器 TIMx 的中断类型 TIM_IT 是否发生中断。比如，要判断定时器 3 是否发生更新（溢出）中断，方法为：

```
if (TIM_GetITStatus(TIM3, TIM_IT_Update) != RESET){}
```

固件库中清除中断标志位的函数是：

```
void TIM_ClearITPendingBit(TIM_TypeDef * TIMx, uint16_t TIM_IT)
```

该函数的作用是清除定时器 TIMx 的中断 TIM_IT 标志位。使用起来非常简单，

比如在 TIM3 的溢出中断发生后要清除中断标志位,方法是:

```
TIM_ClearITPendingBit(TIM3, TIM_IT_Update );
```

这里需要说明一下,固件库还提供了 2 个函数来判断定时器状态、清除定时器状态标志位的函数 TIM_GetFlagStatus、TIM_ClearFlag,它们的作用和前面 2 个函数的作用类似。只是在 TIM_GetITStatus 函数中会先判断这种中断是否使能,使能了才去判断中断标志位,而 TIM_GetFlagStatus 直接用来判断状态标志位。

通过以上几个步骤就可以达到我们的目的了,使用通用定时器的更新中断来控制 DS1 的亮灭。

12.2　硬件设计

本实验用到的硬件资源有指示灯 DS0 和 DS1、定时器 TIM3。本章将通过 TIM3 的中断来控制 DS1 的亮灭,DS1 是直接连接到 PE5 上的。而 TIM3 属于 STM32 的内部资源,只需要软件设置即可正常工作。

12.3　软件设计

软件设计方面直接打开本书配套资料定时器中断实验即可。可以看到,我们工程中的 HARDWARE 下面比以前多了一个 time.c 文件(包括头文件 time.h),这 2 个文件是我们自己编写的。同时,还引入了定时器相关的固件库函数文件 stm32f10x_tim. c 和头文件 stm32f10x_tim. h。

time. c 文件代码:

```
# include "timer.h"
# include "led.h"
//通用定时器 3 中断初始化
//这里时钟选择为 APB1 的 2 倍,而 APB1 为 36 MHz
//arr:自动重装值。psc:时钟预分频数
void TIM3_Int_Init(u16 arr,u16 psc)
{
    TIM_TimeBaseInitTypeDef  TIM_TimeBaseStructure;
    NVIC_InitTypeDef NVIC_InitStructure;
    RCC_APB1PeriphClockCmd(RCC_APB1Periph_TIM3, ENABLE); //①时钟 TIM3 使能
    //定时器 TIM3 初始化
    TIM_TimeBaseStructure.TIM_Period = arr;   //设置自动重装载寄存器周期的值
    TIM_TimeBaseStructure.TIM_Prescaler = psc;   //设置时钟频率除数的预分频值
    TIM_TimeBaseStructure.TIM_ClockDivision = TIM_CKD_DIV1;    //设置时钟分割
    TIM_TimeBaseStructure.TIM_CounterMode = TIM_CounterMode_Up; //TIM 向上计数
    TIM_TimeBaseInit(TIM3,&TIM_TimeBaseStructure);            //②初始化 TIM3
    TIM_ITConfig(TIM3,TIM_IT_Update,ENABLE);                 //③允许更新中断
    //中断优先级 NVIC 设置
    NVIC_InitStructure.NVIC_IRQChannel = TIM3_IRQn;          //TIM3 中断
    NVIC_InitStructure.NVIC_IRQChannelPreemptionPriority = 0; //先占优先级 0 级
```

```
    NVIC_InitStructure.NVIC_IRQChannelSubPriority = 3;       //从优先级 3 级
    NVIC_InitStructure.NVIC_IRQChannelCmd = ENABLE;          //IRQ 通道被使能
    NVIC_Init(&NVIC_InitStructure);                          //④初始化 NVIC 寄存器
    TIM_Cmd(TIM3,ENABLE);                                    //⑤使能 TIM3
}
//定时器 3 中断服务程序⑥
void TIM3_IRQHandler(void)                                   //TIM3 中断
{
    if (TIM_GetITStatus(TIM3,TIM_IT_Update)!= RESET)        //检查 TIM3 更新中断发生与否
    {
        TIM_ClearITPendingBit(TIM3,TIM_IT_Update  );        //清除 TIM3 更新中断标志
        LED1 = ! LED1;
    }
}
```

该文件下包含一个中断服务函数和一个定时器 3 中断初始化函数。中断服务函数比较简单,在每次中断后判断 TIM3 的中断类型,如果中断类型正确(溢出中断),则执行 LED1(DS1)的取反。

TIM3_Int_Init()函数就是执行 12.1 节介绍的那 6 个步骤,分别用标号①～⑥来标注,该函数的 2 个参数用来设置 TIM3 的溢出时间。系统初始化的时候,默认的系统初始化函数 SystemInit 函数里面已经初始化 APB1 的时钟为 2 分频,所以 APB1 的时钟为 36 MHz。而从 STM32 的内部时钟树图得知:当 APB1 的时钟分频数为 1 的时候,TIM2～7 的时钟为 APB1 的时钟;而如果 APB1 的时钟分频数不为 1,那么 TIM2～7 的时钟频率将为 APB1 时钟的 2 倍。因此,TIM3 的时钟为 72 MHz,再根据设计的 arr 和 psc 的值,就可以计算中断时间了。计算公式如下:

$$T_{out}=((arr+1)(psc+1))/T_{clk}$$

其中,T_{clk} 为 TIM3 的输入时钟频率(单位为 MHz),T_{out} 为 TIM3 溢出时间(单位为 μs)。

最后,在主程序里面输入如下代码:

```
int main(void)
 {
    delay_init();                    //延时函数初始化
    NVIC_PriorityGroupConfig(NVIC_PriorityGroup_2);  //设置 NVIC 中断分组 2
    uart_init(115200);               //串口初始化波特率为 115 200
    LED_Init();                      //LED 端口初始化
    TIM3_Int_Init(4999,7199);        //10 kHz 的计数频率,计数到 5 000 为 500 ms
    while(1)
    {
        LED0 = ! LED0;               //LED0 状态翻转
        delay_ms(200);               //延时 200ms
    }
 }
```

此段代码对 TIM3 进行初始化之后,进入死循环等待 TIM3 溢出中断,当 TIM3_CNT 的值等于 TIM3_ARR 的值的时候,就会产生 TIM3 的更新中断,然后在中断里面取反 LED1,TIM3_CNT 再从 0 开始计数。根据上面的公式可以算出中断溢出时间为

500 ms，即 $T_{out} = ((4\ 999 + 1) \times (7\ 199 + 1))/72 = 500\ 000\ \mu s = 500$ ms。

12.4 下载验证

完成软件设计之后，将编译好的文件下载到战舰 STM32 开发板上，观看其运行结果是否与我们编写的一致。如果没有错误，可以看到 DS0 不停闪烁（每 400 ms 闪烁一次），而 DS1 也是不停地闪烁，但是闪烁时间较 DS0 慢（1 s 一次）。

第 **13** 章

PWM 输出实验

第 12 章介绍了 STM32F1 的通用定时器 TIM3,用其中断来控制 DS1 的闪烁,这一章将介绍如何使用 STM32F1 的 TIM3 来产生 PWM 输出,将使用 TIM3 的通道 2,把通道 2 重映射到 PB5,产生 PWM 来控制 DS0 的亮度。

13.1　PWM 简介

脉冲宽度调制(PWM)是英文 Pulse Width Modulation 的缩写,简称脉宽调制,是利用微处理器的数字输出来对模拟电路进行控制的一种非常有效的技术。简单一点,就是对脉冲宽度的控制。

STM32 的定时器除了 TIM6 和 7,其他的定时器都可以用来产生 PWM 输出。其中,高级定时器 TIM1 和 TIM8 可以同时产生 7 路 PWM 输出。而通用定时器也能同时产生 4 路 PWM 输出,这样,STM32 最多可以同时产生 30 路 PWM 输出! 这里仅利用 TIM3 的 CH2 产生一路 PWM 输出。如果要产生多路输出,则可以根据我们的代码稍作修改即可。

同样,我们首先介绍 PWM 相关的寄存器,之后再讲解怎么使用库函数产生 PWM 输出。

要使 STM32 的通用定时器 TIMx 产生 PWM 输出,除了第 12 章介绍的寄存器外,还会用到 3 个寄存器来控制 PWM 的,分别是捕获/比较模式寄存器(TIMx_CCMR1/2)、捕获/比较使能寄存器(TIMx_CCER)、捕获/比较寄存器(TIMx_CCR1～4)。

首先是捕获/比较模式寄存器(TIMx_CCMR1/2)。该寄存器总共有 2 个,TIMx_CCMR1 和 TIMx_CCMR2。TIMx_CCMR1 控制 CH1 和 CH2,而 TIMx_CCMR2 控制 CH3 和 4。该寄存器的各位描述如图 13.1.1 所示。

15	14	13	12	11	10	9	8	7	6	5	4	3	2	1	0
OC2CE	OC2M[2：0]			OC2PE	OC2FE	CC2S[1：0]		OC1CE	OC1M[2：0]			OC1PE	OC1FE	CC1S[1：0]	
	IC2F[3：0]			IC2PSC[1：0]					IC1F[3：0]			IC1PSC[1：0]			
rw	rw	rw	rw	rw	rw	rw	rw	rw	rw	rw	rw	rw	rw	rw	rw

图 13.1.1　TIMx_CCMR1 寄存器各位描述

该寄存器的有些位在不同模式下功能不一样,所以图 13.1.1 把寄存器分了 2 层,上面一层对应输出而下面的则对应输入。该寄存器的详细说明请参考《STM32 参考手册》14.4.7 小节。这里需要说明的是模式设置位 OCxM,此位由 3 位组成,总共可以配置成 7 种模式,我们使用的是 PWM 模式,所以这 3 位必须设置为 110/111。这 2 种PWM 模式的区别就是输出电平的极性相反。

接下来介绍捕获/比较使能寄存器(TIMx_CCER)。该寄存器控制着各个输入输出通道的开关,各位描述如图 13.1.2 所示。

图 13.1.2　TIMx_CCER 寄存器各位描述

该寄存器比较简单,这里只用到了 CC2E 位,该位是输入/捕获 2 输出使能位。要想 PWM 从 I/O 口输出,这个位必须设置为 1,所以需要设置该位为 1。该寄存器更详细的介绍可参考《STM32 参考手册》14.4.9 小节。

最后介绍一下捕获/比较寄存器(TIMx_CCR1~4),该寄存器总共有 4 个,对应 4个输出通道 CH1~4。因为这 4 个寄存器都差不多,这里仅以 TIMx_CCR1 为例介绍,该寄存器的各位描述如图 13.1.3 所示。

位 15:0　CCR1[15:0]:捕获/比较 1 的值
若 CC1 通道配置为输出:
CCR1 包含了装入当前捕获/比较 1 寄存器的值(预装载值)。
如果在 TIMx_CCMR1 寄存器(OC1PE 位)中未选择预装载特性,写入的数值会立即传输至当前寄存器中。否则只有当更新事件发生时,此预装载值才传输至当前捕获/比较 1 寄存器中。
当前捕获/比较寄存器参与同计数器 TIMx_CNT 的比较,并在 OC1 端口上产生输出信号。
若 CC1 通道配置为输入:
CCR1 包含了由上一次输入捕获 1 事件(IC1)传输的计数器值

图 13.1.3　寄存器 TIMx_CCR1 各位描述

在输出模式下,该寄存器的值与 CNT 的值比较,根据比较结果产生相应动作。所以,通过修改这个寄存器的值就可以控制 PWM 的输出脉宽了。本章使用 TIM3 的通道 2,所以需要修改 TIM3_CCR2 以实现脉宽控制 DS0 的亮度。

要利用 TIM3 的 CH2 输出 PWM 来控制 DS0 的亮度,但是 TIM3_CH2 默认是接在 PA7 上面的,而我们的 DS0 接在 PB5 上面,如果普通 MCU,可能就只能用飞线把PA7 飞到 PB5 上来实现了,这里用的是 STM32,它比较高级,可以通过重映射功能把TIM3_CH2 映射到 PB5 上。

STM32 的重映射控制是由复用重映射和调试 I/O 配置寄存器(AFIO_MAPR)控制的,该寄存器的各位描述如图 13.1.4 所示。

这里用到的是 TIM3 的重映射,从图 13.1.4 可以看出,TIM3_REMAP 是由[11:10]这 2 个位控制的。TIM3_REMAP[1:0]重映射控制表如表 13.1.1 所列。

31	30	29	28	27	26	25	24	23	22	21	20	19	18	17	16
保留					SWJ_CFG[2:0]			保留			ADC2_E TRGREG _REMAP	ADC2_E TRGINJ _REMAP	ADC1_E TRGREG _REMAP	ADC1_E TRGINJ _REMAP	TIM5CH 4_IREM AP
					w	w	w								

15	14	13	12	11	10	9	8	7	6	5	4	3	2	1	0
PD01_ REMAP	CAN_REMAP [1:0]		TIM4_ REMAP	TIM3_REMAP [1:0]		TIM2_REMAP [1:0]		TIM1_REMAP [1:0]		TIM3_REMAP [1:0]		USART2 _REMAP	USART1 _REMAP	I2C1_ REMAP	SPI1_ REMAP
rw	rw	rw	rw	rw	rw	rw	rw	rw	rw	rw	rw	rw	rw	rw	rw

图 13.1.4　寄存器 AFIO_MAPR 各位描述

表 13.1.1　TIM3_REMAP 重映射控制表

复用功能	TIM3_REMAP[1:0]=00 （没有重映像）	TIM3_REMAP[1:0]=10 （部分重映像）	TIM3_REMAP[1:0]=11 （完全重映像）
TIM3_CH1	PA6	PB4	PC6
TIM3_CH2	PA7	PB5	PC7
TIM3_CH3	PB0		PC8
TIM3_CH4	PB1		PC9

默认条件下，TIM3_REMAP[1:0]为 00，是没有重映射的，所以 TIM3_CH1～TIM3_CH4 分别是接在 PA6、PA7、PB0 和 PB1 上的，而我们想让 TIM3_CH2 映射到 PB5 上，则需要设置 TIM3_REMAP[1:0]=10，即部分重映射。注意，此时 TIM3_CH1 也被映射到 PB4 上了。

本章要实现通过配置 STM32 的重映射功能，把 TIM3 通道 2 重映射到引脚 PB5 上，由 TIM3_CH2 输出 PWM 来控制 DS0 的亮度。下面介绍通过库函数来配置该功能的步骤。

首先要提到的是，PWM 相关的函数设置在库函数文件 stm32f10x_tim.h 和 stm32f10x_tim.c 文件中。

① 开启 TIM3 时钟以及复用功能时钟，配置 PB5 为复用输出。

要使用 TIM3，则必须先开启 TIM3 的时钟。这里还要配置 PB5 为复用输出，这是因为 TIM3_CH2 通道将重映射到 PB5 上，此时，PB5 属于复用功能输出。库函数使能 TIM3 时钟的方法是：

```
RCC_APB1PeriphClockCmd(RCC_APB1Periph_TIM3,ENABLE);//使能定时器 3 时钟
```

库函数设置 AFIO 时钟的方法是：

```
RCC_APB2PeriphClockCmd(RCC_APB2Periph_AFIO,ENABLE);　//复用时钟使能
```

设置 PB5 为复用功能输出的方法在前面几个实验都有类似的讲解，这里简单列出 GPIO 初始化的一行代码即可：

```
GPIO_InitStructure.GPIO_Mode = GPIO_Mode_AF_PP;　//复用推挽输出
```

② 设置 TIM3_CH2 重映射到 PB5 上。

因为 TIM3_CH2 默认是接在 PA7 上的，所以需要设置 TIM3_REMAP 为部分重

映射(通过 AFIO_MAPR 配置),让 TIM3_CH2 重映射到 PB5 上面。在库函数函数里面设置重映射的函数是:

```
void GPIO_PinRemapConfig(uint32_t GPIO_Remap, FunctionalState NewState);
```

STM32 重映射只能重映射到特定的端口。第一个入口参数可以理解为设置重映射的类型,比如 TIM3 部分重映射入口参数为 GPIO_PartialRemap_TIM3。所以TIM3 部分重映射的库函数实现方法是:

```
GPIO_PinRemapConfig(GPIO_PartialRemap_TIM3, ENABLE);
```

③ 初始化 TIM3,设置 TIM3 的 ARR 和 PSC。

开启了 TIM3 的时钟之后,就要设置 ARR 和 PSC 共 2 个寄存器的值来控制输出PWM 的周期。当 PWM 周期太慢(低于 50 Hz)的时候,我们就会明显感觉到闪烁了。因此,PWM 周期在这里不宜设置得太小。这在库函数是通过 TIM_TimeBaseInit 函数实现的,调用的格式为:

```
TIM_TimeBaseStructure.TIM_Period = arr; //设置自动重装载值
TIM_TimeBaseStructure.TIM_Prescaler = psc; //设置预分频值
TIM_TimeBaseStructure.TIM_ClockDivision = 0; //设置时钟分割:TDTS = Tck_tim
TIM_TimeBaseStructure.TIM_CounterMode = TIM_CounterMode_Up; //向上计数模式
TIM_TimeBaseInit(TIM3, &TIM_TimeBaseStructure); //根据指定的参数初始化 TIMx
```

④ 设置 TIM3_CH2 的 PWM 模式,使能 TIM3 的 CH2 输出。

接下来要设置 TIM3_CH2 为 PWM 模式(默认是冻结的),因为 DS0 是低电平亮,而我们希望当 CCR2 的值小的时候 DS0 就暗,CCR2 值大的时候 DS0 就亮,所以要通过配置 TIM3_CCMR1 的相关位来控制 TIM3_CH2 的模式。在库函数中,PWM 通道设置是通过函数 TIM_OC1Init()～TIM_OC4Init()来设置的,不同通道的设置函数不一样,这里使用的是通道 2,所以使用的函数是 TIM_OC2Init()。

```
void TIM_OC2Init(TIM_TypeDef * TIMx, TIM_OCInitTypeDef * TIM_OCInitStruct);
```

结构体 TIM_OCInitTypeDef 的定义:

```
typedef struct
{
  uint16_t TIM_OCMode;
  uint16_t TIM_OutputState;
  uint16_t TIM_OutputNState; * /
  uint16_t TIM_Pulse;
  uint16_t TIM_OCPolarity;
  uint16_t TIM_OCNPolarity;
  uint16_t TIM_OCIdleState;
  uint16_t TIM_OCNIdleState;
} TIM_OCInitTypeDef;
```

这里介绍一下与我们要求相关的几个成员变量:

➤ 参数 TIM_OCMode 设置模式是 PWM 还是输出比较,这里是 PWM 模式。

➤ 参数 TIM_OutputState 用来设置比较输出使能,也就是使能 PWM 输出到端口。

➤ 参数 TIM_OCPolarity 用来设置极性是高还是低。

其他的参数 TIM_OutputNState、TIM_OCNPolarity、TIM_OCIdleState 和 TIM_OCNIdleState 是高级定时器 TIM1 和 TIM8 才用到的。

要实现上面提到的场景,方法是:

```
TIM_OCInitTypeDef   TIM_OCInitStructure;
TIM_OCInitStructure.TIM_OCMode = TIM_OCMode_PWM2; //选择 PWM 模式 2
TIM_OCInitStructure.TIM_OutputState = TIM_OutputState_Enable; //比较输出使能
TIM_OCInitStructure.TIM_OCPolarity = TIM_OCPolarity_High; //输出极性高
TIM_OC2Init(TIM3, &TIM_OCInitStructure);   //初始化 TIM3 OC2
```

⑤ 使能 TIM3。

在完成以上设置了之后,需要使能 TIM3。使能 TIM3 的方法前面已经讲解过:

```
TIM_Cmd(TIM3, ENABLE);   //使能 TIM3
```

⑥ 修改 TIM3_CCR2 来控制占空比。

经过以上设置之后,PWM 其实已经开始输出了,只是其占空比和频率都是固定的,通过修改 TIM3_CCR2 可以控制 CH2 的输出占空比,继而控制 DS0 的亮度。

在库函数中,修改 TIM3_CCR2 占空比的函数是:

```
void TIM_SetCompare2(TIM_TypeDef * TIMx, uint16_t Compare2);
```

当然,其他通道分别有一个函数名字,函数格式为 TIM_SetComparex(x=1,2,3,4)。

通过以上 6 个步骤就可以控制 TIM3 的 CH2 输出 PWM 波了。

13.2　硬件设计

本实验用到的硬件资源有指示灯 DS0、定时器 TIM3。这 2 个前面都有介绍,但是这里用到了 TIM3 的部分重映射功能,把 TIM3_CH2 直接映射到了 PB5 上,而通过前面的学习我们知道,PB5 和 DS0 是直接连接的,所以电路上并没有任何变化。

13.3　软件设计

打开配套资料里面的 PWM 输出实验代码可以看到,相对第 12 章实验,我们在 timer.c 里面加入了如下代码:

```
//arr:自动重装值  psc:时钟预分频数
void TIM3_PWM_Init(u16 arr,u16 psc) //TIM3 PWM 部分初始化
{
GPIO_InitTypeDef GPIO_InitStructure;
TIM_TimeBaseInitTypeDef  TIM_TimeBaseStructure;
TIM_OCInitTypeDef  TIM_OCInitStructure;
RCC_APB1PeriphClockCmd(RCC_APB1Periph_TIM3, ENABLE); //①使能定时器 3 时钟
RCC_APB2PeriphClockCmd(RCC_APB2Periph_GPIOB|RCC_APB2Periph_AFIO, ENABLE);
        //①使能 GPIO 和 AFIO 复用功能时钟
GPIO_PinRemapConfig(GPIO_PartialRemap_TIM3,ENABLE); //②重映射 TIM3_CH2 - >PB5
//设置该引脚为复用输出功能,输出 TIM3 CH2 的 PWM 脉冲波形 GPIOB.5
GPIO_InitStructure.GPIO_Pin = GPIO_Pin_5;           //TIM_CH2
```

```
GPIO_InitStructure.GPIO_Mode = GPIO_Mode_AF_PP;                    //复用推挽输出
GPIO_InitStructure.GPIO_Speed = GPIO_Speed_50MHz;
GPIO_Init(GPIOB, &GPIO_InitStructure);                             //①初始化 GPIO
//初始化 TIM3
TIM_TimeBaseStructure.TIM_Period = arr;                           //设置在自动重装载周期值
TIM_TimeBaseStructure.TIM_Prescaler = psc;                         //设置预分频值
TIM_TimeBaseStructure.TIM_ClockDivision = 0;                       //设置时钟分割:TDTS = Tck_tim
TIM_TimeBaseStructure.TIM_CounterMode = TIM_CounterMode_Up;        //TIM 向上计数模式
TIM_TimeBaseInit(TIM3,&TIM_TimeBaseStructure);                     //③初始化 TIMx
//初始化 TIM3 Channel2 PWM 模式
TIM_OCInitStructure.TIM_OCMode = TIM_OCMode_PWM2;                  //选择 PWM 模式 2
TIM_OCInitStructure.TIM_OutputState = TIM_OutputState_Enable;      //比较输出使能
TIM_OCInitStructure.TIM_OCPolarity = TIM_OCPolarity_High;          //输出极性高
TIM_OC2Init(TIM3,&TIM_OCInitStructure);                           //④初始化外设 TIM3 OC2
TIM_OC2PreloadConfig(TIM3, TIM_OCPreload_Enable);                 //使能预装载寄存器
TIM_Cmd(TIM3, ENABLE);                                            //⑤使能 TIM3
}
```

此部分代码包含了上面介绍的 PWM 输出设置的前 5 个步骤,分别用标号①～⑤备注。注意,在配置 AFIO 相关寄存器的时候,必须先开启辅助功能时钟。

头文件 timer.h 与第 12 章的不同是加入了 TIM3_PWM_Init 的声明。接下来,修改主程序里面的 main 函数如下:

```
int main(void)
{
    u16 led0pwmval = 0;
    u8 dir = 1;
    delay_init();               //延时函数初始化
    NVIC_PriorityGroupConfig(NVIC_PriorityGroup_2);   //设置 NVIC 中断分组 2
    uart_init(115200);          //串口初始化波特率为 115200
    LED_Init();                 //LED 端口初始化
    TIM3_PWM_Init(899,0);       //不分频,PWM 频率 = 72000/900 = 80 kHz
    while(1)
    {
        delay_ms(10);           //延时 10 ms
        if(dir)led0pwmval ++ ;
        else led0pwmval -- ;
        if(led0pwmval>300)dir = 0;
        if(led0pwmval == 0)dir = 1;
        TIM_SetCompare2(TIM3,led0pwmval);
    }
}
```

从死循环函数可以看出,将 led0pwmval 值设置为 PWM 比较值,也就是通过 led0pwmval 来控制 PWM 的占空比,然后控制 led0pwmval 的值从 0 变到 300,然后又从 300 变到 0,如此循环。因此 DS0 的亮度也会跟着从暗变到亮,然后又从亮变到暗。这里的值取 300 是因为 PWM 的输出占空比达到这个值的时候,LED 亮度变化就不大了(虽然最大值可以设置到 899),因此设计过大的值在这里是没必要的。至此,软件设计就完成了。

13.4　下载验证

在完成软件设计之后,将编译好的文件下载到战舰 STM32 开发板上,观看其运行结果是否与我们编写的一致。如果没有错误,则看到 DS0 不停地由暗变到亮,然后又从亮变到暗。每个过程持续时间大概为 3 s。

实际运行结果如图 13.4.1 所示。

图 13.4.1　PWM 控制 DS0 亮度

第 **14** 章

输入捕获实验

第3章介绍了STM32F1的通用定时器作为PWM输出的使用方法,这一章将介绍通用定时器作为输入捕获的使用。本章将用TIM5的通道1(PA0)来做输入捕获,捕获PA0上高电平的脉宽(用WK_UP按键输入高电平),通过串口打印高电平脉宽时间。

14.1 输入捕获简介

输入捕获模式可以用来测量脉冲宽度或者测量频率。STM32的定时器,除了TIM6和TIM7,其他定时器都有输入捕获功能。STM32的输入捕获,简单说就是通过检测TIMx_CHx上的边沿信号,在边沿信号发生跳变(比如上升沿/下降沿)的时候,将当前定时器的值(TIMx_CNT)存放到对应通道的捕获/比较寄存器(TIMx_CCRx)里面,完成一次捕获。同时,还可以配置捕获时是否触发中断/DMA等。

本章用到TIM5_CH1来捕获高电平脉宽,也就是要先设置输入捕获为上升沿检测,记录发生上升沿时TIM5_CNT的值。然后配置捕获信号为下降沿捕获,当下降沿到来时发生捕获,并记录此时的TIM5_CNT值。这样,前后2次TIM5_CNT之差就是高电平的脉宽,同时TIM5的计数频率我们是知道的,从而可以计算出高电平脉宽的准确时间。

接下来介绍本章需要用到的一些寄存器配置,需要用到的寄存器有TIMx_ARR、TIMx_PSC、TIMx_CCMR1、TIMx_CCER、TIMx_DIER、TIMx_CR1、TIMx_CCR1。这些寄存器在前面2章全部提到过(这里的x=5),这里就不再全部罗列了,只针对性地介绍这几个寄存器的配置。

首先介绍TIMx_ARR和TIMx_PSC,这2个寄存器用来设自动重装载值和TIMx的时钟分频。

再来看看捕获/比较模式寄存器1:TIMx_CCMR1,这个寄存器在输入捕获的时候,非常有用,有必要重新介绍,该寄存器的各位描述如图14.1.1所示。

15	14	13	12	11	10	9	8	7	6	5	4	3	2	1	0
OC2CE	OC2M[2:0]			OC2PE	OC2FE	CC2S[1:0]		OC1CE	OC1M[2:0]			OC1PE	OC1FE	CC1S[1:0]	
	IC2F[3:0]			IC2PSC[1:0]					IC1F[3:0]			IC1PSC[1:0]			
rw	rw	rw	rw	rw	rw	rw	rw	rw	rw	rw	rw	rw	rw	rw	rw

图 14.1.1　TIMx_CCMR1 寄存器各位描述

当在输入捕获模式下使用的时候,对应图 14.1.1 的第二行描述。可以看出,TIMx_CCMR1 明显是针对 2 个通道的配置,低 8 位[7:0]用于捕获/比较通道 1 的控制,而高 8 位[15:8]则用于捕获/比较通道 2 的控制。因为 TIMx 还有 CCMR2 寄存器,所以可以知道 CCMR2 是用来控制通道 3 和通道 4 的(详见《STM32 参考手册》290 页 14.4.8 小节)。

这里用到的是 TIM5 的捕获/比较通道 1,重点介绍 TIMx_CMMR1 的[7:0]位(其实高 8 位配置类似),详细描述如图 14.1.2 所示。

位 7:4	ICF1[3:0]:输入捕获 1 滤波器(Input capture 1 filter) 这几位定义了 TI1 输入的采样频率及数字滤波器长度。数字滤波器由一个事件计数器组成,它记录到 N 个事件后会产生一个输出的跳变: 0000:无滤波器,以 f_{DTS} 采样　　　　1000:采样频率 $f_{SAMPLING}=f_{DTS}/8,N=6$ 0001:采样频率 $f_{SAMPLING}=f_{CK\_INT},N=2$　　1001:采样频率 $f_{SAMPLING}=f_{DTS}/8,N=8$ 0010:采样频率 $f_{SAMPLING}=f_{CK\_INT},N=4$　　1010:采样频率 $f_{SAMPLING}=f_{DTS}/16,N=5$ 0011:采样频率 $f_{SAMPLING}=f_{CK\_INT},N=8$　　1011:采样频率 $f_{SAMPLING}=f_{DTS}/16,N=6$ 0100:采样频率 $f_{SAMPLING}=f_{DTS}/2,N=6$　　1100:采样频率 $f_{SAMPLING}=f_{DTS}/16,N=8$ 0101:采样频率 $f_{SAMPLING}=f_{DTS}/2,N=8$　　1101:采样频率 $f_{SAMPLING}=f_{DTS}/32,N=5$ 0110:采样频率 $f_{SAMPLING}=f_{DTS}/4,N=6$　　1110:采样频率 $f_{SAMPLING}=f_{DTS}/32,N=6$ 0111:采样频率 $f_{SAMPLING}=f_{DTS}/4,N=8$　　1111:采样频率 $f_{SAMPLING}=f_{DTS}/32,N=8$ 注:在现在的芯片版本中,当 ICxF[3:0]=1,2 或 3 时,公式中的 f_{DTS} 由 CK_INT 替代
位 3:2	IC1PSC[1:0]:输入/捕获 1 预分频器(Input capture 1 prescaler) 这 2 位定义了 CC1 输入(IC1)的预分频系数。 一旦 CC1E=0(TIMx_CCER 寄存器中),则预分频器复位。 00:无预分频器,捕获输入口上检测到的每一个边沿都触发一次捕获; 01:每 2 个事件触发一次捕获;10:每 4 个事件触发一次捕获;11:每 8 个事件触发一次捕获
位 1:0	CC1S[1:0]:捕获/比较 1 选择(Capture/Compare 1 selection) 这 2 位定义通道的方向(输入/输出),及输入脚的选择: 00:CC1 通道被配置为输出; 01:CC1 通道被配置为输入,IC1 映射在 TI1 上; 10:CC1 通道被配置为输入,IC1 映射在 TI2 上; 11:CC1 通道被配置为输入,IC1 映射在 TRC 上。此模式仅工作在内部触发器输入被选中时(由 TIMx_SMCR 寄存器的 TS 位选择)。 注:CC1 仅在通道关闭时(TIMx_CCER 寄存器中的 CC1E=0)才是可写的

图 14.1.2　TIMx_CMMR1[7:0]位详细描述

其中,CC1S[1:0]位用于 CCR1 的通道配置,这里设置 IC1S[1:0]=01,也就是配置 IC1 映射在 TI1 上(关于 IC1、TI1 不明白的,可以看《STM32 参考手册》14.2 节的图 98),即 CC1 对应 TIMx_CH1。

输入捕获 1 预分频器 IC1PSC[1:0]比较好理解。我们是一次边沿就触发一次捕获,所以选择 00 就可以了。

输入捕获 1 滤波器 IC1F[3:0]用来设置输入采样频率和数字滤波器长度。其中, f_{CK_INT} 是定时器的输入频率(TIMxCLK),一般为 72 MHz;而 f_{DTS} 则是根据 TIMx_CR1 的 CKD[1:0]设置来确定的,如果 CKD[1:0]设置为 00,那么 $f_{DTS}=f_{CK\_INT}$。 N 值就是滤波长度,举个简单的例子:假设 IC1F[3:0]=0011,并设置 IC1 映射到通道 1 上,且为上升沿触发,那么在捕获到上升沿的时候,再以 f_{CK_INT} 的频率连续采样到 8 次通道 1 的电平。如果都是高电平,则说明确实是一个有效的触发,就会触发输入捕获中断(如果开启了的话),这样可以滤除那些高电平脉宽低于 8 个采样周期的脉冲信号,从而达到滤波的效果。这里不做滤波处理,所以设置 IC1F[3∶0]＝0000,只要采集到上升沿就触发捕获。

再来看看捕获/比较使能寄存器:TIMx_CCER,各位描述如图 14.1.2 所示。本章要用到这个寄存器的最低 2 位,CC1E 和 CC1P 位。这 2 个位的描述如图 14.1.3 所示。所以,要使能输入捕获,必须设置 CC1E＝0,而 CC1P 则根据自己的需要来配置。

位 1	CC1P:输入/捕获 1 输出极性(Capture/Compare 1 output polanity) CC1 通道配置为输出: 0:OC1 高电平有效;1:OC1 低电平有效 CC1 通道配置为输入: 该位选择是 IC1 还是 IC1 的反相信号作为触发或捕获信号。 0,不反相:捕获发生在 IC1 的上升沿;当用作外部发器时,IC1 不反相。 1,反相:捕获发生在 IC1 的下降沿;当用作外部触发器时,IC1 反相
位 0	CC1E:输入/捕获 1 输出使能(Capture/Compare 1 output enable) CC1 通道配置为输出: 0,关闭-OC1 禁止输出。 1,开启-OC1 信号输出到对应的输出引脚。 CC1 通道配置为输入: 该位决定了计数器的值是否能捕获入 TIMx_CCR1 寄存器。 0:捕获禁止;0:捕获使能

图 14.1.3   TIMx_CCER 最低 2 位描述

接下来再看看 DMA/中断使能寄存器:TIMx_DIER,该寄存器的各位描述如图 12.1.2 所示。本章需要用到中断来处理捕获数据,所以必须开启通道 1 的捕获比较中断,即 CC1IE 设置为 1。

控制寄存器:TIMx_CR1,我们只用到了它的最低位,也就是用来使能定时器。

最后再来看看捕获/比较寄存器 1:TIMx_CCR1,该寄存器用来存储捕获发生时,则可以从 TIMx_CCR1 读出通道 1 捕获发生时刻的 TIMx_CNT 值,通过 2 次捕获(一次上升沿捕获,一次下降沿捕获)的差值就可以计算出高电平脉冲的宽度。

至此,我们把本章要用的几个相关寄存器都介绍完了,本章要实现通过输入捕获来获取 TIM5_CH1(PA0)上面的高电平脉冲宽度,并从串口打印捕获结果。下面介绍输入捕获的配置步骤:

① 开启 TIM5 时钟和 GPIOA 时钟,配置 PA0 为下拉输入。

要使用 TIM5,则必须先开启 TIM5 的时钟。这里还要配置 PA0 为下拉输入,因为要捕获 TIM5_CH1 上面的高电平脉宽,而 TIM5_CH1 是连接在 PA0 上面的。代码如下:

```
RCC_APB1PeriphClockCmd(RCC_APB1Periph_TIM5,ENABLE);//使能 TIM5 时钟
RCC_APB2PeriphClockCmd(RCC_APB2Periph_GPIOA,ENABLE);  //使能 GPIOA 时钟
```

② 初始化 TIM5,设置 TIM5 的 ARR 和 PSC。

开启了 TIM5 的时钟之后,要设置 ARR 和 PSC 寄存器的值来设置输入捕获的自动重装载值和计数频率。这在库函数中是通过 TIM_TimeBaseInit 函数实现的,代码如下:

```
TIM_TimeBaseInitTypeDef   TIM_TimeBaseStructure;
TIM_TimeBaseStructure.TIM_Period = arr;                   //设定计数器自动重装值
TIM_TimeBaseStructure.TIM_Prescaler = psc;               //设置预分频值
TIM_TimeBaseStructure.TIM_ClockDivision = TIM_CKD_DIV1;   //TDTS = Tck_tim
TIM_TimeBaseStructure.TIM_CounterMode = TIM_CounterMode_Up;  //TIM 向上计数模式
TIM_TimeBaseInit(TIM5,&TIM_TimeBaseStructure);           //根据指定的参数初始化 Tim5
```

③ 设置 TIM5 的输入比较参数，开启输入捕获。

输入比较参数的设置包括映射关系、滤波、分频以及捕获方式等。这里需要设置通道 1 为输入模式，且 IC1 映射到 TI1（通道 1）上面，并且不使用滤波（提高响应速度）器，上升沿捕获。库函数是通过 TIM_ICInit 函数来初始化输入比较参数的：

```
void TIM_ICInit(TIM_TypeDef * TIMx, TIM_ICInitTypeDef * TIM_ICInitStruct);
```

同样，我们来看看参数设置结构体 TIM_ICInitTypeDef 的定义：

```
typedef struct
{
  uint16_t TIM_Channel;
  uint16_t TIM_ICPolarity;
  uint16_t TIM_ICSelection;
  uint16_t TIM_ICPrescaler;
  uint16_t TIM_ICFilter;
} TIM_ICInitTypeDef;
```

参数 TIM_Channel 用来设置通道，这里设置为通道 1，为 TIM_Channel_1。

参数 TIM_ICPolarit 用来设置输入信号的有效捕获极性，这里设置为 TIM_ICPolarity_Rising，上升沿捕获。同时库函数还提供了单独设置通道 1 捕获极性的函数为：

```
TIM_OC1PolarityConfig(TIM5,TIM_ICPolarity_Falling),
```

表示通道 1 为上升沿捕获。其他 3 个通道也有一个类似的函数，使用的时候一定要分清楚使用的是哪个通道，从而调用哪个函数，格式为 TIM_OCxPolarityConfig()。

参数 TIM_ICSelection 用来设置映射关系，我们配置 IC1 直接映射在 TI1 上，选择 TIM_ICSelection_DirectTI。

参数 TIM_ICPrescaler 用来设置输入捕获分频系数，这里不分频，所以选中 TIM_ICPSC_DIV1，还有 2、4、8 分频可选。

参数 TIM_ICFilter 设置滤波器长度，这里不使用滤波器，所以设置为 0。

配置代码是：

```
TIM_ICInitTypeDef   TIM5_ICInitStructure;
TIM5_ICInitStructure.TIM_Channel = TIM_Channel_1; //选择输入端 IC1 映射到 TI1 上
TIM5_ICInitStructure.TIM_ICPolarity = TIM_ICPolarity_Rising;//上升沿捕获
TIM5_ICInitStructure.TIM_ICSelection = TIM_ICSelection_DirectTI; //映射到 TI1 上
TIM5_ICInitStructure.TIM_ICPrescaler = TIM_ICPSC_DIV1; //配置输入分频,不分频
TIM5_ICInitStructure.TIM_ICFilter = 0x00;//IC1F = 0000 配置输入滤波器 不滤波
TIM_ICInit(TIM5, &TIM5_ICInitStructure);
```

④ 使能捕获和更新中断（设置 TIM5 的 DIER 寄存器）。

因为要捕获的是高电平信号的脉宽，所以，第一次捕获是上升沿，第二次捕获是下降沿，必须在捕获上升沿之后设置捕获边沿为下降沿。同时，如果脉宽比较长，那么定

时器就会溢出,对溢出必须做处理,否则结果就不准了。这 2 件事都在中断里面做,所以必须开启捕获中断和更新中断。

这里使用定时器的开中断函数 TIM_ITConfig 即可使能捕获和更新中断:

```
TIM_ITConfig( TIM5,TIM_IT_Update|TIM_IT_CC1,ENABLE);//允许更新中断和捕获中断
```

⑤ 设置中断分组,编写中断服务函数。

设置中断分组的方法前面多次提到这里不讲解,主要是通过函数 NVIC_Init()来完成。分组完成后,还需要在中断函数里面完成数据处理和捕获设置等关键操作,从而实现高电平脉宽统计。在中断服务函数里面,与以前的外部中断和定时器中断实验中一样,中断开始的时候要进行中断类型判断,在中断结束的时候要清除中断标志位。使用到的函数在上面的实验已经讲解过,分别为 TIM_GetITStatus()函数和 TIM_Clear-ITPendingBit()函数。

```
if(TIM_GetITStatus(TIM5,TIM_IT_Update)!= RESET){}      //判断是否为更新中断
if(TIM_GetITStatus(TIM5,TIM_IT_CC1)!= RESET){}         //判断是否发生捕获事件
TIM_ClearITPendingBit(TIM5,TIM_IT_CC1|TIM_IT_Update);  //清除中断和捕获标志位
```

⑥ 使能定时器(设置 TIM5 的 CR1 寄存器)。

最后,必须打开定时器的计数器开关,启动 TIM5 的计数器,开始输入捕获。

```
TIM_Cmd(TIM5,ENABLE);//使能定时器 5
```

通过以上 6 步设置,定时器 5 的通道 1 就可以开始输入捕获了。

14.2　硬件设计

本实验用到的硬件资源有指示灯 DS0、WK_UP 按键、串口、定时器 TIM3、定时器 TIM5。前面 4 个在之前的章节均有介绍。本节将捕获 TIM5_CH1(PA0)上的高电平脉宽,通过 WK_UP 按键输入高电平,并从串口打印高电平脉宽。同时,保留第 13 章实验配置的 PWM 输出,读者也可以通过用杜邦线连接 PB5 和 PA0,从而测量 PWM 输出的高电平脉宽。

14.3　软件设计

打开本书配套资料的输入捕获实验可以看到,我们的工程和上一个实验没有什么改动。因为输入捕获代码是直接添加在 timer.c 和 timer.h 中。同时,输入捕获相关的库函数还是在 stm32f10x_tim.c 和 stm32f10x_tim.h 文件中。

在 timer.c 里面加入如下代码:

```
//定时器 5 通道 1 输入捕获配置
TIM_ICInitTypeDef  TIM5_ICInitStructure;
void TIM5_Cap_Init(u16 arr,u16 psc)
{
```

```
GPIO_InitTypeDef GPIO_InitStructure;
TIM_TimeBaseInitTypeDef  TIM_TimeBaseStructure;
NVIC_InitTypeDef NVIC_InitStructure;
RCC_APB1PeriphClockCmd(RCC_APB1Periph_TIM5,ENABLE);//①使能 TIM5 时钟
RCC_APB2PeriphClockCmd(RCC_APB2Periph_GPIOA,ENABLE);  //①使能 GPIOA 时钟
//初始化 GPIOA.0 ①
GPIO_InitStructure.GPIO_Pin  = GPIO_Pin_0;              //PA0 设置
GPIO_InitStructure.GPIO_Mode = GPIO_Mode_IPD;          //PA0 输入
GPIO_Init(GPIOA, &GPIO_InitStructure);                 //初始化 GPIOA.0
GPIO_ResetBits(GPIOA,GPIO_Pin_0);                      //PA0 下拉
//②初始化 TIM5 参数
TIM_TimeBaseStructure.TIM_Period = arr;                 //设定计数器自动重装值
TIM_TimeBaseStructure.TIM_Prescaler = psc;          //预分频器
TIM_TimeBaseStructure.TIM_ClockDivision = TIM_CKD_DIV1;    //TDTS = Tck_tim
TIM_TimeBaseStructure.TIM_CounterMode = TIM_CounterMode_Up;  //TIM 向上计数模式
TIM_TimeBaseInit(TIM5,&TIM_TimeBaseStructure);              //初始化 TIMx
//③初始化 TIM5 输入捕获通道 1
TIM5_ICInitStructure.TIM_Channel = TIM_Channel_1;//选择输入端 IC1 映射到 TI1 上
TIM5_ICInitStructure.TIM_ICPolarity = TIM_ICPolarity_Rising;  //上升沿捕获
TIM5_ICInitStructure.TIM_ICSelection = TIM_ICSelection_DirectTI;//映射到 TI1 上
TIM5_ICInitStructure.TIM_ICPrescaler = TIM_ICPSC_DIV1;    //配置输入分频,不分频
TIM5_ICInitStructure.TIM_ICFilter = 0x00;          //IC1F = 0000 配置输入滤波器不滤波
TIM_ICInit(TIM5,&TIM5_ICInitStructure);          //初始化 TIM5 输入捕获通道 1
//⑤初始化 NVIC 中断优先级分组
NVIC_InitStructure.NVIC_IRQChannel = TIM5_IRQn;          //TIM3 中断
NVIC_InitStructure.NVIC_IRQChannelPreemptionPriority = 2;//先占优先级 2 级
NVIC_InitStructure.NVIC_IRQChannelSubPriority = 0;       //从优先级 0 级
NVIC_InitStructure.NVIC_IRQChannelCmd = ENABLE;          //IRQ 通道被使能
NVIC_Init(&NVIC_InitStructure);                          //初始化 NVIC
TIM_ITConfig(TIM5,TIM_IT_Update|TIM_IT_CC1,ENABLE);      //④允许更新中断捕获中断
TIM_Cmd(TIM5,ENABLE);                                    //⑥使能定时器 5
}
u8   TIM5CH1_CAPTURE_STA = 0;                            //输入捕获状态
u16TIM5CH1_CAPTURE_VAL;                                 //输入捕获值
//⑤定时器 5 中断服务程序
void TIM5_IRQHandler(void)
{
if((TIM5CH1_CAPTURE_STA&0X80) == 0)                      //还未成功捕获
    {
        if(TIM_GetITStatus(TIM5,TIM_IT_Update)! = RESET)
        {
            if(TIM5CH1_CAPTURE_STA&0X40)                //已经捕获到高电平了
            {
            if((TIM5CH1_CAPTURE_STA&0X3F) == 0X3F)      //高电平太长了
            {
                TIM5CH1_CAPTURE_STA| = 0X80;            //标记成功捕获了一次
                TIM5CH1_CAPTURE_VAL = 0XFFFF;
            }else TIM5CH1_CAPTURE_STA ++ ;
        }
    }
if(TIM_GetITStatus(TIM5,TIM_IT_CC1)! = RESET)           //捕获 1 发生捕获事件
```

```
    {
    if(TIM5CH1_CAPTURE_STA&0X40)                      //捕获到一个下降沿
        {
        TIM5CH1_CAPTURE_STA| = 0X80;      //标记成功捕获到一次上升沿
        TIM5CH1_CAPTURE_VAL = TIM_GetCapture1(TIM5);
        TIM_OC1PolarityConfig(TIM5,TIM_ICPolarity_Rising);//设置为上升沿捕获
        }else          //还未开始,第一次捕获上升沿
        {
        TIM5CH1_CAPTURE_STA = 0;        //清空
        TIM5CH1_CAPTURE_VAL = 0;
        TIM_SetCounter(TIM5,0);
        TIM5CH1_CAPTURE_STA| = 0X40;        //标记捕获到了上升沿
        TIM_OC1PolarityConfig(TIM5,TIM_ICPolarity_Falling);//设置为下降沿捕获
        }
      }
    }
    TIM_ClearITPendingBit(TIM5,TIM_IT_CC1|TIM_IT_Update);//清除中断标志位
}
```

此部分代码包含 2 个函数,其中,TIM5_Cap_Init 函数用于 TIM5 通道 1 的输入捕获设置,其设置和上面讲的步骤是一样的,通过标号①～⑥标注了。重点来看看第二个函数,TIM5_IRQHandler 是 TIM5 的中断服务函数,用到了 2 个全局变量来辅助实现高电平捕获。其中,TIM5CH1_CAPTURE_STA 用来记录捕获状态,类似在 usart.c 里面自行定义的 USART_RX_STA 寄存器(其实就是个变量,只是我们把它当成一个寄存器那样使用)。TIM5CH1_CAPTURE_STA 各位描述如图 14.3.1 所示。

bit7	bit6	bit5～0
捕获完成标志	捕获到高电平标志	捕获高电平后定时器溢出的次数

图 14.3.1　TIM5CH1_CAPTURE_STA 各位描述

另外一个变量 TIM5CH1_CAPTURE_VAL,则用来记录捕获到下降沿的时候 TIM5_CNT 的值。

捕获高电平脉宽的思路:首先,设置 TIM5_CH1 捕获上升沿,这在 TIM5_Cap_Init 函数执行的时候就设置好了,然后等待上升沿中断到来。当捕获到上升沿中断时,如果 TIM5CH1_CAPTURE_STA 的第 6 位为 0,则表示还没有捕获到新的上升沿,就先把 TIM5CH1_CAPTURE_STA、TIM5CH1_CAPTURE_VAL 和 TIM5→CNT 等清零,然后再设置 TIM5CH1_CAPTURE_STA 的第 6 位为 1,标记捕获到高电平。最后设置为下降沿捕获,等待下降沿到来。如果等待下降沿到来期间定时器发生了溢出,就在 TIM5CH1_CAPTURE_STA 里面对溢出次数进行计数;当最大溢出次数来到的时候,就强制标记捕获完成(虽然此时还没有捕获到下降沿)。当下降沿到来的时候,先设置 TIM5CH1_CAPTURE_STA 的第 7 位为 1,标记成功捕获一次高电平,然后读取此时的定时器值到 TIM5CH1_CAPTURE_VAL 里面,最后设置为上升沿捕获,回到初始状态。

这样就完成一次高电平捕获了,只要 TIM5CH1_CAPTURE_STA 的第 7 位一直

为 1,那么就不会进行第二次捕获。main 函数处理完捕获数据后,将 TIM5CH1_CAP-TURE_STA 置零,就可以开启第二次捕获。

这里还使用到一个函数 TIM_OC1PolarityConfig 来修改输入捕获通道 1 的极性的,如下:

```
void TIM_OC1PolarityConfig(TIM_TypeDef * TIMx, uint16_t TIM_OCPolarity)
```

要设置为上升沿捕获,则为:

```
TIM_OC1PolarityConfig(TIM5,TIM_ICPolarity_Rising); //设置为上升沿捕获
```

还有一个函数用来设置计数器寄存器值,这个同样很好理解:

```
TIM_SetCounter(TIM5,0);
```

这行代码的意思就是计数值清零。

接下来看看主程序内容如下:

```
extern u8  TIM5CH1_CAPTURE_STA;                    //输入捕获状态
extern u16TIM5CH1_CAPTURE_VAL;                     //输入捕获值
int main(void)
{
    u32 temp = 0;
    delay_init();                                  //延时函数初始化
    NVIC_PriorityGroupConfig(NVIC_PriorityGroup_2); //设置 NVIC 中断分组 2
    uart_init(115200);                             //串口初始化波特率为 115200
    LED_Init();                                    //LED 端口初始化
    TIM3_PWM_Init(899,0);              //不分频。PWM 频率 = 72000/(899 + 1) = 80 kHz
    TIM5_Cap_Init(0XFFFF,72 - 1);                  //以 1Mhz 的频率计数
    while(1)
    {
        delay_ms(10);
        TIM_SetCompare2(TIM3,TIM_GetCapture2(TIM3) + 1);
        if(TIM_GetCapture2(TIM3) = = 300)
            TIM_SetCompare2(TIM3,0);
        if(TIM5CH1_CAPTURE_STA&0X80)               //成功捕获到了一次上升沿
        {
            temp = TIM5CH1_CAPTURE_STA&0X3F;
            temp * = 65536;                        //溢出时间总和
            temp + = TIM5CH1_CAPTURE_VAL;          //得到总的高电平时间
            printf("HIGH:% d us\r\n",temp);        //打印总的高点平时间
            TIM5CH1_CAPTURE_STA = 0;               //开启下一次捕获
        }
    }
}
```

该 main 函数是在 PWM 实验的基础上修改来的,我们保留了 PWM 输出,同时通过设置 TIM5_Cap_Init(0XFFFF,72−1)将 TIM5_CH1 的捕获计数器设计为 1 μs 计数一次,并设置重装载值为最大,所以我们的捕获时间精度为 1 μs。

主函数通过 TIM5CH1_CAPTURE_STA 的第 7 位来判断有没有成功捕获到一次高电平,如果成功捕获,则将高电平时间通过串口输出到计算机。

至此,我们的软件设计就完成了。

14.4 下载验证

完成软件设计后,将编译好的文件下载到战舰 STM32 开发板上可以看到,DS0 的状态和第 13 章差不多,由暗到亮地循环,说明程序已经正常在跑了。打开串口调试助手,选择对应的串口,然后按 WK_UP 按键,可以看到串口打印的高电平持续时间,如图 14.4.1 所示。

图 14.4.1 PWM 控制 DS0 亮度

可以看出,其中有 2 次高电平在 50 μs 以内的,这种就是按键按下时发生的抖动。这就是为什么我们按键输入的时候一般都需要做防抖处理,目的是防止类似的情况干扰正常输入。还可以用杜邦线连接 PA0 和 PB5,看看第 13 章中设置的 PWM 输出的高电平是如何变化的。

第 15 章

TFTLCD 显示实验

前面几章的实验均没有涉及液晶显示,这一章将介绍 LCD 的使用。本章将介绍 ALIENTEK 2.8 寸 TFT LCD 模块,其采用 TFTLCD 面板,可以显示 16 位色的真彩图片。本章将利用战舰 STM32 开发板上的 LCD 接口来点亮 TFTLCD,并实现 ASCII 字符和彩色的显示等功能,同时在串口打印 LCD 控制器 ID,并在 LCD 上面显示。

15.1 TFTLCD & FSMC 简介

15.1.1 TFTLCD 简介

TFTLCD 即薄膜晶体管液晶显示器,英文全称为 Thin Film Transistor - Liquid Crystal Display。TFTLCD 与无源 TN - LCD、STN - LCD 的简单矩阵不同,它在液晶显示屏的每一个像素上都设置有一个薄膜晶体管(TFT),可有效地克服非选通时的串扰,使显示液晶屏的静态特性与扫描线数无关,因此大大提高了图像质量。 TFTLCD 叫真彩液晶显示器。

ALIENTEK TFTLCD 模块有如下特点:

① 2.4、2.8、3.5、4.3、7 寸这 5 种大小的屏幕可选。

② 320×240 的分辨率(3.5 寸分辨率为 320×480,4.3、7 寸分辨率为 800×480)。

③ 16 位真彩显示。

④ 自带触摸屏,可以用来作为控制输入。

本章以 2.8 寸的 ALIENTEK TFTLCD 模块为例介绍,该模块支持 65K 色显示,显示分辨率为 320×240,接口为 16 位的 80 并口,自带触摸屏。该模块的外观如图 15.1.1 所示。模块原理图如图 15.1.2 所示。 TFTLCD 模块采用 2×17 的 2.54 公排针与外部连接,接口定义如图 15.1.3 所示。

从图 15.1.3 可以看出,ALIENTEK TFTLCD 模块采用 16 位的并方式与外部连接。之所以不采用 8 位的方式,是因为彩屏的数据量比较大,尤其在显示图片的时候,如果用 8 位数据线,就会比 16 位方式慢一倍以上,我们当然希望速度越快越好,所以选择 16 位的接口。图 15.1.3 还列出了触摸屏芯片的接口,该模块的 80 并口有如下一些信号线:

图 15.1.1　ALIENTEK 2.8 寸 TFTLCD 外观

图 15.1.2　ALIENTEK 2.8 寸 TFTLCD 模块原理图

➢ CS:TFTLCD 片选信号。

➢ WR:向 TFTLCD 写入数据。

图 15.1.3　ALIENTEK 2.8 寸 TFTLCD 模块接口图

➤ RD:从 TFTLCD 读取数据。

➤ D[15∶0]:16 位双向数据线。

➤ RST:硬复位 TFTLCD。

➤ RS:命令/数据标志(0,读/写命令;1,读/写数据)。

注意,TFTLCD 模块的 RST 信号线是直接接到 STM32 的复位脚上,并不由软件控制,这样可以省下来一个 I/O 口。另外还需要一个背光控制线来控制 TFTLCD 的背光。所以,总共需要的 I/O 口数目为 21 个。注意,我们标注的 DB1～DB8、DB10～DB17 是相对于 LCD 控制 IC 标注的,实际上可以把它们就等同于 D0～D15,这样理解起来就比较简单一点。

ALIENTEK 提供 2.8、3.5、4.3、7 寸等不同尺寸的 TFTLCD 模块,其驱动芯片有很多种类型,比如 ILI9341、ILI9325、RM68042、RM68021、ILI9320、ILI9328、LGDP4531、LGDP4535、SPFD5408、SSD1289、1505、B505、C505、NT35310、NT35510 等(具体的型号可以通过下载本章实验代码,通过串口或者 LCD 显示查看),这里仅以 ILI9341 控制器为例进行介绍,其他的控制基本类似。

ILI9341 液晶控制器自带显存,其显存总大小为 172 800(240×320×18/8),即 18 位模式(26 万色)下的显存量。在 16 位模式下,ILI9341 采用 RGB565 格式存储颜色数据,此时 ILI9341 的 18 位数据线与 MCU 的 16 位数据线、LCD GRAM 的对应关系如图 15.1.4 所示。可以看出,ILI9341 在 16 位模式下面,数据线有用的是 D17～D13 和 D11～D1,D0 和 D12 没有用到,实际上在我们 LCD 模块里面,ILI9341 的 D0 和 D12 压根就没有引出来,这样,ILI9341 的 D17～D13 和 D11～D1 对应 MCU 的 D15～D0。

9341总线	D17	D16	D15	D14	D13	D12	D11	D10	D9	D8	D7	D6	D5	D4	D3	D2	D1	D0
MCU数据 (16位)	D15	D14	D13	D12	D11	NC	D10	D9	D8	D7	D6	D5	D4	D3	D2	D1	D0	NC
LCD GRAM (16位)	R[4]	R[3]	R[2]	R[1]	R[0]	NC	G[5]	G[4]	G[3]	G[2]	G[1]	G[0]	B[4]	B[3]	B[2]	B[1]	B[0]	NC

图 15.1.4　16 位数据与显存对应关系图

这样 MCU 的 16 位数据中,最低 5 位代表蓝色,中间 6 位为绿色,最高 5 位为红色。数值越大,表示该颜色越深。另外,特别注意 ILI9341 所有的指令都是 8 位的(高 8 位无效),且参数除了读/写 GRAM 的时候是 16 位,其他操作参数都是 8 位的,这个和 ILI9320 等驱动器不一样,必须加以注意。

接下来介绍 ILI9341 的几个重要命令(其他命令很多可以找到 ILI9341 的 datasheet 看看),分别是 0XD3、0X36、0X2A、0X2B、0X2C、0X2E 这 6 条指令。

首先来看指令:0XD3,这是读 ID4 指令,用于读取 LCD 控制器的 ID,如表 15.1.1 所列。可以看出,0XD3 指令后面跟了 4 个参数,最后 2 个参数读出来是 0X93 和 0X41,刚好是控制器 ILI9341 的数字部分。通过该指令即可判别出所用 LCD 驱动器是什么型号,这样,我们的代码就可以根据控制器的型号去执行对应驱动 IC 的初始化代码,从而兼容不同驱动 IC 的屏,使得一个代码支持多款 LCD。

表 15.1.1　0XD3 指令描述

顺　序	控　制			各位描述									HEX
	RS	RD	WR	D15~D8	D7	D6	D5	D4	D3	D2	D1	D0	
指令	0	1	↑	XX	1	1	0	1	0	0	1	1	D3H
参数 1	1	↑	1	XX	X	X	X	X	X	X	X	X	X
参数 2	1	↑	1	XX	0	0	0	0	0	0	0	0	00H
参数 3	1	↑	1	XX	1	0	0	1	0	0	1	1	93H
参数 4	1	↑	1	XX	0	1	0	0	0	0	0	1	41H

接下来看指令:0X36,这是存储访问控制指令,可以控制 ILI9341 存储器的读/写方向,简单说,就是在连续写 GRAM 的时候,可以控制 GRAM 指针的增长方向,从而控制显示方式(读 GRAM 也是一样)。该指令如表 15.1.2 所列。可以看出,0X36 指令后面紧跟一个参数,这里主要关注 MY、MX、MV 这 3 个位。通过这 3 个位的设置,我们可以控制整个 ILI9341 的全部扫描方向,如表 15.1.3 所列。

表 15.1.2　0X36 指令描述

顺　序	控　制			各位描述									HEX
	RS	RD	WR	D15~D8	D7	D6	D5	D4	D3	D2	D1	D0	
指令	0	1	↑	XX	0	0	1	1	0	1	1	0	36H
参数	1	1	↑	XX	MY	MX	MV	ML	BGR	MH	0	0	

这样,在利用 ILI9341 显示内容的时候就有很大灵活性了,比如显示 BMP 图片、BMP 解码数据,就是从图片的左下角开始,慢慢显示到右上角。如果设置 LCD 扫描方向为从左到右、从下到上,那么只需要设置一次坐标,然后就不停地往 LCD 填充颜色数据即可,这样可以大大提高显示速度。

表 15.1.3　MY、MX、MV 设置与 LCD 扫描方向关系表

控制位			效果
MY	MX	MV	LCD 扫描方向（GRAM 自增方式）
0	0	0	从左到右,从上到下
1	0	0	从左到右,从下到上
0	1	0	从右到左,从上到下
1	1	0	从右到左,从下到上
0	0	1	从上到下,从左到右
0	1	1	从上到下,从右到左
1	0	1	从下到上,从左到右
1	1	1	从下到上,从右到左

接下来看指令:0X2A,这是列地址设置指令,在从左到右、从上到下的扫描方式(默认)下面,用于设置横坐标(x 坐标),如表 15.1.4 所列。

表 15.1.4　0X2A 指令描述

顺　序	控　制			各位描述									HEX
	RS	RD	WR	D15~D8	D7	D6	D5	D4	D3	D2	D1	D0	
指令	0	1	↑	XX	0	0	1	0	1	0	1	0	2AH
参数 1	1	1	↑	XX	SC15	SC14	SC13	SC12	SC11	SC10	SC9	SC8	SC
参数 2	1	1	↑	XX	SC7	SC6	SC5	SC4	SC3	SC2	SC1	SC0	
参数 3	1	1	↑	XX	EC15	EC14	EC13	EC12	EC11	EC10	EC9	EC8	EC
参数 4	1	1	↑	XX	EC7	EC6	EC5	EC4	EC3	EC2	EC1	EC0	

在默认扫描方式时,该指令用于设置 x 坐标。该指令带有 4 个参数,实际上是 2 个坐标值:SC 和 EC,即列地址的起始值和结束值,SC 必须小于等于 EC,且 0≤SC/EC≤239。一般在设置 x 坐标的时候,只需要带 2 个参数即可,也就是设置 SC 即可,因为如果 EC 没有变化,我们只需要设置一次即可(在初始化 ILI9341 的时候设置),从而提高速度。

与 0X2A 指令类似,指令 0X2B 是页地址设置指令,在从左到右、从上到下的扫描方式(默认)下面,用于设置纵坐标(y 坐标),如表 15.1.5 所列。

在默认扫描方式时,该指令用于设置 y 坐标。该指令带有 4 个参数,实际上是 2 个坐标值 SP 和 EP,即页地址的起始值和结束值,SP 必须小于等于 EP,且 0≤SP/EP≤319。一般在设置 y 坐标的时候,我们只需要带 2 个参数即可,也就是设置 SP 即可,因为如果 EP 没有变化,我们只需要设置一次即可(在初始化 ILI9341 的时候设置),从而提高速度。

表 15.1.5　0X2B 指令描述

顺　序	控　制			各位描述									HEX
	RS	RD	WR	D15～D8	D7	D6	D5	D4	D3	D2	D1	D0	
指令	0	1	↑	XX	0	0	1	0	1	0	1	0	2BH
参数 1	1	1	↑	XX	SP15	SP14	SP13	SP12	SP11	SP10	SP9	SP8	SP
参数 2	1	1	↑	XX	SP7	SP6	SP5	SP4	SP3	SP2	SP1	SP0	
参数 3	1	1	↑	XX	EP15	EP14	EP13	EP12	EP11	EP10	EP9	EP8	EP
参数 4	1	1	↑	XX	EP7	EP6	EP5	EP4	EP3	EP2	EP1	EP0	

　　接下来看指令:0X2C,该指令是写 GRAM 指令。在发送该指令之后,我们便可以往 LCD 的 GRAM 里面写入颜色数据了,该指令支持连续写,指令描述如表 15.1.6 所列。可知,在收到指令 0X2C 之后,数据有效位宽变为 16 位,可以连续写入 LCD GRAM 值,而 GRAM 的地址将根据 MY/MX/MV 设置的扫描方向进行自增。例如,假设设置的是从左到右、从上到下的扫描方式,那么设置好起始坐标(通过 SC,SP 设置)后,每写入一个颜色值,GRAM 地址将会自动自增 1(SC++)。如果碰到 EC,则回到 SC,同时 SP++,一直到坐标:EC,EP 结束,其间无需再次设置的坐标,从而大大提高写入速度。

表 15.1.6　0X2C 指令描述

顺　序	控　制			各位描述									HEX
	RS	RD	WR	D15～D8	D7	D6	D5	D4	D3	D2	D1	D0	
指令	0	1	↑	XX	0	0	1	0	1	1	0	0	2CH
参数 1	1	1	↑	D1[15∶0]									XX
……	1	1	↑	D2[15∶0]									XX
参数 n	1	1	↑	Dn[15∶0]									XX

　　最后,来看看指令 0X2E,该指令是读 GRAM 指令,用于读取 ILI9341 的显存 (GRAM)。该指令在 ILI9341 的数据手册上面的描述是有误的,真实的输出情况如表 15.1.7 所列。

　　该指令用于读取 GRAM,ILI9341 在收到该指令后,第一次输出的是 dummy 数据,也就是无效的数据,第二次开始,读取到的才是有效的 GRAM 数据(从坐标:SC,SP 开始),输出规律为:每个颜色分量占 8 个位,一次输出 2 个颜色分量。比如,第一次输出是 R1G1,随后的规律为:B1R2→G2B2→R3G3→B3R4→G4B4→R5G5……依此类推。如果只需要读取一个点的颜色值,那么只需要接收到参数 3 即可;如果要连续读取(利用 GRAM 地址自增,方法同上),那么就按照上述规律去接收颜色数据。

　　以上就是操作 ILI9341 常用的几个指令,通过这几个指令便可以很好地控制 ILI9341 显示我们所要显示的内容了。

表 15.1.7　0X2E 指令描述

顺序	控制			各位描述												HEX
	RS	RD	WR	D15～D11	D10	D9	D8	D7	D6	D5	D4	D3	D2	D1	D0	
指令	0	1	↑	XX				0	0	1	0	1	1	1	0	2EH
参数 1	1	↑	1	XX												dummy
参数 2	1	↑	1	R1[4:0]		XX		G1[5:0]						XX		R1G1
参数 3	1	↑	1	B1[4:0]		XX		R2[4:0]						XX		B1R2
参数 4	1	↑	1	G2[5:0]			XX	B2[4:0]						XX		G2B2
参数 5	1	↑	1	R3[4:0]		XX		G3[5:0]						XX		R3G3
参数 N	1	↑	1	按以上规律输出												

一般 TFTLCD 模块的使用流程如图 15.1.5 所示。任何 LCD,使用流程都可以简单地用以上流程图表示。其中,硬复位和初始化序列只需要执行一次即可。而画点流程就是:设置坐标→写 GRAM 指令→写入颜色数据,然后在 LCD 上面就可以看到对应的点显示我们写入的颜色了。读点流程为:设置坐标→读 GRAM 指令→读取颜色数据,这样就可以获取到对应点的颜色数据了。

以上只是最简单的操作,也是最常用的操作,有了这些操作,一般就可以正常使用 TFTLCD 了。接下来将用该模块(2.8 寸屏模块)显示字符和数字,相关设置步骤如下:

① 设置 STM32F1 与 TFTLCD 模块相连接的 I/O。

这一步先将与 TFTLCD 模块相连的 I/O 口进行初始化,以便驱动 LCD。这里用到的是 FSMC。

② 初始化 TFTLCD 模块。

图 15.1.5　TFTLCD 使用流程

即图 15.1.5 的初始化序列,这里没有硬复位 LCD,因为战舰 STM32F103 的 LCD 接口将 TFTLCD 的 RST 同 STM32F1 的 RESET 连接在一起了,只要按下开发板的 RESET 键,就会对 LCD 进行硬复位。初始化序列就是向 LCD 控制器写入一系列的设置值(比如伽马校准),这些初始化序列一般由 LCD 供应商提供给客户,我们直接使用这些序列即可,不需要深入研究。初始化之后,LCD 才可以正常使用。

③ 通过函数将字符和数字显示到 TFTLCD 模块上。

这一步则通过图 15.1.5 左侧的流程,即设置坐标→写 GRAM 指令→写 GRAM 来实现,但是这个步骤只是一个点的处理,要显示字符/数字就必须多次使用这个步骤,从而达到显示字符/数字的目的,所以需要设计一个函数来实现数字/字符的显示,之后调用该函数就可以实现数字/字符的显示了。

15.1.2　FSMC 简介

大容量且引脚数在 100 脚以上的 STM32F103 芯片都带有 FSMC 接口,ALIEN-TEK 战舰 STM32 开发板的主芯片为 STM32F103ZET6,是带有 FSMC 接口的。FSMC,即灵活的静态存储控制器,能够与同步或异步存储器和 16 位 PC 存储器卡连接,STM32 的 FSMC 接口支持包括 SRAM、NAND Flash、NOR Flash 和 PSRAM 等存储器。FSMC 的框图如图 15.1.6 所示。

图 15.1.6　FSMC 框图

可以看出,STM32 的 FSMC 将外部设备分为 3 类:NOR/PSRAM 设备、NAND 设备、PC 卡设备。它们共用地址数据总线等信号,具有不同的 CS 以区分不同的设备,比如本章用到的 TFTLCD 就是用的 FSMC_NE4 做片选,其实就是将 TFTLCD 当成 SRAM 来控制。

这里介绍下为什么可以把 TFTLCD 当成 SRAM 设备用:首先了解下外部 SRAM 的连接,外部 SRAM 的控制一般有地址线(如 A0～A18)、数据线(如 D0～D15)、写信号(WE)、读信号(OE)、片选信号(CS);如果 SRAM 支持字节控制,那么还有 UB/LB 信号。而 TFTLCD 的信号包括 RS,D0～D15、WR、RD、CS、RST 和 BL 等,其中真正在操作 LCD 的时候需要用到的就只有 RS、D0～D15、WR、RD 和 CS。其操作时序和 SRAM 的控制完全类似,唯一不同就是 TFTLCD 有 RS 信号,但是没有地址信号。

TFTLCD 通过 RS 信号来决定传送的数据是数据还是命令,本质上可以理解为一个地址信号,比如把 RS 接在 A0 上面,那么当 FSMC 控制器写地址 0 的时候,会使得 A0 变为 0,对 TFTLCD 来说就是写命令。而 FSMC 写地址 1 的时候,A0 将会变为 1,对 TFTLCD 来说,就是写数据了。这样,就把数据和命令区分开了,它们其实就是对应 SRAM 操作的 2 个连续地址。当然 RS 也可以接在其他地址线上,战舰 STM32 开发板是把 RS 连接在 A10 上面的。

STM32 的 FSMC 支持 8/16/32 位数据宽度,这里用到的 LCD 是 16 位宽度的,所以在设置的时候,选择 16 位宽就可以了。再来看看 FSMC 的外部设备地址映像,STM32 的 FSMC 将外部存储器划分为固定大小为 256 MB 的 4 个存储块,如图 15.1.7 所示。可以看出,FSMC 总共管理 1 GB 空间,拥有 4 个存储块(Bank),本章用到的是块 1,所以本章仅讨论块 1 的相关配置,其他块的配置可参考《STM32 参考手册》第 19 章(324 页)的相关介绍。

图 15.1.7　FSMC 存储块地址映像

STM32 的 FSMC 存储块 1(Bank1)分为 4 个区,每个区管理 64 MB 空间,每个区都有独立的寄存器对所连接的存储器进行配置。Bank1 的 256 MB 空间由 28 根地址线(HADDR[27:0])寻址。

这里 HADDR 是内部 AHB 地址总线,其中,HADDR[25:0]来自外部存储器地址 FSMC_A[25:0],而 HADDR[26:27]对 4 个区进行寻址,如表 15.1.8 所列。表中要特别注意 HADDR[25:0]的对应关系:

> 当 Bank1 接的是 16 位宽度存储器时,HADDR[25:1]→FSMC_A[24:0]。
> 当 Bank1 接的是 8 位宽度存储器时,HADDR[25:0]→FSMC_A[25:0]。

表 15.1.8　Bank1 存储区选择表

Bank1 所选区	片选信号	地址范围	HADDR	
			[27：26]	[25：0]
第 1 区	FSMC_NE1	0X6000 0000～63FF FFFF	00	
第 2 区	FSMC_NE2	0X6400 0000～67FF FFFF	01	FSMC_A[25：0]
第 3 区	FSMC_NE3	0X6800 0000～6BFF FFFF	10	
第 4 区	FSMC_NE4	0X6C00 0000～6FFF FFFF	11	

不论外部接 8 位/16 位宽设备,FSMC_A[0]永远接在外部设备地址 A[0]。这里,TFTLCD 使用的是 16 位数据宽度,所以 HADDR[0]并没有用到,只有 HADDR[25：1]是有效的,对应关系变为 HADDR[25：1]→FSMC_A[24：0],相当于右移了一位。另外,HADDR[27：26]的设置是不需要我们干预的。比如,当选择使用 Bank1 的第三个区,也就是使用 FSMC_NE3 来连接外部设备的时候,对应了 HADDR[27：26]=10,我们要做的就只是配置对应第三区的寄存器组来适应外部设备即可。STM32 的 FSMC 各 Bank 配置寄存器如表 15.1.9 所列。

表 15.1.9　FSMC 各 Bank 配置寄存器表

内部控制器	存储块	管理的地址范围	支持的设备类型	配置寄存器
NOR Flash 控制器	Bank1	0X6000 0000～ 0X6FFF FFFF	SRAM/ROM NOR Flash PSRAM	FSMC_BCR1/2/3/4 FSMC_BTR1/2/2/3 FSMC_BWTR1/2/3/4
NAND Flash /PC CARD 控制器	Bank2	0X7000 0000～ 0X7FFF FFFF	NAND Flash	FSMC_PCR2/3/4 FSMC_SR2/3/4 FSMC_PMEM2/3/4 FSMC_PATT2/3/4 FSMC_PIO4
	Bank3	0X8000 0000～ 0X8FFF FFFF		
	Bank4	0X9000 0000～ 0X9FFF FFFF	PC Card	

NOR Flash 控制器主要通过 FSMC_BCRx、FSMC_BTRx 和 FSMC_BWTRx 寄存器设置(其中 x=1～4,对应 4 个区)。通过这 3 个寄存器可以设置 FSMC 访问外部存储器的时序参数,拓宽了可选用的外部存储器的速度范围。FSMC 的 NOR Flash 控制器支持同步和异步突发 2 种访问方式。选用同步突发访问方式时,FSMC 将 HCLK(系统时钟)分频后,发送给外部存储器作为同步时钟信号 FSMC_CLK,此时需要的设置的时间参数有 2 个:

① HCLK 与 FSMC_CLK 的分频系数(CLKDIV),可以为 2～16 分频;

② 同步突发访问中获得第一个数据所需要的等待延迟(DATLAT)。

对于异步突发访问方式,FSMC 主要设置 3 个时间参数:地址建立时间(ADDSET)、数据建立时间(DATAST)和地址保持时间(ADDHLD)。FSMC 综合了

SRAM/ROM、PSRAM 和 NOR Flash 产品的信号特点,定义了 4 种不同的异步时序模型。选用不同的时序模型时,需要设置不同的时序参数,如表 15.1.10 所列。

表 15.1.10　NOR Flash 控制器支持的时序模型

时序模型		简单描述	时间参数
异步	Mode1	SRAM/CRAM 时序	DATAST、ADDSET
	ModeA	SRAM/CRAM OE 选通型时序	DATAST、ADDSET
	Mode2/B	NOR Flash 时序	DATAST、ADDSET
	ModeC	NOR Flash OE 选通型时序	DATAST、ADDSET
	ModeD	延长地址保持时间的异步时序	DATAST、ADDSET、ADDHLK
同步突发		根据同步时钟 FSMC_CK 读取多个顺序单元的数据	CLKDIV、DATLAT

实际扩展时,根据选用存储器的特征确定时序模型,从而确定各时间参数与存储器读/写周期参数指标之间的计算关系;利用该计算关系和存储芯片数据手册中给定的参数指标,可计算出 FSMC 所需要的各时间参数,从而对时间参数寄存器进行合理配置。

本章使用异步模式 A(ModeA)方式来控制 TFTLCD,模式 A 的读操作时序如图 15.1.8 所示。

图 15.1.8　模式 A 读操作时序图

模式 A 支持独立的读/写时序控制,这个对驱动 TFTLCD 来说非常有用。因为 TFTLCD 在读的时候一般比较慢,而在写的时候可以比较快,如果读/写用一样的时序,那么只能以读的时序为基准,从而导致写的速度变慢,或者在读数据的时候重新配置 FSMC 的延时,在读操作完成的时候再配置回写的时序,这样虽然也不会降低写的速度,但是频繁配置比较麻烦。而如果有独立的读/写时序控制,那么只要初始化的时候配置好,之后就不用再配置,既可以满足速度要求,又不需要频繁改配置。

模式 A 的写操作时序如图 15.1.9 所示。

图 15.1.9　模式 A 写操作时序

从模式 A 的读/写时序图可以看出,读操作还存在额外的 2 个 HCLK 周期,用于数据存储,所以同样的配置读操作一般比写操作会慢一点。图 15.1.8 和图 15.1.9 中的 ADDSET 与 DATAST 是通过不同的寄存器设置的,接下来讲解 Bank1 的几个控制寄存器。

首先介绍 SRAM/NOR 闪存片选控制寄存器:FSMC_BCRx(x=1~4),该寄存器各位描述如图 15.1.10 所示。

31 30 29 28 27 26 25 24 23 22 21 20	19	18 17 16	15	14	13	12	11	10	9	8	7	6 5 4	3 2	1	0
保留	CBURSTRW	保留	EXTMOD	WAITEN	WREN	AWITCFG	WRAPOD	WAITPOL	BURSTEN	保留	FACCEN	MWID	MTYP	AUXEN	MBKEN
res	rw	res	rw	rw	rw	rw	rw	rw	rw	res	rw	rw	rw	rw	rw

图 15.1.10　FSMC_BCRx 寄存器各位描述

该寄存器在本章用到的设置有 EXTMOD、WREN、MWID、MTYP 和 MBKEN。

EXTMOD:扩展模式使能位,也就是是否允许读/写不同的时序,很明显,本章需要读/写不同的时序,故该位需要设置为 1。

WREN:写使能位。我们需要向 TFTLCD 写数据,故该位必须设置为 1。

MWID[1：0]:存储器数据总线宽度。00 表示 8 位数据模式,01 表示 16 位数据模式,10 和 11 保留。TFTLCD 是 16 位数据线,所以设置 WMID[1∶0]=01。

MTYP[1∶0]:存储器类型。00 表示 SRAM、ROM;01 表示 PSRAM;10 表示
NOR FLASH;11 保留。前面提到,我们把 TFTLCD 当成 SRAM 用,所以需要设置
MTYP[1∶0]=00。

MBKEN:存储块使能位。这个容易理解,我们需要用到该存储块控制 TFTLCD,
当然要使能这个存储块了。

接下来看看 SRAM/NOR 闪存片选时序寄存器:FSMC_BTRx(x=1~4),该寄存
器各位描述如图 15.1.11 所示。

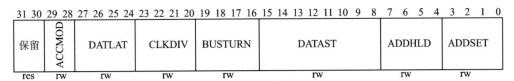

图 15.1.11　FSMC_BTRx 寄存器各位描述

这个寄存器包含了每个存储器块的控制信息,可以用于 SRAM、ROM 和 NOR
闪存存储器。如果 FSMC_BCRx 寄存器中设置了 EXTMOD 位,则有 2 个时序寄存
器分别对应读(本寄存器)和写操作(FSMC_BWTRx 寄存器)。因为要求读/写分开
时序控制,所以 EXTMOD 是使能了的,也就是本寄存器是读操作时序寄存器,用来
控制读操作的相关时序。本章要用到的设置有 ACCMOD、DATAST 和 ADDSET 这
3 个设置。

ACCMOD[1∶0]:访问模式。00 表示访问模式 A;01 表示访问模式 B;10 表示访
问模式 C;11 表示访问模式 D。本章用到模式 A,故设置为 00。

DATAST[7∶0]:数据保持时间。0 为保留设置,其他设置则代表保持时间为
DATAST 个 HCLK 时钟周期,最大为 255 个 HCLK 周期。对 ILI9341 来说,其实就是 RD
低电平持续时间,一般为 355 ns。而一个 HCLK 时钟周期为 13.8 ns 左右(1/72 MHz),为
了兼容其他屏,这里设置 DATAST 为 15,也就是 16 个 HCLK 周期,时间大约是
234 ns(未计算数据存储的 2 个 HCLK 时间,对 9341 来说超频了,但是实际上是可以
正常使用的)。

ADDSET[3∶0]:地址建立时间。其建立时间为:ADDSET 个 HCLK 周期,最大
为 15 个 HCLK 周期。对 ILI9341 来说,这里相当于 RD 高电平持续时间,为 90 ns。本
来这里应该设置和 DATAST 一样,但是由于 STM32F103FSMC 的性能问题,就算设
置 ADDSET 为 0,RD 的高电平持续时间也达到了 190 ns 以上,所以这里可以设置
ADDSET 为较小的值。本章设置 ADDSET 为 1,即 2 个 HCLK 周期,实际 RD 高电平
大于 200 ns。

最后再来看看 SRAM/NOR 闪写时序寄存器:FSMC_BWTRx(x=1~4),该寄存
器各位描述如图 15.1.12 所示。

图 15.1.12　FSMC_BWTRx 寄存器各位描述

该寄存器在本章用作写操作时序控制寄存器,需要用到的设置同样是 ACCMOD、DATAST 和 ADDSET 这 3 个设置。这 3 个设置的方法同 FSMC_BTRx 一模一样,只是这里对应的是写操作的时序。ACCMOD 设置同 FSMC_BTRx 一模一样,同样是选择模式 A,另外 DATAST 和 ADDSET 则对应低电平和高电平持续时间,对 ILI9341 来说,这 2 个时间只需要 15 ns 就够了,比读操作快得多。所以这里设置 DATAST 为 3,即 4 个 HCLK 周期,时间约为 55 ns(因为 9320 等控制器这个时间要求比较长,要50 ns)。然后 ADDSET(也存在性能问题)设置为 0,即一个 HCLK 周期,实际 WR 高电平时间大于 100 ns。

至此,我们对 STM32 的 FSMC 介绍就差不多了,就可以开始写 LCD 的驱动代码了。注意,MDK 的寄存器定义里面并没有定义 FSMC_BCRx、FSMC_BTRx、FSMC_BWTRx 等单独的寄存器,而是将它们进行了一些组合。FSMC_BCRx 和 FSMC_BTRx 组合成 BTCR[8]寄存器组,对应关系如下:

➤ BTCR[0]对应 FSMC_BCR1,BTCR[1]对应 FSMC_BTR1;
➤ BTCR[2]对应 FSMC_BCR2,BTCR[3]对应 FSMC_BTR2;
➤ BTCR[4]对应 FSMC_BCR3,BTCR[5]对应 FSMC_BTR3;
➤ BTCR[6]对应 FSMC_BCR4,BTCR[7]对应 FSMC_BTR4。

FSMC_BWTRx 则组合成 BWTR[7],对应关系如下:

➤ BWTR[0]对应 FSMC_BWTR1,BWTR[2]对应 FSMC_BWTR2;
➤ BWTR[4]对应 FSMC_BWTR3,BWTR[6]对应 FSMC_BWTR4;
➤ BWTR[1]、BWTR[3]和 BWTR[5]保留,没有用到。

下面来讲解一下 FSMC 相关的库函数:

1. FSMC 初始化函数

根据前面的讲解,初始化 FSMC 主要是初始化 3 个寄存器 FSMC_BCRx、FSMC_BTRx、FSMC_BWTRx,那么在固件库中是怎么初始化这 3 个参数的呢?固件库提供了 3 个 FSMC 初始化函数分别为:

```
FSMC_NORSRAMInit();
FSMC_NANDInit();
FSMC_PCCARDInit();
```

这 3 个函数分别用来初始化 4 种类型存储器。这里根据名字就很好判断对应关系。使用同一个函数 FSMC_NORSRAMInit()来初始化 NOR 和 SRAM,所以之后使用的 FSMC 初始化函数为 FSMC_NORSRAMInit()。下面看看函数定义:

```
void FSMC_NORSRAMInit(FSMC_NORSRAMInitTypeDef * FSMC_NORSRAMInitStruct);
```

这个函数只有一个入口参数,也就是 FSMC_NORSRAMInitTypeDef 类型指针变量,这个结构体的成员变量非常多,因为 FSMC 相关的配置项非常多。

```
typedef struct
{
    uint32_t FSMC_Bank;
    uint32_t FSMC_DataAddressMux;
    uint32_t FSMC_MemoryType;
    uint32_t FSMC_MemoryDataWidth;
    uint32_t FSMC_BurstAccessMode;
    uint32_t FSMC_AsynchronousWait;
    uint32_t FSMC_WaitSignalPolarity;
    uint32_t FSMC_WrapMode;
    uint32_t FSMC_WaitSignalActive;
    uint32_t FSMC_WriteOperation;
    uint32_t FSMC_WaitSignal;
    uint32_t FSMC_ExtendedMode;
    uint32_t FSMC_WriteBurst;
    FSMC_NORSRAMTimingInitTypeDef * FSMC_ReadWriteTimingStruct;
    FSMC_NORSRAMTimingInitTypeDef * FSMC_WriteTimingStruct;
}FSMC_NORSRAMInitTypeDef;
```

从这个结构体我们可以看出,前面有 13 个基本类型(unit32_t)的成员变量,用来配置片选控制寄存器 FSMC_BCRx。最后面还有 2 个 SMC_NORSRAMTimingInitTypeDef 指针类型的成员变量。前面讲到,FSMC 有读时序和写时序之分,所以这里就是用来设置读时序和写时序的参数了,也就是说,这 2 个参数用来配置寄存器 FSMC_BTRx 和 FSMC_BWTRx。下面主要来看看模式 A 下的相关配置参数:

> 参数 FSMC_Bank 用来设置使用到的存储块标号和区号,前面讲过,我们是使用的存储块 1 区号 4,所以选择值为 FSMC_Bank1_NORSRAM4。

> 参数 FSMC_MemoryType 用来设置存储器类型,这里是 SRAM,所以选择值为 FSMC_MemoryType_SRAM。

> 参数 FSMC_MemoryDataWidth 用来设置数据宽度,可选 8 位还是 16 位,这里是 16 位数据宽度,所以选择值为 FSMC_MemoryDataWidth_16b。

> 参数 FSMC_WriteOperation 用来设置写使能,毫无疑问,前面讲解过我们要向 TFT 写数据,所以要写使能,这里选择 FSMC_WriteOperation_Enable。

> 参数 FSMC_ExtendedMode 是设置扩展模式使能位,也就是是否允许读/写不同的时序,这里采取的读/写不同时序,所以设置值为 FSMC_ExtendedMode_Enable。

上面的这些参数是与模式 A 相关的,下面也稍微了解一下其他几个参数的意义:

> 参数 FSMC_DataAddressMux 用来设置地址/数据复用使能,若设置为使能,那么地址的低 16 位和数据将共用数据总线,仅对 NOR 和 PSRAM 有效,所以设置为默认值不复用,值 FSMC_DataAddressMux_Disable。

> 参数 FSMC_BurstAccessMode、FSMC_AsynchronousWait、FSMC_WaitSignal-Polarity、FSMC_WaitSignalActive、FSMC_WrapMode、FSMC_WaitSignal、

FSMC_WriteBurst 和 FSMC_WaitSignal 在成组模式同步模式才需要设置。

接下来看看设置读/写时序参数的 2 个变量 FSMC_ReadWriteTimingStruct 和 FSMC_WriteTimingStruct,它们都是 FSMC_NORSRAMTimingInitTypeDef 结构体指针类型,这 2 个参数在初始化的时候分别用来初始化片选控制寄存器 FSMC_BTRx 和写操作时序控制寄存器 FSMC_BWTRx。下面看看 FSMC_NORSRAMTimingInit-TypeDef 类型的定义:

```
typedef struct
{
    uint32_t FSMC_AddressSetupTime;
    uint32_t FSMC_AddressHoldTime;
    uint32_t FSMC_DataSetupTime;
    uint32_t FSMC_BusTurnAroundDuration;
    uint32_t FSMC_CLKDivision;
    uint32_t FSMC_DataLatency;
    uint32_t FSMC_AccessMode;
}FSMC_NORSRAMTimingInitTypeDef;
```

这个结构体有 7 个参数,用来设置 FSMC 读/写时序。其实这些参数的意思在讲解 FSMC 的时序的时候有提到,主要是设计地址建立保持时间、数据建立时间等配置,而我们的实验中读/写时序不一样,读/写速度要求不一样,所以对于参数 FSMC_Data-SetupTime 设置了不同的值。

2. FSMC 使能函数

FSMC 对不同的存储器类型同样提供了不同的使能函数:

```
void FSMC_NORSRAMCmd(uint32_t FSMC_Bank, FunctionalState NewState);
void FSMC_NANDCmd(uint32_t FSMC_Bank, FunctionalState NewState);
void FSMC_PCCARDCmd(FunctionalState NewState);
```

这个比较好理解,这里不讲解,我们是 SRAM 所以使用的第一个函数。

15.2 硬件设计

本实验用到的硬件资源有指示灯 DS0、TFTLCD 模块。TFTLCD 模块的电路如图 15.1.2 所示,这里介绍 TFTLCD 模块与 ALIETEK 战舰 STM32 开发板的连接。战舰 STM32 开发板底板的 LCD 接口和开发板底板的 OLED/CAMERA 接口(P6 接口)直接可以对插,连接关系如图 15.2.1 所示。图中圈出来的部分就是连接 TFTLCD 模块的接口,液晶模块直接插上去即可。

在硬件上,TFTLCD 模块与战舰 STM32F103 的 I/O 口对应关系如下:LCD_BL (背光控制)对应 PB0,LCD_CS 对应 PG12 即 FSMC_NE4,LCD_RS 对应 PG0 即 FSMC_A10,LCD_WR 对应 PD5 即 FSMC_NWE,LCD_RD 对应 PD4 即 FSMC_NOE,LCD_D[15:0]则直接连接在 FSMC_D15～FSMC_D0。战舰 STM32 开发板的内部已经将这些线连接好了,只需要将 TFTLCD 模块插上去就好了。实物连接(4.3 寸 TFTLCD 模块)如图 15.2.2 所示。

图 15.2.1　TFTLCD 与开发板连接示意图

图 15.2.2　TFTLCD 与开发板连接实物图

15.3　软件设计

打开本书配套资料的 TFTLCD 显示实验工程,可以看到我们添加了 2 个文件 lcd.c 和头文件 lcd.h。同时,FSMC 相关的库函数分布在 stm32f10x_fsmc.c 文件和头文件 stm32f10x_fsmc.h 中。

Lcd.c 里面代码比较多,这里就不贴出来了,只介绍几个重要的函数。完整版的代码见本书配套资料"4,程序源码→标准例程-V3.5库函数版本→实验13 TFTLCD 显示实验的 lcd.c 文件"。

本实验用到 FSMC 驱动 LCD,通过前面的介绍我们知道,TFTLCD 的 RS 接在 FSMC 的 A10 上面,CS 接在 FSMC_NE4 上,并且是 16 位数据总线。即使用的是 FSMC 存储器 1 的第四区,定义如下 LCD 操作结构体(在 lcd.h 里面定义):

```
//LCD 操作结构体
typedef struct
{  vu16 LCD_REG;
        vu16 LCD_RAM;
} LCD_TypeDef;
//使用 NOR/SRAM 的 Bank1.sector4,地址位 HADDR[27,26]=11 A10 作为数据命令区分线
//注意 16 位数据总线时,STM32 内部地址会右移一位对齐
#define LCD_BASE        ((u32)(0x6C000000 | 0x000007FE))
#define LCD            ((LCD_TypeDef * )LCD_BASE)
```

其中,LCD_BASE 必须根据外部电路的连接来确定,使用 Bank1.sector4 就是从地址 0X6C000000 开始,而 0X000007FE 则是 A10 的偏移量。将这个地址强制转换为 LCD_TypeDef 结构体地址,那么可以得到 LCD→LCD_REG 的地址就是 0X6C00 07FE,对应 A10 的状态为 0(即 RS=0),而 LCD→LCD_RAM 的地址就是 0X6C00 0800(结构体地址自增),对应 A10 的状态为 1(即 RS=1)。

所以,有了这个定义,要往 LCD 写命令/数据的时候,可以这样写:

```
LCD->LCD_REG = CMD;        //写命令
LCD->LCD_RAM = DATA;        //写数据
```

而读的时候反过来操作就可以了,如下所示:

```
CMD = LCD->LCD_REG;    //读 LCD 寄存器
DATA = LCD->LCD_RAM;//读 LCD 数据
```

其中,CS、WR、RD 和 I/O 口方向都是由 FSMC 控制,不需要手动设置了。接下来,先介绍一下 lcd.h 里面的另一个重要结构体:

```
//LCD 重要参数集
typedef struct
{
    u16 width;        //LCD 宽度
    u16 height;        //LCD 高度
    u16 id;        //LCD ID
    u8  dir;        //横屏还是竖屏控制:0,竖屏;1,横屏
    u16 wramcmd;        //开始写 gram 指令
    u16 setxcmd;        //设置 x 坐标指令
    u16 setycmd;        //设置 y 坐标指令
}_lcd_dev;
//LCD 参数
extern _lcd_dev lcddev;    //管理 LCD 重要参数
```

该结构体用于保存一些 LCD 重要参数信息,比如 LCD 的长宽、LCD ID(驱动 IC 型号)、LCD 横竖屏状态等,这个结构体虽然占用了 10 个字节的内存,但是却可以让驱动函数支持不同尺寸的 LCD,同时可以实现 LCD 横竖屏切换等重要功能,所以还是利

大于弊的。有了以上了解,下面开始介绍 lcd.c 里面的一些重要函数。

先看 7 个简单但是很重要的函数:

```
//写寄存器函数
//regval:寄存器值
    void LCD_WR_REG(u16 regval)
{
LCD - >LCD_REG = regval;//写入要写的寄存器序号
}
//写 LCD 数据
//data:要写入的值
void LCD_WR_DATA(u16 data)
{
    LCD - >LCD_RAM = data;
}
//读 LCD 数据
//返回值:读到的值
u16 LCD_RD_DATA(void)
{
    vu16 ram;            //防止被优化
    ram = LCD - >LCD_RAM;
    return ram;
}
//写寄存器
//LCD_Reg:寄存器地址
//LCD_RegValue:要写入的数据
void LCD_WriteReg(u16 LCD_Reg, u16 LCD_RegValue)
{
    LCD - >LCD_REG = LCD_Reg;        //写入要写的寄存器序号
    LCD - >LCD_RAM = LCD_RegValue; //写入数据
}
//读寄存器
//LCD_Reg:寄存器地址
//返回值:读到的数据
u16 LCD_ReadReg(u16 LCD_Reg)
{
    LCD_WR_REG(LCD_Reg);                //写入要读的寄存器序号
    delay_us(5);
    return LCD_RD_DATA();               //返回读到的值
}
//开始写 GRAM
void LCD_WriteRAM_Prepare(void)
{
    LCD - >LCD_REG = lcddev.wramcmd;
}
//LCD 写 GRAM
//RGB_Code:颜色值
void LCD_WriteRAM(u16 RGB_Code)
{
    LCD - >LCD_RAM = RGB_Code;      //写 16 位 GRAM
}
```

因为 FSMC 自动控制了 WR/RD/CS 等这些信号,所以这 7 个函数实现起来都非常简单。注意,上面有几个函数添加了一些对 MDK - O2 优化的支持,去掉则在 - O2 优化的时候会出问题。通过这几个简单函数的组合,就可以对 LCD 进行各种操作了。

第八个要介绍的函数是坐标设置函数,该函数代码如下:

```
/设置光标位置
//Xpos:横坐标;Ypos:纵坐标
void LCD_SetCursor(u16 Xpos, u16 Ypos)
{
    if(lcddev.id == 0X9341||lcddev.id == 0X5310)
    {
        LCD_WR_REG(lcddev.setxcmd);
        LCD_WR_DATA(Xpos>>8);LCD_WR_DATA(Xpos&0XFF);
        LCD_WR_REG(lcddev.setycmd);
        LCD_WR_DATA(Ypos>>8);LCD_WR_DATA(Ypos&0XFF);
    }else if(lcddev.id == 0X6804)
    {
        if(lcddev.dir == 1)Xpos = lcddev.width-1-Xpos;//横屏时处理
        LCD_WR_REG(lcddev.setxcmd);
        LCD_WR_DATA(Xpos>>8);LCD_WR_DATA(Xpos&0XFF);
        LCD_WR_REG(lcddev.setycmd);
        LCD_WR_DATA(Ypos>>8);LCD_WR_DATA(Ypos&0XFF);
    }else if(lcddev.id == 0X1963)
    {
        if(lcddev.dir == 0)//x 坐标需要变换
        {
            Xpos = lcddev.width-1-Xpos;
            LCD_WR_REG(lcddev.setxcmd);
            LCD_WR_DATA(0);LCD_WR_DATA(0);
            LCD_WR_DATA(Xpos>>8);LCD_WR_DATA(Xpos&0XFF);
        }else
        {
            LCD_WR_REG(lcddev.setxcmd);
            LCD_WR_DATA(Xpos>>8);LCD_WR_DATA(Xpos&0XFF);
            LCD_WR_DATA((lcddev.width-1)>>8);
            LCD_WR_DATA((lcddev.width-1)&0XFF);
        }
        LCD_WR_REG(lcddev.setycmd);
        LCD_WR_DATA(Ypos>>8);LCD_WR_DATA(Ypos&0XFF);
        LCD_WR_DATA((lcddev.height-1)>>8);LCD_WR_DATA((lcddev.height-1)&0XFF);
    }else if(lcddev.id == 0X5510)
    {
        LCD_WR_REG(lcddev.setxcmd);LCD_WR_DATA(Xpos>>8);
        LCD_WR_REG(lcddev.setxcmd+1);LCD_WR_DATA(Xpos&0XFF);
        LCD_WR_REG(lcddev.setycmd);LCD_WR_DATA(Ypos>>8);
        LCD_WR_REG(lcddev.setycmd+1);LCD_WR_DATA(Ypos&0XFF);
    }else
    {
        if(lcddev.dir == 1)Xpos = lcddev.width-1-Xpos;//横屏其实就是调转 x,y 坐标
        LCD_WriteReg(lcddev.setxcmd,Xpos);
```

```
        LCD_WriteReg(lcddev.setycmd,Ypos);
    }
}
```

该函数非常重要,实现了将 LCD 的当前操作点设置到指定坐标(x,y),有了该函数就可以在液晶上任意作图了。这里面的 lcddev. setxcmd、lcddev. setycmd、lcddev. width、lcddev. height 等指令/参数都是在 LCD_Display_Dir 函数里面初始化的。该函数根据 lcddev. id 的不同执行不同的设置,详细可参考本例程源码。另外,因为 9341、5310、6804、1963、5510 等的设置同其他屏有些不太一样,所以进行了区别对待。

接下来介绍第九个函数:画点函数,实现代码如下:

```
//画点
//x,y:坐标
//POINT_COLOR:此点的颜色
void LCD_DrawPoint(u16 x,u16 y)
{
    LCD_SetCursor(x,y);            //设置光标位置
    LCD_WriteRAM_Prepare();        //开始写入 GRAM
    LCD->LCD_RAM = POINT_COLOR;
}
```

该函数实现比较简单,就是先设置坐标,然后往坐标写颜色。其中,POINT_COLOR 是我们定义的一个全局变量,用于存放画笔颜色。另外一个全局变量:BACK_COLOR,代表 LCD 的背景色。LCD_DrawPoint 函数虽然简单,但是至关重要,其他几乎所有上层函数都是通过调用这个函数实现的。

有了画点,当然还需要有读点的函数,第九个介绍的函数就是读点函数,用于读取 LCD 的 GRAM。TFTLCD 模块为彩色的,以 16 位色计算,一款 320×240 的液晶需要 320×240×2 字节来存储颜色值,也就是也需要 150 KB,这对任何一款单片机来说,都不是一个小数目了。而且在图形叠加的时候,可以先读回原来的值,然后写入新的值,在完成叠加后又恢复原来的值,这样在做一些简单菜单的时候是很有用的。这里读取 TFTLCD 模块数据的函数为 LCD_ReadPoint,该函数直接返回读到的 GRAM 值。该函数使用之前要先设置读取的 GRAM 地址,通过 LCD_SetCursor 函数来实现。LCD_ReadPoint 的代码如下:

```
//读取个某点的颜色值
//x,y:坐标
//返回值:此点的颜色
u16 LCD_ReadPoint(u16 x,u16 y)
{
    vu16 r = 0,g = 0,b = 0;
    if(x> = lcddev.width||y> = lcddev.height)return 0;//超过了范围,直接返回
    LCD_SetCursor(x,y);
    if(lcddev. id = = 0X9341||lcddev. id = = 0X6804||lcddev. id = = 0X5310||lcddev. id = =
        0X1963)
    LCD_WR_REG(0X2E);//9341/6804/3510/1963 发送读 GRAM 指令
    else if(lcddev. id = = 0X5510)LCD_WR_REG(0X2E00);        //5510 发送读 GRAM 指令
    else LCD_WR_REG(0X22);                                   //其他 IC 发送读 GRAM 指令
```

```
    if(lcddev.id == 0X9320)opt_delay(2);                    //FOR 9320,延时 2us
    r = LCD_RD_DATA();                                      //dummy Read
    if(lcddev.id == 0X1963)return r;                        //1963 直接读就可以
    opt_delay(2);
    r = LCD_RD_DATA();                                      //实际坐标颜色
    if(lcddev.id == 0X9341||lcddev.id == 0X5310||lcddev.id == 0X5510)//这些 LCD
                                                            //要分 2 次读出
    {
        opt_delay(2);
        b = LCD_RD_DATA();
        g = r&0XFF;//对于 9341/5310/5510,第一次读取的是 RG 值,R 在前,G 在后,各占 8 位
        g<< = 8;
    }
    if(lcddev.id == 0X9325||lcddev.id == 0X4535||lcddev.id == 0X4531||lcddev.id ==
0XB505||
       lcddev.id == 0XC505)return r;//这几种 IC 直接返回颜色值
    else if (lcddev.id == 0X9341||lcddev.id == 0X5310||lcddev.id == 0X5510)return (((r
            >>11)<<11)|((g>>10)<<5)|(b>>11));
        //ILI9341/NT35310/NT35510 需要公式转换一下
    else return LCD_BGR2RGB(r);//其他 IC
}
```

在 LCD_ReadPoint 函数中,因为我们的代码不止支持一种 LCD 驱动器,所以,根据不同的 LCD 驱动器((lcddev.id)型号,执行不同的操作,以实现对各个驱动器兼容,提高函数的通用性。

第十个要介绍的是字符显示函数 LCD_ShowChar。在介绍该函数之前,我们先来介绍一下字符(ASCII 字符集)是怎么显示在 TFTLCD 模块上去的。要显示字符,先要有字符的点阵数据,ASCII 常用的字符集总共有 95 个,从空格符开始,分别为!"♯$%&'()＊+,-0123456789:;<=>?@ABCDEFGHIJKLMNOPQRSTUVWXYZ[\]^_`abcdefghijklmnopqrstuvwxyz{|}~。

先要得到这个字符集的点阵数据,这里介绍一款很好的字符提取软件:PCtoLCD2002 完美版。该软件可以提供各种字符,包括汉字(字体和大小都可以自己设置)阵提取,且取模方式可以设置好几种,常用的取模方式该软件都支持。该软件还支持图形模式,也就是用户可以自己定义图片的大小,然后画图,根据所画的图形再生成点阵数据,这功能在制作图标或图片的时候很有用。

该软件的界面如图 15.3.1 所示。然后选择界面上方的"选项"菜单,则弹出的配置界面设置取模方式如图 15.3.2 所示。图中设置的取模方式在右上角的取模说明里面有,即从第一列开始向下每取 8 个点作为一个字节,如果最后不足 8 个点就补满 8 位。取模顺序是从高到低,即第一个点作为最高位。如 * _____取为 10000000。其实就是按如图 15.3.3 所示的这种方式。

从上到下、从左到右,高位在前。按这样的取模方式把 ASCII 字符集按 12×6 大小、16×8 和 24×12 大小取模出来(对应汉字大小为 12×12、16×16 和 24×24,字符的只有汉字的一半大),保存在 font.h 里面。每个 12×6 的字符占用 12 个字节,每个 16×8 的字符占用 16 个字节,每个 24×12 的字符占用 36 个字节。具体见 font.h 部分

图 15.3.1　PCtoLCD2002 软件界面

图 15.3.2　设置取模方式

代码(该部分不在这里列出来了,可参考本例程源代码)。

知道了字符提取的方法,就很容易编写字符显示函数了,这里介绍的字符显示函数 LCD_ShowChar,可以以叠加方式或者非叠加方式显示。叠加方式显示多用于在显示的图片上再显示字符。非叠加方式一般用于普通的显示。该函数实现代码如下:

图 15.3.3　取模方式图解

```
//在指定位置显示一个字符
//x,y:起始坐标;num:要显示的字符:""---->"~"
//size:字体大小 12/16/24;mode:叠加方式(1)还是非叠加方式(0)
void LCD_ShowChar(u16 x,u16 y,u8 num,u8 size,u8 mode)
{
```

```
u8 temp,t1,t;
u16 y0 = y;
u8 csize = (size/8 + ((size % 8)? 1:0)) * (size/2);//得到字体一个字符对应点阵集
                                                    //所占的字节数
num = num - ';//ASCII 字库从空格开始取模,所以 - '即可得到对应字符的字库(点阵)
for(t = 0;t<csize;t++)
{
    if(size == 12)temp = asc2_1206[num][t];        //调用 1206 字体
    else if(size == 16)temp = asc2_1608[num][t];   //调用 1608 字体
    else if(size == 24)temp = asc2_2412[num][t];   //调用 2412 字体
    else return;                                   //没有的字库
    for(t1 = 0;t1<8;t1++)
    {
        if(temp&0x80)LCD_Fast_DrawPoint(x,y,POINT_COLOR);
        else if(mode == 0)LCD_Fast_DrawPoint(x,y,BACK_COLOR);
        temp<< = 1;
        y++;
        if(y> = lcddev.height)return;              //超区域了
        if((y - y0) == size)
        {
            y = y0; x++;
            if(x> = lcddev.width)return;            //超区域了
            break;
        }
    }
}
```

　　LCD_ShowChar 函数里面采用快速画点函数 LCD_Fast_DrawPoint 来画点显示
字符,该函数同 LCD_DrawPoint 一样,只是带了颜色参数,且减少了函数调用的时间,
详见本例程源码。该代码中用到了 3 个字符集点阵数据数组 asc2_2412、asc2_1206 和
asc2_1608,这几个字符集的点阵数据的提取方式同 17 章介绍的提取方法是一模一
样的。

　　最后,我们再介绍一下 TFTLCD 模块的初始化函数 LCD_Init。该函数先初始化
STM32 与 TFTLCD 连接的 I/O 口,并配置 FSMC 控制器,然后读取 LCD 控制器的型
号,根据控制 IC 的型号执行不同的初始化代码,其简化代码如下:

```
//初始化 lcd
//该初始化函数可以初始化各种 ILI93XX 液晶,但是其他函数是基于 ILI9320 的
//在其他型号的驱动芯片上没有测试
void LCD_Init(void)
{
    GPIO_InitTypeDef GPIO_InitStructure;
    FSMC_NORSRAMInitTypeDef   FSMC_NSInitStructure;
    FSMC_NORSRAMTimingInitTypeDef   readWriteTiming;
    FSMC_NORSRAMTimingInitTypeDef   writeTiming;
    RCC_AHBPeriphClockCmd(RCC_AHBPeriph_FSMC,ENABLE);//使能 FSMC 时钟
    RCC_APB2PeriphClockCmd(RCC_APB2Periph_GPIOB|RCC_APB2Periph_GPIOD|
    RCC_APB2Periph_GPIOE|RCC_APB2Periph_GPIOG|
    RCC_APB2Periph_AFIO,ENABLE);    //①使能 GPIO 以及 AFIO 复用功能时钟
```

```
GPIO_InitStructure.GPIO_Pin = GPIO_Pin_0;              //PB0 推挽输出背光
GPIO_InitStructure.GPIO_Mode = GPIO_Mode_Out_PP;       //推挽输出
GPIO_InitStructure.GPIO_Speed = GPIO_Speed_50MHz;
GPIO_Init(GPIOB,&GPIO_InitStructure);                  //②初始化 PB0
//PORTD 复用推挽输出
GPIO_InitStructure.GPIO_Pin = GPIO_Pin_0|GPIO_Pin_1|GPIO_Pin_4|GPIO_Pin_5|
GPIO_Pin_8|GPIO_Pin_9|GPIO_Pin_10|GPIO_Pin_14|GPIO_Pin_15;
GPIO_InitStructure.GPIO_Mode = GPIO_Mode_AF_PP;        //复用推挽输出
GPIO_InitStructure.GPIO_Speed = GPIO_Speed_50MHz;
GPIO_Init(GPIOD,&GPIO_InitStructure);                  //②初始化 PORTD
//PORTE 复用推挽输出
GPIO_InitStructure.GPIO_Pin = GPIO_Pin_7|GPIO_Pin_8|GPIO_Pin_9|GPIO_Pin_10|
GPIO_Pin_11|GPIO_Pin_12|GPIO_Pin_13|GPIO_Pin_14|GPIO_Pin_15;
GPIO_InitStructure.GPIO_Mode = GPIO_Mode_AF_PP;        //复用推挽输出
GPIO_InitStructure.GPIO_Speed = GPIO_Speed_50MHz;
GPIO_Init(GPIOE,&GPIO_InitStructure);                  //②初始化 PORTE
//PORTG12 复用推挽输出 A0
GPIO_InitStructure.GPIO_Pin = GPIO_Pin_0|GPIO_Pin_12;  //PORTD 复用推挽输出
GPIO_InitStructure.GPIO_Mode = GPIO_Mode_AF_PP;        //复用推挽输出
GPIO_InitStructure.GPIO_Speed = GPIO_Speed_50MHz;
GPIO_Init(GPIOG,&GPIO_InitStructure);                  //②初始化 PORTG
readWriteTiming.FSMC_AddressSetupTime = 0x01;          //地址建立时间 2 个 HCLK 1
readWriteTiming.FSMC_AddressHoldTime = 0x00;           //地址保持时间模式 A 未用到
readWriteTiming.FSMC_DataSetupTime = 0x0f;             //数据保存时间为 16 个 HCLK
readWriteTiming.FSMC_BusTurnAroundDuration = 0x00;
readWriteTiming.FSMC_CLKDivision = 0x00;
readWriteTiming.FSMC_DataLatency = 0x00;
readWriteTiming.FSMC_AccessMode = FSMC_AccessMode_A;   //模式 A
writeTiming.FSMC_AddressSetupTime = 0x00;              //地址建立时间为 1 个 HCLK
writeTiming.FSMC_AddressHoldTime = 0x00;               //地址保持时间(A
writeTiming.FSMC_DataSetupTime = 0x03;//数据保存时间为 4 个 HCLK
writeTiming.FSMC_BusTurnAroundDuration = 0x00;
writeTiming.FSMC_CLKDivision = 0x00;
writeTiming.FSMC_DataLatency = 0x00;
writeTiming.FSMC_AccessMode = FSMC_AccessMode_A;   //模式 A
FSMC_NSInitStructure.FSMC_Bank = FSMC_Bank1_NORSRAM4;   //这里我们使
                                        //用 NE4,也就对应 BTCR[6],[7]
FSMC_NSInitStructure.FSMC_DataAddressMux = FSMC_DataAddressMux_Disable;
                                                    //不复用数据地址
FSMC_NSInitStructure.FSMC_MemoryType = FSMC_MemoryType_SRAM;//SRAM
FSMC_NSInitStructure.FSMC_MemoryDataWidth = FSMC_MemoryDataWidth_16b;
                                              //存储器数据宽度为 16 bit
FSMC_NSInitStructure.FSMC_BurstAccessMode = FSMC_BurstAccessMode_Disable;
FSMC_NSInitStructure.FSMC_WaitSignalPolarity = FSMC_WaitSignalPolarity_Low;
FSMC_NSInitStructure.FSMC_AsynchronousWait = FSMC_AsynchronousWait_Disable;
FSMC_NSInitStructure.FSMC_WrapMode = FSMC_WrapMode_Disable;
FSMC_NSInitStructure.FSMC_WaitSignalActive = FSMC_WaitSignalActive_BeforeWaitState;
FSMC_NSInitStructure.FSMC_WriteOperation = FSMC_WriteOperation_Enable;
                                                    //存储器写使能
FSMC_NSInitStructure.FSMC_WaitSignal = FSMC_WaitSignal_Disable;
FSMC_NSInitStructure.FSMC_ExtendedMode = FSMC_ExtendedMode_Enable;
```

```
//读写使用不同的时序
FSMC_NSInitStructure.FSMC_WriteBurst = FSMC_WriteBurst_Disable;
FSMC_NSInitStructure.FSMC_ReadWriteTimingStruct = &readWriteTiming;
FSMC_NSInitStructure.FSMC_WriteTimingStruct = &writeTiming;   //写时序
FSMC_NORSRAMInit(&FSMC_NSInitStructure);   //③初始化 FSMC 配置
FSMC_NORSRAMCmd(FSMC_Bank1_NORSRAM4,ENABLE);   //④使能 BANK1
delay_ms(50);            //delay 50 ms
lcddev.id = LCD_ReadReg(0x0000);      //读 ID(9320/9325/9328/4531/4535 等 IC)
if(lcddev.id<0XFF||lcddev.id == 0XFFFF||lcddev.id == 0X9300)
//ID 不正确,新增 0X9300 判断,因为 9341 在未被复位的情况下会被读成 9300
{
    //尝试 9341 ID 的读取
    LCD_WR_REG(0XD3);
    lcddev.id = LCD_RD_DATA();                //dummy read
    lcddev.id = LCD_RD_DATA();                //读到 0X00
    lcddev.id = LCD_RD_DATA();                //读取 93
    lcddev.id<< = 8;
    lcddev.id| = LCD_RD_DATA();               //读取 41
    if(lcddev.id! = 0X9341)                   //非 9341,尝试是不是 6804
    {
        LCD_WR_REG(0XBF);
        lcddev.id = LCD_RD_DATA();            //dummy read
        lcddev.id = LCD_RD_DATA();            //读回 0X01
        lcddev.id = LCD_RD_DATA();            //读回 0XD0
        lcddev.id = LCD_RD_DATA();            //这里读回 0X68
        lcddev.id<< = 8;
        lcddev.id| = LCD_RD_DATA();           //这里读回 0X04
        if(lcddev.id! = 0X6804)               //也不是 6804,尝试看看是不是 NT35310
        {
            LCD_WR_REG(0XD4);
            lcddev.id = LCD_RD_DATA();         //dummy read
            lcddev.id = LCD_RD_DATA();         //读回 0X01
            lcddev.id = LCD_RD_DATA();         //读回 0X53
            lcddev.id<< = 8;
            lcddev.id| = LCD_RD_DATA();        //这里读回 0X10
            if(lcddev.id! = 0X5310)            //也不是 NT35310,尝试看看是不是 NT35510
            {
                LCD_WR_REG(0XDA00);
                lcddev.id = LCD_RD_DATA();     //读回 0X00
                LCD_WR_REG(0XDB00);
                lcddev.id = LCD_RD_DATA();     //读回 0X80
                lcddev.id<< = 8;
                LCD_WR_REG(0XDC00);
                lcddev.id| = LCD_RD_DATA();    //读回 0X00
                if(lcddev.id == 0x8000)lcddev.id = 0x5510;
                //NT35510 读回的 ID 是 8000H,为方便区分,我们强制设置为 5510
                if(lcddev.id! = 0X5510)//也不是 NT5510,尝试看看是不是 SSD1963
                {
                    LCD_WR_REG(0XA1);
                    lcddev.id = LCD_RD_DATA();
                    lcddev.id = LCD_RD_DATA();//读回 0X57
```

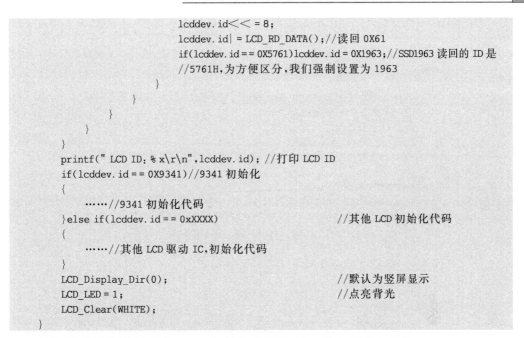

```
                    lcddev.id<<=8;
                    lcddev.id|=LCD_RD_DATA();//读回0X61
                    if(lcddev.id==0X5761)lcddev.id=0X1963;//SSD1963读回的ID是
                    //5761H,为方便区分,我们强制设置为1963
                }
            }
        }
    }
}
printf(" LCD ID:%x\r\n",lcddev.id);//打印LCD ID
if(lcddev.id==0X9341)//9341初始化
{
    ……//9341初始化代码
}else if(lcddev.id==0xXXXX)                    //其他LCD初始化代码
{
    ……//其他LCD驱动IC,初始化代码
}
LCD_Display_Dir(0);                            //默认为竖屏显示
LCD_LED=1;                                     //点亮背光
LCD_Clear(WHITE);
}
```

从初始化代码可以看出,LCD 初始化步骤为①～⑤在代码中标注:

① GPIO,FSMC,AFIO 时钟使能。

② GPIO 初始化:GPIO_Init()函数。

③ FSMC 初始化:FSMC_NORSRAMInit()函数。

④ FSMC 使能:FSMC_NORSRAMCmd()函数。

⑤ 同的 LCD 驱动器的初始化代码。

该函数先对 FSMC 相关 I/O 进行初始化,然后是 FSMC 的初始化,最后根据读到的 LCD ID 对不同的驱动器执行不同的初始化代码。从上面的代码可以看出,这个初始化函数可以针对十多款不同的驱动 IC 执行初始化操作,大大提高了整个程序的通用性。以后的学习中应该多使用这样的方式,以提高程序的通用性、兼容性。

特别注意:本函数使用了 printf 来打印 LCD ID,所以,如果在主函数里面没有初始化串口,那么将导致程序死在 printf 里面! 如果不想用 printf,那么须注释掉它。

可以打开 lcd.h 和 lcd.c 文件看里面的代码,从而了解各个函数功能。main.c 内容如下:

```
int main(void)
{
    u8 x=0;
    u8 lcd_id[12];                             //存放LCD ID字符串
    delay_init();                              //延时函数初始化
    NVIC_PriorityGroupConfig(NVIC_PriorityGroup_2);  //设置NVIC中断分组2
    uart_init(115200);                         //串口初始化波特率为115 200
    LED_Init();                                //LED端口初始化
    LCD_Init();
    POINT_COLOR=RED;
```

```
sprintf((char *)lcd_id,"LCD ID:% 04X",lcddev.id);    //将 LCD ID 打印到 lcd_id 数组
while(1)
{
    switch(x)
    {
        case 0:LCD_Clear(WHITE);break;
        case 1:LCD_Clear(BLACK);break;
        …省略部分定义
        case 10:LCD_Clear(LGRAY);break;
        case 11:LCD_Clear(BROWN);break;
    }
    POINT_COLOR = RED;
    LCD_ShowString(30,40,210,24,24,"WarShip STM32 ^_^");
    LCD_ShowString(30,70,200,16,16,"TFTLCD TEST");
    LCD_ShowString(30,90,200,16,16,"ATOM@ALIENTEK");
    LCD_ShowString(30,110,200,16,16,lcd_id);        //显示 LCD ID
    LCD_ShowString(30,130,200,12,12,"2014/5/4");
    x + + ;
    if(x = = 12)x = 0;
    LED0 = ! LED0;
    delay_ms(1000);
}
}
```

该部分代码将显示一些固定的字符,字体大小包括 24×12、16×8 和 12×6 这 3 种,同时显示 LCD 驱动 IC 的型号,然后不停地切换背景颜色,每 1 s 切换一次。而 LED0 也会不停地闪烁,指示程序已经在运行了。其中用到一个 sprintf 的函数,该函数用法同 printf,只是 sprintf 把打印内容输出到指定的内存区间上。

编译通过之后开始下载验证代码。

15.4 下载验证

将程序下载到战舰 STM32 后,可以看到 DS0 不停地闪烁,提示程序已经在运行

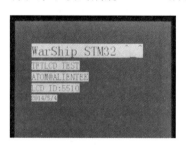

图 15.4.1 TFTLCD 显示效果图

了。同时可以看到 TFTLCD 模块的显示如图 15.4.1 所示。可以看到,屏幕的背景是不停切换的,同时 DS0 不停地闪烁,证明我们的代码被正确执行了,达到了预期目的,实现了 TFTLCD 的驱动以及字符的显示。另外,本例程除了不支持 CPLD 方案的 7 寸屏模块,其余所有的 ALIENTEK TFTLCD 模块都可以支持,直接插上去即可使用。

第 16 章

USMART 调试组件实验

本章将介绍一个十分重要的辅助调试工具:USMART 调试组件。该组件由 ALI-ENTEK 开发提供,功能类似 Linux 的 shell(RTT 的 finsh 也属于此类),最主要的功能就是通过串口调用单片机里面的函数并执行,对调试代码是很有帮助的。

16.1　USMART 调试组件简介

USMART 是由 ALIENTEK 开发的一个灵巧的串口调试互交组件,使用它可以通过串口助手调用程序里面的任何函数并执行。因此,可以随意更改函数的输入参数(支持数字(10/16 进制)、字符串、函数入口地址等作为参数),单个函数最多支持 10 个输入参数,并支持函数返回值显示,目前最新版本为 V3.1。

USMART 的特点如下:

➤ 可以调用绝大部分用户直接编写的函数。

➤ 资源占用极少(最少情况:Flash:4 KB;SRAM:72 字节)。

➤ 支持参数类型多(数字(包含 10/16 进制)、字符串、函数指针等)。

➤ 支持函数返回值显示。

➤ 支持参数及返回值格式设置。

➤ 支持函数执行时间计算(V3.1 版本新特性)。

➤ 使用方便。

有了 USMART,就可以轻易地修改函数参数、查看函数运行结果,从而快速解决问题。比如调试一个摄像头模块,需要修改其中的几个参数来得到最佳的效果,普通的做法:写函数→修改参数→下载→看结果→不满意→修改参数→下载→看结果→不满意…不停地循环,直到满意为止。这样做很麻烦,而且会损耗单片机。而利用USMART,则只需要在串口调试助手里面输入函数及参数,然后直接串口发送给单片机,就执行了一次参数调整。不满意的话,则在串口调试助手修改参数再发送就可以了,直到满意为止。这样,修改参数十分方便,不需要编译、不需要下载、不会让单片机"折寿"。

USMART 支持的参数类型基本满足任何调试了,支持的类型有 10 或者 16 进制数字、字符串指针(如果该参数是用作参数返回,可能会有问题)、函数指针等。因此,绝大部分函数可以直接被 USMART 调用;对于不能直接调用的,则只需要重写一个函数,把影响调用的参数去掉即可,这个重写后的函数即可以被 USMART 调用了。

　　USMART 的实现流程简单概括就是:第一步,添加需要调用的函数(在 usmart_config.c 里面的 usmart_nametab 数组里面添加);第二步,初始化串口;第三步,初始化 USMART(通过 usmart_init 函数实现);第四步,轮询 usmart_scan 函数,处理串口数据。

　　接下来简单介绍 USMART 组件的移植。

　　USMART 组件总共包含 6 个文件,如图 16.1.1 所示。其中,redeme.txt 是一个说明文件,不参与编译。其他 5 个文件中,usmart.c 负责与外部互交等,usmat_str.c 主要负责命令和参数解析,usmart_config.c 主要由用户添加需要由 USMART 管理的函数。

图 16.1.1　USMART 组件代码

　　usmart.h 和 usmart_str.h 是 2 个头文件,其中,usmart.h 里面含有几个用户配置宏定义,可以用来配置 usmart 的功能及总参数长度(直接和 SRAM 占用挂钩)、是否使能定时器扫描、是否使用读/写函数等。

　　USMART 的移植只需要实现 5 个函数。其中,4 个函数都在 usmart.c 里面,另外一个是串口接收函数,必须有由用户自己实现,用于接收串口发送过来的数据。

　　第一个函数,串口接收函数。该函数是通过 SYSTEM 文件夹默认的串口接收来实现的。SYSTEM 文件夹里面的串口接收函数最大可以一次接收 200 字节,用于从串口接收函数名和参数等。如果在其他平台移植,则可参考 SYSTEM 文件夹串口接收的实现方式进行移植。

　　第二个是 void usmart_init(void)函数,该函数的实现代码如下:

```
//初始化串口控制器
//sysclk:系统时钟(Mhz)
void usmart_init(u8 sysclk)
{
#if USMART_ENTIMX_SCAN==1
    Timer4_Init(1000,(u32)sysclk*100-1); //分频,时钟为 10 kHz,100 ms 中断一次
                        //注意,计数频率必须为 10 kHz,以和 runtime 单位(0.1ms)同步
#endif
    usmart_dev.sptype=1;     //十六进制显示参数
}
```

　　该函数有一个参数 sysclk,用于定时器初始化。这里需要说明一下,为了让我们的库函数和寄存器实现函数一致,这里不直接通过 SystemCoreClock 来获取系统时钟,直

接通过在外面设置的方式(当然也可以去掉 sysclk 这个参数),这样函数体里面的 Timer4_Init 函数就可修改为 Timer4_Init(1000,(u32) SystemCoreClock/10000－1)。另外,USMART_ENTIMX_SCAN 是在 usmart.h 里面定义的一个是否使能定时器中断扫描的宏定义。如果为 1,就通过定时器初始化函数 Timer4_Init 初始化定时器 4 中断,每 100 ms 中断一次,并在中断服务程序 TIM4_IRQHandler 里面调用 usmart_scan 函数进行扫描,这里就不列出代码,因为之前的实验对这方面讲解较多。如果为 0,那么需要用户间隔一定时间(100 ms 左右为宜)调用一次 usmart_scan 函数,以实现串口数据处理。注意,如果要使用函数执行时间统计功能(runtime 1),则必须设置 USMART_ENTIMX_SCAN 为 1。另外,为了让统计时间精确到 0.1 ms,定时器的计数时钟频率必须设置为 10 kHz,否则时间就不是 0.1 ms 了。

第三和第四个函数仅用于服务 USMART 的函数执行时间统计功能(串口指令:runtime 1),分别是:usmart_reset_runtime 和 usmart_get_runtime,这 2 个函数代码如下:

```
//复位 runtime
//需要根据所移植到的 MCU 的定时器参数进行修改
void usmart_reset_runtime(void)
{
    TIM_ClearFlag(TIM4,TIM_FLAG_Update);          //清除中断标志位
    TIM_SetAutoreload(TIM4,0XFFFF);               //将重装载值设置到最大
    TIM_SetCounter(TIM4,0);                       //清空定时器的 CNT
    usmart_dev.runtime = 0;}
//获得 runtime 时间
//返回值:执行时间,单位:0.1ms,最大延时时间为定时器 CNT 值的 2 倍 * 0.1ms
//需要根据所移植到的 MCU 的定时器参数进行修改
u32 usmart_get_runtime(void)
{
    if(TIM_GetFlagStatus(TIM4,TIM_FLAG_Update) == SET)//在运行期间产生定时器溢出
    {
        usmart_dev.runtime + = 0XFFFF;
    }
    usmart_dev.runtime + = TIM_GetCounter(TIM4);
    return usmart_dev.runtime;//返回计数值}
```

这里还是利用定时器 4 来做执行时间计算,usmart_reset_runtime 函数在每次 USMART 调用函数之前执行清除计数器,然后在函数执行完之后调用 usmart_get_runtime 获取整个函数的运行时间。由于 usmart 调用的函数都是在中断里面执行的,所以不方便再用定时器的中断功能来实现定时器溢出统计,因此,USMART 的函数执行时间统计功能最多可以统计定时器溢出一次的时间。对 STM32 来说,定时器是 16 位的,最大计数是 65 535,而由于我们定时器设置的是 0.1 ms 一个计时周期(10 kHz),所以最长计时时间是 65 535×2×0.1 ms＝13.1 s。也就是说,如果函数执行时间超过 13.1 s,那么计时将不准确。

最后一个是 usmart_scan 函数,用于执行 usmart 扫描。该函数需要得到 2 个参量,第一个是从串口接收到的数组(USART_RX_BUF),第二个是串口接收状态(US-

ART_RX_STA)。接收状态包括接收到的数组大小以及接收是否完成。该函数代码如下：

```
//usmart 扫描函数
//通过调用该函数,实现 usmart 的各个控制.该函数需要每隔一定时间被调用一次
//以及时执行从串口发过来的各个函数
//本函数可以在中断里面调用,从而实现自动管理
//如果非 ALIENTEK 用户,则 USART_RX_STA 和 USART_RX_BUF[]需要用户自己实现
void usmart_scan(void)
{
    u8 sta,len;
    if(USART_RX_STA&0x8000)                      //串口接收完成了吗
    {
        len = USART_RX_STA&0x3fff;               //得到此次接收到的数据长度
        USART_RX_BUF[len] = '\0';                //在末尾加入结束符
        sta = usmart_dev.cmd_rec(USART_RX_BUF);  //得到函数各个信息
        if(sta == 0)usmart_dev.exe();            //执行函数
        else
        {
            len = usmart_sys_cmd_exe(USART_RX_BUF);
            if(len! = USMART_FUNCERR)sta = len;
            if(sta)
            {
                switch(sta)
                {
                    case USMART_FUNCERR:
                        printf("函数错误! \r\n");
                        break;
                    case USMART_PARMERR:
                        printf("参数错误! \r\n");
                        break;
                    case USMART_PARMOVER:
                        printf("参数太多! \r\n");
                        break;
                    case USMART_NOFUNCFIND:
                        printf("未找到匹配的函数! \r\n");
                        break;
                }
            }
        }
        USART_RX_STA = 0;//状态寄存器清空
    }
}
```

该函数的执行过程：先判断串口接收是否完成(USART_RX_STA 的最高位是否为1)，如果完成，则取得串口接收到的数据长度(USART_RX_STA 的低 14 位)，并在末尾增加结束符，再执行解析，解析完之后清空接收标记(USART_RX_STA 置零)。如果没执行完成，则直接跳过，不进行任何处理。

完成这几个函数的移植，就可以使用 USMART 了。注意，USMART 同外部的互交一般是通过 usmart_dev 结构体实现的，所以 usmart_init 和 usmart_scan 的调用分

别是通过 usmart_dev. init 和 usmart_dev. scan 实现的。

　　下面将在第 15 章实验的基础上移植 USMART，并通过 USMART 调用一些 TFTLCD 的内部函数。

16.2　硬件设计

　　本实验用到的硬件资源有指示灯 DS0 和 DS1、串口、TFTLCD 模块。这 3 个硬件在前面章节均有介绍，本章不再介绍。

16.3　软件设计

　　这里在第 15 章实验的基础上通过添加文件的方式讲解 USMART 的引入，也可以直接打开本书配套资料的实例工程。打开第 15 章的工程，复制 USMART 文件夹（该文件夹可以在本书配套资料的本章实验例程里面找到）到本工程文件夹下面，如图 16.3.1 所示。

图 16.3.1　复制 USMART 文件夹到工程文件夹下

　　接着，打开工程，并新建 USMART 组，添加 USMART 组件代码，同时把 USMART 文件夹添加到头文件包含路径，在主函数里面加入 include"usmart. h"如图 16.3.2 所示。

　　由于 USMART 默认提供了 STM32 的 TIM4 中断初始化设置代码，我们只需要在 usmart. h 里面设置 USMART_ENTIMX_SCAN 为 1 即可完成 TIM4 的设置。通过 TIM4 的中断服务函数调用 usmart_dev. scan()（就是 usmart_scan 函数），从而实现 usmart 的扫描。此部分代码可参考 usmart. c。

　　此时就可以使用 USMART 了，不过在主程序里面还得执行 USMART 的初始化，另外还需要针对想要被 USMART 调用的函数在 usmart_config. c 里面进行添加。下面先介绍如何添加自己想要被 USMART 调用的函数。打开 usmart_config. c，如图 16.3.3 所示。

图 16.3.2　添加 USMART 组件代码

图 16.3.3　添加需要被 USMART 调用的函数

这里的添加函数很简单,只要把函数所在头文件添加进来,并把函数名按图 16.3.3 所示的方式增加即可,默认添加了 2 个函数:delay_ms 和 delay_us。另外,read_addr 和 write_addr 属于 USMART 自带的函数,用于读/写指定地址的数据,通过配置 USMART_USE_WRFUNS 可以使能或者禁止这 2 个函数。

　　这里根据自己的需要按图 16.3.3 的格式添加其他函数,添加完之后如图 16.3.4 所示。图中添加了 lcd.h,并添加了很多 LCD 函数,最后还添加了 led_set 和 test_fun 2 个函数,这 2 个函数在 main.c 里面实现代码如下:

图 16.3.4　添加函数后

```
//LED 状态设置函数
void led_set(u8 sta)
{
    LED1 = sta;
}
//函数参数调用测试函数
void test_fun(void( * ledset)(u8),u8 sta)
{
    ledset(sta);
}
```

led_set 函数用于设置 LED1 的状态,而第二个函数 test_fun 则用于测试

USMART 对函数参数的支持,test_fun 的第一个参数是函数,在 USMART 里面也是可以被调用的。

在添加完函数之后,我们修改 main 函数,如下:

```
int main(void)
{
    delay_init();                                  //延时函数初始化
    NVIC_PriorityGroupConfig(NVIC_PriorityGroup_2); //设置 NVIC 中断分组 2
    uart_init(115200);                             //串口初始化波特率为 115 200
    LED_Init();                                    //LED 端口初始化
    LCD_Init();
    usmart_dev.init(SystemCoreClock/1000000);      //初始化 USMART
    POINT_COLOR = RED;
    LCD_ShowString(30,50,200,16,16,"WarShip STM32 ^_^");
    LCD_ShowString(30,70,200,16,16,"USMART TEST");
    LCD_ShowString(30,90,200,16,16,"ATOM@ALIENTEK");
    LCD_ShowString(30,110,200,16,16,"2015/1/14");
    while(1)
    {
        LED0 = ! LED0;
        delay_ms(500);
    }
}
```

此代码显示简单的信息后就是在死循环等待串口数据。至此,整个 USMART 的移植就完成了。编译成功后就可以下载程序到开发板,开始 USMART 的体验。

16.4 下载验证

将程序下载到战舰 STM32 后,可以看到 DS0 不停地闪烁,提示程序已经在运行了。同时,屏幕上显示了一些字符(就是主函数里面要显示的字符)。

打开串口调试助手 XCOM,选择正确的串口号,单击"多条发送",并选中"发送新行"(即发送回车键)选项,然后发送 list 指令即可打印所有 USMART 可调用函数,如图 16.4.1 所示。

图中 list、id、?、help、hex、dec 和 runtime 都属于 USMART 自带的系统命令,单击后方的数字按钮即可发送对应的指令。下面简单介绍下这几个命令:

list,该命令用于打印所有 USMART 可调用函数。发送该命令后,串口将收到所有能被 USMART 调用得到函数,如图 16.4.1 所示。

id,该指令用于获取各个函数的入口地址。比如前面写的 test_fun 函数就有一个函数参数,我们需要先通过 id 指令获取 led_set 函数的 id(即入口地址),然后将这个 id 作为函数参数,传递给 test_fun。

help(或者'?'也可以),发送该指令后,串口将打印 USMART 使用的帮助信息。

hex 和 dec,这 2 个指令可以带参数,也可以不带参数。当不带参数的时候,hex 和 dec 分别用于设置串口显示数据格式为 16 进制/10 进制。当带参数的时候,hex 和 dec

图 16.4.1　驱动串口调试助手

就执行进制转换，比如输入 hex 1234，串口将打印 HEX：0X4D2，也就是将 1234 转换为 16 进制打印出来。又比如输入 dec 0X1234，串口将打印 DEC：4660，就是将 0X1234 转换为 10 进制打印出来。

　　runtime 指令，用于函数执行时间统计功能的开启和关闭，发送 runtime 1 可以开启函数执行时间统计功能；发送 runtime 0 可以关闭函数执行时间统计功能。函数执行时间统计功能，默认是关闭的。

　　注意，所有的指令都是大小写敏感的，不要写错。

　　接下来将介绍如何调用 list 打印的这些函数，先来看一个简单的 delay_ms 的调用，我们分别输入 delay_ms(1000) 和 delay_ms(0x3E8)，如图 16.4.2 所示。可以看出，delay_ms(1000) 和 delay_ms(0x3E8) 的调用结果是一样的，都是延时 1 000 ms，因为 USMART 默认设置的是 hex 显示，所以看到串口打印的参数都是 16 进制格式的，可以通过发送 dec 指令切换为十进制显示。另外，由于 USMART 对调用函数的参数大小写不敏感，所以参数写成 0X3E8 或者 0x3e8 都是正确的。另外，发送 runtime 1 开启运行时间统计功能，从测试结果看，USMART 的函数运行时间统计功能是相当准确的。

　　再看另外一个函数，LCD_ShowString 函数，用于显示字符串，我们通过串口输入：LCD_ShowString(20,200,200,100,16,"This is a test for usmart!!")，如图 16.4.3 所示。该函数用于在指定区域显示指定字符串，发送给开发板后就可以看到 LCD 在指定的地方显示了 "This is a test for usmart!!" 字符串。

图 16.4.2 串口调用 delay_ms 函数

图 16.4.3 串口调用 LCD_ShowString 函数

其他函数的调用也都是一样的方法,这里就不多介绍了,最后说一下带有函数参数的函数的调用。将 led_set 函数作为 test_fun 的参数,通过在 test_fun 里面调用 led_set 函数实现对 DS1(LED1)的控制。前面说过,要调用带有函数参数的函数,就必须先得到函数参数的入口地址(id),通过输入 id 指令可以得到 led_set 的函数入口地址是 0X0800022D(注意,这个地址要以实际串口输出结果为准),所以,在串口输入 test_fun (0X0800022D,0)就可以控制 DS1 亮了,如图 16.4.4 所示。

图 16.4.4　串口调用 test_fun 函数

在开发板上可以看到,收到串口发送的 test_fun(0X080052C9,0)后,开发板的 DS1 亮了,然后可以通过发送 test_fun(0X080052C9,1)来关闭 DS1。说明我们成功地通过 test_fun 函数调用 led_set,实现了对 DS1 的控制,也就验证了 USMART 对函数参数的支持。

USMART 调试组件的使用就介绍到这里。USMART 是一个非常不错的调试组件,可以达到事半功倍的效果。

第 **17** 章

RTC 实时时钟实验

本章将利用 ALIENTEK 2.8 寸 TFTLCD 模块来显示日期和时间,实现一个简单的时钟。另外也介绍了 BKP 的使用。

17.1 STM32F1 RTC 时钟简介

STM32 的实时时钟(RTC)是一个独立的定时器,拥有一组连续计数的计数器,在相应软件配置下可提供时钟日历的功能。修改计数器的值可以重新设置系统当前的时间和日期。

RTC 模块和时钟配置系统(RCC_BDCR 寄存器)是在后备区域,即在系统复位或从待机模式唤醒后 RTC 的设置和时间维持不变。但是在系统复位后,将自动禁止访问后备寄存器和 RTC,以防止对后备区域(BKP)的意外写操作。所以在设置时间之前,先要取消备份区域(BKP)写保护。

RTC 的简化框图,如图 17.1.1 所示。RTC 由 2 个主要部分组成,第一部分(APB1 接口)用来和 APB1 总线相连。此单元还包含一组 16 位寄存器,可通过 APB1 总线对其进行读/写操作。APB1 接口由 APB1 总线时钟驱动,用来与 APB1 总线连接。

另一部分(RTC 核心)由一组可编程计数器组成,分成 2 个主要模块。第一个模块是 RTC 的预分频模块,可编程产生 1 s 的 RTC 时间基准 TR_CLK。RTC 的预分频模块包含了一个 20 位的可编程分频器(RTC 预分频器)。如果在 RTC_CR 寄存器中设置了相应的允许位,则在每个 TR_CLK 周期中 RTC 产生一个中断(秒中断)。第二个模块是一个 32 位的可编程计数器,可被初始化为当前的系统时间,一个 32 位的时钟计数器,按秒钟计算,可以记录 4 294 967 296 s,约合 136 年,作为一般应用已经足够了。

RTC 还有一个闹钟寄存器 RTC_ALR,用于产生闹钟。系统时间按 TR_CLK 周期累加,并与存储在 RTC_ALR 寄存器中的可编程时间相比较,如果 RTC_CR 控制寄存器中设置了相应允许位,比较匹配时将产生一个闹钟中断。

RTC 内核完全独立于 RTC APB1 接口,而软件是通过 APB1 接口访问 RTC 的预分频值、计数器值和闹钟值的。但是相关可读寄存器只在 RTC APB1 时钟进行重新同步的 RTC 时钟的上升沿被更新,RTC 标志也是如此。这就意味着,如果 APB1 接口刚刚被开启之后,在第一次的内部寄存器更新之前,从 APB1 上读取的 RTC 寄存器值可

图 17.1.1　RTC 框图

能被破坏了(通常读到 0)。因此,若读取 RTC 寄存器曾经被禁止的 RTC APB1 接口,软件必须首先等待 RTC_CRL 寄存器的 RSF 位(寄存器同步标志位,bit3)被硬件置 1。

　　接下来介绍 RTC 相关的几个寄存器。首先要介绍的是 RTC 控制寄存器,RTC 总共有 2 个控制寄存器 RTC_CRH 和 RTC_CRL,都是 16 位的。RTC_CRH 的各位描述如图 17.1.2 所示。该寄存器用来控制中断,本章将要用到秒钟中断,所以该寄存器必须设置最低位为 1,以允许秒钟中断。

15	14	13	12	11	10	9	8	7	6	5	4	3	2	1	0
保留													OWIE	ALRIE	SECIE
													rw	rw	rw

位 15:3	保留,被硬件强制为 0
位 2	OWIE:允许溢出中断位 0:屏蔽(不允许)溢出中断;1:允许溢出中断
位 1	ALRIE:允许闹钟中断 0:屏蔽(不允许)闹钟中断;1:允许闹钟中断
位 0	SECIE:允许秒中断 0:屏蔽(不允许)秒中断;1:允许秒中断

图 17.1.2　RTC_CRH 寄存器各位描述

　　再看看 RTC_CRL 寄存器,该寄存器各位描述如图 17.1.3 所示。本章用到的是该寄存器的 0、3~5 这几个位。第 0 位是秒钟标志位,在进入闹钟中断的时候,通过判断这位来决定是不是发生了秒钟中断。然后必须通过软件将该位清零(写 0)。第 3 位为寄存器同步标志位,在修改控制寄存器 RTC_CRH/CRL 之前必须先判断该位是否已经同步了,如果没有则等待同步,在没同步的情况下修改 RTC_CRH/CRL 的值是不行的。第 4 位为配置标位,在软件修改 RTC_CNT/RTC_ALR/RTC_PRL 值的时候,必须先软件置位该位,以允许进入配置模式。第 5 位为 RTC 操作位,该位由硬件操作,软件只读;通过该位可以判断上次对 RTC 寄存器的操作是否完成,如果没有,则必须等待上一次操作结束才能开始下一次操作。

15	14	13	12	11	10	9	8	7	6	5	4	3	2	1	0
保留										RTOFF	CNF	RSF	OWF	ALRF	SECF
										r	rw	rc w0	rc w0	rc w0	rc w0

位 15：6	保留,被硬件强制为 0
位 5	RTOFF:RTC 操作关闭 RTC 模块利用这位来指示对其寄存器进行的最后一次操作的状态,指示操作是否完成。若此位为 0,则表示无法对任何的 RTC 寄存器进行写操作。此位为只读位。 0:上一次对 RTC 寄存器的写操作仍在进行;1:上一次对 RTC 寄存器的写操作已经完成
位 4	CNF:配置标志 此位必须由软件置 1 以进入配置模式,从而允许向 RTC_CNT、RTC_ALR 或 RTC_PRL 寄存器写入数据。只有当此位在被置 1 并重新由软件清 0 后,才会执行写操作。 0:退出配置模式(开始更新 RTC 寄存器);1:进入配置模式
位 3	RSF:寄存器同步标志 每当 RTC_CNT 寄存器和 RTC_DIV 寄存器由软件更新或清 0 时,此位由硬件置 1。在 APB1 复位后,或 APB1 时钟停止后,此位必须由软件清 0。要进行任何的读操作之前,用户程序必须等待这位被硬件置 1,以确保 RTC_CNT、RTC_ALR 或 RTC_PRL 已经被同步。 0:寄存器尚未被同步;1:寄存器已经被同步
位 2	OWF:溢出标志 当 32 位可编程计数器溢出时,此位由硬件置 1。如果 RTC_CRH 寄存器中 OWIE＝1,则产生中断。此位只能由软件清 0。对此位写 1 是无效的。 0:无溢出;1:32 位可编程计数器溢出
位 1	ALRF:闹钟标志 当 32 位可编程计数器达到 RTC_ALR 寄存器所设置的预定值,此位由硬件置 1。如果 RTC_CRH 寄存器中 ALRIE＝1,则产生中断。此位只能由软件清 0。对此位写 1 是无效的。 0:无闹钟;1:有闹钟
位 0	SECF:秒标志 当 32 位可编程预分频器溢出时,此位由硬件置 1 同时 RTC 计数器加 1。因此,此标志为分辨率可缩程的 RTC 计数器提供一个周期性的信号(通常为 1 秒)。如果 RTC_CRH 寄存器中 SECIE＝1,则产生中断。此位只能由软件清除。对此位写 1 是无效的。 0:秒标志条件不成立;1:秒标志条件成立

图 17.1.3　RTC_CRL 寄存器各位描述

第二个要介绍的寄存器是 RTC 预分频装载寄存器,也由 2 个寄存器组成,RTC_PRLH 和 RTC_PRLL。这 2 个寄存器用来配置 RTC 时钟的分频数,比如使用外部 32.768 kHz 的晶振作为时钟的输入频率,那么要设置这 2 个寄存器的值为 32 767,以得到一秒钟的计数频率。RTC_PRLH 的各位描述如图 17.1.4 所示。可以看出,RTC_PRLH 只有低 4 位有效,用来存储 PRL 的 19～16 位。而 PRL 的前 16 位存放在 RTC_PRLL 里面,寄存器 RTC_PRLL 的各位描述如图 17.1.5 所示。

15	14	13	12	11	10	9	8	7	6	5	4	3	2	1	0
保留												PRL[19:16]			
												w	w	w	w

位 15:6	保留,被硬件强制为 0
位 3:0	PRL[19:16]:RTC 预分频装载值高位 根据以下公式,这些位来定义计数器的时钟频率: fTR_CLK=fRTCCLK/(PRL[19:0]+1) 注:不推荐使用 0 值,否则无法正确的产生 RTC 中断和标志位

图 17.1.4　RTC_PRLH 寄存器各位描述

15	14	13	12	11	10	9	8	7	6	5	4	3	2	1	0
PRL[15:0]															
w	w	w	w	w	w	w	w	w	w	w	w	w	w	w	w

位 15:0　PRL[15:0]:RTC 预分频装载值低位
　　　　根据以下公式,这些位来定义计数器的时钟频率:
$$f_{\text{TR\_CLK}} = f_{\text{RTCCLK}} / (\text{PRL}[19:0] + 1)$$

图 17.1.5　RTC_PRLL 寄存器各位描述

接下来介绍 RTC 预分频器余数寄存器,该寄存器也由 2 个寄存器组成 RTC_DIVH 和 RTC_DIVL,这 2 个寄存器的作用就是获得比秒钟更准确的时钟,比如可以得到 0.1 s 或者 0.01 s 等。该寄存器的值是自减的,用于保存还需要多少时钟周期获得一个秒信号。在一次秒钟更新后,由硬件重新装载。这 2 个寄存器和 RTC 预分频装载寄存器的各位是一样的,这里就不列出来了。

接着要介绍的是 RTC 最重要的寄存器,即 RTC 计数器寄存器 RTC_CNT。该寄存器由 2 个 16 位的寄存器组成,RTC_CNTH 和 RTC_CNTL,总共 32 位,用来记录秒钟值(一般情况下)。注意,在修改这个寄存器的时候要先进入配置模式。

最后介绍 RTC 部分的最后一个寄存器,RTC 闹钟寄存器。该寄存器也由 2 个 16 位的寄存器组成,RTC_ALRH 和 RTC_ALRL,总共也是 32 位,用来标记闹钟产生的时间(以秒为单位)。如果 RTC_CNT 的值与 RTC_ALR 的值相等,并使能了中断,则产生一个闹钟中断。该寄存器的修改也要进入配置模式才能进行。

因为我们使用到备份寄存器来存储 RTC 的相关信息(这里主要用来标记时钟是否已经经过了配置),这里顺便介绍一下 STM32 的备份寄存器。备份寄存器是 42 个 16 位的寄存器(战舰开发板就是大容量的),可用来存储 84 个字节的用户应用程序数据。它们处在备份域里,当 VDD 电源被切断,它们仍然由 VBAT 维持供电。即使系统在待机模式下被唤醒或系统复位或电源复位时,它们也不会被复位。

此外,BKP 控制寄存器用来管理侵入检测和 RTC 校准功能。

复位后,对备份寄存器和 RTC 的访问被禁止,并且备份域被保护以防止可能存在的意外写操作。执行以下操作可以使能对备份寄存器和 RTC 的访问:

① 通过设置寄存器 RCC_APB1ENR 的 PWREN 和 BKPEN 位来打开电源和后备接口的时钟;

② 电源控制寄存器(PWR_CR)的 DBP 位来使能对后备寄存器和 RTC 的访问。

一般用 BKP 来存储 RTC 的校验值或者记录一些重要的数据,相当于一个 EEP-ROM;不过这个 EEPROM 并不是真正的 EEPROM,而是需要电池来维持它的数据。BKP 的详细介绍可看《STM32 参考手册》的第 47 页 5.1 节。

最后还要介绍一下备份区域控制寄存器 RCC_BDCR。该寄存器的各位描述如图 17.1.6 所示。RTC 的时钟源选择及使能设置都是通过这个寄存器来实现的,所以在 RTC 操作之前先要通过这个寄存器选择 RTC 的时钟源,然后才能开始其他的操作。

31	30	29	28	27	26	25	24	23	22	21	20	19	18	17	16
保留															BDRST
															rw

15	14	13	12	11	10	9	8	7	6	5	4	3	2	1	0
RTC EN	保留					RTCSEL[1：0]		保留					LSE BYP	LSE RDY	LSEON
rw						rw	rw						rw	r	rw

位 31：17	保留,始终读为 0
位 16	BDRST:备份域软件复位 由软件置 1 或清 0 0:复位未激活;1:复位整个备份域
位 15	RTCEN:RTC 时钟使能 由软件置 1 或清 0 0:RTC 时钟关闭;1:RTC 时钟开启
位 14：10	保留,始终读为 0
位 9：8	RTCSEL[1：0]：RTC 时钟源选择 由软件设置来选择 RTC 时钟源。一旦 RTC 时钟源被选定,直到下次后备域被复位,它不能在被改变。可通过设置 BDRST 位来清除。 00:无时钟;01:LSE 振荡器作为 RTC 时钟; 10:LSI 振荡器作为 RTC 时钟;11：HSE 振荡器在 128 分频后作为 RTC 时钟
位 7：3	保留。始终读为 0
位 2	LSEBYP:外部低速时钟振荡器旁路 在调试模式下由软件置 1 或清 0 来旁路 LSE。只有在外部 32 kHz 振荡器关闭时,才能写入该位 0:LSE 时钟未被旁路;1:LSE 时钟被旁路
位 1	LSERDY:外部低速 LSE 就绪 由硬什置 1 或清 0 来指示是否外部 32 kHz 振荡器就绪。在 LSEON 被清零后,该位需要 6 个外部低速振荡器的周期才被清零。 0:外部 32 kHz 振荡器未就绪;1:外部 32 kHz 振荡器就绪
位 0	LSEON:外部低速振荡器使能 由软件置 1 或清 0 0:外部 32 kHz 振荡器关闭;1:外部 32 kHz 振荡器开启

图 17.1.6 RCC_BDCR 寄存器各位描述

下面看看要经过哪几个步骤的配置才能使 RTC 正常工作,这里将对每个步骤通过库函数的实现方式来讲解。

固件库中 RTC 相关定义在源文件 stm32f4xx_rtc.c 以及头文件 stm32f4xx_rtc.h 中,BKP 相关的库函数在文件 stm32f10x_bkp.c 和文件 stm32f10x_bkp.h 文件中。

RTC 正常工作的一般配置步骤如下:

① 使能电源时钟和备份区域时钟。

要访问 RTC 和备份区域就必须先使能电源时钟和备份区域时钟：

```
RCC_APB1PeriphClockCmd(RCC_APB1Periph_PWR | RCC_APB1Periph_BKP, ENABLE);
```

② 取消备份区写保护。

要向备份区域写入数据，就要先取消备份区域写保护（写保护在每次硬复位之后被使能），否则无法向备份区域写入数据。我们需要用到向备份区域写入一个字节来标记时钟已经配置过了，从而避免每次复位之后重新配置时钟。取消备份区域写保护的库函数实现方法是：

```
PWR_BackupAccessCmd(ENABLE);//使能 RTC 和后备寄存器访问
```

③ 复位备份区域，开启外部低速振荡器。

在取消备份区域写保护之后，我们可以先对这个区域复位，以清除前面的设置，当然这个操作不要每次都执行，因为备份区域的复位将导致之前存在的数据丢失，所以要不要复位，要看情况而定。然后使能外部低速振荡器，这里一般要先判断 RCC_BDCR 的 LSERDY 位来确定低速振荡器已经就绪了才开始下面的操作。

备份区域复位的函数是：

```
BKP_DeInit();//复位备份区域
```

开启外部低速振荡器的函数是：

```
RCC_LSEConfig(RCC_LSE_ON);//开启外部低速振荡器
```

④ 选择 RTC 时钟，并使能。

这里通过 RCC_BDCR 的 RTCSEL 来选择外部 LSI 作为 RTC 的时钟，然后通过 RTCEN 位使能 RTC 时钟。

库函数中，选择 RTC 时钟的函数是：

```
RCC_RTCCLKConfig(RCC_RTCCLKSource_LSE);        //选择 LSE 作为 RTC 时钟
```

对于 RTC 时钟的选择，还有 RCC_RTCCLKSource_LSI 和 RCC_RTCCLKSource_HSE_Div128 共 2 个，前者为 LSI，后者为 HSE 的 128 分频。

使能 RTC 时钟的函数是：

```
RCC_RTCCLKCmd(ENABLE);        //使能 RTC 时钟
```

⑤ 设置 RTC 的分频，并配置 RTC 时钟。

开启了 RTC 时钟之后要做的就是设置 RTC 时钟的分频数，通过 RTC_PRLH 和 RTC_PRLL 来设置，然后等待 RTC 寄存器操作完成并同步之后设置秒钟中断。然后设置 RTC 的允许配置位（RTC_CRH 的 CNF 位）并设置时间（其实就是设置 RTC_CNTH 和 RTC_CNTL 共 2 个寄存器）。

在进行 RTC 配置之前首先要打开允许配置位（CNF），库函数是：

```
RTC_EnterConfigMode();///允许配置
```

在配置完成之后，千万别忘记更新配置，同时退出配置模式，函数是：

```
RTC_ExitConfigMode();//退出配置模式，更新配置
```

设置 RTC 时钟分频数，库函数是：

```
void RTC_SetPrescaler(uint32_t PrescalerValue);
```

这个函数只有一个入口参数，就是 RTC 时钟的分频数，很好理解。

然后是设置秒中断允许,RTC 使能中断的函数是:

```
void RTC_ITConfig(uint16_t RTC_IT, FunctionalState NewState);
```

这个函数的第一个参数是设置秒中断类型,这是通过宏定义定义的。对于使能秒中断方法是:

```
RTC_ITConfig(RTC_IT_SEC, ENABLE);//使能 RTC 秒中断
```

下一步便是设置时间了。设置时间实际上就是设置 RTC 的计数值,时间与计数值之间是需要换算的。库函数中设置 RTC 计数值的方法是:

```
void RTC_SetCounter(uint32_t CounterValue)最后在配置完成之后
```

⑥ 更新配置,设置 RTC 中断分组。

在设置完时钟之后,我们将配置更新同时退出配置模式,这里还是通过 RTC_CRH 的 CNF 来实现。库函数的方法是:

```
RTC_ExitConfigMode();//退出配置模式,更新配置
```

在退出配置模式更新配置之后在备份区域 BKP_DR1 写入 0X5050,代表已经初始化过时钟了,下次开机(或复位)的时候先读取 BKP_DR1 的值,然后判断是否是 0X5050 来决定是不是要配置。接着配置 RTC 的秒钟中断并进行分组。

往备份区域写用户数据的函数是:

```
void BKP_WriteBackupRegister(uint16_t BKP_DR, uint16_t Data);
```

这个函数的第一个参数就是寄存器的标号了,这是通过宏定义定义的。比如要往 BKP_DR1 写入 0x5050,方法是:

```
BKP_WriteBackupRegister(BKP_DR1, 0X5050);
```

同时,有写便有读,读取备份区域指定寄存器的用户数据的函数是:

```
uint16_t BKP_ReadBackupRegister(uint16_t BKP_DR);
```

设置中断分组的方法之前已经详细讲解过,调用 NVIC_Init 函数即可。

⑦ 编写中断服务函数。

最后要编写中断服务函数。在秒钟中断产生的时候,读取当前的时间值并显示到 TFTLCD 模块上。

通过以上几个步骤就完成了对 RTC 的配置,并通过秒钟中断来更新时间。

17.2 硬件设计

本实验用到的硬件资源有:指示灯 DS0、串口、TFTLCD 模块、RTC。前面 3 个都介绍过了,而 RTC 属于 STM32 内部资源,其配置也是通过软件设置好就可以了。不过 RTC 不能断电,否则数据就丢失了。如果想让时间在断电后还可以继续走,那么必须确保开发板的电池有电(ALIENTEK 战舰 STM32 开发板标配是有电池的)。

17.3 软件设计

打开本书配套资料的 RTC 时钟实验,可以看到,我们的工程中加入了 rtc.c 源文

件和 rtc. h 头文件,同时,引入了 stm32f10x_rtc. c 和 stm32f10x_bkp. c 库文件。

　　rtc. c 中的代码不全部贴出了,这里针对几个重要的函数进行简要说明。首先是
RTC_Init,其代码如下:

```
//实时时钟配置
//初始化 RTC 时钟,同时检测时钟是否工作正常
//BKP->DR1 用于保存是否第一次配置的设置
//返回 0:正常;其他:错误代码
u8 RTC_Init(void)
{
    u8 temp = 0;
    //检查是不是第一次配置时钟
    RCC_APB1PeriphClockCmd(RCC_APB1Periph_PWR|RCC_APB1Periph_BKP, ENABLE);
                                        //①使能 PWR 和 BKP 外设时钟
    PWR_BackupAccessCmd(ENABLE);        //②使能后备寄存器访问
    if(BKP_ReadBackupRegister(BKP_DR1)! = 0x5050)
                //从指定的后备寄存器中读出数据:读出了与写入的指定数据不相符
    {
        BKP_DeInit();                   //③复位备份区域
        RCC_LSEConfig(RCC_LSE_ON);      //设置外部低速晶振(LSE)
        while(RCC_GetFlagStatus(RCC_FLAG_LSERDY) == RESET&&temp<250)
                //检查指定的 RCC 标志位设置与否,等待低速晶振就绪
        {
            temp ++ ;delay_ms(10);
        }
        if(temp> = 250)return 1;//初始化时钟失败,晶振有问题
        RCC_RTCCLKConfig(RCC_RTCCLKSource_LSE);//设置 RTC 时钟源 LSE
        RCC_RTCCLKCmd(ENABLE);          //使能 RTC 时钟
        RTC_WaitForLastTask();//等待最近一次对 RTC 寄存器的写操作完成
        RTC_WaitForSynchro();//等待 RTC 寄存器同步
        RTC_ITConfig(RTC_IT_SEC,ENABLE);    //使能 RTC 秒中断
        RTC_WaitForLastTask();//等待最近一次对 RTC 寄存器的写操作完成
        RTC_EnterConfigMode();     //允许配置
        RTC_SetPrescaler(32767);   //设置 RTC 预分频的值
        RTC_WaitForLastTask();   //等待最近一次对 RTC 寄存器的写操作完成
        RTC_Set(2015,1,14,17,42,55);   //设置时间
        RTC_ExitConfigMode();     //退出配置模式
        BKP_WriteBackupRegister(BKP_DR1,0X5050);
                    //向指定的后备寄存器中写入用户程序数据 0x5050
    }
    else        //系统继续计时
    {
        RTC_WaitForSynchro();     //等待最近一次对 RTC 寄存器的写操作完成
        RTC_ITConfig(RTC_IT_SEC,ENABLE);//使能 RTC 秒中断
        RTC_WaitForLastTask();//等待最近一次对 RTC 寄存器的写操作完成
    }
    RTC_NVIC_Config();          //RCT 中断分组设置
    RTC_Get();                  //更新时间
    return 0;                   //ok
}
```

该函数用来初始化 RTC 时钟,但是只在第一次的时候设置时间,以后如果重新上

电/复位都不会再进行时间设置了(前提是备份电池有电)。在第一次配置的时候,我们是按照上面介绍的 RTC 初始化步骤来做的,这里设置时间是通过时间设置函数 RTC_Set 函数来实现的。这里默认将时间设置为 2015 年 1 月 14 日 17 点 42 分 55 秒。在设置好时间之后,我们通过 BKP_WriteBackupRegister()函数向 BKP→DR1 写入标志字 0X5050,用于标记时间已经被设置了。这样,再次发生复位的时候,该函数通过 BKP_ReadBackupRegister()读取 BKP→DR1 的值来判断、决定是不是需要重新设置时间;如果不需要设置,则跳过时间设置,仅仅使能秒钟中断一下,就进行中断分组,然后返回了。这样不会重复设置时间,使得我们设置的时间不会因复位或者断电而丢失。

该函数还有返回值,返回值代表此次操作的成功与否,返回 0 代表初始化 RTC 成功,返回值非零则代表错误代码了。

再来介绍一下 RTC_Set 函数,该函数代码如下:

```
//设置时钟
//把输入的时钟转换为秒钟
//以 1970 年 1 月 1 日为基准   1970～2099 年为合法年份
//返回值:0,成功;其他:错误代码
u8 const table_week[12]={0,3,3,6,1,4,6,2,5,0,3,5}; //月修正数据表
const u8 mon_table[12]={31,28,31,30,31,30,31,31,30,31,30,31};//平年的月份日期表
u8 RTC_Set(u16 syear,u8 smon,u8 sday,u8 hour,u8 min,u8 sec)
{
    u16 t;
    u32 seccount = 0;
    if(syear<1970||syear>2099)return 1;
    for(t = 1970;t<syear;t++)                    //把所有年份的秒钟相加
    {
        if(Is_Leap_Year(t))seccount += 31622400; //闰年的秒钟数
        else seccount += 31536000;               //平年的秒钟数
    }
    smon -= 1;
    for(t = 0;t<smon;t++)                        //把前面月份的秒钟数相加
    {
        seccount += (u32)mon_table[t] * 86400;   //月份秒钟数相加
        if(Is_Leap_Year(syear)&&t == 1)seccount += 86400; //闰年 2 月份增加一天的
                                                          //秒钟数
    }
    seccount += (u32)(sday-1) * 86400;           //把前面日期的秒钟数相加
    seccount += (u32)hour * 3600;                //小时秒钟数
    seccount += (u32)min * 60;                   //分钟秒钟数
    seccount += sec;                             //最后的秒钟加上去
    RCC_APB1PeriphClockCmd(RCC_APB1Periph_PWR|
    RCC_APB1Periph_BKP,ENABLE);                  //使能 PWR 和 BKP 外设时钟
    PWR_BackupAccessCmd(ENABLE);                 //使能 RTC 和后备寄存器访问
    RTC_SetCounter(seccount);                    //设置 RTC 计数器的值
    RTC_WaitForLastTask();                //等待最近一次对 RTC 寄存器的写操作完成
    return 0;
}
```

该函数用于设置时间,把输入的时间转换为以 1970 年 1 月 1 日 0 时 0 分 0 秒当作起始时间的秒钟信号,后续的计算都以这个时间为基准的。由于 STM32 的秒钟计数

器可以保存 136 年的秒钟数据,这样可以计时到 2106 年。

接着介绍 RTC_Alarm_Set 函数,该函数用于设置闹钟时间,同 RTC_Set 函数几乎一模一样,主要区别就是将调用 RTC_SetCounter 函数换成了调用 RTC_SetAlarm 函数,用于设置闹钟时间,具体代码请参考本例程源码。

接着介绍 RTC_Get 函数,该函数用于获取时间和日期等数据,其代码如下:

```
//得到当前的时间,结果保存在 calendar 结构体里面
//返回值:0,成功;其他:错误代码
u8 RTC_Get(void)
{   static u16 daycnt = 0;
    u32 timecount = 0;
    u32 temp = 0;
    u16 temp1 = 0;
    timecount = RTC - >CNTH;                   //得到计数器中的值(秒钟数)
    timecount<< = 16;
    timecount + = RTC - >CNTL;
    temp = timecount/86400;                    //得到天数(秒钟数对应的)
    if(daycnt! = temp)                         //超过一天了
    {
        daycnt = temp;
        temp1 = 1970;                          //从 1970 年开始
        while(temp> = 365)
        {
            if(Is_Leap_Year(temp1))            //是闰年
            {
                if(temp> = 366)temp - = 366;   //闰年的秒钟数
                else break;
            }
            else temp - = 365;                 //平年
            temp1 ++ ;
        }
        calendar.w_year = temp1;               //得到年份
        temp1 = 0;
        while(temp> = 28)                      //超过了一个月
        {
            if(Is_Leap_Year(calendar.w_year)&&temp1 == 1)//当年是不是闰年/2 月份
            {
                if(temp> = 29)temp - = 29;//闰年的秒钟数
                else break;
            }
            else
            {   if(temp> = mon_table[temp1])temp - = mon_table[temp1];//平年
                else break;
            }
            temp1 ++ ;
        }
        calendar.w_month = temp1 + 1;          //得到月份
        calendar.w_date = temp + 1;            //得到日期
    }
    temp = timecount % 86400;                  //得到秒钟数
```

```
    calendar.hour = temp/3600;               //小时
    calendar.min = (temp % 3600)/60;          //分钟
    calendar.sec = (temp % 3600) % 60;        //秒钟
    calendar.week = RTC_Get_Week(calendar.w_year,calendar.w_month,calendar.w_date);
//获取星期
    return 0;
}
```

该函数其实就是将存储在秒钟寄存器 RTC→CNTH 和 RTC→CNTL 中的秒钟数据(通过函数 RTC_SetCounter 设置)转换为真正的时间和日期。该代码还用到了一个 calendar 的结构体,calendar 是 rtc.h 里面将要定义的一个时间结构体,用来存放时钟的年月日时分秒等信息。因为 STM32 的 RTC 只有秒钟计数器,而年月日时分秒这些需要自己通过软件计算。把计算好的值保存在 calendar 里面,方便其他程序调用。

最后介绍秒钟中断服务函数,该函数代码如下:

```
//RTC 时钟中断
//每秒触发一次
void RTC_IRQHandler(void)
{
    if (RTC_GetITStatus(RTC_IT_SEC) != RESET)          //秒钟中断
    {
        RTC_Get();                                      //更新时间
    }
    if(RTC_GetITStatus(RTC_IT_ALR)!= RESET)            //闹钟中断
    {
        RTC_ClearITPendingBit(RTC_IT_ALR);              //清闹钟中断
        RTC_Get();                                      //更新时间
        printf("Alarm Time:%d-%d-%d %d:%d:%d\n",calendar.w_year,calendar.w_month,
            calendar.w_date,calendar.hour,calendar.min,calendar.sec);//输出闹铃时间
    }
    RTC_ClearITPendingBit(RTC_IT_SEC|RTC_IT_OW);        //清闹钟中断
    RTC_WaitForLastTask();
}
```

此部分代码比较简单,通过 RTC_GetITStatus 来判断发生的是何种中断,如果是秒钟中断,则执行一次时间的计算,获得最新时间,结果保存在 calendar 结构体里面,因此,可以在 calendar 里面读到最新的时间、日期等信息。如果是闹钟中断,则更新时间后将当前的闹铃时间通过 printf 打印出来,可以在串口调试助手看到当前的闹铃情况。

rtc.c 的其他程序可直接看本书配套资料的源码。接下来看看 rtc.h 代码,其中定义了一个结构体:

```
typedef struct
{
    vu8 hour;
    vu8 min;
    vu8 sec;
    //公历日月年周
    vu16 w_year;
    vu8  w_month;
    vu8  w_date;
```

```
    vu8   week;
}_calendar_obj;
```

从上面结构体定义可以看到，_calendar_obj 结构体包含的成员变量是一个完整的公历信息，包括年、月、日、周、时、分、秒 7 个元素。以后要想知道当前时间，只需要通过 RTC_Get 函数执行时钟转换，然后就可以从 calendar 里面读出当前的公历时间了。

main.c 里面的代码如下：

```
int main(void)
{
    u8 t = 0;
    delay_init();                           //延时函数初始化
    NVIC_PriorityGroupConfig(NVIC_PriorityGroup_2);     //设置 NVIC 中断分组 2
    uart_init(115200);                      //串口初始化波特率为 115 200
    LED_Init();                             //LED 端口初始化
    LCD_Init();                             //LCD 初始化
    usmart_dev.init(72);                    //初始化 USMART
    POINT_COLOR = RED;                      //设置字体为红色
    LCD_ShowString(30,50,200,16,16,"WarShip STM32F103 ^_^");
    LCD_ShowString(30,70,200,16,16,"RTC TEST");
    LCD_ShowString(30,90,200,16,16,"ATOM@ALIENTEK");
    LCD_ShowString(30,110,200,16,16,"2015/1/14");
    while(RTC_Init())                       //RTC 初始化，一定要初始化成功
    {
        LCD_ShowString(60,130,200,16,16,"RTC ERROR!   ");
        delay_ms(800);
        LCD_ShowString(60,130,200,16,16,"RTC Trying...");
    }
    //显示时间
    POINT_COLOR = BLUE;                     //设置字体为蓝色
    LCD_ShowString(60,130,200,16,16,"   -   -    ");
    LCD_ShowString(60,162,200,16,16,"   :   :   ");
    while(1)
    {
        if(t!= calendar.sec)
        {
            t = calendar.sec;
            LCD_ShowNum(60,130,calendar.w_year,4,16);
            LCD_ShowNum(100,130,calendar.w_month,2,16);
            LCD_ShowNum(124,130,calendar.w_date,2,16);
            switch(calendar.week)
            {
                case 0:LCD_ShowString(60,148,200,16,16,"Sunday   ");
                    break;
                case 1:LCD_ShowString(60,148,200,16,16,"Monday   ");
                    break;
                case 2:LCD_ShowString(60,148,200,16,16,"Tuesday  ");
                    break;
                case 3:LCD_ShowString(60,148,200,16,16,"Wednesday");
                    break;
                case 4:LCD_ShowString(60,148,200,16,16,"Thursday ");
                    break;
```

```
                    case 5:LCD_ShowString(60,148,200,16,16,"Friday  ");
                        break;
                    case 6:LCD_ShowString(60,148,200,16,16,"Saturday");
                        break;
            }
        LCD_ShowNum(60,162,calendar.hour,2,16);
        LCD_ShowNum(84,162,calendar.min,2,16);
        LCD_ShowNum(108,162,calendar.sec,2,16);
        LED0 = ! LED0;
        }
    delay_ms(10);
    };
}
```

这部分代码在包含了 rtc.h 之后,通过判断 calendar.sec 是否改变来决定要不要更新时间显示。同时,设置 LED0 每 2 秒钟闪烁一次,用来提示程序已经开始跑了。

为了方便设置时间,在 usmart_config.c 里面修改 usmart_nametab 如下:

```
struct _m_usmart_nametab usmart_nametab[] =
{
# if USMART_USE_WRFUNS == 1              //如果使能了读写操作
    (void * )read_addr,"u32 read_addr(u32 addr)",
    (void * )write_addr,"void write_addr(u32 addr,u32 val)",
# endif
    (void * )delay_ms,"void delay_ms(u16 nms)",
    (void * )delay_us,"void delay_us(u32 nus)",
    (void * )RTC_Set,"u8 RTC_Set(u16 syear,u8 smon,u8 sday,u8 hour,u8 min,u8 sec)",
};
```

将 RTC_Set 加入了 USMART,同时去掉了第 16 章的设置(减少代码量),这样通过串口就可以直接设置 RTC 时间了。

至此,RTC 实时时钟的软件设计就完成了。

17.4　下载验证

将程序下载到战舰 STM32 后,可以看到 DS0 不停地闪烁,提示程序已经在运行了。同时可以看到,TFTLCD 模块开始显示时间,实际显示效果如图 17.4.1 所示。如果时间不正确,则可以用第 16 章介绍的方法,通过串口调用 RTC_Set 来设置当前时间。

图 17.4.1　RTC 实验效果图

第 *18* 章

待机唤醒实验

本章将介绍 STM32F1 的待机唤醒功能,利用 WK_UP 按键来实现唤醒和进入待机模式的功能,然后利用 DS0 指示状态。

18.1 STM32 待机模式简介

很多单片机都有低功耗模式,STM32 也不例外。在系统或电源复位以后,微控制器处于运行状态。运行状态下的 HCLK 为 CPU 提供时钟,内核执行程序代码。当 CPU 不需继续运行时,可以利用多个低功耗模式来节省功耗,如等待某个外部事件时。用户需要根据最低电源消耗、最快速启动时间和可用的唤醒源等条件,选定一个最佳的低功耗模式。

STM32 的低功耗模式有 3 种:睡眠模式(Cortex - M3 内核停止,外设仍然运行)、停止模式(所有时钟都停止)、待机模式(1.8 V 内核电源关闭)。在运行模式下,也可以通过降低系统时钟、关闭 APB 和 AHB 总线上未被使用的外设的时钟来降低功耗。3 种低功耗模式一览表如表 18.1.1 所列。

表 18.1.1　STM32 低功耗一览表

模　式	进入操作	唤　醒	对 1.8 V 区域 时钟的影响	对 VDD 区域 时钟的影响	电压调节器
睡眠	WFI	任一中断	CPU 时钟关,对其他时钟和 ADC 时钟无影响		开
	WFE	唤醒事件			
停机	PDDS 和 LPDS 位 +SLEEPDEEP 位 +WFI 或 WFE	任一外部中断(在外部中断寄存器中设置)	所有使用 1.8 V 的区域的时钟都已关闭,HSI 和 HSE 的振荡器关闭	无	在低功耗模式下可进行开/关设置(依据电源控制寄存器(PWR_CR)的设定)
待机	PDDS 位 + SLEEPDEEP 位 +WFI 或 WFE	WKUP 引脚的上升沿、RTC 警告事件、NRST 引脚上的外部复位、IWDG 复位			关

在这 3 种低功耗模式中,最低功耗的是待机模式,在此模式下,最低只需要 2 μA 左右的电流。停机模式是次低功耗的,其典型的电流消耗在 20 μA 左右。最后就是睡眠模式了。用户可以根据需求来决定使用哪种低功耗模式。

本章仅介绍 STM32 的最低功耗模式-待机模式。待机模式可实现 STM32 的最低功耗,该模式是在 Cortex - M3 深睡眠模式时关闭电压调节器,整个 1.8 V 供电区域被断电,PLL、HSI 和 HSE 振荡器也被断电,SRAM 和寄存器内容丢失,仅由备份的寄存器和待机电路维持供电。

那么如何进入待机模式呢? 其实很简单,只要按图 18.1.1 所示的步骤执行就可以了。图中还列出了退出待机模式的操作,从图中可知,有 4 种方式可以退出待机模式,即当一个外部复位(NRST 引脚)、IWDG 复位、WKUP 引脚上的上升沿或 RTC 闹钟事件发生时,微控制器从待机模式退出。从待机唤醒后,除了电源控制/状态寄存器(PWR_CSR),所有寄存器被复位。

待机模式	说　明
进入	在以下条件下执行 WFI 或 WFE 指令: -设置 Cortex - M3 系统控制寄存器中的 SLEEPDEEP 位 -设置电源控制寄存器(PWR_CR)中的 PDDS 位 -清除电源控制/状态寄存器(PWR_CSR)中的 WUF 位被
退出	WKUP 引脚的上升沿、RTC 闹钟、NRST 引脚上外部复位、IWDG 复位
唤醒延时	复位阶段时电压调节器的启动

图 18.1.1　STM32 进入及退出待机模式的条件

从待机模式唤醒后的代码执行等同于复位后的执行(采样启动模式引脚,读取复位向量等)。电源控制/状态寄存器(PWR_CSR)将会指示内核由待机状态退出。在进入待机模式后,除了复位引脚、被设置为防侵入或校准输出时的 TAMPER 引脚、被使能的唤醒引脚(WK_UP 脚),其他的 I/O 引脚都将处于高阻态。

图 18.1.1 已经清楚地说明了进入待机模式的通用步骤,其中涉及 2 个寄存器,即电源控制寄存器(PWR_CR)和电源控制/状态寄存器(PWR_CSR)。下面介绍一下这 2 个寄存器。

电源控制寄存器(PWR_CR)关键位描述如图 18.1.2 所示。这里通过设置 PWR_CR 的 PDDS 位使 CPU 进入深度睡眠时进入待机模式,同时通过 CWUF 位清除之前的唤醒位。

15	14	13	12	11	10	9	8	7	6	5	4	3	2	1	0
保留							DBP	PLS[2：0]			PVDE	CSBF	CWUF	PDDS	LPDS
							rw	rw	rw	rw	rw	rc_w1	rc_w1	rw	rw

位 31：9	保留。始终读为 0
位 8	DBP:取消后备区域的写保护 在复位后,RTC 和后备寄存器处于被保护状态以防意外写入。设置这位允许写入这些寄存器。 0:禁止写入 RTC 和后备寄存器;　1:允许写入 RTC 和后备寄存器

图 18.1.2　PWR_CR 寄存器各位描述

位 3	CSBF:清除待机位 始终读出为 0 0:无功效;1:清除 SBF 待机位(写)
位 2	CWUF:清除唤醒位 始终读出为 0 0:无功效;1:2 个系统时钟周期后清除 WUF 唤醒位(写)
位 1	PDDS:掉电深睡眠 与 LPDS 位协同操作 0:当 CPU 进入深睡眠时进入停机模式,调压器的状态由 LPDS 位控制。 1:CPU 进入深睡眠时进入待机模式

图 18.1.2　PWR_CR 寄存器各位描述(续)

电源控制/状态寄存器(PWR_CSR)的各位描述如图 18.1.3 所示。这里通过设置 PWR_CSR 的 EWUP 位来使能 WKUP 引脚用于待机模式唤醒。还可以从 WUF 来检查是否发生了唤醒事件,不过本章并没有用到。

31	30	29	28	27	26	25	24	23	22	21	20	19	18	17	16
保留														

15	14	13	12	11	10	9	8	7	6	5	4	3	2	1	0
保留							EWUP	保留						PVDO	SBF	WUF
							rw						r	r	r

位 31:0	保留。始终读为 0
位 8	EWUP:使能 WKUP 引脚 0:WKUP 引脚为通用 I/O。WKLIP 引脚上的事件不能将 CPU 从待机模式唤醒 1:WKUP 引脚用于将 CPU 从待机模式唤醒,WKUP 引脚被强置为输入下拉的配置(WKUP 引脚上的上升沿将系统从待机模式唤醒) 注:在系统复位时清除这一位
位 7:3	保留。始终读为 0
位 2	PVDO：PVD 输出 与 PVD 被 PVDE 位使能后该位才有效 0:V_{DD}/V_{DDA} 高于 PLS[2:0]选定的 PVD 阈值 1:V_{DD}/V_{DDA} 高于 PLS[2:0]选定的 PVD 阈值 注:在待机模式下 PVD 被停止。因此,待机模式后或复位后,直到设置 PVDE 位之前,该位为 0
位 1	SBF:待机标志 该位由硬件设置,并只能由 POR/PDR(上电/掉电复位)或设置电源控制寄存器(FWR_CR)的 CSBF 位清除。 0:系统不在待机模式;1:系统进入待机模式
位 0	WUF:唤醒标志 该位由硬件设置,并只能由 POR/PDR(上电/掉电复位)或设置电源控制寄存器(FWR_CR)的 CWUF 位清除。 0:没有发生唤醒事件 1:在 WKUP 引脚上发生唤醒事件或出现 RTC 闹钟事件。 注:与 WKUP 引脚已经是高电平时,在(通过设置 EWUP 位)使能 WKUP 引脚时,会检查到一个额外的事件

图 18.1.3　PWR_CSR 寄存器各位描述

通过以上介绍,我们了解了进入待机模式的方法,以及设置 WK_UP 引脚,从而把 STM32 从待机模式唤醒的方法,具体步骤如下:

•239•

① 使能电源时钟。

因为要配置电源控制寄存器,所以必须先使能电源时钟。在库函数中,使能电源时钟的方法是:

```
RCC_APB1PeriphClockCmd(RCC_APB1Periph_PWR,ENABLE);//使能 PWR 外设时钟
```

② 设置 WK_UP 引脚作为唤醒源。

使能时钟之后后再设置 PWR_CSR 的 EWUP 位,使能 WK_UP 用于将 CPU 从待机模式唤醒。在库函数中,设置使能 WK_UP 用于唤醒 CPU 待机模式的函数是:

```
PWR_WakeUpPinCmd(ENABLE);  //使能唤醒管脚功能
```

③ 设置 SLEEPDEEP 位、PDDS 位,执行 WFI 指令,进入待机模式。

进入待机模式,首先要设置 SLEEPDEEP 位(该位在系统控制寄存器(SCB_SCR)的第二位,详见《ARM Cortex‐M3 权威指南》第 182 页表 13.1)。接着通过 PWR_CR 设置 PDDS 位,使得 CPU 进入深度睡眠时进入待机模式。最后执行 WFI 指令开始进入待机模式,并等待 WK_UP 中断的到来。在库函数中,进入待机模式是在函数 PWR_EnterSTANDBYMode 中实现的:

```
void PWR_EnterSTANDBYMode(void);
```

④ 最后编写 WK_UP 中断函数。

因为我们通过 WK_UP 中断(PA0 中断)来唤醒 CPU,所以有必要设置一下该中断函数,同时也通过该函数进入待机模式。

通过以上几个步骤的设置就可以使用 STM32 的待机模式了,并且可以通过 WK_UP 来唤醒 CPU。最终要实现这样一个功能:长按(3 s)WK_UP 按键开机,并且通过 DS0 的闪烁指示程序已经开始运行;再次长按该键则进入待机模式,DS0 关闭,程序停止运行,类似于手机的开关机。

18.2　硬件设计

本实验用到的硬件资源有指示灯 DS0、WK_UP 按键。本章使用 WK_UP 按键用于唤醒和进入待机模式,然后通过 DS0 来指示程序是否在运行。这 2 个硬件的连接前面均有介绍。

18.3　软件设计

打开待机唤醒实验工程可以发现,工程中多了一个 wkup.c 和 wkup.h 文件,相关的用户代码写在这 2 个文件中。同时,对于待机唤醒功能,需要引入 stm32f10x_pwr.c 和 stm32f0x_pwr.h 文件。

打开 wkup.c,可以看到如下关键代码:

```
void Sys_Standby(void)
{
```

```
        RCC_APB1PeriphClockCmd(RCC_APB1Periph_PWR,ENABLE);//使能 PWR 外设时钟
        PWR_WakeUpPinCmd(ENABLE);                          //使能唤醒引脚功能
        PWR_EnterSTANDBYMode();                            //进入待命(STANDBY)模式
}
//系统进入待机模式
void Sys_Enter_Standby(void)
{
        RCC_APB2PeriphResetCmd(0X01FC,DISABLE);            //复位所有 I/O 口
        Sys_Standby();
}
//检测 WKUP 脚的信号
//返回值 1:连续按下 3s 以上      0:错误的触发
u8 Check_WKUP(void)
{
        u8 t = 0;                                          //记录按下的时间
        LED0 = 0;                                          //亮灯 DS0
        while(1)
        {
            if(WKUP_KD)
            {
                t ++ ;                                     //已经按下了
                delay_ms(30);
                if(t> = 100)                               //按下超过 3 s
                {
                    LED0 = 0;                              //点亮 DS0
                    return 1;                              //按下 3 s 以上了
                }
            }else
            {
                LED0 = 1;   return 0;                      //按下不足 3 s
            }
        }
}
//中断,检测到 PA0 脚的一个上升沿
//中断线 0 线上的中断检测
void EXTI0_IRQHandler(void)
{
        EXTI_ClearITPendingBit(EXTI_Line0);                //清除 LINE10 上的中断标志位
        if(Check_WKUP())                                   //关机吗
        {
            Sys_Enter_Standby();
        }
}
//PA0 WKUP 唤醒初始化
void WKUP_Init(void)
{   GPIO_InitTypeDef   GPIO_InitStructure;
    NVIC_InitTypeDef NVIC_InitStructure;
    EXTI_InitTypeDef EXTI_InitStructure;
    RCC_APB2PeriphClockCmd(RCC_APB2Periph_GPIOA |
    RCC_APB2Periph_AFIO, ENABLE);                          //使能 GPIOA 和复用功能时钟
    GPIO_InitStructure.GPIO_Pin = GPIO_Pin_0;              //PA.0
```

```
GPIO_InitStructure.GPIO_Mode = GPIO_Mode_IPD;    //上拉输入
GPIO_Init(GPIOA,&GPIO_InitStructure);            //初始化 I/O
GPIO_EXTILineConfig(GPIO_PortSourceGPIOA,GPIO_PinSource0);//PA0-中断线 0
EXTI_InitStructure.EXTI_Line = EXTI_Line0;       //设置按键所有的外部线路
EXTI_InitStructure.EXTI_Mode = EXTI_Mode_Interrupt;   //外部中断模式
EXTI_InitStructure.EXTI_Trigger = EXTI_Trigger_Rising;  //上升沿触发
EXTI_InitStructure.EXTI_LineCmd = ENABLE;
EXTI_Init(&EXTI_InitStructure);//初始化外部中断
NVIC_InitStructure.NVIC_IRQChannel = EXTI0_IRQn;    //使能外部中断通道
NVIC_InitStructure.NVIC_IRQChannelPreemptionPriority = 2;  //先占优先级 2 级
NVIC_InitStructure.NVIC_IRQChannelSubPriority = 2;  //从优先级 2 级
NVIC_InitStructure.NVIC_IRQChannelCmd = ENABLE;     //外部中断通道使能
NVIC_Init(&NVIC_InitStructure);                     //初始化 NVIC
if(Check_WKUP() == 0)Sys_Standby();                 //不是开机,进入待机模式
}
```

注意,不要同时引用 exit.c 文件,因为 exit.c 里面也有一个 void EXTI0_IRQHandler(void)函数,如果不删除,MDK 就会报错。该部分代码比较简单,这里说明 2 点:

① 在 void Sys_Enter_Standby(void)函数里面,我们要在进入待机模式前把所有开启的外设全部关闭,这里仅仅复位了所有的 I/O 口,使得 I/O 口全部为浮空输入。其他外设(比如 ADC 等)根据自己开启的情况进行一一关闭就可,这样才能达到最低功耗!

② 在 void WKUP_Init(void)函数里面,我们要先判断 WK_UP 是否按下了 3 s 来决定要不要开机,如果没有按下 3 s,程序直接就进入了待机模式。所以在下载完代码的时候是看不到任何反应的。我们必须先按 WK_UP 按键 3 s 开机,才能看到 DS0 闪烁。

main.c 里面 main 函数代码如下:

```
int main(void)
{
    delay_init();                          //延时函数初始化
    NVIC_PriorityGroupConfig(NVIC_PriorityGroup_2);   //设置 NVIC 中断分组 2
    uart_init(115200);                     //串口初始化波特率为 115 200
    LED_Init();                            //LED 端口初始化
    WKUP_Init();                           //待机唤醒初始化
    LCD_Init();                            //LCD 初始化
    POINT_COLOR = RED;
    //…此处省略部分液晶显示代码
    while(1)
    {  LED0 = ! LED0;
       delay_ms(250);
    }
}
```

这里先初始化 LED 和 WK_UP 按键(通过 WKUP_Init()函数初始化),如果检测到有长按 WK_UP 按键 3 s 以上则开机,并执行 LCD 初始化,在 LCD 上面显示一些内容;如果没有长按,则在 WKUP_Init 里面调用 Sys_Enter_Standby 函数,直接进入待机模式。

开机后,在死循环里面等待 WK_UP 中断的到来,得到中断后,在中断函数里面判断 WK_UP 按下的时间长短来决定是否进入待机模式,如果按下时间超过 3 s,则进入待机;否则,退出中断,继续执行 main 函数的死循环等待,同时不停地取反 LED0,让红灯闪烁。

注意,下载代码后一定要长按 WK_UP 按键来开机,否则将直接进入待机模式,无任何现象。

18.4 下载与测试

编译成功之后,下载代码到战舰 STM32 开发板上,此时看不到任何现象,和没下载代码一样。其实这是正常的,程序下载完之后,开发板检测不到 WK_UP(即 WK_UP 按键)的持续按下(3 s 以上),所以直接进入待机模式,看起来和没有下载代码一样。然后,长按 WK_UP 按键 3 s 左右(WK_UP 按下时 DS0 会长亮),可以看到 DS0 开始闪烁,液晶也会显示一些内容。然后再长按 WK_UP,DS0 会灭掉,液晶灭掉,程序再次进入待机模式。

第 **19** 章

ADC 实验

本章将利用 STM32F1 的 ADC1 通道 1 来采样外部电压值,并在 TFTLCD 模块上显示出来。

19.1 STM32 ADC 简介

STM32 拥有 1~3 个 ADC(STM32F101/102 系列只有一个 ADC),这些 ADC 可以独立使用,也可以使用双重模式(提高采样率)。STM32 的 ADC 是 12 位逐次逼近型的模拟数字转换器,有 18 个通道,可测量 16 个外部和 2 个内部信号源。各通道的 A/D 转换可以单次、连续、扫描或间断模式执行。ADC 的结果可以左对齐或右对齐方式存储在 16 位数据寄存器中。模拟看门狗特性允许应用程序检测输入电压是否超出用户定义的高/低阈值。

STM32F103 系列最少都拥有 2 个 ADC,我们选择的 STM32F103ZET6 包含有 3 个 ADC。STM32 的 ADC 最大的转换速率为 1 MHz,也就是转换时间为 1 μs(在 ADCCLK＝14 MHz,采样周期为 1.5 个 ADC 时钟下得到),不要让 ADC 的时钟超过 14 MHz,否则将导致结果准确度下降。

STM32 将 ADC 的转换分为 2 个通道组:规则通道组和注入通道组。规则通道相当于正常运行的程序,而注入通道就相当于中断。在程序正常执行的时候,中断是可以打断正常的执行的。同这个类似,注入通道的转换可以打断规则通道的转换,在注入通道被转换完成之后,规则通道才得以继续转换。

通过一个形象的例子可以说明:假如在家里的院子内放了 5 个温度探头,室内放了 3 个温度探头,则需要时刻监视室外温度即可,但偶尔想看看室内的温度,因此可以使用规则通道组循环扫描室外的 5 个探头并显示 A/D 转换结果。当想看室内温度时,通过一个按钮启动注入转换组(3 个室内探头)并暂时显示室内温度;当放开这个按钮后,系统又会回到规则通道组继续检测室外温度。从系统设计上,测量并显示室内温度的过程中断了测量并显示室外温度的过程,但程序设计上可以在初始化阶段分别设置好不同的转换组,系统运行中不必再变更循环转换的配置,从而达到 2 个任务互不干扰和快速切换的结果。可以设想一下,如果没有规则组和注入组的划分,当按下按钮后,需要重新配置 A/D 循环扫描的通道,然后在释放按钮后须再次配置 A/D 循环扫描的通道。

上面的例子因为速度较慢,不能完全体现这样区分(规则通道组和注入通道组)的好处,但工业应用领域中有很多检测和监视探头需要较快地处理,这样对 A/D 转换的分组将简化事件处理的程序,并提高事件处理的速度。

STM32 的 ADC 的规则通道组最多包含 16 个转换,而注入通道组最多包含 4 个通道。这 2 个通道组的详细介绍可参考《STM32 参考手册的》第 155 页,第 11 章。

STM32 的 ADC 可以进行很多种不同的转换模式,这些模式在《STM32 参考手册》的第 11 章也都有详细介绍,这里就不一一列举了。本章仅介绍如何使用规则通道的单次转换模式。

STM32 的 ADC 在单次转换模式下只执行一次转换,该模式可以通过 ADC_CR2 寄存器的 ADON 位(只适用于规则通道)启动,也可以通过外部触发启动(适用于规则通道和注入通道),这是 CONT 位为 0。

以规则通道为例,一旦所选择的通道转换完成,转换结果将被存在 ADC_DR 寄存器中,EOC(转换结束)标志将被置位;如果设置了 EOCIE,则会产生中断。然后 ADC 将停止,直到下次启动。

接下来介绍一下执行规则通道的单次转换需要用到的 ADC 寄存器。第一个要介绍的是 ADC 控制寄存器(ADC_CR1 和 ADC_CR2)。ADC_CR1 的各位描述如图 19.1.1 所示。

31	30	29	28	27	26	25	24	23	22	21	20	19	18	17	16
保留								AWD EN	AWD ENJ	保留		DUALMOD[3:0]			
								rw	rw			rw	rw	rw	rw

15	14	13	12	11	10	9	8	7	6	5	4	3	2	1	0
DISCNUM[2:0]			DISC ENJ	DISC EN	JAUTO	AWD SGL	SCAN	JEOC IE	AWDIE	EOCIE		AWDCH[4:0]			
rw	rw	rw	rw	rw	rw	rw	rw	rw	rw	rw		rw	rw	rw	rw

图 19.1.1　ADC_CR1 寄存器各位描述

这里不再详细介绍每个位,而是抽出几个本章要用到的位进行针对性介绍,详细的说明及介绍可参考《STM32 参考手册》第 11 章的相关章节。

ADC_CR1 的 SCAN 位用于设置扫描模式,由软件设置和清除,如果设置为 1,则使用扫描模式;如果为 0,则关闭扫描模式。在扫描模式下,由 ADC_SQRx 或 ADC_JSQRx 寄存器选中的通道被转换。如果设置了 EOCIE 或 JEOCIE,则只在最后一个通道转换完毕才会产生 EOC 或 JEOC 中断。

ADC_CR1[19:16]用于设置 ADC 的操作模式,详细的对应关系如图 19.1.2 所示。本章要使用的是独立模式,所以设置这几位为 0 就可以了。

接着介绍 ADC_CR2,该寄存器的各位描述如图 19.1.3 所示。ADON 位用于开关 A/D 转换器。CONT 用于设置是否进行连续转换,我们使用单次转换,所以 CONT 位必须为 0。CAL 和 RSTCAL 用于 AD 校准。ALIGN 用于设置数据对齐,我们使用右对齐,该位设置为 0。

位 19：16	DUALMOD［3：0］:双模式选择 软件使用这些位选择操作模式。 0000:独立模式;0001:混合的同步规则＋注入同步模式 0010:混合的同步规则＋变替触发模式;0011:混合同步注入＋快速变替模式 0100:混合同步注入＋慢速变替模式;0101:注入同步模式 0110:规则同步模式;0111:快速变替模式 1000:慢速变替模式;1001:交替触发模式 注:在 ADC2 和 ADC3 中这些位为保留位 在双模式中,改变通道的配置会产生一重新开始的条件,这将导致同步丢失。建议在进行任何配置改变前关闭双模式

图 19.1.2　ADC 操作模式

31	30	29	28	27	26	25	24	23	22	21	20	19	18	17	16
保留								TSVR EFE	SWST ART	SWST ARTJ	EXT TRIG	EXTSEL［2：0］			保留
								rw	rw	rw	rw	rw	rw	rw	

15	14	13	12	11	10	9	8	7	6	5	4	3	2	1	0
JEXT TRIG	JEXTSEL［2：0］			ALIGN	保留		DMA	保留				RST CAL	CAL	CONT	ADON
rw	rw	rw	rw	rw			rw					rw	rw	rw	rw

图 19.1.3　ADC_CR2 寄存器操作模式

EXTSEL［2：0］用于选择启动规则转换组转换的外部事件,详细的设置关系如图 19.1.4 所示。这里使用的是软件触发(SWSTART),所以设置这 3 个位为 111。ADC_CR2 的 SWSTART 位用于开始规则通道的转换,每次转换(单次转换模式下)都需要向该位写 1。AWDEN 为用于使能温度传感器和 Vrefint。

位 19：17	EXTSEL［2：0］:选择启动规则通道组转换的外部事件 这些位选择用于启动规则通道组转换的外部事件 ADC1 和 ADC2 的触发配置如下: 000:定时器 1 的 CC1 事件　　100:定时器 3 的 TRGO 事件 001:定时器 1 的 CC2 事件　　101:定时器 4 的 CC4 事件 010:定时器 1 的 CC3 事件　　110:EXTI 线 11/TIM8_TRGO,仅大容量产品具有 TIM8_TRGO 功能 011:定时器 2 的 CC2 事件　　111:SWSTART ADC3 的触发配置如下: 000:定时器 3 的 CC1 事件　　100:定时器 8 的 TRGO 事件 001:定时器 2 的 CC3 事件　　101:定时器 5 的 CC1 事件 010:定时器 1 的 CC3 事件　　110:定时器 5 的 CC3 事件 011:定时器 8 的 CC1 事件　　111:SWSTART

图 19.1.4　ADC 选择启动规则转换事件设置

第二个要介绍的是 ADC 采样事件寄存器(ADC_SMPR1 和 ADC_SMPR2),这 2 个寄存器用于设置通道 0～17 的采样时间,每个通道占用 3 个位。ADC_SMPR1 的各位描述如图 19.1.5 所示。ADC_SMPR2 的各位描述如图 19.1.6 所示。

对于每个要转换的通道,采样时间建议尽量长一点,以获得较高的准确度,但是这样会降低 ADC 的转换速率。ADC 的转换时间可以由以下公式计算:

31	30	29	28	27	26	25	24	23	22	21	20	19	18	17	16
保留								SMP14[2：0]			SMP16[2：0]			SMP15[2：1]	
								rw	rw	rw	rw	rw	rw	rw	rw

15	14	13	12	11	10	9	8	7	6	5	4	3	2	1	0
SMP 15_0	SMP14[2：0]			SMP13[2：0]			SMP12[2：0]			SMP11[2：0]			SMP10[2：0]		
rw	rw	rw	rw	rw	rw	rw	rw	rw	rw	rw	rw	rw	rw	rw	rw

位 31：24	保留。必须保持为 0
位 23：0	SMPx[2：0]：选择通道 x 的采样时间 这些位用于独立地选择每个通道的采样时间。在采样周期中通道选择位必须保持不变。 000：1.5 周期　　　　100：41.5 周期 001：7.5 周期　　　　101：55.5 周期 010：13.5 周期　　　　110：71.5 周期 011：28.5 周期　　　　111：239.5 周期 注： – ADC1 的模拟输入通道 16 和通道 17 在芯片内部分别连到了温度传感器和 Vrefint。 – ADC2 的模拟输入通道 16 和通道 17 在芯片内部连到了 Vss。 – ADC3 模拟输入通道 14,15,16,17 与 Vss 相连

图 19.1.5　ADC_SMPR1 寄存器各位描述

31	30	29	28	27	26	25	24	23	22	21	20	19	18	17	16
保留		SMP9[2：0]			SMP8[2：0]			SMP7[2：0]			SMP6[2：0]			SMP5[2：1]	
		rw	rw	rw	rw	rw	rw	rw	rw	rw	rw	rw	rw	rw	rw

15	14	13	12	11	10	9	8	7	6	5	4	3	2	1	0
SMP 5_0	SMP4[2：0]			SMP3[2：0]			SMP2[2：0]			SMP1[2：0]			SMP0[2：0]		
rw	rw	rw	rw	rw	rw	rw	rw	rw	rw	rw	rw	rw	rw	rw	rw

位 31：30	保留。必须保持为 0
位 23：0	SMPx[2：0]：选择通道 x 的采样时间 这些位用于独立地选择每个通道的采样时间。在采样周期中通道选择位必须保持不变。 000：1.5 周期　　　　100：41.5 周期 001：7.5 周期　　　　101：55.5 周期 010：13.5 周期　　　　110：71.5 周期 011：28.5 周期　　　　111：239.5 周期 注：ADC3 模拟输入通道 9 与 Vss 相连

图 19.1.6　ADC_SMPR2 寄存器各位描述

$$T_{covn} = 采样时间 + 12.5 \text{ 个周期}$$

其中，T_{covn} 为总转换时间，采样时间是根据每个通道的 SMP 位的设置来决定的。例如，当 ADCCLK=14 MHz 的时候，并设置 1.5 个周期的采样时间，则得到 T_{covn}=1.5+12.5=14 个周期=1 μs。

第三个要介绍的是 ADC 规则序列寄存器（ADC_SQR1～3），该寄存器总共有 3个，这几个寄存器的功能都差不多，这里仅介绍一下 ADC_SQR1,该寄存器的各位描述如图 19.1.7 所示。

31	30	29	28	27	26	25	24	23	22	21	20	19	18	17	16
保留								L[3:0]				SQ16[4:1]			
								rw	rw	rw	rw	rw	rw	rw	rw

15	14	13	12	11	10	9	8	7	6	5	4	3	2	1	0
SQ16_0	SQ15[4:0]					SQ14[4:0]					SQ13[4:0]				
rw	rw	rw	rw	rw	rw	rw	rw	rw	rw	rw	rw	rw	rw	rw	rw

位 31：24	保留。必须保持为 0
位 23：20	L[3:0]:规则通道序列长度 这些位定义了在规则通道转换序列中转换总数。 0000:一个转换 0001:2 个转换 …… 1111:16 个转换
位 19：15	SQ16[4:0]:规则序列中的第 16 个转换 这些位定义了转换序列中的第 16 个转换通道的编 0(0~17)
位 14：10	SQ15[4:0]:规则序列中的第 15 个转换
位 9：5	SQ14[4:0]:规则序列中的第 14 个转换
位 4：0	SQ13[4:0]:规则序列中的第 13 个转换

图 19.1.7　ADC_SQR1 寄存器各位描述

L[3:0]用于存储规则序列的长度,这里只用了一个,所以设置这几个位的值为 0。其他的 SQ13~16 则存储了规则序列中第 13~16 个通道的编号(0~17)。另外 2 个规则序列寄存器同 ADC_SQR1 大同小异,这里就不再介绍了。注意:我们选择的是单次转换,所以只有一个通道在规则序列里面,这个序列就是 SQ1,通过 ADC_SQR3 的最低 5 位(也就是 SQ1)设置。

第四个要介绍的是 ADC 规则数据寄存器(ADC_DR)。规则序列中的 A/D 转化结果都将被存在这个寄存器里面,而注入通道的转换结果被保存在 ADC_JDRx 里面。ADC_DR 的各位描述如图 19.1.8 所示。

31	30	29	28	27	26	25	24	23	22	21	20	19	18	17	16
ADC2DATA[15:0]															
r	r	r	r	r	r	r	r	r	r	r	r	r	r	r	r

15	14	13	12	11	10	9	8	7	6	5	4	3	2	1	0
DATA[15:0]															
r	r	r	r	r	r	r	r	r	r	r	r	r	r	r	r

位 31：16	ADC2DATA[15:0]:ADC2 转换的数据 -在 ADC1 中:双模式下,这些位包含了 ADC2 转换的规则通道数据 -在 ADC2 中:不用这些位
位 15：0	DATA[15:0]:规则转换的数据 这些位为只请,包含了规则通道的转换结果。数据是左或右对齐

图 19.1.8　ADC_DRx 寄存器各位描述

这里要提醒一点的是,该寄存器的数据可以通过 ADC_CR2 的 ALIGN 位设置左对齐还是右对齐。

最后一个要介绍的 ADC 寄存器为 ADC 状态寄存器（ADC_SR），该寄存器保存了 ADC 转换时的各种状态。该寄存器的各位描述如图 19.1.9 所示。

31	30	29	28	27	26	25	24	23	22	21	20	19	18	17	16
保留															

15	14	13	12	11	10	9	8	7	6	5	4	3	2	1	0
保留											STRT	JSTRT	JEOC	EOC	AWD
											rw	rw	rw	rw	rw

位 31：15	保留。必须保持为 0
位 4	STRT：规则通道开始位 该位由硬件在规则通道转换开始时设置，由软件清除。 0：规则通道转换未开始；1：规则通道转换已开始
位 3	JSTRT：注入通道开始位 该位由硬件在注入通道组转换开始时设置，由软件清除。 0：注入通道转换未开始；1：注入通道转换已开始
位 2	JEOC：注入通道转换结束位 该位由硬件在所有注入通道组转换结束时设置，由软件清除 0：转换未完成；1：转换完成
位 1	EOC：转换结束位 该位由硬件在（规则或注入）通道组转换结束时设置，由软件清除或由读 AOC_DR 时清除 0：转换未完成；1：转换完成
位 0	AWD：模拟看门狗标志位 该位由硬件在转换的电压值超出了 ADC_LTR 和 ADC_HTR 寄存器定义的范围时设置，由软件清除 0：没有发生模拟看门狗事件；1：发生模拟看门狗事件

图 19.1.9　ADC_SR 寄存器各位描述

这里要用到的是 EOC 位，通过判断该位来决定此次规则通道的 A/D 转换是否已经完成，如果完成，则从 ADC_DR 中读取转换结果，否则等待转换完成。

通过以上寄存器的介绍，我们了解了 STM32 的单次转换模式下的相关设置，下面介绍使用库函数的函数来设定使用 ADC1 的通道 1 进行 A/D 转换。这里需要说明一下，使用到的库函数分布在 stm32f10x_adc.c 文件和 stm32f10x_adc.h 文件中。下面讲解其详细设置步骤：

① 开启 PA 口时钟和 ADC1 时钟，设置 PA1 为模拟输入。

STM32F103ZET6 的 ADC 通道 1 在 PA1 上，所以，先要使能 PORTA 的时钟和 ADC1 时钟，然后设置 PA1 为模拟输入。使能 GPIOA 和 ADC 时钟用 RCC_APB2PeriphClockCmd 函数，设置 PA1 的输入方式，使用 GPIO_Init 函数即可。这里列出 STM32 的 ADC 通道与 GPIO 对应表，如图 19.1.10 所示。

② 复位 ADC1，同时设置 ADC1 分频因子。

开启 ADC1 时钟之后，要复位 ADC1，将 ADC1 的全部寄存器重设为默认值之后就可以通过 RCC_CFGR 设置 ADC1 的分频因子。分频因子要确保 ADC1 的时钟（ADCCLK）不超过 14 MHz。这个设置分频因子为 6，时钟为 72 MHz/6＝12 MHz，库函数的实现方法是：

	ADC1	ADC2	ADC3		ADC1	ADC2	ADC3
通道 0	PA0	PA0	PA0	通道 9	PB1	PB0	
通道 1	PA1	PA1	PA1	通道 10	PC0	PC0	PC0
通道 2	PA2	PA2	PA2	通道 11	PC1	PC1	PC1
通道 3	PA3	PA3	PA3	通道 12	PC2	PC2	PC2
通道 4	PA4	PA4	PF6	通道 13	PC3	PC3	PC3
通道 5	PA5	PA5	PF7	通道 14	PC4	PC4	
通道 6	PA6	PA6	PF8	通道 15	PC5	PC5	
通道 7	PA7	PA7	PF9	通道 16	温度传感器		
通道 8	PB0	PB0	PF10	通道 17	内部参照电压		

图 19.1.10 ADC 通道与 GPIO 对应表

```
RCC_ADCCLKConfig(RCC_PCLK2_Div6);
```

ADC 时钟复位的方法是：

```
ADC_DeInit(ADC1);
```

这个函数非常容易理解，就是复位指定的 ADC。

③ 初始化 ADC1 参数，设置 ADC1 的工作模式以及规则序列的相关信息。

在设置完分频因子之后，就可以开始 ADC1 的模式配置了，设置单次转换模式、触发方式选择、数据对齐方式等都在这一步实现。同时，还要设置 ADC1 规则序列的相关信息，这里只有一个通道，并且是单次转换的，所以设置规则序列中通道数为 1。这些在库函数中是通过函数 ADC_Init 实现的，下面看看其定义：

```
void ADC_Init(ADC_TypeDef * ADCx, ADC_InitTypeDef * ADC_InitStruct);
```

可以看出，第一个参数是指定 ADC 号。第二个参数跟其他外设初始化一样，同样是通过设置结构体成员变量的值来设定的。

```
typedef struct
{
  uint32_t ADC_Mode;
  FunctionalState ADC_ScanConvMode;
  FunctionalState ADC_ContinuousConvMode;
  uint32_t ADC_ExternalTrigConv;
  uint32_t ADC_DataAlign;
  uint8_t ADC_NbrOfChannel;
}ADC_InitTypeDef;
```

参数 ADC_Mode 用来设置 ADC 的模式。ADC 的模式非常多，包括独立模式、注入同步模式等，这里选择独立模式，所以参数为 ADC_Mode_Independent。

参数 ADC_ScanConvMode 用来设置是否开启扫描模式，因为是单次转换，这里选择不开启 DISABLE 值即可。

参数 ADC_ContinuousConvMode 用来设置是否开启连续转换模式，因为是单次转换模式，所以选择不开启连续转换模式，DISABLE 即可。

参数 ADC_ExternalTrigConv 用来设置启动规则转换组转换的外部事件，这里选择软件触发，选择值为 ADC_ExternalTrigConv_None 即可。

参数 DataAlign 用来设置 ADC 数据对齐方式是左对齐还是右对齐，这里选择右对齐方式 ADC_DataAlign_Right。

参数 ADC_NbrOfChannel 用来设置规则序列的长度,这里是单次转换,所以值为 1 即可。

下面看看初始化范例:

```
ADC_InitTypeDef ADC_InitStructure;
ADC_InitStructure.ADC_Mode = ADC_Mode_Independent;          //ADC 工作模式:独立模式
ADC_InitStructure.ADC_ScanConvMode = DISABLE;               //AD 单通道模式
ADC_InitStructure.ADC_ContinuousConvMode = DISABLE;         //AD 单次转换模式
ADC_InitStructure.ADC_ExternalTrigConv = ADC_ExternalTrigConv_None;
//转换由软件而不是外部触发启动
ADC_InitStructure.ADC_DataAlign = ADC_DataAlign_Right;      //ADC 数据右对齐
ADC_InitStructure.ADC_NbrOfChannel = 1;                     //顺序进行规则转换的 ADC 通道的数目1
ADC_Init(ADC1,&ADC_InitStructure);                          //根据指定的参数初始化外设 ADCx
```

⑤ 使能 ADC 并校准。

设置完了以上信息后就使能 A/D 转换器,执行复位校准和 A/D 校准。注意,这 2 步是必须的,不校准将导致结果很不准确。

使能指定的 ADC 的方法是:

```
ADC_Cmd(ADC1,ENABLE);//使能指定的 ADC1
```

执行复位校准的方法是:

```
ADC_ResetCalibration(ADC1);
```

执行 ADC 校准的方法是:

```
ADC_StartCalibration(ADC1);//开始指定 ADC1 的校准状态
```

记住,每次进行校准之后要等待校准结束。这里是通过获取校准状态来判断是否校准结束。

下面一一列出复位校准和 A/D 校准的等待结束方法:

```
while(ADC_GetResetCalibrationStatus(ADC1));   //等待复位校准结束
while(ADC_GetCalibrationStatus(ADC1));        //等待 A/D 校准结束
```

⑥ 读取 ADC 值。

上面的校准完成之后,ADC 就算准备好了。接下来要做的就是设置规则序列 1 里面的通道、采样顺序以及通道的采样周期,然后启动 ADC 转换。转换结束后,读取 ADC 转换结果值就可以了。这里设置规则序列通道以及采样周期的函数是:

```
void ADC_RegularChannelConfig(ADC_TypeDef * ADCx, uint8_t ADC_Channel,
uint8_t Rank,uint8_t ADC_SampleTime);
```

这里是规则序列中的第一个转换,同时采样周期为 239.5,所以设置为:

```
ADC_RegularChannelConfig(ADC1,ch,1,ADC_SampleTime_239Cycles5);
```

软件开启 ADC 转换的方法是:

```
ADC_SoftwareStartConvCmd(ADC1,ENABLE);//使能指定的 ADC1 的软件转换启动功能
```

开启转换之后就可以获取转换 ADC 转换结果数据,方法是:

```
ADC_GetConversionValue(ADC1);
```

同时在 A/D 转换中还要根据状态寄存器的标志位来获取 A/D 转换的各个状态信息。库函数获取 A/D 转换的状态信息的函数是:

```
FlagStatus ADC_GetFlagStatus(ADC_TypeDef * ADCx, uint8_t ADC_FLAG)
```

比如要判断 ADC1d 的转换是否结束,方法是:

```
while(! ADC_GetFlagStatus(ADC1,ADC_FLAG_EOC));//等待转换结束
```

这里还需要说明一下 ADC 的参考电压。战舰 STM32 开发板使用的是 STM32F103ZET6,该芯片有外部参考电压:V_{ref-} 和 V_{ref+},其中,V_{ref-} 必须和 V_{SSA} 连接在一起,而 V_{ref+} 的输入范围为 $2.4\sim V_{DDA}$。战舰 STM23 开发板通过 P7 端口设置 V_{ref-} 和 V_{ref+} 参考电压,默认是通过跳线帽将 V_{ref-} 接到 GND、V_{ref+} 接到 V_{DDA},参考电压就是 3.3 V。如果想自己设置其他参考电压,则将参考电压接在 V_{ref-} 和 V_{ref+} 上就可以了。本章的参考电压设置的是 3.3 V。

通过以上几个步骤的设置,我们就能正常地使用 STM32 的 ADC1 来执行 A/D 转换操作了。

19.2 硬件设计

本实验用到的硬件资源有指示灯 DS0、TFTLCD 模块、ADC、杜邦线。前面 2 个均已介绍过,而 ADC 属于 STM32 内部资源,实际上只需要软件设置就可以正常工作,不过需要在外部连接其端口到被测电压上面。本章通过 ADC1 的通道 1(PA1)来读取外部电压值,战舰 STM32 开发板上面没有设计参考电压源,但是板上有几个可以提供测试的地方:①3.3 V 电源。②GND。③后备电池。注意,这里不能接到板上 5 V 电源上去测试,这可能烧坏 ADC!

因为要连接到其他地方测试电压,所以需要一根杜邦线或者自备的连接线,一头插在多功能端口 P14 的 ADC 插针上(与 PA1 连接),另外一头接要测试的电压点(确保该电压不大于 3.3 V 即可)。

19.3 软件设计

打开我们的 ADC 转换实验,可以看到工程中多了一个 adc.c 文件和 adc.h 文件。同时 ADC 相关的库函数是在 stm32f10x_adc.c 文件和 stm32f10x_adc.h 文件中。

打开 adc.c,可以看到代码如下:

```
//初始化 ADC
//这里仅以规则通道为例默认将开启通道 0～3
void  Adc_Init(void)
{  ADC_InitTypeDef ADC_InitStructure;
    GPIO_InitTypeDef GPIO_InitStructure;
    RCC_APB2PeriphClockCmd(RCC_APB2Periph_GPIOA|
    RCC_APB2Periph_ADC1, ENABLE );          //使能 ADC1 通道时钟
    RCC_ADCCLKConfig(RCC_PCLK2_Div6);        //设置 ADC 分频因子 6
    //72 MHz/6 = 12 MHz,ADC 最大时间不能超过 14 MHz
    //PA1 作为模拟通道输入引脚
    GPIO_InitStructure.GPIO_Pin = GPIO_Pin_1;
```

```
    GPIO_InitStructure.GPIO_Mode = GPIO_Mode_AIN;          //模拟输入
    GPIO_Init(GPIOA, &GPIO_InitStructure);                 //初始化 GPIOA.1
    ADC_DeInit(ADC1);   //复位 ADC1,将外设 ADC1 的全部寄存器重设为缺省值
    ADC_InitStructure.ADC_Mode = ADC_Mode_Independent;     //ADC 独立模式
    ADC_InitStructure.ADC_ScanConvMode = DISABLE;          //单通道模式
    ADC_InitStructure.ADC_ContinuousConvMode = DISABLE;    //单次转换模式
    ADC_InitStructure.ADC_ExternalTrigConv = ADC_ExternalTrigConv_None;//转换由
                                        //软件而不是外部触发启动
    ADC_InitStructure.ADC_DataAlign = ADC_DataAlign_Right;    //ADC 数据右对齐
    ADC_InitStructure.ADC_NbrOfChannel = 1;        //顺序进行规则转换的 ADC 通道的数目
    ADC_Init(ADC1,&ADC_InitStructure);             //根据指定的参数初始化外设 ADCx
    ADC_Cmd(ADC1,ENABLE);                          //使能指定的 ADC1
    ADC_ResetCalibration(ADC1);                    //开启复位校准
    while(ADC_GetResetCalibrationStatus(ADC1));    //等待复位校准结束
    ADC_StartCalibration(ADC1);                    //开启 AD 校准
    while(ADC_GetCalibrationStatus(ADC1));         //等待校准结束
}
//获得 ADC 值
//ch:通道值 0~3
u16 Get_Adc(u8 ch)
{
    //设置指定 ADC 的规则组通道,设置它们的转化顺序和采样时间
    ADC_RegularChannelConfig(ADC1,ch,1,ADC_SampleTime_239Cycles5);
                                //通道 1,规则采样顺序值为 1,采样时间为 239.5 周期
    ADC_SoftwareStartConvCmd(ADC1,ENABLE);         //使能软件转换功能
    while(! ADC_GetFlagStatus(ADC1,ADC_FLAG_EOC)); //等待转换结束
    return ADC_GetConversionValue(ADC1);           //返回最近一次 ADC1 规则组的转换结果
}
u16 Get_Adc_Average(u8 ch,u8 times)
{
    u32 temp_val = 0;
    u8 t;
    for(t = 0;t<times;t ++ )
    {
        temp_val + = Get_Adc(ch);
        delay_ms(5);
    }
    return temp_val/times;
}
```

此部分代码就 3 个函数,Adc_Init 函数用于初始化 ADC1。这里基本上是按上面的步骤来初始化的,仅开通了一个通道,即通道 1。第二个函数 Get_Adc 用于读取某个通道的 ADC 值,例如读取通道 1 上的 ADC 值就可以通过 Get_Adc(1)得到。最后一个函数 Get_Adc_Average 用于多次获取 ADC 值,取平均,用来提高准确度。

接下来看看 main.c 的代码如下:

```
int main(void)
{
    u16 adcx;
    float temp;
    delay_init();                    //延时函数初始化
    NVIC_PriorityGroupConfig(NVIC_PriorityGroup_2);        //设置 NVIC 中断分组 2
```

```
uart_init(115200);                   //串口初始化波特率为 115200
LED_Init();                          //LED 端口初始化
LCD_Init();                          //LCD 初始化
Adc_Init();                          //ADC 初始化
//…此处省略部分液晶显示代码
POINT_COLOR = BLUE;                  //设置字体为蓝色
LCD_ShowString(60,130,200,16,16,"ADC_CH0_VAL:");
LCD_ShowString(60,150,200,16,16,"ADC_CH0_VOL:0.000V");
while(1)
{
    adcx = Get_Adc_Average(ADC_Channel_1,10);
    LCD_ShowxNum(156,130,adcx,4,16,0);//显示 ADC 的值
    temp = (float)adcx * (3.3/4096);
    adcx = temp;
    LCD_ShowxNum(156,150,adcx,1,16,0);//显示电压值
    temp - = adcx;
    temp * = 1000;
    LCD_ShowxNum(172,150,temp,3,16,0X80);
    LED0 = ! LED0;
    delay_ms(250);
}
}
```

此部分代码中，程序先在 TFTLCD 模块上显示一些提示信息，然后，每隔 250 ms 读取一次 ADC 通道 0 的值，并显示读到的 ADC 值(数字量)以及转换成模拟量后的电压值。同时控制 LED0 闪烁，以提示程序正在运行。

19.4　下载验证

在代码编译成功之后，下载代码到 ALIENTEK 战舰 STM32 开发板上，可以看到 LCD 显示如图 19.4.1 所示。图中是将 ADC 和 TPAD 连接在一起，可以看到，TPAD 信号电平为 3 V 左右，这是因为存在上拉电阻 R41 的缘故。

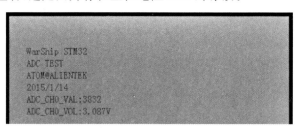

图 19.4.1　ADC 实验实际测试图

同时伴随 DS0 的不停闪烁，提示程序在运行。读者可以试试用杜邦线连接 PA1 到其他地方，看看电压值是否准确？但是一定别接到 5 V 上面，会烧坏 ADC!

通过这一章的学习了解了 STM32 ADC 的使用，但这仅仅是 STM32 强大的 ADC 功能的一小点应用。STM32 的 ADC 在很多地方都可以用到，其 DMA 功能是很不错的，建议有兴趣的读者深入研究下，相信会给以后的开发带来方便。

第 **20** 章

DAC 实验

本章利用按键(或 USMART)控制 STM32 内部 DAC 模块的通道 1 来输出电压,通过 ADC1 的通道 1 采集 DAC 的输出电压,在 LCD 模块上面显示 ADC 获取到的电压值以及 DAC 的设定输出电压值等信息。

20.1　STM32 DAC 简介

大容量的 STM32F103 具有内部 DAC,战舰 STM32 选择的是 STM32F103ZET6,属于大容量产品,所以是带有 DAC 模块的。

STM32 的 DAC 模块(数字/模拟转换模块)是 12 位数字输入,电压输出型的 DAC;可以配置为 8 位或 12 位模式,也可以与 DMA 控制器配合使用。DAC 工作在 12 位模式时,数据可以设置成左对齐或右对齐。DAC 模块有 2 个输出通道,每个通道都有单独的转换器。在双 DAC 模式下,2 个通道可以独立转换,也可以同时进行转换并同步更新 2 个通道的输出。DAC 可以通过引脚输入参考电压 V_{REF+} 以获得更精确的转换结果。

STM32 的 DAC 模块主要特点有:

① 2 个 DAC 转换器,每个转换器对应一个输出通道;

② 8 位或者 12 位单调输出;

③ 12 位模式下数据左对齐或者右对齐;

④ 同步更新功能;

⑤ 噪声波形生成;

⑥ 三角波形生成;

⑦ 双 DAC 通道同时或者分别转换;

⑧ 每个通道都有 DMA 功能。

单个 DAC 通道的框图如图 20.1.1 所示。图中 V_{DDA} 和 V_{SSA} 为 DAC 模块模拟部分的供电,而 V_{REF+} 则是 DAC 模块的参考电压。DAC_OUTx 就是 DAC 的输出通道了(对应 PA4 或者 PA5 引脚)。

从图 20.1.1 可以看出,DAC 输出是受 DORx 寄存器直接控制的,但是不能直接往 DORx 寄存器写入数据,而是通过 DHRx 间接地传给 DORx 寄存器,实现对 DAC 输出的控制。前面提到,STM32 的 DAC 支持 8/12 位模式,8 位模式的时候是固定的右对齐的,而 12 位模式又可以设置左对齐/右对齐。单 DAC 通道 x 总共有 3 种情况。

图 20.1.1　DAC 通道模块框图

① 8 位数据右对齐:用户将数据写入 DAC_DHR8Rx[7：0]位(实际是存入 DHRx [11：4]位)。

② 12 位数据左对齐:用户将数据写入 DAC_DHR12Lx[15：4]位(实际是存入 DHRx[11：0]位)。

③ 12 位数据右对齐:用户将数据写入 DAC_DHR12Rx[11：0]位(实际是存入 DHRx[11：0]位)。

本章使用的就是单 DAC 通道 1,采用 12 位右对齐格式,所以采用第③种情况。

如果没有选中硬件触发(寄存器 DAC_CR1 的 TENx 位置 0),存入寄存器 DAC_DHRx 的数据会在一个 APB1 时钟周期后自动传至寄存器 DAC_DORx。如果选中硬件触发(寄存器 DAC_CR1 的 TENx 位置 1),数据传输在触发发生以后 3 个 APB1 时钟周期后完成。一旦数据从 DAC_DHRx 寄存器装入 DAC_DORx 寄存器,在经过时间 t_{SETTLING} 之后,输出即有效,这段时间的长短依电源电压和模拟输出负载的不同会有所变化。可以从 STM32F103ZET6 的数据手册查到 t_{SETTLING} 的典型值为 3 μs,最大是 4 μs。所以 DAC 的转换速度最快是 250 kHz 左右。

本章将不使用硬件触发(TEN=0),其转换的时间框图如图 20.1.2 所示。

当 DAC 的参考电压为 $V_{\text{REF+}}$ 的时候,DAC 的输出电压是线性的 0～$V_{\text{REF+}}$,12 位模

式下 DAC 输出电压与 V_{REF+} 以及 DORx 的计算公式如下：

图 20.1.2　TEN＝0 时 DAC 模块转换时间框图

$$DACx \text{ 输出电压} = V_{REF}(DORx/4\ 095)$$

接下来介绍一下要实现 DAC 的通道 1 输出需要用到的一些寄存器。首先是 DAC 控制寄存器 DAC_CR,该寄存器的各位描述如图 20.1.3 所示。

31	30	29	28	27	26	25	24	23	22	21	20	19	18	17	16
保留			DMAEN2	MAMP2[3:0]				WAVE2[2:0]		TSEL2[2:0]			TEN2	BOFF2	EN2
			rw	rw	rw	rw	rw	rw	rw	rw	rw	rw	rw	rw	rw

15	14	13	12	11	10	9	8	7	6	5	4	3	2	1	0
保留			DMAEN1	MAMP1[3:0]				WAVE2[2:0]		TSEL1[2:0]			TEN1	BOFF1	EN1
			rw	rw	rw	rw	rw	rw	rw	rw	rw	rw	rw	rw	rw

图 20.1.3　寄存器 DAC_CR 各位描述

DAC_CR 的低 16 位用于控制通道 1,而高 16 位用于控制通道 2,这里仅列出比较重要的最低 8 位的详细描述,如图 20.1.4 所示。

位 7:6	WAVE1[1:0]:DAC 通道 1 噪声/三角波生成使能 这 2 位由软件设置和清除。 00:关闭波形生成;10:使能噪声波形发生器;1x:性能三角波发生器
位 5:3	TSEL1[2:0]:DAC 通道 1 触发选择 该位用于选择 DAC 通道 1 的外部触发事件。 000:TIM6 TRGO 事件;001:对于互联型号产品是 TIM3 TRGO 事件,对于大容量产品是 TIM8 TRGO 事件; 010:TIM7 TRGO 事件;011:TIM5 TRGO 事件;100:TIM2 TRGO 事件;101:TIM4 TRGO 事件;110:外部中断线 9;111:软件触发。 注意,该位只能在 TEN1＝1(DAC 通道 1 触发使能)时设置
位 2	TEN1:DAC 通道 1 触发使能 该位由软件设置和清除,用来使能/关闭 DAC 通道 1 的触发。 0:关闭 DAC 通道 1 触发,写入寄存器 DAC_DHRx 的数据在一个 APB1 时钟周期后传入寄存器 DAC_DOR1; 1:使能 DAC 通道 1 触发,写入寄存器 DAC_DHRx 的数据在 3 个 APB1 时钟周期后传入寄存器 DAC_DOR1。 注意,如果选择软件触发,写入寄存器 DAC_DHRx 的数据只需要一个 APB1 时钟周期就可以传入寄存器 DAC_DOR1
位 1	BOFF1:关闭 DAC 通道 1 输出缓存 该位由软件设置和清除,用来使能/关闭 DAC 通道 1 的输出缓存。 0:使能 DAC 通道 1 输出缓存;1:关闭 DAC 通道 1 输出缓存
位 0	EN1:DAC 通道 1 使能 该位由软件设置和清除,用来使能/失能 DAC 通道 1。 0:关闭 DAC 通道 1;1:性能 DAC 通道 1

图 20.1.4　寄存器 DAC_CR 低 8 位详细描述

首先来看 DAC 通道 1 使能位(EN1),该位用来控制 DAC 通道 1 使能,本章就是用的 DAC 通道 1,所以该位设置为 1。

再看关闭 DAC 通道 1 输出缓存控制位(BOFF1),这里 STM32 的 DAC 输出缓存做得不好,如果使能的话,虽然输出能力强一点,但是输出没法到 0,这是个很严重的问题。所以本章不使用输出缓存,即设置该位为 1。

DAC 通道 1 触发使能位(TEN1),用来控制是否使用触发,这里不使用触发,所以设置该位为 0。DAC 通道 1 触发选择位(TSEL1[2:0]),这里我们没用到外部触发,所以设置这几个位为 0 就行了。DAC 通道 1 噪声/三角波生成使能位(WAVE1[1:0]),这里同样没用到波形发生器,故也设置为 0 即可。DAC 通道 1 屏蔽/幅值选择器(MAMP[3:0]),这些位仅在使用了波形发生器的时候有用,本章没有用到波形发生器,故设置为 0 就可以了。最后是 DAC 通道 1 DMA 使能位(DMAEN1),本章没有用到 DMA 功能,故还是设置为 0。

通道 2 的情况和通道 1 一样,这里就不细说了。在 DAC_CR 设置好之后,DAC 就可以正常工作了,我们仅需要再设置 DAC 的数据保持寄存器的值,就可以在 DAC 输出通道得到想要的电压了(对应 I/O 口设置为模拟输入)。本章用 DAC 通道 1 的 12 位右对齐数据保持寄存器 DAC_DHR12R1,该寄存器各位描述如图 20.1.5 所示。

图 20.1.5 寄存器 DAC_DHR12R1 各位描述

该寄存器用来设置 DAC 输出,通过写入 12 位数据到该寄存器,就可以在 DAC 输出通道 1(PA4)得到我们所要的结果。

通过以上介绍,我们了解了 STM32 实现 DAC 输出的相关设置,本章使用库函数的方法来设置 DAC 模块的通道 1 来输出模拟电压,其详细设置步骤如下:

① 开启 PA 口时钟,设置 PA4 为模拟输入。

STM32F103ZET6 的 DAC 通道 1 在 PA4 上,所以,我们先要使能 PORTA 的时钟,然后设置 PA4 为模拟输入。DAC 本身是输出,但是为什么端口要设置为模拟输入模式呢?因为一旦使能 DACx 通道,相应的 GPIO 引脚(PA4 或者 PA5)会自动与 DAC 的模拟输出相连,设置为输入,是为了避免额外的干扰。

使能 GPIOA 时钟:

```
RCC_APB2PeriphClockCmd(RCC_APB2Periph_GPIOA, ENABLE); //使能 PORTA 时钟
```

设置 PA1 为模拟输入只需要设置初始化参数即可:

```
GPIO_InitStructure.GPIO_Mode = GPIO_Mode_AIN;//模拟输入
```

② 使能 DAC1 时钟。

同其他外设一样，要想使用，必须先开启相应的时钟。STM32 的 DAC 模块时钟是由 APB1 提供的，所以调用函数 RCC_APB1PeriphClockCmd() 设置 DAC 模块的时钟使能。

```
RCC_APB1PeriphClockCmd(RCC_APB1Periph_DAC,ENABLE);　　//使能 DAC 通道时钟
```

③ 初始化 DAC，设置 DAC 的工作模式。

该部分设置全部通过 DAC_CR 设置实现，包括 DAC 通道 1 使能、DAC 通道 1 输出缓存关闭、不使用触发、不使用波形发生器等设置。这里 DMA 初始化是通过函数 DAC_Init 完成的：

```
void DAC_Init(uint32_t DAC_Channel, DAC_InitTypeDef * DAC_InitStruct)
```

跟前面一样，首先来看看参数设置结构体类型 DAC_InitTypeDef 的定义：

```
typedef struct
{
  uint32_t DAC_Trigger;
  uint32_t DAC_WaveGeneration;
  uint32_t DAC_LFSRUnmask_TriangleAmplitude;
  uint32_t DAC_OutputBuffer;
}DAC_InitTypeDef;
```

这个结构体的定义还是比较简单的，只有 4 个成员变量，下面一一讲解。

第一个参数 DAC_Trigger 用来设置是否使用触发功能，前面已经讲解过这个的含义，这里不是用触发功能，所以值为 DAC_Trigger_None。

第二个参数 DAC_WaveGeneratio 用来设置是否使用波形发生，这里不使用，所以值为 DAC_WaveGeneration_None。

第三个参数 DAC_LFSRUnmask_TriangleAmplitude 用来设置屏蔽/幅值选择器，这个变量只在使用波形发生器的时候才有用，这里设置为 0 即可，值为 DAC_LFSRUnmask_Bit0。

第四个参数 DAC_OutputBuffer 用来设置输出缓存控制位，我们不使用输出缓存，所以值为 DAC_OutputBuffer_Disable。实例代码：

```
DAC_InitTypeDef DAC_InitType;
DAC_InitType.DAC_Trigger = DAC_Trigger_None;//不使用触发功能 TEN1 = 0
DAC_InitType.DAC_WaveGeneration = DAC_WaveGeneration_None;//不使用波形发生
DAC_InitType.DAC_LFSRUnmask_TriangleAmplitude = DAC_LFSRUnmask_Bit0;
DAC_InitType.DAC_OutputBuffer = DAC_OutputBuffer_Disable ;//DAC1 输出缓存关闭
DAC_Init(DAC_Channel_1,&DAC_InitType);//初始化 DAC 通道 1
```

④ 使能 DAC 转换通道

初始化 DAC 之后，当然要使能 DAC 转换通道，库函数方法是：

```
DAC_Cmd(DAC_Channel_1,ENABLE);　　//使能 DAC1
```

⑤ 设置 DAC 的输出值。

通过前面 4 个步骤的设置，DAC 就可以开始工作了。使用 12 位右对齐数据格式，

所以通过设置 DHR12R1 就可以在 DAC 输出引脚(PA4)得到不同的电压值了。库函数的函数是:

```
DAC_SetChannel1Data(DAC_Align_12b_R,0);
```

第一个参数设置对齐方式,可以为 12 位右对齐 DAC_Align_12b_R、12 位左对齐 DAC_Align_12b_L 或 8 位右对齐 DAC_Align_8b_R 方式。

第二个参数就是 DAC 的输入值了,初始化设置为 0。

这里还可以读出 DAC 的数值,函数是:

```
DAC_GetDataOutputValue(DAC_Channel_1);
```

设置和读出一一对应很好理解,这里就不多讲解了。

注意:本例程使用的是 3.3 V 的参考电压,即 V_{REF+} 连接 V_{DDA}。

通过以上几个步骤的设置,我们就能正常使用 STM32 的 DAC 通道 1 来输出不同的模拟电压了。

20.2 硬件设计

本章用到的硬件资源有指示灯 DS0、WK_UP 和 KEY1 按键、串口、TFTLCD 模块、ADC、DAC。本章使用 DAC 通道 1 输出模拟电压,然后通过 ADC1 的通道 1 对该输出电压进行读取,并显示在 LCD 模块上面,DAC 的输出电压通过按键(或 USMART)设置。

需要用到 ADC 采集 DAC 的输出电压,所以需要在硬件上把它们短接起来。ADC 和 DAC 的连接原理图如图 20.2.1 所示。

图 20.2.1　ADC、DAC 与 STM32 连接原理图

图 20.2.2　硬件连接示意图

注意,STM_DAC 和 GBC_KEY 共用 PA4,所以,如果开发板 ATK MODULE 位置插了其他模块,那么可能影响 DAC 的输出结果,建议在做 DAC 实验的时候,ATK MODULE 位置不要插任何其他模块。

P10 是多功能端口,只需要通过跳线帽短接 P10 的 ADC 和 DAC 就可以开始做本章实验了,如图 20.2.2 所示。

20.3　软件设计

打开本书配套资料的 DAC 实验可以看到,项目中添加了 dac. c 文件以及头文件 dac. h。同时,dac 相关的函数分布在固件库文件 stm32f10x_dac. c 文件和 stm32f10x_dac. h 头文件中。

打开 dac. c,代码如下:

```
# include "dac. h"
//DAC 通道 1 输出初始化
void Dac1_Init(void)
{
    GPIO_InitTypeDef GPIO_InitStructure;
    DAC_InitTypeDef DAC_InitType;
    RCC_APB2PeriphClockCmd(RCC_APB2Periph_GPIOA, ENABLE);//①使能 PA 时钟
    RCC_APB1PeriphClockCmd(RCC_APB1Periph_DAC,ENABLE);  //②使能 DAC 时钟
    GPIO_InitStructure.GPIO_Pin = GPIO_Pin_4;      //端口配置
    GPIO_InitStructure.GPIO_Mode = GPIO_Mode_AIN;//模拟输入
    GPIO_InitStructure.GPIO_Speed = GPIO_Speed_50MHz;
    GPIO_Init(GPIOA,&GPIO_InitStructure);          //①初始化 GPIOA
    GPIO_SetBits(GPIOA,GPIO_Pin_4);                //PA.4 输出高
    DAC_InitType.DAC_Trigger = DAC_Trigger_None;  //不使用触发功能
    DAC_InitType.DAC_WaveGeneration = DAC_WaveGeneration_None;      //不使用波形发生
    DAC_InitType.DAC_LFSRUnmask_TriangleAmplitude = DAC_LFSRUnmask_Bit0;
    DAC_InitType.DAC_OutputBuffer = DAC_OutputBuffer_Disable;//DAC1 输出缓存关
    DAC_Init(DAC_Channel_1,&DAC_InitType);    //③初始化 DAC 通道 1
    DAC_Cmd(DAC_Channel_1,ENABLE);            //④使能 DAC1
    DAC_SetChannel1Data(DAC_Align_12b_R,0); //⑤12 位右对齐,设置 DAC 初始值
}
//设置通道 1 输出电压
//vol:0~3300,代表 0~3.3V
void Dac1_Set_Vol(u16 vol)
{
    float temp = vol;
    temp/ = 1000;
    temp = temp * 4096/3.3;
    DAC_SetChannel1Data(DAC_Align_12b_R,temp);//12 位右对齐设置 DAC 值
}
```

此部分代码就 2 个函数,一个是 Dac1_Init 函数,用于初始化 DAC 通道 1。步骤 ①~⑤基本上是按上面的步骤来初始化的,经过这个初始化之后,我们就可以正常使用 DAC 通道 1 了。第二个函数 Dac1_Set_Vol,用于设置 DAC 通道 1 的输出电压,通过 USMART 调用该函数就可以随意设置 DAC 通道 1 的输出电压了。

接下来看看 main 函数如下:

```
int main(void)
{
    u16 adcx, dacval = 0;
    float temp;
```

```
u8 t = 0, key;
delay_init();                                        //延时函数初始化
NVIC_PriorityGroupConfig(NVIC_PriorityGroup_2);      //设置 NVIC 中断分组 2
uart_init(115200);                                   //串口初始化波特率为 115200
KEY_Init();                                          //初始化按键程序
LED_Init();                                           //LED 端口初始化
LCD_Init();                                           //LCD 初始化
usmart_dev.init(72);                                 //初始化 USMART
Adc_Init();                                           //ADC 初始化
Dac1_Init();                                          //DAC 初始化
//···此处省略部分液晶显示代码
LCD_ShowString(30,130,200,16,16,"WK_UP: +   KEY1: - ");
LCD_ShowString(60,170,200,16,16,"DAC VOL:0.000V");
LCD_ShowString(60,190,200,16,16,"ADC VOL:0.000V");
DAC_SetChannel1Data(DAC_Align_12b_R, 0);  //初始值为 0
while(1)
{
    t ++ ;
    key = KEY_Scan(0);
    if(key == WKUP_PRES)
    {
        if(dacval<4000)dacval + = 200;
      DAC_SetChannel1Data(DAC_Align_12b_R,dacval);//设置 DAC 值
    }elseif(key == KEY1_PRES)
    {
        if(dacval>200)dacval - = 200;
        else dacval = 0;
        DAC_SetChannel1Data(DAC_Align_12b_R,dacval);//设置 DAC 值
    }
    if(t == 10||key == KEY1_PRES||key == WKUP_PRES)
    {
        adcx = DAC_GetDataOutputValue(DAC_Channel_1);   //读取前面设置 DAC 的值
        LCD_ShowxNum(124,150,adcx,4,16,0);              //显示 DAC 寄存器值
        temp = (float)adcx * (3.3/4096);                //得到 DAC 电压值
        adcx = temp;
        LCD_ShowxNum(124,170,temp,1,16,0);              //显示电压值整数部分
        temp - = adcx;   temp * = 1000;
        LCD_ShowxNum(140,170,temp,3,16,0X80);           //显示电压值的小数部分
        adcx = Get_Adc_Average(ADC_Channel_1,10);       //得到 ADC 转换值
        temp = (float)adcx * (3.3/4096);                //得到 ADC 电压值
        adcx = temp;
        LCD_ShowxNum(124,190,temp,1,16,0);              //显示电压值整数部分
        temp - = adcx;   temp * = 1000;
        LCD_ShowxNum(140,190,temp,3,16,0X80);           //显示电压值的小数部分
        LED0 = ! LED0;t = 0;
    }
    delay_ms(10);
}
}
```

此部分代码中先对需要用到的模块进行初始化,然后显示一些提示信息,本章通过

WK_UP 和 KEY1(也就是上下键)来实现对 DAC 输出的幅值控制。按下 WK_UP 增加,按 KEY1 减小。同时,在 LCD 上面显示 DHR12R1 寄存器的值、DAC 设计输出电压以及 ADC 采集到的 DAC 输出电压。

　　本章还可以利用 USMART 来设置 DAC 的输出电压值,故需要将 Dac1_Set_Vol 函数加入 USMART 控制,方法前面已经详细介绍了,这里自行添加或者直接查看本书配套资料的源码。

　　从 main 函数代码可以看出,按键设置输出电压的时候,每次都是以 0.161 V 递增或递减的,而通过 USMART 调用 Dac1_Set_Vol 函数则可以实现任意电平输出控制(当然得在 DAC 可控范围内)。

20.4　下载验证

　　编译成功之后,下载代码到 ALIENTEK 战舰 STM32 开发板上可以看到,LCD 显示如图 20.4.1 所示。

```
WarShip STM32
DAC TEST
ATOM@ALIENTEK
2015/1/15
KEY_UP:+  KEY1:-
DAC VAL: 800
DAC VOL:0.644V
ADC VOL:0.644V
```

图 20.4.1　ADC 实验实际测试图

　　同时,DS0 的不停闪烁提示程序在运行。此时,通过按 WK_UP 按键可以看到输出电压增大,按 KEY1 则变小。

第 **21** 章

DMA 实验

本章将利用 STM32F1 的 DMA 来实现串口数据传送,并在 TFTLCD 模块上显示当前的传送进度。

21.1 STM32 DMA 简介

DMA 全称为 Direct Memory Access,即直接存储器访问,将数据从一个地址空间复制到另外一个地址空间。在 CPU 初始化这个传输动作时,传输动作本身是由 DMA 控制器来实行和完成的。典型的例子就是移动一个外部内存的区块到芯片内部更快的内存区。这样的操作并没有让处理器工作拖延,反而可以被重新编程去处理其他的工作。DMA 传输对于高效能嵌入式系统算法和网络是很重要的。DMA 传输方式无需 CPU 直接控制传输,也没有中断处理方式那样保留现场和恢复现场的过程,通过硬件为 RAM 与 I/O 设备开辟一条直接传送数据的通路,能使 CPU 的效率大为提高。

STM32 最多有 2 个 DMA 控制器(DMA2 仅存在大容量产品中),DMA1 有 7 个通道,DMA2 有 5 个通道。每个通道专门用来管理来自于一个或多个外设对存储器访问的请求。还有一个仲裁协调各个 DMA 请求的优先权。

STM32 的 DMA 有以下一些特性:

➢ 每个通道都直接连接专用的硬件 DMA 请求,都同样支持软件触发。这些功能通过软件来配置。

➢ 在 7 个请求间的优先权可以通过软件编程设置(共有 4 级:很高、高、中等和低),假如在相等优先权时由硬件决定(请求 0 优先于请求 1,依此类推)。

➢ 独立的源和目标数据区的传输宽度(字节、半字、全字),模拟打包和拆包的过程。源和目标地址必须按数据传输宽度对齐。

➢ 支持循环的缓冲器管理。

➢ 每个通道都有 3 个事件标志(DMA 半传输、DMA 传输完成和 DMA 传输出错),这 3 个事件标志逻辑或成为一个单独的中断请求。

➢ 存储器和存储器间的传输。

➢ 外设和存储器,存储器和外设的传输。

➢ 闪存、SRAM、外设的 SRAM、APB1 APB2 和 AHB 外设均可作为访问的源和目标。

➤ 可编程的数据传输数目:最大为 65 536。

STM32F103ZET6 有 2 个 DMA 控制器,DMA1 和 DMA2,本章仅针对 DMA1 进行介绍。从外设(TIMx、ADC、SPIx、I2Cx 和 USARTx)产生的 DMA 请求,通过逻辑或输入到 DMA 控制器,这就意味着同时只能有一个请求有效。外设的 DMA 请求可以通过设置相应的外设寄存器中的控制位独立开启或关闭。表 21.1.1 是 DMA1 各通道一览表。

表 21.1.1　DMA1 个通道一览表

外　设	通道 1	通道 2	通道 3	通道 4	通道 5	通道 6	通道 7
ADC	ADC1						
SPI		SPI1_PX	XPI1_TX	XPI2_RX	XPI2_TX		
USART		USART3_TX	USART3_RX	USART1_TX	USART1_RX	USART2_RX	USART2_TX
I²C				I2C2_TX	I2C2_RX	I2C1_TX	I2C1_RX
TIM1		TIM1_CH1	TIM1_CH2	TIM1_TX4 TIM1_TRIG TIM1_COM	TIM1_UP	TIM1_CH3	
TIM2	TIM2_CH3	TIM2_UP			TIM2_CH1		TIM2_CH2 TIM2_CH4
TIM3		TIM3_CH3	TIM3_CH4 TIM3_UP			TIM3_CH1 TIM3_TRIG	
TIM4	TIM4_CH1			TIM4_CH2	TIM4_CH3		TIM4_UP

这里解释一下上面说的逻辑或。例如通道 1 的几个 DMA1 请求(ADC1、TIM2_CH3、TIM4_CH1),这几个是通过逻辑或到通道 1 的,这样同一时间就只能使用其中的一个。其他通道也是类似的。

这里要使用的是串口 1 的 DMA 传送,也就是要用到通道 4。接下来介绍 DMA 设置相关的几个寄存器。

第一个是 DMA 中断状态寄存器(DMA_ISR),各位描述如图 21.1.1 所示。如果开启了 DMA_ISR 中这些中断,在达到条件后就会跳到中断服务函数里面去,即使没开启,我们也可以通过查询这些位来获得当前 DMA 传输的状态。这里常用的是 TCIFx,即通道 DMA 传输完成与否的标志。注意,此寄存器为只读寄存器,所以在这些位被置位后只能通过其他的操作来清除。

第二个是 DMA 中断标志清除寄存器(DMA_IFCR)。该寄存器的各位描述如图 21.1.2 所示。DMA_IFCR 的各位就是用来清除 DMA_ISR 的对应位的,通过写 0 清除。在 DMA_ISR 被置位后,我们必须通过向该位寄存器对应的位写入 0 来清除。

31	30	29	28	27	26	25	24	23	22	21	20	19	18	17	16
保留				TEIF7	HTIF7	TCIF7	GIF7	TEIF6	HTIF6	TCIF6	GIF6	TEIF5	HTIF5	TCIF5	GIF5
				r	r	r	r	r	r	r	r	r	r	r	r

15	14	13	12	11	10	9	8	7	6	5	4	3	2	1	0
TEIF4	HTIF4	TCIF4	GIF4	TEIF3	HTIF3	TCIF3	GIF3	TEIF2	HTIF2	TCIF2	GIF2	TEIF1	HTIF1	TCIF1	GIF1
r	r	r	r	r	r	r	r	r	r	r	r	r	r	r	r

位 31:28	保留,始终读为 0
位 27,23,19,15,11,7,3	TEIFx:通道 x 的传输错误标志(x=1:7) 硬件设置这些位。在 DMA_IFCR 寄存器的相应位写入 1 可以清除这里对应的标志位。 0:在通道 x 没有传输错误(TE);1:在通道 x 发生了传输错误(TE)
位 26,22,18,14,10,6,2	HTIFx:通道 x 的半传输标志(x=1:7) 硬件设置这些位。在 DMA_IFCR 寄存器的相应位写入 1 可以清除这里对应的标志位。 0:在通道 x 没有半传输事件(HT);1:在通道 x 产生了半传输事件(HT)
位 25,21,17,13,9,5,1	TCIFx:通道 x 的传输完成标志(x=1:7) 硬件设置这些位。在 DMA_IFCR 寄存器的相应位写入 1 可以清除这里对应的标志位。 0:在通道 x 没有传输完成事件(TC);1:在通道 x 产生了传输完成事什(TC)
位 24,20,16,12,8,4,0	GIFx:通道 x 的全局中断标志(x=1:7) 硬件设置这些位。在 DMA_IFCR 寄存器的相应位写入 1 可以清除这里对应的标志位。 0:在通道 x 没有 TE、HT 或 TC 事件; 1:在通道 x 产生了 TE、HT 或 TC 事件

图 21.1.1 DMA_ISR 寄存器各位描述

31	30	29	28	27	26	25	24	23	22	21	20	19	18	17	16
保留				CTEIF7	CHTIF7	CTCIF7	CGIF7	CTEIF6	CHTIF6	CTCIF6	CGIF6	CTEIF5	CHTIF5	CTCIF5	CGIF5
				rw	rw	rw	rw	rw	rw	rw	rw	rw	rw	rw	rw

15	14	13	12	11	10	9	8	7	6	5	4	3	2	1	0
CTEIF4	CHTIF4	CTCIF4	CGIF4	CTEIF3	CHTIF3	CTCIF3	CGIF3	CTEIF2	CHTIF2	CTCIF2	CGIF2	CTEIF1	CHTIF1	CTCIF1	CGIF1
rw	rw	rw	rw	rw	rw	rw	rw	rw	rw	rw	rw	rw	rw	rw	rw

位 31:28	保留,始终读为 0
位 27,23,19,15,11,7,3	CTEIFx:清除通道 x 的传输错误标志(x=1:7) 这些位由软件设置和清除。 0:不起作用;1:清除 DMA_ISR 寄存器中的对应 TEIF 标志
位 26,22,18,14,10,6,2	CHTIFx:清除通道 x 的半传输标志(x=1:7) 这些位由软件设置和清除。 0:不起作用;1:清除 DMA_ISR 寄存器中的对应 HTIF 标志
位 25,21,17,13,9,5,1	CTCIFx:清除通道 x 的传输完成标志(x=1:7) 这些位由软件设置和清除。 0:不起作用;1:清除 DMA_ISR 寄存器中的对应 TCIF 标志
位 24,20,16,12,8,4,0	CGIFx:清除通道 x 的全局中断标志(x=1:7) 这些位由软件设置和清除。 0:不起作用;1:清除 DMA_ISR 寄存器中的对应的 GIF、TEIF、HTIF 和 TCIF 标志

图 21.1.2 DMA_IFCR 寄存器各位描述

第三个是 DMA 通道 x 配置寄存器(DMA_CCRx)(x=1:7,下同),常见《STM32

参考手册》第 150 页 10.4.3 小节。该寄存器控制着 DMA 的很多相关信息,包括数据宽度、外设及存储器的宽度、通道优先级、增量模式、传输方向、中断允许、使能等都是通过该寄存器来设置的。所以,DMA_CCRx 是 DMA 传输的核心控制寄存器。

第四个是 DMA 通道 x 传输数据量寄存器(DMA_CNDTRx)。这个寄存器控制 DMA 通道 x 每次传输所要传输的数据量,设置范围为 0～65 535。并且该寄存器的值会随着传输的进行而减少,当该寄存器的值为 0 的时候,则代表此次数据传输已经全部发送完成了。所以,可以通过这个寄存器的值来知道当前 DMA 传输的进度。

第五个是 DMA 通道 x 的外设地址寄存器(DMA_CPARx)。该寄存器用来存储 STM32 外设的地址,比如我们使用串口 1,那么该寄存器必须写入 0x40013804(其实就是 &USART1_DR)。如果使用其他外设,则修改成相应外设的地址就行了。

最后一个是 DMA 通道 x 的存储器地址寄存器(DMA_CMARx),该寄存器和 DMA_CPARx 差不多,但是是用来放存储器的地址的。比如我们使用 SendBuf[5200] 数组来做存储器,那么在 DMA_CMARx 中写入 &SendBuff 就可以了。

DMA 相关寄存器就介绍到这里,此节要用到串口 1 的发送,属于 DMA1 的通道 4 (表 21.1.1),接下来就介绍库函数 DMA1 通道 4 的配置步骤:

① 使能 DMA 时钟。

```
RCC_AHBPeriphClockCmd(RCC_AHBPeriph_DMA1,ENABLE);//使能 DMA 时钟
```

② 初始化 DMA 通道 4 参数。

DMA 通道配置参数种类比较繁多,包括内存地址、外设地址、传输数据长度、数据宽度、通道优先级等。这些参数的配置在库函数中都是在函数 DMA_Init 中完成,下面看看函数定义:

```
void DMA_Init(DMA_Channel_TypeDef * DMAy_Channelx,DMA_InitTypeDef * DMA_InitStruct)
```

函数的第一个参数是指定初始化的 DMA 通道号。第二个参数跟其他外设一样,是通过初始化结构体成员变量值来达到初始化的目的。下面来看看 DMA_InitTypeDef 结构体的定义:

```
typedef struct
{
  uint32_t DMA_PeripheralBaseAddr;
  uint32_t DMA_MemoryBaseAddr;
  uint32_t DMA_DIR;
  uint32_t DMA_BufferSize;
  uint32_t DMA_PeripheralInc;
  uint32_t DMA_MemoryInc;
  uint32_t DMA_PeripheralDataSize;
  uint32_t DMA_MemoryDataSize;
  uint32_t DMA_Mode;
  uint32_t DMA_Priority;
  uint32_t DMA_M2M;
}DMA_InitTypeDef;
```

这个结构体的成员比较多,但是每个成员变量的意义在前面基本都已经讲解过,这里做个简要的介绍。

第一个参数 DMA_PeripheralBaseAddr 用来设置 DMA 传输的外设基地址,比如要进行串口 DMA 传输,那么外设基地址为串口接收发送数据存储器 USART1→DR 的地址,表示方法为 &USART1→DR。

第二个参数 DMA_MemoryBaseAddr 为内存基地址,也就是存放 DMA 传输数据的内存地址。

第三个参数 DMA_DIR 设置数据传输方向,决定是从外设读取数据到内存还是从内存读取数据发送到外设,也就是外设是源地址还是目的地。这里设置为从内存读取数据发送到串口,所以外设自然就是目的地了,所以选择值为 DMA_DIR_PeripheralDST。

第四个参数 DMA_BufferSize 设置一次传输数据量的大小。

第五个参数 DMA_PeripheralInc 设置传输数据的时候外设地址是不变还是递增。如果设置为递增,那么下一次传输的时候地址加1,这里因为我们是一直往固定外设地址 &USART1→DR 发送数据,所以地址不递增,值为 DMA_PeripheralInc_Disable。

第六个参数 DMA_MemoryInc 设置传输数据时候内存地址是否递增。这个参数和 DMA_PeripheralInc 意思接近,只不过针对的是内存。这里的场景是将内存中连续存储单元的数据发送到串口,毫无疑问内存地址是需要递增的,所以值为 DMA_MemoryInc_Enable。

第七个参数 DMA_PeripheralDataSize 用来设置外设的数据长度是为字节传输(8bits),半字传输(16 bit)还是字传输(32 bit),这里是 8 位字节传输,所以值设置为 DMA_PeripheralDataSize_Byte。

第八个参数 DMA_MemoryDataSize 用来设置内存的数据长度,和第七个参数意思接近,这里同样设置为字节传输 DMA_MemoryDataSize_Byte。

第九个参数 DMA_Mode 用来设置 DMA 模式是否循环采集。也就是说,比如要从内存中采集 64 个字节发送到串口,如果设置为重复采集,那么它会在 64 个字节采集完成之后继续从内存的第一个地址采集,如此循环。这里设置为一次连续采集完成之后不循环,所以设置值为 DMA_Mode_Normal。在下面的实验中,如果设置此参数为循环采集,那么串口不停地打印数据,不会中断,读者在实验中可以修改这个参数测试一下。

第十个参数是设置 DMA 通道的优先级,有低、中、高,超高 3 种模式,这里设置优先级别为中级,所以值为 DMA_Priority_Medium。如果要开启多个通道,那么这个值就非常有意义。

第十一个参数 DMA_M2M 设置是否是存储器到存储器模式传输,这里选择 DMA_M2M_Disable。

上面场景的实例代码:

```
DMA_InitTypeDef DMA_InitStructure;
DMA_InitStructure.DMA_PeripheralBaseAddr = &USART1->DR;  //DMA 外设 ADC 基地址
DMA_InitStructure.DMA_MemoryBaseAddr = cmar;  //DMA 内存基地址
```

```
DMA_InitStructure.DMA_DIR = DMA_DIR_PeripheralDST;   //从内存读取发送到外设
DMA_InitStructure.DMA_BufferSize = 64;   //DMA 通道的 DMA 缓存的大小
DMA_InitStructure.DMA_PeripheralInc = DMA_PeripheralInc_Disable;//外设地址不变
DMA_InitStructure.DMA_MemoryInc = DMA_MemoryInc_Enable;   //内存地址递增
DMA_InitStructure.DMA_PeripheralDataSize = DMA_PeripheralDataSize_Byte; //8 位
DMA_InitStructure.DMA_MemoryDataSize = DMA_MemoryDataSize_Byte; //8 位
DMA_InitStructure.DMA_Mode = DMA_Mode_Normal;   //工作在正常缓存模式
DMA_InitStructure.DMA_Priority = DMA_Priority_Medium;   //DMA 通道 x 拥有中优先级
DMA_InitStructure.DMA_M2M = DMA_M2M_Disable;   //非内存到内存传输
DMA_Init(DMA_CHx,&DMA_InitStructure);   //根据指定的参数初始化
```

③ 使能串口 DMA 发送。

进行 DMA 配置之后就要开启串口的 DMA 发送功能,使用的函数是:

```
USART_DMACmd(USART1,USART_DMAReq_Tx,ENABLE);
```

如果是要使能串口 DMA 接收,那么第二个参数修改为 USART_DMAReq_Rx 即可。

④ 使能 DMA1 通道 4,启动传输。

使能串口 DMA 发送之后,接着就要使能 DMA 传输通道:

```
DMA_Cmd(DMA_CHx,ENABLE);
```

通过以上 3 步设置就可以启动一次 USART1 的 DMA 传输了。

⑤ 查询 DMA 传输状态。

在 DMA 传输过程中,要查询 DMA 传输通道的状态,使用的函数是:

```
FlagStatus DMA_GetFlagStatus(uint32_t DMAy_FLAG)
```

比如要查询 DMA 通道 4 传输是否完成,方法是:

```
DMA_GetFlagStatus(DMA2_FLAG_TC4);
```

这里还有一个比较重要的函数就是获取当前剩余数据量大小的函数:

```
uint16_t DMA_GetCurrDataCounter(DMA_Channel_TypeDef * DMAy_Channelx)
```

比如要获取 DMA 通道 4 还有多少个数据没有传输,方法是:

```
DMA_GetCurrDataCounter(DMA1_Channel4);
```

21.2　硬件设计

所以本章用到的硬件资源有指示灯 DS0、KEY0 按键、串口、TFTLCD 模块、DMA。本章利用外部按键 KEY0 来控制 DMA 的传送,每按一次 KEY0,DMA 就传送一次数据到 USART1,然后在 TFTLCD 模块上显示进度等信息。DS0 还是用来作为程序运行的指示灯。本章实验需要注意 P6 口的 RXD 和 TXD 是否和 PA9 和 PA10 连接上,如果没有须先连接。

21.3　软件设计

打开 DMA 传输实验可以发现,实验中多了 dma.c 文件及其头文件 dma.h,同时要引入 DMA 相关的库函数文件 stm32f10x_dma.c 和 stm32f10x_dma.h。

打开 dma.c 文件,代码如下:

```
#include "dma.h"
DMA_InitTypeDef DMA_InitStructure;
u16 DMA1_MEM_LEN;//保存 DMA 每次数据传送的长度
//DMA1 的各通道配置
//这里的传输形式是固定的,这点要根据不同的情况来修改
//从存储器->外设模式/8 位数据宽度/存储器增量模式
//DMA_CHx:DMA 通道 CHx
//cpar:外设地址    cmar:存储器地址    cndtr:数据传输量
void MYDMA_Config(DMA_Channel_TypeDef * DMA_CHx,u32 cpar,u32 cmar,u16 cndtr)
{
RCC_AHBPeriphClockCmd(RCC_AHBPeriph_DMA1,ENABLE);        //使能 DMA 时钟
DMA_DeInit(DMA_CHx);                    //将 DMA 的通道 1 寄存器重设为缺省值
DMA1_MEM_LEN = cndtr;
DMA_InitStructure.DMA_PeripheralBaseAddr = cpar;        //DMA 外设 ADC 基地址
DMA_InitStructure.DMA_MemoryBaseAddr = cmar;            //DMA 内存基地址
DMA_InitStructure.DMA_DIR = DMA_DIR_PeripheralDST;      //数据传输方向内存到外设
DMA_InitStructure.DMA_BufferSize = cndtr;           //DMA 通道的 DMA 缓存的大小
DMA_InitStructure.DMA_PeripheralInc = DMA_PeripheralInc_Disable;  //外设地址不变
DMA_InitStructure.DMA_MemoryInc = DMA_MemoryInc_Enable; //内存地址寄存器递增
DMA_InitStructure.DMA_PeripheralDataSize = DMA_PeripheralDataSize_Byte;
//数据宽度为 8 位
DMA_InitStructure.DMA_MemoryDataSize = DMA_MemoryDataSize_Byte;   //数据宽度为 8 位
DMA_InitStructure.DMA_Mode = DMA_Mode_Normal;           //工作在正常缓存模式
DMA_InitStructure.DMA_Priority = DMA_Priority_Medium;   //DM 通道拥有中优先级
DMA_InitStructure.DMA_M2M = DMA_M2M_Disable;            //非内存到内存传输
DMA_Init(DMA_CHx,&DMA_InitStructure);                   //初始化 DMA 的通道
}
//开启一次 DMA 传输
void MYDMA_Enable(DMA_Channel_TypeDef * DMA_CHx)
{
DMA_Cmd(DMA_CHx,DISABLE);   //关闭 USART1 TX DMA1 所指示的通道
DMA_SetCurrDataCounter(DMA1_Channel4,DMA1_MEM_LEN);      //设置 DMA 缓存的大小
DMA_Cmd(DMA_CHx,ENABLE);   //使能 USART1 TX DMA1 所指示的通道
}
```

该部分代码仅仅 2 个函数,一个是 MYDMA_Config 函数,基本上就是按照上面介绍的步骤来初始化 DMA 的。该函数在外部只能修改通道、源地址、目标地址和传输数据量等几个参数,更多的其他设置只能在该函数内部修改。另外一个是 MYDMA_Enable 函数,用来设置 DMA 缓存大小并且使能 DMA 通道。

最后看看 main 函数如下:

```
#define SEND_BUF_SIZE 8200
u8 SendBuff[SEND_BUF_SIZE];//发送数据缓冲区
const u8 TEXT_TO_SEND[] = {"ALIENTEK WarShip STM32F1 DMA 串口实验"};
int main(void)
{
    u16 i;
    u8 t = 0, j,mask = 0;
```

```
float pro = 0;                  //进度
delay_init();                   //延时函数初始化
NVIC_PriorityGroupConfig(NVIC_PriorityGroup_2);   //设置中断优先级分组为组 2
uart_init(115200);              //串口初始化为 115 200
LED_Init();                     //初始化与 LED 连接的硬件接口
LCD_Init();                     //初始化 LCD
KEY_Init();                     //按键初始化
MYDMA_Config(DMA1_Channel4,(u32)&USART1 - >DR,
    (u32)SendBuff,SEND_BUF_SIZE);
//…此处省略部分液晶显示代码
LCD_ShowString(30,130,200,16,16,"KEY0:Start");
j = sizeof(TEXT_TO_SEND);
for(i = 0;i<SEND_BUF_SIZE;i + + )//填充数据到 SendBuff
{
    if(t> = j)//加入换行符
    {
        if(mask)
        {
            SendBuff[i] = 0x0a;
            t = 0;
            }else
            {
                SendBuff[i] = 0x0d;
                mask + + ;
            }
        }else//复制 TEXT_TO_SEND 语句
        {
            mask = 0;
            SendBuff[i] = TEXT_TO_SEND[t];
            t + + ;
        }
}
POINT_COLOR = BLUE;//设置字体为蓝色
i = 0;
while(1)
{
    t = KEY_Scan(0);
    if(t = = KEY0_PRES)//KEY0 按下
    {
        LCD_ShowString(30,150,200,16,16,"Start Transimit....");
        LCD_ShowString(30,170,200,16,16,"  %");//显示百分号
        printf("\r\nDMA DATA:\r\n");
        USART_DMACmd(USART1,USART_DMAReq_Tx,ENABLE);
                                        //使能串口 1 的 DMA 发送
        MYDMA_Enable(DMA1_Channel4);//开始一次 DMA 传输
        //等待 DMA 传输完成,此时我们来做另外一些事,点灯
        //实际应用中,传输数据期间,可以执行另外的任务
        while(1)
        {
        if(DMA_GetFlagStatus(DMA1_FLAG_TC4)! = RESET)//判断通道 4 传输完成
            {
```

```
                        DMA_ClearFlag(DMA1_FLAG_TC4);          //清除通道4传输完成标志
                        break;
                    }
                    pro = DMA_GetCurrDataCounter(DMA1_Channel4);//得到当前剩余数据量
                    pro = 1 − pro/SEND_BUF_SIZE;               //得到百分比
                    pro * = 100;                               //扩大100倍
                    LCD_ShowNum(30,170,pro,3,16);
                }
                LCD_ShowNum(30,170,100,3,16);                  //显示100%
                LCD_ShowString(30,150,200,16,16,"Transimit Finished!");//提示传送完成
            }
            i++;
        delay_ms(10);
        if(i == 20)
        {
            LED0 = ! LED0;//提示系统正在运行
            i = 0;
        }
    }
}
```

main 函数的流程大致是:先初始化内存 SendBuff 的值,然后通过 KEY0 开启串口 DMA 发送,在发送过程中,通过 DMA_GetCurrDataCounter()函数获取当前还剩余的数据量,从而计算传输百分比;最后在传输结束之后清除相应标志位,提示已经传输完成。注意,因为使用是串口1 DMA 发送,所以代码中使用 USART_DMACmd 函数开启串口的 DMA 发送:

```
USART_DMACmd(USART1,USART_DMAReq_Tx,ENABLE);   //使能串口1的DMA发送
```

至此,DMA 串口传输的软件设计就完成了。

21.4 下载验证

编译成功之后,通过串口下载代码到 ALIENTEK 战舰 STM32 开发板上,可以看到 LCD 显示如图 21.4.1 所示。

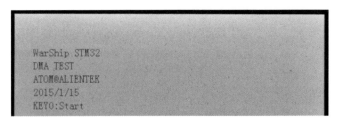

图 21.4.1 DMA 串口实验实物测试图

DS0 的不停闪烁提示程序在运行。打开串口调试助手,然后按 KEY0 可以看到,串口显示如图 21.4.2 所示的内容。可以看到,串口收到了战舰 STM32F103 发送过来的数据,同时 TFTLCD 上显示了进度等信息,如图 21.4.3 所示。

图 21.4.2　串口收到的数据内容

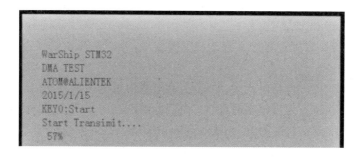

图 21.4.3　DMA 串口数据传输中

　　至此,整个 DMA 串口实验就结束了。DMA 是个非常好的功能,不但能减轻 CPU 负担,还能提高数据传输速度,合理应用,往往能让你的程序设计变得简单。

第 **22** 章

IIC 实验

本章介绍利用 STM32F1 的普通 I/O 口模拟 IIC 时序实现和 24C02 之间的双向通信,并将结果显示在 TFTLCD 模块上。

22.1 IIC 简介

IIC(Inter – Integrated Circuit)总线是一种由 PHILIPS 公司开发的两线式串行总线,用于连接微控制器及其外围设备。它是由数据线 SDA 和时钟 SCL 构成的串行总线,可发送和接收数据。在 CPU 与被控 IC 之间、IC 与 IC 之间进行双向传送,高速 IIC 总线一般可达 400 kbps 以上。

IIC 总线在传送数据过程中共有 3 种类型信号,分别是开始信号、结束信号和应答信号。

① 开始信号:SCL 为高电平时,SDA 由高电平向低电平跳变,开始传送数据。

② 结束信号:SCL 为高电平时,SDA 由低电平向高电平跳变,结束传送数据。

③ 应答信号:接收数据的 IC 在接收到 8 bit 数据后,向发送数据的 IC 发出特定的低电平脉冲,表示已收到数据。CPU 向受控单元发出一个信号后,等待受控单元发出一个应答信号;CPU 接收到应答信号后,根据实际情况做出是否继续传递信号的判断。若未收到应答信号,则判断为受控单元出现故障。

这些信号中起始信号是必需的,结束信号和应答信号都可以不要。IIC 总线时序图如图 22.1.1 所示。

图 22.1.1 IIC 总线时序图

ALIENTEK 战舰 STM32 开发板板载的 EEPROM 芯片型号为 24C02。该芯片的总容量是 256 字节,该芯片通过 IIC 总线与外部连接,本章就通过 STM32 来实现 24C02 的读/写。

　　目前大部分 MCU 都带有 IIC 总线接口,STM32 也不例外。但是这里不使用 STM32 的硬件 IIC 来读/写 24C02,而是通过软件模拟。STM32 的硬件 IIC 非常复杂,更重要的是不稳定,故不推荐使用。所以这里就通过模拟来实现了。有兴趣的读者可以研究一下 STM32 的硬件 IIC。

　　本章实验功能简介:开机的时候先检测 24C02 是否存在,然后在主循环里面用一个按键(KEY0)用来执行写入 24C02 的操作,另外一个按键(WK_UP)用来执行读出操作,在 TFTLCD 模块上显示相关信息。同时,用 DS0 提示程序正在运行。

22.2　硬件设计

　　本章需要用到的硬件资源有指示灯 DS0、WK_UP 和 KEY1 按键、串口(USMART 使用)、TFTLCD 模块、24C02。前面 4 部分的资源已经介绍了,这里只介绍 24C02 与 STM32 的连接。24C02 的 SCL 和 SDA 分别连在 STM32 的 PB6 和 PB7 上的,连接关系如图 22.2.1 所示。

图 22.2.1　STM32 与 24C02 连接图

22.3　软件设计

　　打开 IIC 实验工程,我们可以看到工程中加入了 2 个源文件分别是 myiic.c 和 24cxx.c,myiic.c 文件存放 IIC 驱动代码,24cxx.c 文件存放 24C02 驱动代码。

　　打开 myiic.c 文件,关键代码如下:

```
void IIC_Init(void) //初始化 IIC
{
    GPIO_InitTypeDef GPIO_InitStructure;
    RCC_APB2PeriphClockCmd(RCC_APB2Periph_GPIOB, ENABLE );        //PB 时钟使能
    GPIO_InitStructure.GPIO_Pin = GPIO_Pin_6|GPIO_Pin_7;
```

```
        GPIO_InitStructure.GPIO_Mode = GPIO_Mode_Out_PP;          //推挽输出
        GPIO_InitStructure.GPIO_Speed = GPIO_Speed_50MHz;
        GPIO_Init(GPIOB, &GPIO_InitStructure);                    //初始化 GPIO
        GPIO_SetBits(GPIOB,GPIO_Pin_6|GPIO_Pin_7);                //PB6,PB7 输出高
}
void IIC_Start(void)            //产生 IIC 起始信号
{
    SDA_OUT();                  //SDA 线输出
    IIC_SDA = 1;
    IIC_SCL = 1;   delay_us(4);
    IIC_SDA = 0;                //START:when CLK is high,DATA change form high to low
    delay_us(4);
    IIC_SCL = 0;                //钳住 IIC 总线,准备发送或接收数据
}
void IIC_Stop(void)             //产生 IIC 停止信号
{
    SDA_OUT();                  //sda 线输出
    IIC_SCL = 0; IIC_SDA = 0;   //STOP:when CLK is high DATA change form low to high
    delay_us(4);
    IIC_SCL = 1;   IIC_SDA = 1; //发送 IIC 总线结束信号
    delay_us(4);
}
//返回值:1,接收应答失败    0,接收应答成功
u8 IIC_Wait_Ack(void)           //等待应答信号到来
{
    u8 ucErrTime = 0;
    SDA_IN();                   //SDA 设置为输入
    IIC_SDA = 1;delay_us(1);
    IIC_SCL = 1;delay_us(1);
    while(READ_SDA)
    {   ucErrTime ++ ;
        if(ucErrTime>250)
        {   IIC_Stop();   return 1;
        }
    }
    IIC_SCL = 0;                //时钟输出 0
    return 0;
}
//产生 ACK 应答
void IIC_Ack(void)
{
    IIC_SCL = 0;
    SDA_OUT();
    IIC_SDA = 0;   delay_us(2);
    IIC_SCL = 1;   delay_us(2);
    IIC_SCL = 0;
}
//不产生 ACK 应答
```

```
void IIC_NAck(void)
{
    IIC_SCL = 0;
    SDA_OUT();
    IIC_SDA = 1;  delay_us(2);
    IIC_SCL = 1;  delay_us(2);
    IIC_SCL = 0;
}
//返回从机有无应答
//1,有应答   0,无应答
void IIC_Send_Byte(u8 txd)             //IIC发送一个字节
{
    u8 t;
    SDA_OUT();
    IIC_SCL = 0;                       //拉低时钟开始数据传输
    for(t = 0;t<8;t++)
    {
        IIC_SDA = (txd&0x80)>>7;
        txd<<=1;
        delay_us(2);                   //对 TEA5767 这 3 个延时都是必须的
        IIC_SCL = 1;  delay_us(2);
        IIC_SCL = 0;delay_us(2);
    }
}
//读 1 个字节,ack = 1 时,发送 ACK,ack = 0,发送 nACK
u8 IIC_Read_Byte(unsigned char ack)
{
    unsigned char i,receive = 0;
    SDA_IN();                          //SDA 设置为输入
    for(i = 0;i<8;i++)
    {
        IIC_SCL = 0;  delay_us(2);
        IIC_SCL = 1;
        receive<<= 1;
        if(READ_SDA)receive++ ;
        delay_us(1);
    }
    if (! ack)   IIC_NAck();           //发送 nACK
    else         IIC_Ack();            //发送 ACK
    return receive;
}
```

　　该部分为 IIC 驱动代码,实现包括 IIC 的初始化(I/O 口)、IIC 开始、IIC 结束、ACK、IIC 读/写等功能,在其他函数里面只需要调用相关的 IIC 函数就可以和外部 IIC 器件通信了。这里并不局限于 24C02,该段代码可以用在任何 IIC 设备上。

　　下面看看头文件 myiic.h 的代码,里面有 2 行代码为直接通过寄存器操作设置 I/O 口的模式为输入还是输出,代码如下:

```
#define SDA_IN()  {GPIOB->CRH&=0XFFFF0FFF;GPIOB->CRH|=8<<12;}
#define SDA_OUT() {GPIOB->CRH&=0XFFFF0FFF;GPIOB->CRH|=3<<12;}
```

其他部分都是一些函数申明之类的,这里不过多解释。

接下来看看 24cxx.c 文件代码:

```c
//初始化 IIC 接口
void AT24CXX_Init(void)
{
    IIC_Init();
}
//ReadAddr:开始读数的地址
//返回值   :读到的数据
u8 AT24CXX_ReadOneByte(u16 ReadAddr) //在 AT24CXX 指定地址读出一个数据
{
    u8 temp = 0;
    IIC_Start();
    if(EE_TYPE>AT24C16)
    {   IIC_Send_Byte(0XA0);                    //发送写命令
        IIC_Wait_Ack();
        IIC_Send_Byte(ReadAddr>>8);             //发送高地址
    }else IIC_Send_Byte(0XA0+((ReadAddr/256)<<1));   //发送器件地址 0XA0,写数据
    IIC_Wait_Ack();
    IIC_Send_Byte(ReadAddr%256);                //发送低地址
    IIC_Wait_Ack();
    IIC_Start();
    IIC_Send_Byte(0XA1);                        //进入接收模式
    IIC_Wait_Ack();
    temp = IIC_Read_Byte(0);
    IIC_Stop();                                 //产生一个停止条件
    return temp;
}
//在 AT24CXX 指定地址写入一个数据
//WriteAddr  :写入数据的目的地址        DataToWrite:要写入的数据
void AT24CXX_WriteOneByte(u16 WriteAddr,u8 DataToWrite)
{
    IIC_Start();
    if(EE_TYPE>AT24C16)
    {   IIC_Send_Byte(0XA0);                    //发送写命令
        IIC_Wait_Ack();
        IIC_Send_Byte(WriteAddr>>8);            //发送高地址
    }else IIC_Send_Byte(0XA0+((WriteAddr/256)<<1));   //发送器件地址 0XA0,写数据
    IIC_Wait_Ack();
    IIC_Send_Byte(WriteAddr%256);               //发送低地址
    IIC_Wait_Ack();
    IIC_Send_Byte(DataToWrite);                 //发送字节
    IIC_Wait_Ack();
    IIC_Stop();                                 //产生一个停止条件
```

```
        delay_ms(10);
}
//在 AT24CXX 里面的指定地址开始写入长度为 Len 的数据
//该函数用于写入 16 bit 或者 32 bit 的数据.
//WriteAddr  :开始写入的地址
//DataToWrite:数据数组首地址          Len:要写入数据的长度 2,4
void AT24CXX_WriteLenByte(u16 WriteAddr,u32 DataToWrite,u8 Len)
{
    u8 t;
    for(t = 0;t<Len;t++)
    {  AT24CXX_WriteOneByte(WriteAddr + t,(DataToWrite>>(8 * t))&0xff);
    }
}


//在 AT24CXX 里面的指定地址开始读出长度为 Len 的数据
//该函数用于读出 16 bit 或者 32 bit 的数据
//ReadAddr:开始读出的地址   Len:要读出数据的长度 2,4
//返回值   :数据
u32 AT24CXX_ReadLenByte(u16 ReadAddr,u8 Len)
{
    u8 t;
    u32 temp = 0;
    for(t = 0;t<Len;t++)
    {  temp<< = 8;
        temp + = AT24CXX_ReadOneByte(ReadAddr + Len - t - 1);
    }
    return temp;
}
//这里用了 24XX 的最后一个地址(255)来存储标志字
//如果用其他 24C 系列,这个地址要修改
//返回 1:检测失败   返回 0:检测成功
u8 AT24CXX_Check(void)                        //检查 AT24CXX 是否正常
{
    u8 temp;
    temp = AT24CXX_ReadOneByte(255);          //避免每次开机都写 AT24CXX
    if(temp == 0X55)return 0;
    else                                      //排除第一次初始化的情况
    {  AT24CXX_WriteOneByte(255,0X55);
        temp = AT24CXX_ReadOneByte(255);
        if(temp == 0X55)return 0;
    }
    return 1;
}


//在 AT24CXX 里面的指定地址开始读出指定个数的数据
//ReadAddr:开始读出的地址对 24c02 为 0~255
//pBuffer  :数据数组首地址    NumToRead:要读出数据的个数
void AT24CXX_Read(u16 ReadAddr,u8 * pBuffer,u16 NumToRead)
{
    while(NumToRead)
```

```
    {   * pBuffer + + = AT24CXX_ReadOneByte(ReadAddr + + );
        NumToRead - - ;
    }
}
//在 AT24CXX 里面的指定地址开始写入指定个数的数据
//WriteAddr:开始写入的地址对 24c02 为 0~255
//pBuffer   :数据数组首地址        NumToWrite:要写入数据的个数
void AT24CXX_Write(u16 WriteAddr,u8 * pBuffer,u16 NumToWrite)
{
  while(NumToWrite - - )
    {   AT24CXX_WriteOneByte(WriteAddr, * pBuffer);
        WriteAddr + + ;
        pBuffer + + ;
    }
}
```

这部分代码实际就是通过 IIC 接口来操作 24Cxx 芯片,理论上是可以支持 24Cxx 所有系列芯片的(地址引脚必须都设置为 0),但是我们只测试了 24C02,其他器件有待测试。读者也可以验证一下,24Cxx 的型号定义在 24cxx.h 文件里面,通过 EE_TYPE 设置。

最后,我们在 main 函数里面编写应用代码,main 函数如下:

```
const u8 TEXT_Buffer[] = {"WarShipSTM32 IIC TEST"};//要写入到 24c02 的字符串数组
# define SIZE sizeof(TEXT_Buffer)
int main(void)
{
    u8 key, datatemp[SIZE];
    u16 i = 0;
    delay_init();                    //延时函数初始化
    NVIC_PriorityGroupConfig(NVIC_PriorityGroup_2);//设置中断优先级分组为组 2
    uart_init(115200);               //串口初始化为 115 200
    LED_Init();                      //初始化与 LED 连接的硬件接口
    LCD_Init();                      //初始化 LCD
    KEY_Init();                      //按键初始化
    AT24CXX_Init();                  //IIC 初始化
    //…此处省略部分液晶显示代码
    LCD_ShowString(30,130,200,16,16,"KEY1:Write  KEY0:Read");//显示提示信息
    while(AT24CXX_Check())//检测不到 24c02
    {
        LCD_ShowString(30,150,200,16,16,"24C02 Check Failed!");
        delay_ms(500);
        LCD_ShowString(30,150,200,16,16,"Please Check!        ");
        delay_ms(500);
        LED0 = ! LED0;//DS0 闪烁
    }
    LCD_ShowString(30,150,200,16,16,"24C02 Ready!");
    POINT_COLOR = BLUE;//设置字体为蓝色
    while(1)
    {
```

```
    key = KEY_Scan(0);
    if(key == KEY1_PRES)//KEY1 按下,写入 24C02
    {
        LCD_Fill(0,170,239,319,WHITE);//清除半屏
        LCD_ShowString(30,170,200,16,16,"Start Write 24C02....");
        AT24CXX_Write(0,(u8 *)TEXT_Buffer,SIZE);
        LCD_ShowString(30,170,200,16,16,"24C02 Write Finished!");//提示传送完成
    }
    if(key == KEY0_PRES)//KEY1 按下,读取字符串并显示
    {
        LCD_ShowString(30,170,200,16,16,"Start Read 24C02....");
        AT24CXX_Read(0,datatemp,SIZE);
        LCD_ShowString(30,170,200,16,16,"The Data Readed Is:  ");//提示传送完成
        LCD_ShowString(30,190,200,16,16,datatemp);//显示读到的字符串
    }
    i++;  delay_ms(10);
    if(i == 20)
    {
        LED0 = ! LED0;//提示系统正在运行
        i = 0;
    }
    }
}
```

该段代码通过 KEY1 按键来控制 24C02 的写入,通过另外一个按键 KEY0 来控制 24C02 的读取,并在 LCD 模块上面显示相关信息。

至此,软件设计部分就结束了。

22.4　下载验证

编译成功之后,下载代码到 ALIENTEK 战舰 STM32 开发板上,通过先按 WK_UP 按键写入数据,然后按 KEY1 读取数据,得到如图 22.4.1 所示。

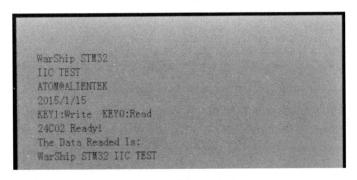

图 22.4.1　程序运行效果图

同时,DS0 会不停闪烁,提示程序正在运行。程序在开机的时候会检测 24C02 是否存在,如果不存在,则会在 TFTLCD 模块上显示错误信息,同时 DS0 慢闪。读者可以通过跳线帽把 PB6 和 PB7 短接就可以看到报错了。

在 USMART 里面加入 AT24CXX_WriteOneByte 和 AT24CXX_ReadOneByte 函数就可以通过 USMART 读取和写入 24C02 的任何地址了,如图 22.4.2 所示。

图 22.4.2　USMART 控制 24C02 读/写

第 23 章

SPI 实验

本章将利用 STM32F1 自带的 SPI 来实现对外部 NOR Flash 的读/写,并将结果显示在 TFTLCD 模块上。注:最新的战舰 V4 开发板板载的 NOR Flash 芯片有多种型号,本书以 W25Q128 为例进行介绍,但提供的程序同样兼容其他型号的芯片。

23.1 SPI 简介

SPI 是 Serial Peripheral Interface 的缩写,顾名思义就是串行外围设备接口,是 Motorola 首先在其 MC68HCXX 系列处理器上定义的,主要应用在 EEPROM、Flash、实时时钟、A/D 转换器、数字信号处理器和数字信号解码器之间。SPI,是一种高速的、全双工、同步的通信总线,并且在芯片的引脚上只占用 4 根线,节约了芯片的引脚,同时为 PCB 的布局上节省空间,提供方便。正是出于这种简单易用的特性,现在越来越多的芯片集成了这种通信协议,STM32 也有 SPI 接口。SPI 的内部简明图如图 23.1.1 所示。

图 23.1.1 SPI 内部结构简明图

从图中可以看出,主机和从机都有一个串行移位寄存器,主机通过向它的 SPI 串行寄存器写入一个字节来发起一次传输。寄存器通过 MOSI 信号线将字节传送给从机,从机也将自己移位寄存器中的内容通过 MISO 信号线返回给主机。这样,2 个移位寄存器中的内容就被交换。外设的写操作和读操作是同步完成的。如果只进行写操作,主机只须忽略接收到的字节;反之,若主机要读取从机的一个字节,就必须发送一个空字节来引发从机的传输。

SPI 接口一般使用 4 条线通信：

➤ MISO 主设备数据输入，从设备数据输出。

➤ MOSI 主设备数据输出，从设备数据输入。

➤ SCLK 时钟信号，由主设备产生。

➤ CS 从设备片选信号，由主设备控制。

SPI 主要特点有：可以同时发出和接收串行数据，可以当作主机或从机工作，提供频率可编程时钟，发送结束中断标志，写冲突保护，总线竞争保护等。

SPI 模块为了和外设进行数据交换，根据外设工作要求，其输出串行同步时钟极性和相位可以进行配置，时钟极性(CPOL)对传输协议没有重大的影响。如果 CPOL＝0，串行同步时钟的空闲状态为低电平；如果 CPOL＝1，串行同步时钟的空闲状态为高电平。时钟相位(CPHA)能够选择 2 种不同的传输协议之一进行数据传输。如果 CPHA＝0，在串行同步时钟的第一个跳变沿(上升或下降)数据被采样；如果 CPHA＝1，在串行同步时钟的第二个跳变沿(上升或下降)数据被采样。SPI 主模块和与之通信的外设时钟相位和极性应该一致。

不同时钟相位下的总线数据传输时序如图 23.1.2 所示。

(a) CPHA=0时SPI总线数据传输时序

(b) CPHA=1时SPI总线数据传输时序

图 23.1.2　不同时钟相位下的总线传输时序(CPHA＝0/1)

STM32 的 SPI 功能很强大，SPI 时钟最多可以到 18 MHz，支持 DMA，可以配置为 SPI 协议或者 I²S 协议(仅大容量型号支持，战舰 STM32 开发板是支持的)。

本章将利用 STM32 的 SPI 来读取外部 SPI Flash 芯片（W25Q128），实现类似第 23 章实验的功能。这里只简单介绍 SPI 的使用，STM32 的 SPI 详细介绍请参考《STM32 参考手册》第 457 页，23 节。然后再介绍 SPI Flash 芯片。

这节使用 STM32 的 SPI2 的主模式，下面就来看看 SPI2 部分的设置步骤（SPI 相关的库函数和定义分布在文件 stm32f10x_spi.c 以及头文件 stm32f10x_spi.h 中）：

① 配置相关引脚的复用功能，使能 SPI2 时钟。

要用 SPI2，第一步就要使能 SPI2 的时钟。其次要设置 SPI2 的相关引脚为复用输出，这样才会连接到 SPI2 上，否则这些 I/O 口还是默认的状态，也就是标准输入输出口。这里使用的是 PB13、14、15 这 3 个（SCK、MISO、MOSI，CS 使用软件管理方式），所以设置这 3 个为复用 I/O。

```
GPIO_InitTypeDef GPIO_InitStructure;
RCC_APB2PeriphClockCmd(RCC_APB2Periph_GPIOB, ENABLE );    //PORTB 时钟使能
RCC_APB1PeriphClockCmd(RCC_APB1Periph_SPI2,  ENABLE);     //SPI2 时钟使能
GPIO_InitStructure.GPIO_Pin = GPIO_Pin_13|GPIO_Pin_14|GPIO_Pin_15;
GPIO_InitStructure.GPIO_Mode = GPIO_Mode_AF_PP;           //PB13/14/15 复用推挽输出
GPIO_InitStructure.GPIO_Speed = GPIO_Speed_50MHz;
GPIO_Init(GPIOB,&GPIO_InitStructure);                     //初始化 GPIOB
```

② 初始化 SPI2，设置 SPI2 工作模式。

接下来要初始化 SPI2，设置 SPI2 为主机模式，设置数据格式为 8 位、设置 SCK 时钟极性及采样方式。并设置 SPI2 的时钟频率（最大 18 MHz）以及数据的格式（MSB 在前还是 LSB 在前）。这在库函数中是通过 SPI_Init 函数来实现的：

```
void SPI_Init(SPI_TypeDef * SPIx, SPI_InitTypeDef * SPI_InitStruct);
```

跟其他外设初始化一样，第一个参数是 SPI 标号，这里使用 SPI2。第二个参数结构体类型 SPI_InitTypeDef 的定义：

```
typedef struct
{
  uint16_t SPI_Direction;
  uint16_t SPI_Mode;
  uint16_t SPI_DataSize;
  uint16_t SPI_CPOL;
  uint16_t SPI_CPHA;
  uint16_t SPI_NSS;
  uint16_t SPI_BaudRatePrescaler;
  uint16_t SPI_FirstBit;
  uint16_t SPI_CRCPolynomial;
}SPI_InitTypeDef;
```

结构体成员变量比较多，这里挑取几个重要的成员变量讲解一下：

第一个参数 SPI_Direction 用来设置 SPI 的通信方式，可以选择为半双工、全双工、串行发和串行收方式，这里选择全双工模式 SPI_Direction_2Lines_FullDuplex。

第二个参数 SPI_Mode 用来设置 SPI 的主从模式，这里设置为主机模式 SPI_Mode_Master，当然也可以选择为从机模式 SPI_Mode_Slave。

第三个参数 SPI_DataSize 为 8 位还是 16 位帧格式选择项,这里是 8 位传输,选择 SPI_DataSize_8b。

第四个参数 SPI_CPOL 用来设置时钟极性,我们设置串行同步时钟的空闲状态为高电平所以选择 SPI_CPOL_High。

第五个参数 SPI_CPHA 用来设置时钟相位,也就是选择在串行同步时钟的第几个跳变沿(上升或下降)数据被采样,可以为第一个或者第二个条边沿采集,这里选择第二个跳变沿,所以选择 SPI_CPHA_2Edge。

第六个参数 SPI_NSS 设置 NSS 信号由硬件(NSS 引脚)还是软件控制,这里通过软件控制 NSS 关键,而不是硬件自动控制,所以选择 SPI_NSS_Soft。

第七个参数 SPI_BaudRatePrescaler 很关键,就是设置 SPI 波特率预分频值,也就是决定 SPI 的时钟的参数,从不分频到 256 分频 8 个可选值,初始化的时候选择 256 分频值 SPI_BaudRatePrescaler_256,传输速度为 36 MHz/256=140.625 kHz。

第八个参数 SPI_FirstBit 设置数据传输顺序是 MSB 位在前还是 LSB 位在前,这里选择 SPI_FirstBit_MSB 高位在前。

第九个参数 SPI_CRCPolynomial 用来设置 CRC 校验多项式,提高通信可靠性,大于 1 即可。

设置好上面 9 个参数就可以初始化 SPI 外设了,初始化的范例格式为:

```
SPI_InitTypeDef  SPI_InitStructure;
SPI_InitStructure.SPI_Direction = SPI_Direction_2Lines_FullDuplex;  //双线双向全双工
SPI_InitStructure.SPI_Mode = SPI_Mode_Master;//主 SPI
SPI_InitStructure.SPI_DataSize = SPI_DataSize_8b;//SPI 发送接收 8 位帧结构
SPI_InitStructure.SPI_CPOL = SPI_CPOL_High;//串行同步时钟的空闲状态为高电平
SPI_InitStructure.SPI_CPHA = SPI_CPHA_2Edge;//第二个跳变沿数据被采样
SPI_InitStructure.SPI_NSS = SPI_NSS_Soft;//NSS 信号由软件控制
SPI_InitStructure.SPI_BaudRatePrescaler = SPI_BaudRatePrescaler_256;//预分频 256
SPI_InitStructure.SPI_FirstBit = SPI_FirstBit_MSB;//数据传输从 MSB 位开始
SPI_InitStructure.SPI_CRCPolynomial = 7;//CRC 值计算的多项式
SPI_Init(SPI2,&SPI_InitStructure);   //根据指定的参数初始化外设 SPIx 寄存器
```

③ 使能 SPI2。

在使能 SPI2 后就可以开始 SPI 通信了。使能 SPI2 的方法是:

```
SPI_Cmd(SPI2,ENABLE);//使能 SPI 外设
```

④ SPI 传输数据。

通信接口当然需要有发送数据和接收数据的函数,固件库提供的发送数据函数原型为:

```
void SPI_I2S_SendData(SPI_TypeDef * SPIx,uint16_t Data);
```

这个函数很好理解,往 SPIx 数据寄存器写入数据 Data,从而实现发送。

固件库提供的接收数据函数原型为:

```
uint16_t SPI_I2S_ReceiveData(SPI_TypeDef * SPIx);
```

这个函数也不难理解,从 SPIx 数据寄存器读出接收到的数据。

⑤ 查看 SPI 传输状态。

在 SPI 传输过程中,经常要判断数据是否传输完成,发送区是否为空等等状态,这是通过函数 SPI_I2S_GetFlagStatus 实现的。判断发送是否完成的方法是:

```
SPI_I2S_GetFlagStatus(SPI2,SPI_I2S_FLAG_RXNE);
```

接下来介绍一下 W25Q128。W25Q128 是华邦公司推出的大容量 SPI Flash 产品,W25Q128 的容量为 128 Mbit,该系列还有 W25Q80/16/32/64 等。ALIENTEK 选择的 W25Q128 容量为 128 Mbit,也就是 16 MB。

W25Q128 将 16 MB 的容量分为 256 个块(Block),每个块大小为 64 KB,每个块又分为 16 个扇区(Sector),每个扇区 4 KB。W25Q128 的最小擦除单位为一个扇区,也就是每次必须擦除 4 KB。这样就需要给 W25Q128 开辟一个至少 4 KB 的缓存区,这对 SRAM 要求比较高,要求芯片必有 4 KB 以上 SRAM 才能很好地操作。

W25Q128 的擦写周期多达 10 万次,具有 20 年的数据保存期限,支持电压为 2.7～3.6 V。W25Q128 支持标准的 SPI,还支持双输出/四输出的 SPI,最大 SPI 时钟可以到 80 MHz(双输出时相当于 160 MHz,四输出时相当于 320 MHz)。更多的 W25Q128 的介绍可参考 W25Q128 的 DATASHEET。

23.2　硬件设计

本章实验功能简介:开机时先检测 W25Q128 是否存在,然后在主循环里面检测 2 个按键,其中一个按键(KEY1)用来执行写入 W25Q128 的操作,另外一个按键 (KEY0)用来执行读出操作,在 TFTLCD 模块上显示相关信息。同时用 DS0 提示程序正在运行。

用到的硬件资源有指示灯 DS0、KEY0 和 KEY1 按键、TFTLCD 模块、SPI、W25Q128。这里只介绍 W25Q128 与 STM32 的连接。板上的 W25Q128 是直接连在 STM32 的 SPI2 上的,连接关系如图 23.2.1 所示。这里的 F_CS 是连接在 PB12 上面的。注意,W25Q128 和 NRF24L01 共用 SPI2,所以这 2 个器件在使用的时候必须分时复用(通过片选控制)才行。

图 23.2.1　STM32 与 W25Q128 连接电路图

23.3　软件设计

打开本书配套资料的 SPI 实验工程,可以看到我们加入了 spi.c、w25qxx.c 文件以及头文件 spi.h、w25qxx.h,同时引入了库函数文件 stm32f10x_spi.c 文件以及头文件 stm32f10x_spi.h。

打开 spi.c 文件,看到如下代码:

```c
#include "spi.h"
//以下是 SPI2 的初始化代码,配置成主机模式,访问 SD Card/W25Q128/NRF24L01
void SPI2_Init(void)
{
    GPIO_InitTypeDef GPIO_InitStructure;
    SPI_InitTypeDef  SPI_InitStructure;
    RCC_APB2PeriphClockCmd(RCC_APB2Periph_GPIOB,ENABLE);        //PORTB 时钟使能
    RCC_APB1PeriphClockCmd(RCC_APB1Periph_SPI2,  ENABLE);       //①SPI2 时钟使能
    GPIO_InitStructure.GPIO_Pin = GPIO_Pin_13|GPIO_Pin_14|GPIO_Pin_15;
    GPIO_InitStructure.GPIO_Mode = GPIO_Mode_AF_PP;             //PB13/14/15 复用推挽输出
    GPIO_InitStructure.GPIO_Speed = GPIO_Speed_50MHz;
    GPIO_Init(GPIOB,&GPIO_InitStructure);                       //①初始化 GPIOB
    GPIO_SetBits(GPIOB,GPIO_Pin_13|GPIO_Pin_14|GPIO_Pin_15);   //PB13/14/15 上拉
    SPI_InitStructure.SPI_Direction = SPI_Direction_2Lines_FullDuplex;//设置 SPI 全双工
    SPI_InitStructure.SPI_Mode = SPI_Mode_Master;              //设置 SPI 工作模式:设置为主 SPI
    SPI_InitStructure.SPI_DataSize = SPI_DataSize_8b;          //8 位帧结构
    SPI_InitStructure.SPI_CPOL = SPI_CPOL_High;   //选择了串行时钟的稳态:时钟悬空高
    SPI_InitStructure.SPI_CPHA = SPI_CPHA_2Edge;  //数据捕获于第二个时钟沿
    SPI_InitStructure.SPI_NSS = SPI_NSS_Soft;     //NSS 信号由硬件管理
    SPI_InitStructure.SPI_BaudRatePrescaler = SPI_BaudRatePrescaler_256;//预分频 256
    SPI_InitStructure.SPI_FirstBit = SPI_FirstBit_MSB;  //数据传输从 MSB 位开始
    SPI_InitStructure.SPI_CRCPolynomial = 7;            //CRC 值计算的多项式
    SPI_Init(SPI2,&SPI_InitStructure);  //②根据指定的参数初始化外设 SPIx 寄存器
    SPI_Cmd(SPI2,ENABLE);               //③使能 SPI 外设
    SPI2_ReadWriteByte(0xff);           //④启动传输
}
//SPI 速度设置函数
//SpeedSet://SPI_BaudRatePrescaler_256 256 分频(SPI 281.25K@sys 72M)
void SPI2_SetSpeed(u8 SPI_BaudRatePrescaler)
{
    assert_param(IS_SPI_BAUDRATE_PRESCALER(SPI_BaudRatePrescaler));
    SPI2->CR1 &= 0XFFC7;
    SPI2->CR1 |= SPI_BaudRatePrescaler;                 //设置 SPI2 速度
    SPI_Cmd(SPI2,ENABLE);
}
//SPIx 读写一个字节
//TxData:要写入的字节      返回值:读取到的字节
u8 SPI2_ReadWriteByte(u8 TxData)
{
    u8 retry = 0;
```

```
    while (SPI_I2S_GetFlagStatus(SPI2, SPI_I2S_FLAG_TXE) == RESET)//等待发送区空
        {
        retry++;
        if(retry>200)return 0;
        }
    SPI_I2S_SendData(SPI2,TxData);                //通过外设 SPIx 发送一个数据
    retry = 0;
    while(SPI_I2S_GetFlagStatus(SPI2,SPI_I2S_FLAG_RXNE) == RESET)
                                                //等待接收完一个 byte
    {  retry++;
        if(retry>200)return 0;
    }
    return SPI_I2S_ReceiveData(SPI2);            //返回通过 SPIx 最近接收的数据
}
```

此部分代码主要初始化 SPI,这里选择 SPI2,所以 SPI2_Init 函数里面相关操作都是针对 SPI2 的,初始化步骤和上面介绍的一样,代码中也使用了①～⑤标注。初始化之后就可以开始使用 SPI2 了。SPI2_Init 函数里把 SPI2 的波特率设置成了最低(36 MHz,256 分频为 140.625 kHz)。外部函数里通过 SPI2_SetSpeed 来设置 SPI2 的速度,而数据发送和接收则是通过 SPI2_ReadWriteByte 函数来实现的。SPI2_SetSpeed 函数是通过寄存器设置方式来实现的,因为固件库并没有提供单独的设置分频系数的函数,当然,也可以勉强调用 SPI_Init 初始化函数来实现分频系数修改。

注意,SPI 初始化函数的最后有一个启动传输,这句话最大的作用就是维持 MOSI 为高电平,而且这句话也不是必须的,可以去掉。

下面打开 w25qxx.c,里面编写的是与 W25Q128 操作相关的代码。这里仅介绍几个重要的函数,首先是 W25QXX_Read 函数。该函数用于从 W25Q128 的指定地址读出指定长度的数据,其代码如下:

```
//读取 SPI FLASH
//在指定地址开始读取指定长度的数据
//pBuffer:数据存储区      ReadAddr:开始读取的地址(24 bit)
//NumByteToRead:要读取的字节数(最大 65 535)
voidW25QXX_Read (u8 * pBuffer,u32 ReadAddr,u16 NumByteToRead)
{
    u16 i;
    SPI_FLASH_CS = 0;                            //使能器件
    SPI2_ReadWriteByte(W25X_ReadData);           //发送读取命令
    SPI2_ReadWriteByte((u8)((ReadAddr)>>16));    //发送 24 bit 地址
    SPI2_ReadWriteByte((u8)((ReadAddr)>>8));
    SPI2_ReadWriteByte((u8)ReadAddr);
    for(i = 0;i<NumByteToRead;i++)
    {
        pBuffer[i] = SPI2_ReadWriteByte(0XFF);   //循环读数
    }
    SPI_FLASH_CS = 1;
}
```

由于 W25Q128 支持以任意地址(但是不能超过 W25Q128 的地址范围)开始读取数据,所以,这个代码相对来说就比较简单了。在发送 24 位地址之后,程序就可以开始

循环读数据了,其地址自动增加。注意,不能读的数据超过了 W25Q128 的地址范围,否则读出来的数据就不是想要的数据了。

有读的函数,当然就有写的函数了。接下来介绍 W25QXX_Write 函数,该函数的作用与 W25QXX_Flash_Read 的作用类似,用来写数据到 W25Q128 里面,其代码如下:

```
u8 W25QXX_BUFFER[4096];
void W25QXX_Write(u8 * pBuffer,u32 WriteAddr,u16 NumByteToWrite)
{
    u32 secpos;
    u16 i, secoff, secremain;
    u8 * W25QXX_BUF;
    W25QXX_BUF = W25QXX_BUFFER;
    secpos = WriteAddr/4096;                         //扇区地址
    secoff = WriteAddr % 4096;                       //在扇区内的偏移
    secremain = 4096 - secoff;                       //扇区剩余空间大小
    if(NumByteToWrite <= secremain)secremain = NumByteToWrite;//不大于 4 096 个字节
    while(1)
    {
        W25QXX_Read(W25QXX_BUF,secpos * 4096,4096);  //读出整个扇区的内容
        for(i = 0;i<secremain;i ++ )                 //校验数据
        {
            if(W25QXX_BUF[secoff + i]! = 0XFF)break;  //需要擦除
        }
        if(i<secremain)                              //需要擦除
        {
            W25QXX_Erase_Sector(secpos);             //擦除这个扇区
            for(i = 0;i<secremain;i ++ )             //复制
            {
                W25QXX_BUF[i + secoff] = pBuffer[i];
            }
            W25QXX_Write_NoCheck(W25QXX_BUF,secpos * 4096,4096);//写入整个扇区

        }else W25QXX_Write_NoCheck(pBuffer,WriteAddr,secremain);
                                //写已经擦除了的,直接写入扇区剩余区间
        if(NumByteToWrite == secremain)break;        //写入结束了
        else                                         //写入未结束
        {
            secpos ++ ;                              //扇区地址增 1
            secoff = 0;                              //偏移位置为 0
            pBuffer + = secremain;                   //指针偏移
            WriteAddr + = secremain;                 //写地址偏移
            NumByteToWrite - = secremain;            //字节数递减
            if(NumByteToWrite>4096)secremain = 4096; //下一个扇区还是写不完
            else secremain = NumByteToWrite;         //下一个扇区可以写完了
        }
    };
}
```

该函数可以在 W25Q128 的任意地址写入任意长度(必须不超过 W25Q128 的容

量)的数据。这里简单介绍一下思路：先获得首地址(WriteAddr)所在的扇区，并计算在扇区内的偏移，然后判断要写入的数据长度是否超过本扇区所剩下的长度，如果不超过，再先看看是否要擦除，如果不要，则直接写入数据即可；如果要，则读出整个扇区，在偏移处开始写入指定长度的数据，然后擦除这个扇区，再一次性写入。当所需要写入的数据长度超过一个扇区的长度的时候，我们先按照前面的步骤把扇区剩余部分写完，再在新扇区内执行同样的操作，如此循环，直到写入结束。

接着打开 w25qxx.h 文件可以看到，这里面就定义了一些与 W25Q128 操作相关的命令(部分省略了)。最后看看 main.c 里面代码如下：

```c
//要写入到 W25Q64 的字符串数组
const u8 TEXT_Buffer[] = {"WarShipSTM32 SPI TEST"};
#define SIZE sizeof(TEXT_Buffer)
int main(void)
{
    u8 key, datatemp[SIZE];
    u16 i = 0;
    u32 FLASH_SIZE;
    delay_init();               //延时函数初始化
    NVIC_PriorityGroupConfig(NVIC_PriorityGroup_2);//设置中断优先级分组为组 2
    uart_init(115200);          //串口初始化为 115 200
    LED_Init();                 //初始化与 LED 连接的硬件接口
    LCD_Init();                 //初始化 LCD
    KEY_Init();                 //按键初始化
    W25QXX_Init();              //W25QXX 初始化
    POINT_COLOR = RED;          //设置字体为红色
    LCD_ShowString(30,70,200,16,16,"SPI TEST");
    //......省略部分定义
    while(W25QXX_ReadID()! = W25Q128)//检测不到 W25Q128
    {
        LCD_ShowString(30,150,200,16,16,"W25Q128 Check Failed!");
        delay_ms(500);
        LCD_ShowString(30,150,200,16,16,"Please Check!          ");
        delay_ms(500);
        LED0 = ! LED0;                  //DS0 闪烁
    }
    LCD_ShowString(30,150,200,16,16,"W25Q128 Ready!");
    FLASH_SIZE = 128 * 1024 * 1024;     //Flash 大小为 16 MB
    POINT_COLOR = BLUE;                 //设置字体为蓝色
    while(1)
    {
        key = KEY_Scan(0);
        if(key == KEY1_PRES)            //KEY1 按下，写入 W25QXX
        {
            LCD_Fill(0,170,239,319,WHITE);//清除半屏
            LCD_ShowString(30,170,200,16,16,"Start Write W25Q128....");
            W25QXX_Write((u8 * )TEXT_Buffer,FLASH_SIZE - 100,SIZE);
                            //从倒数第 100 个地址处开始，写入 SIZE 长度的数据
            LCD_ShowString(30,170,200,16,16,"W25Q128 Write Finished!");//传送完成
        }
```

```
if(key==KEY0_PRES)//KEY0 按下,读取字符串并显示
{
    LCD_ShowString(30,170,200,16,16,"Start Read W25Q128....");
    W25QXX_Read(datatemp,FLASH_SIZE-100,SIZE);
                        //从倒数第 100 个地址处开始,读出 SIZE 个字节
    LCD_ShowString(30,170,200,16,16,"The Data Readed Is:   ");//提示传送完成
    LCD_ShowString(30,190,200,16,16,datatemp);//显示读到的字符串
}
i++;delay_ms(10);
if(i==20)
{
    LED0=!LED0;i=0;   //提示系统正在运行
}
}
}
```

这部分代码和 IIC 实验那部分代码大同小异,实现的功能就和 IIC 差不多,不过此次写入和读出的是 SPI Flash,而不是 EEPROM。

23.4   下载验证

编译成功后,下载代码到 ALIENTEK 战舰 STM32 开发板上,通过先按 KEY1 按键写入数据,然后按 KEY0 读取数据,得到如图 23.4.1 所示。伴随 DS0 的不停闪烁,提示程序在运行。程序开机的时候会检测 W25Q128 是否存在,如果不存在,则在 TFTLCD 模块上显示错误信息,同时 DS0 慢闪。读者可以把 PB14 和 GND 短接就可以看到报错了。

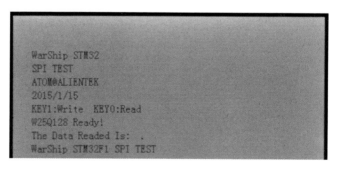

图 23.4.1   程序运行效果图

第 **24** 章

RS485 实验

本章利用 STM32F1 的串口 2 来实现 2 块开发板之间的 RS485 通信,并将结果显示在 TFTLCD 模块上。

24.1　RS485 简介

RS485(一般称作 485/EIA－485)是隶属于 OSI 模型物理层的,电气特性规定为 2 线,半双工,多点通信的标准。它的电气特性和 RS232 大不一样,用缆线 2 端的电压差值来表示传递信号。RS485 仅仅规定了接收端和发送端的电气特性,没有规定或推荐任何数据协议。

RS485 的特点包括:

① 接口电平低,不易损坏芯片。RS485 的电气特性:逻辑"1"以 2 线间的电压差为＋(2～6)V 表示;逻辑"0"以两线间的电压差为－(2～6)V 表示。接口信号电平比 RS232 降低了,不易损坏接口电路的芯片;且该电平与 TTL 电平兼容,可方便与 TTL 电路连接。

② 传输速率高。10 m 时,RS485 的数据最高传输速率可达 35 Mbps,在 1 200 m 时,传输速度可达 100 kbps。

③ 抗干扰能力强。RS485 接口是采用平衡驱动器和差分接收器的组合,抗共模干扰能力增强,即抗噪声干扰性好。

④ 传输距离远,支持节点多。RS485 总线最长可以传输 1 200 m 以上(速率 ≤100 kbps)一般最大支持 32 个节点,如果使用特制的 RS485 芯片,可以达到 128 个或者 256 个节点,最大的可以支持到 400 个节点。

RS485 推荐使用在点对点网络中,使用线型、总线型网络,不能是星型、环型网络。理想情况下 RS485 需要 2 个匹配电阻,其阻值要等于传输电缆的特性阻抗(一般为 120 Ω)。没有特性阻抗的话,当所有的设备都静止或者没有能量的时候就会产生噪声,而且线移需要双端的电压差。没有终接电阻的话,会使得较快速的发送端产生多个数据信号的边缘,从而导致数据传输出错。RS485 推荐的连接方式如图 24.1.1 所示。如果需要添加匹配电阻,则一般在总线的起止端加入,也就是主机和设备 4 上面各加一个 120 Ω 的匹配电阻。

由于 RS485 具有传输距离远、传输速度快、支持节点多和抗干扰能力更强等特点,所以 RS485 有很广泛的应用。

TP8485E/SP3485 可作为 RS485 的收发器,该芯片支持 3.3~5 V 供电,最大传输速度可达 250 kbps,支持多达 256 个节点$\left(\text{单位负载为}\frac{1}{8}\text{的条件下}\right)$,并且有输出短路保护。该芯片的框图如图 24.1.2 所示。图中 A、B 总线接口用于连接 RS485 总线。RO 是接收输出端,DI 是发送数据收入端,$\overline{RF}$ 是接收使能信号(低电平有效),DE 是发送使能信号(高电平有效)。

图 24.1.1　RS485 连接

图 24.1.2　TP8485E/SP3485 框图

本章通过该芯片连接 STM32 的串口 2,实现 2 个开发板之间的 RS485 通信。本章将实现这样的功能:通过连接 2 个战舰 STM32 开发板的 RS485 接口,然后由 KEY0 控制发送,当按下一个开发板的 KEY0 的时候就发送 5 个数据给另外一个开发板,并在 2 个开发板上分别显示发送的值和接收到的值。

本章只需要配置好串口 2,就可以实现正常的 RS485 通信了,串口 2 的配置和串口 1 基本类似,只是串口的时钟来自 APB1,最大频率为 36 MHz。

24.2　硬件设计

本章要用到的硬件资源如下:指示灯 DS0、KEY0 按键、TFTLCD 模块、串口 2、RS485 收发芯片。前面 3 个都有详细介绍,这里介绍 RS485 和串口 2 的连接关系,如图 24.2.1 所示。可以看出,开发板的串口 2 和 TP8485 上的引脚连接到 P7 端上的端

图 24.2.1　RS485 连接原理设计

子,但不直接相连,所以测试 RS485 功能时须用跳线帽短接 P7 上的 2 组排针使之连通。通过 STM32F1 的 PD7 控制 SP3485 的收发,当 PD7＝0 的时候,为接收模式;当 PD7＝1 的时候,为发送模式。注意,RS485_RE 信号和 CH395Q_RST 共用 PD7,所以只能分时复用。

　　另外,图中的 R19 和 R22 是 2 个偏置电阻,用来保证总线空闲时 A、B 之间的电压差都会大于 200 mV(逻辑 1),从而避免因总线空闲时,A、B 压差不定引起逻辑错乱可能出现的乱码。

　　然后,我们要设置好开发板上 P7 排针的连接,通过跳线帽将 PA2 和 PA3 分别连接到 485_RX 和 485_TX 上面,如图 24.2.2 所示。

图 24.2.2　硬件连接示意图

　　最后,我们用 2 根导线将 2 个开发板 RS485 端子的 A 和 A、B 和 B 连接起来。注意,不要接反了(A 接 B),接反了会导致通信异常!

24.3　软件设计

　　打开 RS485 实验例程,可以发现项目中加入了一个 rs485.c 文件以及其头文件 rs485 文件,同时 RS485 通信调用的库函数和定义分布在 stm32f10x_usart.c 文件、头文件 stm32f10x_usart.h 文件中。打开 rs485.c 文件,关键代码如下:

```
#ifdef EN_USART2_RX        //如果使能了接收
u8 RS485_RX_BUF[64];       //接收缓冲,最大 64 个字节
u8 RS485_RX_CNT = 0;       //接收到的数据长度
void USART2_IRQHandler(void)
{
    u8 res;
    if(USART_GetITStatus(USART2,USART_IT_RXNE)! = RESET)      //接收到数据
    {
        res = USART_ReceiveData(USART2);                      //读取接收到的数据
        if(RS485_RX_CNT<64)
        {
            RS485_RX_BUF[RS485_RX_CNT] = res;                 //记录接收到的值
            RS485_RX_CNT ++ ;                                 //接收数据增加 1
        }
    }
}
#endif
//初始化 IO 串口 2
//bound:波特率
```

```
void RS485_Init(u32 bound)
{
    GPIO_InitTypeDef GPIO_InitStructure;
    USART_InitTypeDef USART_InitStructure;
    NVIC_InitTypeDef NVIC_InitStructure;
    RCC_APB2PeriphClockCmd(RCC_APB2Periph_GPIOA|
    RCC_APB2Periph_GPIOG,ENABLE);                                  //使能 GPIOA,G 时钟
    RCC_APB1PeriphClockCmd(RCC_APB1Periph_USART2,ENABLE);          //使能串口 2 时钟

    GPIO_InitStructure.GPIO_Pin = GPIO_Pin_9;                      //PG9 端口配置
    GPIO_InitStructure.GPIO_Mode = GPIO_Mode_Out_PP;               //推挽输出
    GPIO_InitStructure.GPIO_Speed = GPIO_Speed_50MHz;
    GPIO_Init(GPIOG,&GPIO_InitStructure);
    GPIO_InitStructure.GPIO_Pin = GPIO_Pin_2;                      //PA2
    GPIO_InitStructure.GPIO_Mode = GPIO_Mode_AF_PP;                //复用推挽
    GPIO_Init(GPIOA,&GPIO_InitStructure);
    GPIO_InitStructure.GPIO_Pin = GPIO_Pin_3;                      //PA3
    GPIO_InitStructure.GPIO_Mode = GPIO_Mode_IN_FLOATING;          //浮空输入
    GPIO_Init(GPIOA,&GPIO_InitStructure);
    RCC_APB1PeriphResetCmd(RCC_APB1Periph_USART2,ENABLE);          //复位串口 2
    RCC_APB1PeriphResetCmd(RCC_APB1Periph_USART2,DISABLE);         //停止复位
#ifdef EN_USART2_RX                                                //如果使能了接收
    USART_InitStructure.USART_BaudRate = bound;                    //波特率设置
    USART_InitStructure.USART_WordLength = USART_WordLength_8b;     //8 位数据长度
    USART_InitStructure.USART_StopBits = USART_StopBits_1;         //一个停止位
    USART_InitStructure.USART_Parity = USART_Parity_No;            //奇偶校验位
    USART_InitStructure.USART_HardwareFlowControl =
    USART_HardwareFlowControl_None;                                //无硬件数据流控制
    USART_InitStructure.USART_Mode = USART_Mode_Rx|USART_Mode_Tx;  //收发
    USART_Init(USART2,&USART_InitStructure);                       //初始化串口
    NVIC_InitStructure.NVIC_IRQChannel = USART2_IRQn;              //使能串口 2 中断
    NVIC_InitStructure.NVIC_IRQChannelPreemptionPriority = 3;      //先占优先级 2 级
    NVIC_InitStructure.NVIC_IRQChannelSubPriority = 3;            //从优先级 2 级
    NVIC_InitStructure.NVIC_IRQChannelCmd = ENABLE;               //使能外部中断通道
    NVIC_Init(&NVIC_InitStructure);                               //初始化 NVIC 寄存器
    USART_ITConfig(USART2,USART_IT_RXNE,ENABLE);                  //开启中断
    USART_Cmd(USART2,ENABLE);                                     //使能串口
#endif
    RS485_TX_EN = 0;                                              //默认为接收模式
}
//RS485 发送 len 个字节
//buf:发送区首地址  len:发送的字节数
void RS485_Send_Data(u8 * buf,u8 len)
{
    u8 t;
    RS485_TX_EN = 1;                                              //设置为发送模式
    for(t = 0;t<len;t ++)                                         //循环发送数据
    {
        while(USART_GetFlagStatus(USART2,USART_FLAG_TC) = = RESET);
        USART_SendData(USART2,buf[t]);
    }
```

```
        while(USART_GetFlagStatus(USART2,USART_FLAG_TC)==RESET);
        RS485_RX_CNT=0;
        RS485_TX_EN=0;                                      //设置为接收模式
}
//RS485 查询接收到的数据
//buf:接收缓存首地址 len:读到的数据长度
void RS485_Receive_Data(u8 * buf,u8 * len)
{
        u8 rxlen=RS485_RX_CNT;      u8 i=0;
        * len=0;                                            //默认为 0
        delay_ms(10);      //等待 10 ms,连续超过 10 ms 没有接收到一个数据,则认为接收结束
        if(rxlen==RS485_RX_CNT&&rxlen)                      //接收到了数据,且接收完成了
        {
                for(i=0;i<rxlen;i++)
                {
                        buf[i]=RS485_RX_BUF[i];
                }
                * len=RS485_RX_CNT;                         //记录本次数据长度
                RS485_RX_CNT=0;                             //清零
        }
}
```

此部分代码总共 4 个函数,其中,RS485_Init 函数为 RS485 通信初始化函数,其实基本上就是在配置串口 2,只是把 PD7 也顺带配置了,用于控制 SP3485 的收发。如果使能中断接收的话,则会执行串口 2 的中断接收配置。USART2_IRQHandler 函数用于中断接收来自 RS485 总线的数据,将其存放在 RS485_RX_BUF 里面。最后,RS485_Send_Data 和 RS485_Receive_Data 这 2 个函数用来发送数据到 RS485 总线和读取从 RS485 总线收到的数据,都比较简单。

头文件 rs485.h 中代码比较简单,在其中开启了串口 2 的中断接收。最后看看主函数 main 的内容如下:

```
int main(void)
{
        u8 key, i=0, t=0,cnt=0;
        u8 rs485buf[5];
        delay_init();           //延时函数初始化
        NVIC_PriorityGroupConfig(NVIC_PriorityGroup_2);        //设置中断优先级分组为组 2
        uart_init(115200);      //串口初始化为 115 200
        LED_Init();             //初始化与 LED 连接的硬件接口
        LCD_Init();             //初始化 LCD
        KEY_Init();             //按键初始化
        RS485_Init(9600);       //初始化 RS485
        //…此处省略部分液晶显示代码
        while(1)
        {
                key=KEY_Scan(0);
                if(key==KEY0_PRES)      //KEY0 按下,发送一次数据
                {
                        for(i=0;i<5;i++)
```

```
                {
                    rs485buf[i] = cnt + i;                        //填充发送缓冲区
                    LCD_ShowxNum(30 + i * 32,190,rs485buf[i],3,16,0X80);//显示数据
                }
                RS485_Send_Data(rs485buf,5);                      //发送 5 个字节
            }
            RS485_Receive_Data(rs485buf,&key);
            if(key)                                               //接收到有数据
            {
              if(key>5)key = 5;                                   //最大是 5 个数据
            for(i = 0;i<key;i++)LCD_ShowxNum(30 + i * 32,230,rs485buf[i],3,16,0X80);
                                                                  //显示数据
            }
            t++;delay_ms(10);
            if(t == 20)
            {
                LED0 = ! LED0;                                    //提示系统正在运行
                t = 0;cnt++;
                LCD_ShowxNum(30 + 48,150,cnt,3,16,0X80);          //显示数据
            }
        }
    }
```

此部分代码中,cnt 是一个累加数,一旦 KEY0 按下,就以这个数为基准连续发送 5 个数据。当 RS485 总线收到数据的时候,就将收到的数据直接显示在 LCD 屏幕上。

24.4 下载验证

编译成功之后,下载代码到 ALIENTEK 战舰 STM32 开发板上(注意,要 2 个开发板都下载这个代码),得到如图 24.4.1 所示界面。

伴随 DS0 的不停闪烁,提示程序在运行。此时,按下 KEY0 就可以在另外一个开发板上面收到这个开发板发送的数据了,如图 24.4.2 和图 24.4.3 所示。

图 24.4.1 程序运行效果图

图 24.4.2 RS485 发送数据

图 24.4.2 来自开发板 A,发送了 5 个数据;图 24.4.3 来自开发板 B,接收到了来自开发板 A 的 5 个数据。

```
WarShip STM32
RS485 TEST
ATOM@ALIENTEK
2015/1/15
KEY0:Send
Count:240
Send Data:

Receive Data:
053 059 060 061 062
```

图 24.4.3　RS485 接收数据

本章介绍的 RS485 总线是通过串口控制收发的,我们只需要将 P7 的跳线帽稍作改变(将 PA2、PA3 连接 COM2_RX、COM2_TX),该实验就变成了一个 RS232 串口通信实验了。通过对接 2 个开发板的 RS232 接口即可得到同样的实验现象,有兴趣的读者可以实验一下。

另外,利用 USMART 测试的部分这里就不做介绍了,读者可自行验证下。

第 **25** 章

CAN 通信实验

本章介绍如何使用 STM32F1 自带的 CAN 控制器来实现 2 个开发板之间的 CAN 通信,并将结果显示在 TFTLCD 模块上。

25.1 CAN 简介

CAN 是 Controller Area Network 的缩写(以下称为 CAN),是 ISO 国际标准化的串行通信协议。在当前的汽车产业中,出于对安全性、舒适性、方便性、低公害、低成本的要求,各种各样的电子控制系统被开发了出来。由于这些系统之间通信所用的数据类型及对可靠性的要求不尽相同,由多条总线构成的情况很多,线束的数量也随之增加。为适应"减少线束的数量""通过多个 LAN 进行大量数据的高速通信"的需要,1986 年德国电气商博世公司开发出面向汽车的 CAN 通信协议。此后,CAN 通过 ISO11898 及 ISO11519 进行了标准化,现在在欧洲已是汽车网络的标准协议。

现在,CAN 的高性能和可靠性已被认同,并被广泛应用于工业自动化、船舶、医疗设备、工业设备等方面。现场总线是当今自动化领域技术发展的热点之一,被誉为自动化领域的计算机局域网。它的出现为分布式控制系统实现各节点之间实时、可靠的数据通信提供了强有力的技术支持。

CAN 控制器根据 2 根线上的电位差来判断总线电平。总线电平分为显性电平和隐性电平,二者必居其一。发送方通过使总线电平发生变化,将消息发送给接收方。

CAN 协议具有以下特点:

① 多主控制。在总线空闲时,所有单元都可以发送消息(多主控制),而 2 个以上的单元同时开始发送消息时,根据标识符(Identifier 以下称为 ID)决定优先级。ID 并不表示发送的目的地址,而是表示访问总线的消息的优先级。2 个以上的单元同时开始发送消息时,对各消息 ID 的每个位进行逐个仲裁比较。仲裁获胜(被判定为优先级最高)的单元可继续发送消息,仲裁失利的单元则立刻停止发送而进行接收工作。

② 系统的柔软性。与总线相连的单元没有类似于"地址"的信息。因此在总线上增加单元时,连接在总线上的其他单元的软硬件及应用层都不需要改变。

③ 通信速度较快,通信距离远。最高 1 Mbps(距离小于 40 m),最远可达 10 km(速率低于 5 kbps)。

④ 具有错误检测、错误通知和错误恢复功能。所有单元都可以检测错误(错误检

测功能),检测出错误的单元会立即同时通知其他所有单元(错误通知功能),正在发送消息的单元一旦检测出错误,则强制结束当前的发送。强制结束发送的单元会不断反复地重新发送此消息,直到成功发送为止(错误恢复功能)。

⑤ 故障封闭功能。CAN 可以判断出错误的类型是总线上暂时的数据错误(如外部噪声等)还是持续的数据错误(如单元内部故障、驱动器故障、断线等)。因此,当总线上发生持续数据错误时,可将引起此故障的单元从总线上隔离出去。

⑥ 连接节点多。CAN 总线是可同时连接多个单元的总线。可连接的单元总数理论上是没有限制的,但实际上可连接的单元数受总线上的时间延迟及电气负载的限制。降低通信速度,可连接的单元数增加;提高通信速度,则可连接的单元数减少。

CAN 协议的这些特点使得 CAN 特别适合工业过程监控设备的互连,因此,越来越受到工业界的重视,并已公认为最有前途的现场总线之一。

CAN 协议经过 ISO 标准化后有 2 个标准:ISO11898 标准和 ISO11519－2 标准。其中,ISO11898 是针对通信速率为 125 kbps～1 Mbps 的高速通信标准,而 ISO11519—2 是针对通信速率为 125 kbps 以下的低速通信标准。

本章使用的是 450 kbps 的通信速率,使用的是 ISO11898 标准,该标准的物理层特征如图 25.1.1 所示。可以看出,显性电平对应逻辑 0,CAN_H 和 CAN_L 之差为 2.5 V 左右。而隐性电平对应逻辑 1,CAN_H 和 CAN_L 之差为 0 V。在总线上显性电平具有优先权,只要有一个单元输出显性电平,总线上即为显性电平。而隐性电平则具有包容的意味,只有所有的单元都输出隐性电平,总线上才为隐性电平(显性电平比隐性电平更强)。另外,在 CAN 总线的起止端都有一个 120 Ω 的终端电阻来做阻抗匹配,以减少回波反射。

图 25.1.1　ISO11898 物理层特性

CAN 协议是通过以下 5 种类型的帧进行的:数据帧、遥控帧、错误帧、过载帧、间隔帧。

另外,数据帧和遥控帧有标准格式和扩展格式 2 种格式。标准格式有 11 个位的标识符(ID),扩展格式有 29 个位的 ID。各种帧的用途如表 25.1.1 所列。

由于篇幅所限,这里仅对数据帧进行详细介绍。数据帧一般由 7 个段构成,即

表 25.1.1　CAN 协议各种帧及其用途

帧类型	帧用途
数据帧	用于发送单元向接收单元传送数据的帧
遥控帧	用于接收单元向具有相同 ID 的发送单元请求数据的帧
错误帧	用于当检测出错误时向其他单元通知错误的帧
过载帧	用于接收单元通知其尚未做好接收准备的帧
间隔帧	用于将数据帧及遥控帧与前面的帧分离开来的帧

> 帧起始,表示数据帧开始的段。

> 仲裁段,表示该帧优先级的段。

> 控制段,表示数据的字节数及保留位的段。

> 数据段,数据的内容,一帧可发送 0~8 个字节的数据。

> CRC 段,检查帧的传输错误的段。

> ACK 段,表示确认正常接收的段。

> 帧结束,表示数据帧结束的段。

数据帧的构成如图 25.1.2 所示。图中 D 表示显性电平,R 表示隐性电平(下同)。

图 25.1.2　数据帧的构成

帧起始,这个比较简单,标准帧和扩展帧都是由一个位的显性电平表示帧起始。

仲裁段,表示数据优先级的段,标准帧和扩展帧格式在本段有所区别,如图 25.1.3 所示。

标准格式

图 25.1.3　数据帧仲裁段构成

标准格式的 ID 有 11 个位,从 ID28～ID18 被依次发送。禁止高 7 位都为隐性(禁止设定:ID=1111111XXXX)。扩展格式的 ID 有 29 个位,基本 ID 从 ID28～ID18,扩展 ID 由 ID17～ID0 表示。基本 ID 和标准格式的 ID 相同。禁止高 7 位都为隐性(禁止设定:基本 ID=1111111XXXX)。

其中,RTR 位用于标识是否是远程帧(0,数据帧;1,远程帧),IDE 位为标识符选择位(0,使用标准标识符;1,使用扩展标识符),SRR 位为代替远程请求位,为隐性位,代替了标准帧中的 RTR 位。

控制段,由 6 个位构成,表示数据段的字节数。标准帧和扩展帧的控制段稍有不同,如图 25.1.4 所示。图中,r0 和 r1 为保留位,必须全部以显性电平发送,但是接收端可以接收显性、隐性及任意组合的电平。DLC 段为数据长度表示段,高位在前,DLC 段有效值为 0～8,但是接收方接收到 9～15 的时候并不认为是错误。

图 25.1.4　数据帧控制段构成

数据段,可包含 0～8 个字节的数据。从最高位(MSB)开始输出,标准帧和扩展帧在这个段的定义都是一样的,如图 25.1.5 所示。

图 25.1.5　数据帧数据段构成

CRC 段,用于检查帧传输错误。由 15 个位的 CRC 顺序和一个位的 CRC 界定符(用于分隔的位)组成。标准帧和扩展帧在这个段的格式也是相同的,如图 25.1.6 所示。

图 25.1.6　数据帧 CRC 段构成

此段 CRC 的值计算范围包括帧起始、仲裁段、控制段、数据段。接收方以同样的算法计算 CRC 值并进行比较,不一致时会通报错误。

ACK 段,用来确认是否正常接收。由 ACK 槽(ACK Slot)和 ACK 界定符 2 个位组成。标准帧和扩展帧在这个段的格式也是相同的,如图 25.1.7 所示。

图 25.1.7　数据帧 CRC 段构成

发送单元的 ACK 发送 2 个位的隐性位,而接收到正确消息的单元在 ACK 槽(ACK Slot)发送显性位,通知发送单元正常接收结束,这个过程叫发送 ACK/返回 ACK。发送 ACK 的是在既不处于总线关闭态也不处于休眠态的所有接收单元中,接收到正常消息的单元(发送单元不发送 ACK)。正常消息是指不含填充错误、格式错误、CRC 错误的消息。

帧结束,这个段也比较简单,标准帧和扩展帧在这个段格式一样,由 7 个位的隐性位组成。

至此,数据帧的 7 个段就介绍完了,其他帧的介绍可参考本书配套资料的"CAN 入门书. pdf"相关章节。接下来再来看 CAN 的位时序。

由发送单元在非同步的情况下发送的每秒钟的位数称为位速率。一个位可分为 4 段,分别为同步段(SS)、传播时间段(PTS)、相位缓冲段 1(PBS1)、相位缓冲段 2(PBS2)。这些段又由可称为 Time Quantum(以下称为 T_q)的最小时间单位构成。

一位分为 4 个段,每个段又由若干个 T_q 构成,这称为位时序。

一位由多少个 T_q 构成、每个段又由多少个 T_q 构成等,可以任意设定位时序。通过设定位时序,多个单元可同时采样,也可任意设定采样点。各段的作用和 T_q 数如表 25.1.2 所列。

表 25.1.2　一个位各段及其作用

段名称	段的作用	T_q 数	
同步段 (SS:Synchronization Segment)	多个连接在总线上的单元通过此段实现时序调整,同步进行接收和发送的工作。由隐性电平到显性电平的边沿或由显性电平到隐性电平边沿最好出现在此段中	$1T_q$	
传播时间段 (PTS: Propagation Time Segment)	用于吸收网络上的物理延迟的段。 所谓的网络的物理延迟指发送单元的输出延迟、总线上信号的传播延迟、接收单元的输入延迟。 这个段的时间为以上各延迟时间的和的 2 倍	$1\sim8T_q$	$8\sim25T_q$
相位缓冲段 1 (PBSl:Phase Buffer Segment 1)	当信号边沿不能被包含于 SS 段中时,可在此段进行补偿。	$1\sim8T_q$	
相位缓冲段 2 (PBS2:Phase Buffer Segment 2)	由于各单元以各自独立的时钟工作,细微的时钟误差会累积起来,PBS 段可用于吸收此误差。 通过对相位缓冲段加减 SJW 吸收误差。 SJW 加大后允许误差加大,但通信速度下降	$2\sim8T_q$	
再同步补偿宽度 (SJW:reSl/nchronization Jump Width)	因时钟频率偏差、传送延迟等,各单元有同步误差。SJW 为补偿此误差的最大值	$1\sim4T_q$	

一个位的构成如图 25.1.8 所示。图中的采样点是指读取总线电平,并将读到的电平作为位值的点,位置在 PBS1 结束处。根据这个位时序就可以计算 CAN 通信的波特率了。具体计算方法后面再介绍,先看看前面提到的 CAN 协议具有仲裁功能看是如何实现的。

图 25.1.8　一个位的构成

在总线空闲态,最先开始发送消息的单元获得发送权。当多个单元同时开始发送时,各发送单元从仲裁段的第一位开始进行仲裁。连续输出显性电平最多的单元可继续发送。实现过程如图 25.1.9 所示。图中单元 1 和单元 2 同时开始向总线发送数据,开始部分它们的数据格式是一样的,故无法区分优先级,直到 T 时刻,单元 1 输出隐性电平,而单元 2 输出显性电平,此时单元 1 仲裁失利,立刻转入接收状态工作,不再与单元 2 竞争,而单元 2 则顺利获得总线使用权,继续发送自己的数据。这就实现了仲裁,使连续发送显性电平多的单元获得总线使用权。

图 25.1.9　CAN 总线仲裁过程

接下来介绍 STM32 的 CAN 控制器。STM32 自带的是 bxCAN,即基本扩展 CAN,它支持 CAN 协议 2.0A 和 2.0B,设计目标是以最小的 CPU 负荷来高效处理大量收到的报文。它也支持报文发送的优先级要求(优先级特性可软件配置)。对于安全紧要的应用,bxCAN 提供所有支持时间触发通信模式所需的硬件功能。

STM32 的 bxCAN 的主要特点有:

> 支持 CAN 协议 2.0A 和 2.0B 主动模式;

> 波特率最高达 1 Mbps;

> 支持时间触发通信;

> 具有 3 个发送邮箱;

> 具有 3 级深度的 2 个接收 FIFO;

> 可变的过滤器组(最多 28 个)。

STM32 互联型产品中带有 2 个 CAN 控制器,而我们使用的 STM32F103ZET6 属于增强型,不是互联型,只有一个 CAN 控制器。双 CAN 的框图如图 25.1.10 所示。图中可以看出,2 个 CAN 都分别拥有自己的发送邮箱和接收 FIFO,但是它们共用 28 个滤波器。通过 CAN_FMR 寄存器可以设置滤波器的分配方式。

图 25.1.10　双 CAN 框图

STM32 的标识符过滤比较复杂,它的存在减少了 CPU 处理 CAN 通信的开销。STM32 的过滤器组最多有 28 个(互联型),但是 STM32F103ZET6 只有 14 个(增强型),每个滤波器组 x 由 2 个 32 位寄存器(CAN_FxR1 和 CAN_FxR2)组成。

STM32 每个过滤器组的位宽都可以独立配置,以满足应用程序的不同需求。根据位宽的不同,每个过滤器组可提供:

> 一个 32 位过滤器,包括 STDID[10：0]、EXTID[17：0]、IDE 和 RTR 位;

> 2 个 16 位过滤器,包括 STDID[10：0]、IDE、RTR 和 EXTID[17：15]位。

此外过滤器可配置为屏蔽位模式和标识符列表模式。在屏蔽位模式下,标识符寄存器和屏蔽寄存器一起指定报文标识符的任何一位,应该按照"必须匹配"或"不用关心"处理。而在标识符列表模式下,屏蔽寄存器也被当作标识符寄存器用。因此,不是采用一个标识符加一个屏蔽位的方式,而是使用 2 个标识符寄存器。接收报文标识符的每一位都必须跟过滤器标识符相同。

通过 CAN_FMR 寄存器可以配置过滤器组的位宽和工作模式,如图 25.1.11 所示。

注：1： 这些位均位于CN_FS1R寄存器;
　　2： 这些位均位于CN_FS1R寄存器

图 25.1.11　过滤器组位宽模式设置

为了过滤出一组标识符,应该设置过滤器组工作在屏蔽位模式。为了过滤出一个标识符,应该设置过滤器组工作在标识符列表模式。

应用程序不用的过滤器组应该保持在禁用状态。过滤器组中的每个过滤器都被编号为(叫过滤器号,图 25.1.11 中的 n)从 0 开始,到某个最大数值(取决于过滤器组的模式和位宽的设置)。

举个简单的例子,我们设置过滤器组 0 工作在:一个 32 位过滤器-标识符屏蔽模式,然后设置 CAN_F0R1＝0XFFFF0000,CAN_F0R2＝0XFF00FF00。其中,存放到 CAN_F0R1 的值就是期望收到的 ID,即希望收到的映像(STID＋EXTID＋IDE＋RTR)最好是 0XFFFF0000。而 0XFF00FF00 就是必须关心的 ID,表示收到的映像。其位[31：24]和位[15：8]这 16 个位必须和 CAN_F0R1 中对应的位一模一样,而另外的 16 个位则不关心,可以一样,也可以不一样,都认为是正确的 ID,即收到的映像必须是 0XFFxx00xx,才算是正确的(x 表示不关心)。

标识符过滤的详细介绍可参考《STM32 参考手册》的 22.7.4 小节(431 页)。接下来看看 STM32 的 CAN 发送和接收的流程。

1. CAN 发送流程

CAN 发送流程为:程序选择一个空置的邮箱(TME=1)→设置标识符(ID)、数据长度和发送数据→设置 CAN_TIxR 的 TXRQ 位为 1,请求发送→邮箱挂号(等待成为最高优先级)→预定发送(等待总线空闲)→发送→邮箱空置。整个流程如图 25.1.12 所示。

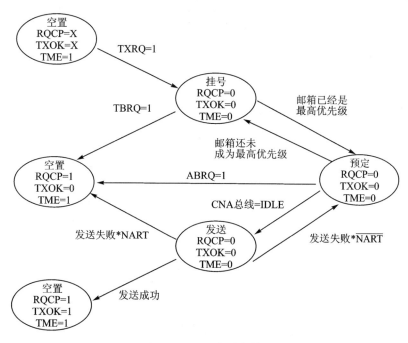

图 25.1.12　发送邮箱

图 25.1.12 中还包含了很多其他处理,不强制退出发送(ABRQ＝1)和发送失败处

理等。

2. CAN 的接收流程

CAN 接收到的有效报文被存储在 3 级邮箱深度的 FIFO 中。FIFO 完全由硬件来管理,从而节省了 CPU 的处理负荷,简化了软件并保证了数据的一致性。应用程序只能通过读取 FIFO 输出邮箱来读取 FIFO 中最先收到的报文。这里的有效报文是指那些被正确接收(直到 EOF 都没有错误)且通过了标识符过滤的报文。CAN 的接收有 2 个 FIFO,每个滤波器组都可以设置其关联的 FIFO,通过 CAN_FFA1R 的设置可以将滤波器组关联到 FIFO0/FIFO1。

CAN 接收流程为:FIFO 空→收到有效报文→挂号_1(存入 FIFO 的一个邮箱,这个由硬件控制,我们不需要理会)→收到有效报文→挂号_2→收到有效报文→挂号_3→收到有效报文→溢出。

这个流程里面没有考虑从 FIFO 读出报文的情况,实际情况是必须在 FIFO 溢出之前读出至少一个报文,否则下个报文到来将导致 FIFO 溢出,从而出现报文丢失。每读出一个报文,相应的挂号就减 1,直到 FIFO 空。CAN 接收流程如图 25.1.13 所示。

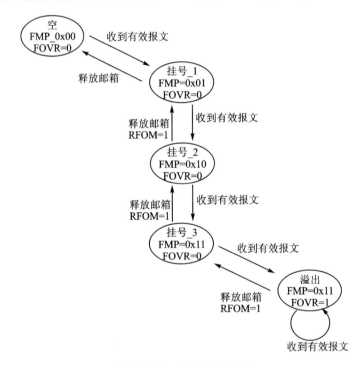

图 25.1.13　FIFO 接收报文

FIFO 接收到的报文数可以通过查询 CAN_RFxR 的 FMP 寄存器来得到,只要 FMP 不为 0,我们就可以从 FIFO 读出收到的报文。

接下来看看 STM32 的 CAN 位时间特性,STM32 的 CAN 位时间特性和之前介绍的稍有点区别。STM32 把传播时间段和相位缓冲段 1(STM32 称之为时间段 1)合并了,所以 STM32 的 CAN 一个位只有 3 段:同步段(SYNC_SEG)、时间段 1(BS1)和时间段 2(BS2)。STM32 的 BS1 段可以设置为 1~16 个时间单元,刚好等于上面介绍的传播时间段和相位缓冲段 1 之和。STM32 的 CAN 位时序如图 25.1.14 所示。

$$波特率 = \frac{1}{正常的位时间}$$

正常的位时间 $= t_q + t_{BS1} + t_{BS2}$

其中:

$t_{BS1} = t_q(TS1[3:0] + 1)$,

$t_{BS2} = t_q(TS2[2:0] + 1)$,

$t_q = (BRP[9:0] + 1)t_{PCLK}$

这里 t_q 表示一个时间单元

$t_{PCLK} = $ APB 时钟的时间周期

$BRP[9:0]$、$TS1[3:0]$ 和 $TS2[2:0]$ 在 CAN_BTR 寄存器中定义

图 25.1.14　STM32 CAN 位时序

图中还给出了 CAN 波特率的计算公式,只要知道 BS1、BS2 的设置以及 APB1 的时钟频率(一般为 36 MHz),就可以方便地计算出波特率。比如设置 TS1=6、TS2=7 和 BRP=4,在 APB1 频率为 36 MHz 的条件下,即可得到 CAN 通信的波特率 $= 36\ 000/[(7+8+1)\times 5] = 450$ kbps。

接下来介绍本章需要用到的一些比较重要的寄存器。首先来看 CAN 的主控制寄存器(CAN_MCR),该寄存器各位描述如图 25.1.15 所示。该寄存器的详细描述可参考《STM32 参考手册》22.9.2 小节(439 页),这里仅介绍 INRQ 位,该位用来控制初始化请求。

31	30	29	28	27	26	25	24	23	22	21	20	19	18	17	16
							保留								DBF
															rw

15	14	13	12	11	10	9	8	7	6	5	4	3	2	1	0
RESET			保留					TTCM	ABOM	AWUM	NART	RFLM	TXFP	SLEEP	INRQ
rs			res					rw	rw	rw	rw	rw	rw	rw	rw

图 25.1.15　寄存器 CAN_MCR 各位描述

软件对该位清 0,可使 CAN 从初始化模式进入正常工作模式:当 CAN 在接收引脚检测到连续的 11 个隐性位后,CAN 就达到同步,并为接收和发送数据做好准备了。为此,硬件相应地对 CAN_MSR 寄存器的 INAK 位清 0。

软件对该位置 1 可使 CAN 从正常工作模式进入初始化模式:一旦当前的 CAN 活

动(发送或接收)结束,CAN 就进入初始化模式。相应地,硬件对 CAN_MSR 寄存器的 INAK 位置 1。

所以在 CAN 初始化的时候先要设置该位为 1,然后进行初始化(尤其是 CAN_BTR 的设置,该寄存器必须在 CAN 正常工作之前设置),之后再设置该位为 0,让 CAN 进入正常工作模式。

第二个介绍 CAN 位时序寄存器(CAN_BTR)。该寄存器用于设置分频系数 BRP、TS1、TS2 以及 SJW 等非常重要的参数,直接决定了 CAN 的波特率。另外,该寄存器还可以设置 CAN 的工作模式,各位描述如图 25.1.16 所示。

31	30	29	28	27	26	25	24	23	22	21	20	19	18	17	16
SILM	LBKM		保留			SJW[1:0]		保留	TS2[2:0]			TS1[3:0]			
rw	rw		res			rw	rw	res	rw	rw	rw	rw	rw	rw	rw

15	14	13	12	11	10	9	8	7	6	5	4	3	2	1	0
		保留				BRP[9:0]									
		res				rw	rw	rw	rw	rw	rw	rw	rw	rw	rw

位 31	SILM:静默模式(用于调试) 0:正常状态;1:静默模式
位 30	LBKM:环回模式(用于调试) 0:禁止环回模式; 1:允许环回模式
位 29:26	保留位,硬件强制为 0
位 25:24	SJW[1:0]:重新同步跳跃宽度 为了重新同步,该位域定义了 CAN 硬件在每位中可以延长或缩短多少个时间单元的上限。 $t_{RJW} = t_{CAN} \times (SJW[1:0]+1)$
位 23	保留位,硬件强制为 0
位 22:20	TS2[2:0]:时间段 2 该位域定义了时间段 2 占用了多少个时间单元 $t_{BS2} = t_{CAN} \times (TS2[2:0]+1)$
位 19:16	TSl[3:0]:时间段 1 该位域定义了时间段 1 占用了多少个时间单元 $t_{BS1} = t_{CAN} \times (TS1[3:0]+1)$
位 15:10	保留位,硬件强制其值为 0
位 9:0	BRP[9:0]:被特率分频器 该位域定义了时间单元(t_q)的时间长度 $t_q = (BRP[9:0]+1) \times t_{PCLK}$

图 25.1.16 寄存器 CAN_BTR 各位描述

STM32 提供了 2 种测试模式,环回模式和静默模式,当然它们还可以组合成环回静默模式。这里简单介绍环回模式。

在环回模式下,bxCAN 把发送的报文当作接收的报文并保存(如果可以通过接收过滤)在接收邮箱里,也就是环回模式是一个自发自收的模式,如图 25.1.17 所示。

环回模式可用于自测试。为了避免外部的影响,在环回模式下 CAN 内核忽略确认错误(在数据/远程帧的确认位时

图 25.1.17 CAN 环回模式

刻不检测是否有显性位）。在环回模式下，bxCAN 在内部把 Tx 输出回馈到 Rx 输入上，而完全忽略 CANRX 引脚的实际状态。发送的报文可以在 CANTX 引脚上检测到。

第三个介绍 CAN 发送邮箱标识符寄存器（CAN_TIxR）（x＝0～3），该寄存器各位描述如图 25.1.18 所示。

31	30	29	28	27	26	25	24	23	22	21	20	19	18	17	16
STID[10：0]/EXID[28：18]											EXID[17：13]				
rw	rw	rw	rw	rw	rw	rw	rw	rw	rw	rw	rw	rw	rw	rw	rw

15	14	13	12	11	10	9	8	7	6	5	4	3	2	1	0
EXID[12：0]													IDE	RTR	TXRQ
rw	rw	rw	rw	rw	rw	rw	rw	rw	rw	rw	rw	rw	rw	rw	rw

位 31：21	STID[10：0]/EXID[28：18]：标准标识符或扩展标识符 依据 IDE 位的内容，这些位或是标准标识符，或是扩展身份标识的高字节
位 20：3	EXID[17：0]：扩展标识符 扩展身份标识的低字节
位 2	IDE：标识符选择 该位决定发送邮箱中报文使用的标识符类型 0：使用标准标识符；1：使用扩展标识符
位 1	RTR：远程发送请求 0：数据帧；1：远程帧
位 0	TXRQ：发送数据请求 由软件对其置 1，从而请求发送邮箱的数据。当数据发送完成，邮箱为空时，硬件对其清 0

图 25.1.18　寄存器 CAN_TIxR 各位描述

该寄存器主要用来设置标识符（包括扩展标识符）及帧类型，通过 TXRQ 值 1 来请求邮箱发送。因为有 3 个发送邮箱，所以寄存器 CAN_TIxR 有 3 个。

第四个介绍 CAN 发送邮箱数据长度和时间戳寄存器（CAN_TDTxR）（x＝0～2），该寄存器本章仅用来设置数据长度，即最低 4 个位。

第五个介绍的是 CAN 发送邮箱低字节数据寄存器（CAN_TDLxR）（x＝0～2），该寄存器各位描述如图 25.1.19 所示。

31	30	29	28	27	26	25	24	23	22	21	20	19	18	17	16
DATA3[7：0]								DATA2[7：0]							
rw	rw	rw	rw	rw	rw	rw	rw	rw	rw	rw	rw	rw	rw	rw	rw

15	14	13	12	11	10	9	8	7	6	5	4	3	2	1	0
DATA1[7：0]								DATA0[7：0]							
rw	rw	rw	rw	rw	rw	rw	rw	rw	rw	rw	rw	rw	rw	rw	rw

位 31：24	DATA3[7：0]：数据字节 3 报文的数据字节 3
位 23：16	DATA2[7：0]：数据字节 2 报文的数据字节 2
位 15：8	DATA1[7：0]：数据字节 1 报文的数据字节 1
位 7：0	DATA0[7：0]：数据字节 0 报文的数据字节 0。 报文包含 0 到 8 个字节数据，且从字节 0 开始

图 25.1.19　寄存器 CAN_TDLxR 各位描述

该寄存器用来存储将要发送的数据,这里只能存储低 4 个字节;另外还有一个寄存器 CAN_TDHxR,用来存储高 4 个字节,这样总共就可以存储 8 个字节。CAN_TDHxR 的各位描述同 CAN_TDLxR 类似,这里就不单独介绍了。

第六个介绍 CAN 接收 FIFO 邮箱标识符寄存器(CAN_RIxR)(x＝0/1),该寄存器各位描述同 CAN_TIxR 寄存器几乎一模一样,只是最低位为保留位。该寄存器用于保存接收到的报文标识符等信息,我们可以通过读该寄存器获取相关信息。

同样的,CAN 接收 FIFO 邮箱数据长度和时间戳寄存器(CAN_RDTxR)、CAN 接收 FIFO 邮箱低字节数据寄存器(CAN_RDLxR)和 CAN 接收 FIFO 邮箱高字节数据寄存器(CAN_RDHxR)分别和发送邮箱的 CAN_TDTxR、CAN_TDLxR 以及 CAN_TDHxR 类似,这里就不单独介绍了,详细介绍可参考《STM32 参考手册》22.9.3 小节(447 页)。

第七个介绍 CAN 过滤器模式寄存器(CAN_FM1R),该寄存器各位描述如图 25.1.20 所示。

位 31：28	保留位,硬件强制为 0
位 13：0	FBMx:过滤器模式(Filter mode) 过滤器组 x 的工作模式。 0:过滤器组 x 的 2 个 32 位寄存器工作在标识符屏蔽位模式: 1:过滤器组 x 的 2 个 32 位寄存器工作在标识符列表模式。 注:位 27：14 只出现在互联型产品中,其他产品为保留位

图 25.1.20 寄存器 CAN_FM1R 各位描述

该寄存器用于设置各滤波器组的工作模式,对 28 个滤波器组的工作模式,都可以通过该寄存器设置,不过该寄存器必须在过滤器处于初始化模式下(CAN_FMR 的 FINIT 位＝1),才可以进行设置。对 STM32F103ZET6 来说,只有[13：0]这 14 个位有效。

第八个介绍 CAN 过滤器位宽寄存器(CAN_FS1R),该寄存器各位描述如图 25.1.21 所示。该寄存器用于设置各滤波器组的位宽,对 28 个滤波器组的位宽设置都可以通过该寄存器实现。该寄存器也只能在过滤器处于初始化模式下进行设置。对 STM32F103ZET6 来说,同样只有[13：0]这 14 个位有效。

位 31：28	保留位,硬件强制为 0
位 13：0	FSCx:过滤器位宽设置 过滤器组 x(13～0)的位宽。 0:过滤器位宽为 2 个 16 位;1:过滤器位宽为单个 32 位。 注:位 27：14 只出现在互联产品中,其他产品为保留位

图 25.1.21 寄存器 CAN_FS1R 各位描述

第九个介绍 CAN 过滤器 FIFO 关联寄存器(CAN_FFA1R),该寄存器各位描述如图 25.1.22 所示。

位 31∶14	保留位,硬件强制为 0
位 13∶0	FFAx:过滤器位宽设置 报文在通过了某过滤器的过滤后,将被存放到其关联的 FIFO 中。 0:过滤器被关联到 FIFO0;1:过滤器被关联到 FIFO1。 注:位 27∶14 只出现在互联型产品中,其他产品为保留位

图 25.1.22　寄存器 CAN_FFA1R 各位描述

该寄存器设置报文通过滤波器组之后被存入的 FIFO,如果对应位为 0,则存放到 FIFO0;如果为 1,则存放到 FIFO1。该寄存器也只能在过滤器处于初始化模式下配置。

第十个介绍 CAN 过滤器激活寄存器(CAN_FA1R),该寄存器各位对应滤波器组和前面的几个寄存器类似,对应位置 1 即开启对应滤波器组,置 0 则关闭该滤波器组。

最后介绍 CAN 的过滤器组 i 的寄存器 x(CAN_FiRx)(互联产品中 i=0~27,其他产品中 i=0~13;x=1/2)。该寄存器各位描述如图 25.1.23 所示。

位 31∶0	FB[31∶0]:过滤器位 **标识符模式** 寄存器的每位对应于所期望标识符的相应位电平。 0:期望相应位为显性位;1:期望相应位为隐性位。 **屏蔽位模式** 寄存器的每位指示是否对应的标识符寄存器位一定要与期望的标识符的相应位一致。 0:不关心,该位不用于比较; 1:必须匹配,到来的标识符位必须与滤波器对应的标识符寄存器位相一致

图 25.1.23　寄存器 CAN_FiRx 各位描述

每个滤波器组的 CAN_FiRx 都由 2 个 32 位寄存器构成,即 CAN_FiR1 和 CAN_FiR2。根据过滤器位宽和模式的不同设置,这 2 个寄存器的功能也不尽相同。过滤器的映射、功能描述和屏蔽寄存器的关联参见图 25.1.11。

接下来看看本章将实现的功能及 CAN 的配置步骤。本章通过 WK_UP 按键选择 CAN 的工作模式(正常模式/环回模式),然后通过 KEY0 控制数据发送,并通过查询的办法将接收到的数据显示在 LCD 模块上。如果是环回模式,则不需要 2 个开发板。如果是正常模式,则需要 2 个战舰开发板,并且将它们的 CAN 接口对接起来,然后一个开发板发送数据,另外一个开发板将接收到的数据显示在 LCD 模块上。

本章 CAN 的初始化配置步骤(CAN 相关的固件库函数和定义分布在文件 stm32f10x_can.c 和头文件 stm32f10x_can.h 文件中)如下:

① 配置相关引脚的复用功能,使能 CAN 时钟。

要用 CAN,第一步就要使能 CAN 的时钟。其次要设置 CAN 的相关引脚为复用输出,这里需要设置 PA11 为上拉输入(CAN_RX 引脚),PA12 为复用输出(CAN_TX 引脚),并使能 PA 口的时钟。使能 CAN1 时钟的函数是:

```
RCC_APB1PeriphClockCmd(RCC_APB1Periph_CAN1,ENABLE);//使能 CAN1 时钟
```

② 设置 CAN 工作模式及波特率等。

这一步先设置 CAN_MCR 寄存器的 INRQ 位,让 CAN 进入初始化模式,然后设

置 CAN_MCR 的其他相关控制位。再通过 CAN_BTR 设置波特率和工作模式(正常模式/环回模式)等信息。最后设置 INRQ 为 0,退出初始化模式。

库函数中提供了函数 CAN_Init()来初始化 CAN 的工作模式以及波特率,初始化之前,先设置 CAN_MCR 寄存器的 INRQ 为 1,让其进入初始化模式;然后初始化 CAN_MCR 寄存器和 CRN_BTR 寄存器,之后设置 CAN_MCR 寄存器的 INRQ 为 0,让其退出初始化模式。所以在调用这个函数的前后不需要再进行初始化模式设置。下面来看看 CAN_Init()函数的定义:

```
uint8_t CAN_Init(CAN_TypeDef * CANx, CAN_InitTypeDef * CAN_InitStruct);
```

第一个参数就是 CAN 标号,这里我们的芯片只有一个 CAN,所以就是 CAN1。

第二个参数是 CAN 初始化结构体指针,结构体类型是 CAN_InitTypeDef,下面来看看这个结构体的定义:

```
typedef struct
{
    uint16_t CAN_Prescaler;
    uint8_t CAN_Mode;
    uint8_t CAN_SJW;
    uint8_t CAN_BS1;
    uint8_t CAN_BS2;
    FunctionalState CAN_TTCM;
    FunctionalState CAN_ABOM;
    FunctionalState CAN_AWUM;
    FunctionalState CAN_NART;
    FunctionalState CAN_RFLM;
    FunctionalState CAN_TXFP;
} CAN_InitTypeDef;
```

这个结构体看起来成员变量比较多,实际上参数可以分为 2 类。前面 5 个参数用来设置寄存器 CAN_BTR、模式以及波特率相关的参数。设置模式的参数是 CAN_Mode,实验中用到回环模式 CAN_Mode_LoopBack 和常规模式 CAN_Mode_Normal,还可以选择静默模式以及静默回环模式测试。其他参数 CAN_Prescaler、CAN_SJW、CAN_BS1 和 CAN_BS2 分别用来设置波特率分频器、重新同步跳跃宽度以及时间段1、时间段 2 占用的时间单元数。后面 6 个成员变量用来设置寄存器 CAN_MCR,也就是设置 CAN 通信相关的控制位。初始化实例为:

```
CAN_InitStructure.CAN_TTCM = DISABLE;              //非时间触发通信模式
CAN_InitStructure.CAN_ABOM = DISABLE;              //软件自动离线管理
CAN_InitStructure.CAN_AWUM = DISABLE;              //睡眠模式通过软件唤醒
CAN_InitStructure.CAN_NART = ENABLE;               //禁止报文自动传送
CAN_InitStructure.CAN_RFLM = DISABLE;              //报文不锁定,新的覆盖旧的
CAN_InitStructure.CAN_TXFP = DISABLE;              //优先级由报文标识符决定
CAN_InitStructure.CAN_Mode = CAN_Mode_LoopBack;    //模式设置:1,回环模式
//设置波特率
CAN_InitStructure.CAN_SJW = CAN_SJW_1tq;           //重新同步跳跃宽度为个时间单位
CAN_InitStructure.CAN_BS1 = CAN_BS1_8tq;           //时间段 1 占用 8 个时间单位
```

```
CAN_InitStructure.CAN_BS2 = CAN_BS2_7tq;        //时间段 2 占用 7 个时间单位
CAN_InitStructure.CAN_Prescaler = 5;            //分频系数(Fdiv)
CAN_Init(CAN1,&CAN_InitStructure);              //初始化 CAN1
```

③ 设置滤波器。

本章将使用滤波器组 0,并工作在 32 位标识符屏蔽位模式下。先设置 CAN_FMR 的 FINIT 位,让过滤器组工作在初始化模式下,然后设置滤波器组 0 的工作模式、标识符 ID 和屏蔽位。最后激活滤波器,并退出滤波器初始化模式。

库函数中提供了函数 CAN_FilterInit()来初始化 CAN 的滤波器相关参数,在初始化之前,先设置 CAN_FMR 寄存器的 INRQ 位 INIT,让其进入初始化模式;然后初始化 CAN 滤波器相关的寄存器,之后设置 CAN_FMR 寄存器的 FINIT 为 0,让其退出初始化模式。所以,调用这个函数的前后不需要再进行初始化模式设置。下面看看 CAN_FilterInit()函数的定义:

```
void CAN_FilterInit(CAN_FilterInitTypeDef * CAN_FilterInitStruct);
```

这个函数只有一个入口参数,就是 CAN 滤波器初始化结构体指针,结构体类型为 CAN_FilterInitTypeDef,下面看看类型定义:

```
typedef struct
{
  uint16_t CAN_FilterIdHigh;
  uint16_t CAN_FilterIdLow;
  uint16_t CAN_FilterMaskIdHigh;
  uint16_t CAN_FilterMaskIdLow;
  uint16_t CAN_FilterFIFOAssignment;
  uint8_t CAN_FilterNumber;
  uint8_t CAN_FilterMode;
  uint8_t CAN_FilterScale;
  FunctionalState CAN_FilterActivation;
} CAN_FilterInitTypeDef;
```

结构体一共有 9 个成员变量,第 1～4 个用来设置过滤器的 32 位 id 以及 32 位 mask id,分别通过 2 个 16 位来组合。

第 5 个成员变量 CAN_FilterFIFOAssignment 用来设置 FIFO 和过滤器的关联关系,我们的实验是关联的过滤器 0 到 FIFO0,所以值为 CAN_Filter_FIFO0。

第 6 个成员变量 CAN_FilterNumber 用来设置初始化的过滤器组,取值范围为 0～13。

第 7 个成员变量 FilterMode 用来设置过滤器组的模式,所以取值为标识符列表模式 CAN_FilterMode_IdList 和标识符屏蔽位模式 CAN_FilterMode_IdMask。

第 8 个成员变量 FilterScale 用来设置过滤器的位宽为 2 个 16 位 CAN_FilterScale_16bit 还是一个 32 位 CAN_FilterScale_32bit。

第 9 个成员变量 CAN_FilterActivation 就很明了了,用来激活该过滤器。

过滤器初始化参考实例代码:

```
CAN_FilterInitStructure.CAN_FilterNumber = 0;   //过滤器 0
CAN_FilterInitStructure.CAN_FilterMode = CAN_FilterMode_IdMask;
```

```
CAN_FilterInitStructure.CAN_FilterScale = CAN_FilterScale_32bit;        //32 位
CAN_FilterInitStructure.CAN_FilterIdHigh = 0x0000;                      ////32 位 ID
CAN_FilterInitStructure.CAN_FilterIdLow = 0x0000;
CAN_FilterInitStructure.CAN_FilterMaskIdHigh = 0x0000;                  //32 位 MASK
CAN_FilterInitStructure.CAN_FilterMaskIdLow = 0x0000;
CAN_FilterInitStructure.CAN_FilterFIFOAssignment = CAN_Filter_FIFO0;    //FIFO0
CAN_FilterInitStructure.CAN_FilterActivation = ENABLE;                  //激活过滤器 0
CAN_FilterInit(&CAN_FilterInitStructure);                               //滤波器初始化
```

至此，CAN 就可以开始正常工作了。如果用到中断，则还需要进行中断相关的配置，本章因为没用到中断，所以就不介绍了。

④ 发送/接收消息。

库函数中提供了发送和接收消息的函数。发送消息的函数是：

```
uint8_t CAN_Transmit(CAN_TypeDef * CANx, CanTxMsg * TxMessage);
```

第一个参数是 CAN 标号，我们使用 CAN1。第二个参数是相关消息结构体 CanTxMsg 指针类型，CanTxMsg 结构体的成员变量用来设置标准标识符、扩展标识符、消息类型和消息帧长度等信息。

接收消息的函数是：

```
void CAN_Receive(CAN_TypeDef * CANx, uint8_t FIFONumber, CanRxMsg * RxMessage);
```

前面 2 个参数也比较好理解，CAN 标号和 FIFO 号。第二个参数 RxMessage 用来存放接收到的消息信息。结构体 CanRxMsg 和结构体 CanTxMsg 比较接近，分别用来定义发送消息和描述接收消息。

⑤ CAN 状态获取

对于 CAN 发送消息的状态、挂起消息数目等之类的传输状态信息，库函数提供了一系列的函数，包括 CAN_TransmitStatus() 函数、CAN_MessagePending() 函数、CAN_GetFlagStatus() 函数等，读者可以根据需要来调用。

25.2 硬件设计

本章要用到的硬件资源如下：指示灯 DS0、KEY0 和 WK_UP 按键、TFTLCD 模块、CAN、CAN 收发芯片。前面 3 个之前都已经详细介绍过了，这里介绍 STM32 与 CAN 收发芯片连接关系，如图 25.2.1 所示。

可以看出：STM32 的 CAN 通过 P9 的设置，连接到 CAN 收发芯片，然后通过接线端子（CAN）同外部的 CAN 总线连接。图中还可以看出，在战舰 STM32 开发板上面是带有 120 Ω 终端电阻的，如果我们的开发板不是作为 CAN 的终端，则需要把这个电阻去掉，以免影响通信。注意，CAN 和 USB 共用了 PA11 和 PA12，所以不能同时使用。

这里还要注意，要设置好开发板上 P9 排针的连接，通过跳线帽将 PA11 和 PA12 分别连接到 CAN_RX 和 CAN_TX 上面，如图 25.2.2 所示。

图 25.2.1　STM32 与 TJA1050 连接电路图

图 25.2.2　硬件连接示意图

最后，用 2 根导线将 2 个开发板 CAN 端子的 CAN_L 和 CAN_L、CAN_H 和 CAN_H 连接起来，不要接反了（CAN_L 接 CAN_H），接反了会导致通信异常。

25.3　软件设计

打开 CAN 通信实验的工程可以看到，我们增加了文件 can.c 以及头文件 can.h，同时 CAN 相关的固件库函数和定义分布在文件 stm32f10x_can.c 和头文件 stm32f10x_can.h 中。

打开 can.c 文件，关键代码如下：

```
//CAN 初始化
//tsjw:重新同步跳跃时间单元.范围:CAN_SJW_1tq～CAN_SJW_4tq
//tbs2:时间段 2 的时间单元. 范围:CAN_BS2_1tq～CAN_BS2_8tq;
//tbs1:时间段 1 的时间单元. 范围:CAN_BS1_1tq～CAN_BS1_16tq
//brp:波特率分频器.范围:1～1024;   tq = (brp) * tpclk1
//波特率 = Fpclk1/((tbs1 + 1 + tbs2 + 1 + 1) * brp);
//mode:CAN_Mode_Normal,普通模式;CAN_Mode_LoopBack,回环模式
//Fpclk1 的时钟在初始化的时候设置为 36M,如果设置
```

```
//CAN_Mode_Init(CAN_SJW_1tq,CAN_BS2_8tq,CAN_BS1_9tq,4,CAN_Mode_LoopBack)
//波特率为:36 MHz/((8+9+1)*4)=500 kbps
//返回值:0,初始化 OK
//      其他,初始化失败;u8 CAN_Mode_Init(u8 tsjw,u8 tbs2,u8 tbs1,u16 brp,u8 mode)
{
    GPIO_InitTypeDef GPIO_InitStructure;
    CAN_InitTypeDef        CAN_InitStructure;
    CAN_FilterInitTypeDef  CAN_FilterInitStructure;
#if CAN_RX0_INT_ENABLE
    NVIC_InitTypeDef  NVIC_InitStructure;
#endif
    RCC_APB2PeriphClockCmd(RCC_APB2Periph_GPIOA,ENABLE);//使能 PORTA 时钟
    RCC_APB1PeriphClockCmd(RCC_APB1Periph_CAN1,ENABLE);//使能 CAN1 时钟

    GPIO_InitStructure.GPIO_Pin = GPIO_Pin_12;
    GPIO_InitStructure.GPIO_Speed = GPIO_Speed_50MHz;
    GPIO_InitStructure.GPIO_Mode = GPIO_Mode_AF_PP;//复用推挽
    GPIO_Init(GPIOA,&GPIO_InitStructure);          //初始化 I/O
    GPIO_InitStructure.GPIO_Pin = GPIO_Pin_11;
    GPIO_InitStructure.GPIO_Mode = GPIO_Mode_IPU;     //上拉输入
    GPIO_Init(GPIOA,&GPIO_InitStructure);          //初始化 I/O

    //CAN 单元设置
    CAN_InitStructure.CAN_TTCM = DISABLE;        //非时间触发通信模式
    CAN_InitStructure.CAN_ABOM = DISABLE;        //软件自动离线管理
    CAN_InitStructure.CAN_AWUM = DISABLE;        //睡眠模式通过软件唤醒
    CAN_InitStructure.CAN_NART = ENABLE;         //禁止报文自动传送
    CAN_InitStructure.CAN_RFLM = DISABLE;        //报文不锁定,新的覆盖旧的
    CAN_InitStructure.CAN_TXFP = DISABLE;        //优先级由报文标识符决定
    CAN_InitStructure.CAN_Mode = mode;           //模式设置:0,普通模式;1,回环模式
    //设置波特率
    CAN_InitStructure.CAN_SJW = tsjw;            //重新同步跳跃宽度(Tsjw)
    CAN_InitStructure.CAN_BS1 = tbs1;            //时间段 1 占用时间单位
    CAN_InitStructure.CAN_BS2 = tbs2;            //时间段 3 占用时间单位
    CAN_InitStructure.CAN_Prescaler = brp;       //分频系数(Fdiv)为 brp+1
    CAN_Init(CAN1,&CAN_InitStructure);           //初始化 CAN1
    CAN_FilterInitStructure.CAN_FilterNumber = 0;                //过滤器 0
    CAN_FilterInitStructure.CAN_FilterMode = CAN_FilterMode_IdMask;
    CAN_FilterInitStructure.CAN_FilterScale = CAN_FilterScale_32bit;  //32 位
    CAN_FilterInitStructure.CAN_FilterIdHigh = 0x0000;           //32 位 ID
    CAN_FilterInitStructure.CAN_FilterIdLow = 0x0000;
    CAN_FilterInitStructure.CAN_FilterMaskIdHigh = 0x0000;       //32 位 MASK
    CAN_FilterInitStructure.CAN_FilterMaskIdLow = 0x0000;
    CAN_FilterInitStructure.CAN_FilterFIFOAssignment = CAN_Filter_FIFO0;//FIFO0
    CAN_FilterInitStructure.CAN_FilterActivation = ENABLE;       //激活过滤器 0
    CAN_FilterInit(&CAN_FilterInitStructure);                    //滤波器初始化
#if CAN_RX0_INT_ENABLE
    CAN_ITConfig(CAN1,CAN_IT_FMP0,ENABLE);                       //FIFO0 消息挂号中断允许
    NVIC_InitStructure.NVIC_IRQChannel = USB_LP_CAN1_RX0_IRQn;
    NVIC_InitStructure.NVIC_IRQChannelPreemptionPriority = 1;  //主优先级为 1
    NVIC_InitStructure.NVIC_IRQChannelSubPriority = 0;           //次优先级为 0
```

```
    NVIC_InitStructure.NVIC_IRQChannelCmd = ENABLE;
    NVIC_Init(&NVIC_InitStructure);
#endif
    return 0;
}
#if CAN_RX0_INT_ENABLE//使能 RX0 中断
void USB_LP_CAN1_RX0_IRQHandler(void)   //中断服务函数
{
    CanRxMsg RxMessage;
    int i = 0;
    CAN_Receive(CAN1, 0, &RxMessage);
    for(i = 0;i<8;i++)
    printf("rxbuf[%d]:%d\r\n",i,RxMessage.Data[i]);
}
#endif
//can 发送一组数据(固定格式:ID 为 0X12,标准帧,数据帧)
//len:数据长度(最大为 8)msg:数据指针,最大为 8 个字节
//返回值:0,成功;  其他,失败
u8 Can_Send_Msg(u8 * msg,u8 len)
{
    u8 mbox; u16 i = 0;
    CanTxMsg TxMessage;
    TxMessage.StdId = 0x12;                            //标准标识符为 0
    TxMessage.ExtId = 0x12;                            //设置扩展标示符(29 位)
    TxMessage.IDE = CAN_Id_Standard;                   //标准帧
    TxMessage.RTR = CAN_RTR_Data;                      //数据帧
    TxMessage.DLC = len;                               //要发送的数据长度
    for(i = 0;i<len;i++)
    TxMessage.Data[i] = msg[i];
    mbox = CAN_Transmit(CAN1,&TxMessage);
    i = 0;
    while((CAN_TransmitStatus(CAN1,mbox)!= CAN_TxStatus_Ok)&&(i<0xfff))i++;
                                                        //等待结束
    if(i> = 0xfff)return 1;
    return 0;
}
//CAN 口接收数据查询
//buf:数据缓存区;
//返回值:0,无数据被收到;  其他,接收的数据长度
u8 Can_Receive_Msg(u8  * buf)
{
    u32 i;
    CanRxMsg RxMessage;
    if( CAN_MessagePending(CAN1,CAN_FIFO0) == 0)return 0;//没有接收到数据,直接退出
    CAN_Receive(CAN1, CAN_FIFO0, &RxMessage);          //读取数据
    for(i = 0;i<8;i++)
    buf[i] = RxMessage.Data[i];
    return RxMessage.DLC;
}
```

此部分代码总共 3 个函数,首先是 CAN_Mode_Init 函数。该函数用于 CAN 的初

始化,带有 5 个参数,可以设置 CAN 通信的波特率和工作模式等。该函数就是按 26.1 节末尾的介绍来初始化的,本章设计滤波器组 0 工作在 32 位标识符屏蔽模式,从设计值可以看出,该滤波器是不会对任何标识符进行过滤的,因为所有的标识符位都被设置成不需要关心,方便读者实验。

第二个函数,Can_Send_Msg 函数,用于 CAN 报文的发送,主要是设置标识符 ID 等信息,最后写入数据长度、数据并请求发送,实现一次报文的发送。

第三个函数,Can_Receive_Msg 函数,用来接收数据并且将接收到的数据存放到 buf 中。

can.c 里面还包含了中断接收的配置,通过 can.h 的 CAN_RX0_INT_ENABLE 宏定义来配置是否使能中断接收,本章不开启中断接收。

main.c 文件的内容:

```
int main(void)
{
    u8 key,u8 i = 0,t = 0; cnt = 0, res,canbuf[8];
    u8 mode = CAN_Mode_LoopBack;//CAN 工作模式;CAN_Mode_Normal(0):
                                //普通模式,CAN_Mode_LoopBack(1):环回模式
    delay_init();                       //延时函数初始化
    NVIC_PriorityGroupConfig(NVIC_PriorityGroup_2);      //设置 NVIC 中断分组 2
    uart_init(115200);                  //串口初始化波特率为 115 200
    LED_Init();                         //初始化与 LED 连接的硬件接口
    LCD_Init();                         //初始化 LCD
    KEY_Init();                         //按键初始化
    CAN_Mode_Init(CAN_SJW_1tq,CAN_BS2_8tq,CAN_BS1_9tq,4,CAN_Mode_LoopBack);
        //CAN 初始化环回模式,波特率 500 kbps
    //…此处省略部分代码
    LCD_ShowString(60,130,200,16,16,"LoopBack Mode");
    LCD_ShowString(60,150,200,16,16,"KEY0:Send WK_UP:Mode");//显示提示信息
    POINT_COLOR = BLUE;                 //设置字体为蓝色
    LCD_ShowString(60,170,200,16,16,"Count:");       //显示当前计数值
    LCD_ShowString(60,190,200,16,16,"Send Data:");   //提示发送的数据
    LCD_ShowString(60,250,200,16,16,"Receive Data:"); //提示接收到的数据
    while(1)
    {
        key = KEY_Scan(0);
        if(key == KEY0_PRES)   //KEY0 按下,发送一次数据
        {
            for(i = 0;i<8;i++)
            {
                canbuf[i] = cnt + i;   //填充发送缓冲区
                if(i<4)LCD_ShowxNum(60 + i * 32,210,canbuf[i],3,16,0X80);//显示数据
                else LCD_ShowxNum(60 + (i - 4) * 32,230,canbuf[i],3,16,0X80);
                                                                //显示数据
            }
            res = Can_Send_Msg(canbuf,8);              //发送 8 个字节
            if(res)LCD_ShowString(60 + 80,190,200,16,16,"Failed");  //提示发送失败
            else LCD_ShowString(60 + 80,190,200,16,16,"OK    ");  //提示发送成功
```

```
    }else if(key== WKUP_PRES)        //WK_UP 按下,改变 CAN 的工作模式
    {
        mode = ! mode;
        CAN_Mode_Init(CAN_SJW_1tq,CAN_BS2_8tq,CAN_BS1_9tq,4,mode);
                                     //CAN 普通模式初始化,波特率 500 kbps
        POINT_COLOR = RED;   //设置字体为红色
        if(mode == 0)                //普通模式,需要 2 个开发板
    {
            LCD_ShowString(60,130,200,16,16,"Nnormal Mode");
        }else                //回环模式,一个开发板就可以测试了.
        {
            LCD_ShowString(60,130,200,16,16,"LoopBack Mode");
        }
        POINT_COLOR = BLUE;          //设置字体为蓝色
    }
    key = Can_Receive_Msg(canbuf);
    if(key)                          //接收到有数据
    {
        LCD_Fill(60,270,130,310,WHITE);//清除之前的显示
        for(i = 0;i<key;i++)
        {
            if(i<4)LCD_ShowxNum(60+i*32,270,canbuf[i],3,16,0X80);//显示数据
            else LCD_ShowxNum(60+(i-4)*32,290,canbuf[i],3,16,0X80);//显示数据
        }
    }
    t++; delay_ms(10);
    if(t == 20)
    {
        LED0 = ! LED0;                              //提示系统正在运行
        t = 0;cnt++;
        LCD_ShowxNum(60+48,170,cnt,3,16,0X80);    //显示数据
    }
    }
}
```

此部分代码主要关注下 CAN_Mode_Init(CAN_SJW_1tq,CAN_BS1_8tq,CAN_BS2_9tq,4,CAN_Mode_LoopBack),该函数用于设置波特率和 CAN 的模式。根据前面的波特率计算公式可知,这里的波特率被初始化为 500 kbps。mode 参数用于设置 CAN 的工作模式(正常模式/环回模式),通过 WK_UP 按键可以随时切换模式。cnt 是一个累加数,一旦 KEY_RIGHT(KEY0)按下,就以这个数位基准连续发送 5 个数据。当 CAN 总线收到数据的时候,就将收到的数据直接显示在 LCD 屏幕上。

25.4　下载验证

编译成功之后,下载代码到 ALIENTEK 战舰 STM32 开发板上,得到如图 25.4.1 所示界面。

图 25.4.1 程序运行效果图

伴随 DS0 的不停闪烁,提示程序在运行。默认是设置的环回模式,此时按下 KEY0 就可以在 LCD 模块上面看到自发自收的数据(如图 25.4.1 所示),如果选择正常模式(通过 WK_UP 按键切换),就必须连接 2 个开发板的 CAN 接口,然后就可以互发数据了,如图 25.4.2 和图 25.4.3 所示。

图 25.4.2 CAN 普通模式发送数据

图 25.4.3 CAN 普通模式接收数据

图 25.4.2 来自开发板 A,发送了 8 个数据;图 25.4.3 来自开发板 B,收到了来自开发板 A 的 8 个数据。

第 26 章

触摸屏实验

ALIENTEK 战舰 STM32F103 本身并没有触摸屏控制器,但是它支持触摸屏,可以通过外接带触摸屏的 LCD 模块(比如 ALIENTEK TFTLCD 模块)来实现触摸屏控制。本章介绍 STM32 控制 ALIENTKE TFTLCD 模块(包括电阻触摸与电容触摸)实现触摸屏驱动,最终实现一个手写板的功能。

26.1 触摸屏简介

目前最常用的触摸屏有 2 种:电阻式触摸屏与电容式触摸屏,下面分别介绍。

26.1.1 电阻式触摸屏

在 iPhone 面世之前,几乎清一色都使用电阻式触摸屏,电阻式触摸屏利用压力感应进行触点检测控制,需要直接应力接触,通过检测电阻来定位触摸位置。ALIENTEK 2.4、2.8、3.5 寸 TFTLCD 模块自带的触摸屏都属于电阻式触摸屏,下面简单介绍电阻式触摸屏的原理。

电阻触摸屏的主要部分是一块与显示器表面非常配合的电阻薄膜屏,这是一种多层的复合薄膜。它以一层玻璃或硬塑料平板作为基层,表面涂有一层透明氧化金属(透明的导电电阻)导电层,上面再盖有一层外表面硬化处理、光滑防擦的塑料层,它的内表面也涂有一层涂层,在它们之间有许多细小的(小于 1/1 000 英寸)透明隔离点把 2 层导电层隔开绝缘。当手指触摸屏幕时,2 层导电层在触摸点位置就有了接触,电阻发生变化,在 X 和 Y 共 2 个方向上产生信号,然后送触摸屏控制器。控制器侦测到这一接触并计算出 (X,Y) 的位置,再根据获得的位置模拟鼠标的方式运作。这就是电阻技术触摸屏的最基本的原理。

电阻触摸屏的优点:精度高,价格便宜,抗干扰能力强,稳定性好。

电阻触摸屏的缺点:容易被划伤,透光性不太好,不支持多点触摸。

从以上介绍可知,触摸屏都需要一个 A/D 转换器,一般来说是需要一个控制器的。ALIENTEK TFTLCD 模块选择的是 4 线电阻式触摸屏,这种触摸屏的控制芯片有很多,包括 ADS7843、ADS7846、TSC2046、XPT2046 和 AK4182 等。这几款芯片的驱动基本上是一样的,即只要写出了 ADS7843 的驱动,这个驱动对其他几个芯片也是有效的;而且封装也有一样的,完全 PIN TO PIN 兼容。所以在替换时起来很方便。

ALIENTEK TFTLCD 模块自带的触摸屏控制芯片为 XPT2046。XPT2046 是一款 4 导线制触摸屏控制器,内含 12 位分辨率 125 kHz 转换速率逐步逼近型 A/D 转换器。XPT2046 支持从 1.5～5.25 V 的低电压 I/O 接口。XPT2046 能通过执行 2 次 A/D 转换查出被按的屏幕位置,此外,还可以测量加在触摸屏上的压力。内部自带 2.5 V 参考电压可以作为辅助输入、温度测量和电池监测模式之用,电池监测的电压范围可以为 0～6 V。XPT2046 片内集成有一个温度传感器。在 2.7 V 的典型工作状态下,关闭参考电压,功耗可小于 0.75 mW。XPT2046 采用微小的封装形式:TSSOP - 16,QFN - 16(0.75 mm 厚度)和 VFBGA - 48,工作温度范围为 -40～+85℃。

该芯片完全兼容 ADS7843 和 ADS7846,详细使用可以参考这 2 个芯片的 datasheet。

26.1.2　电容式触摸屏

现在几乎所有智能手机(包括平板电脑)都采用电容屏作为触摸屏,电容屏利用人体感应进行触点检测控制,不需要直接接触或只需要轻微接触,通过检测感应电流来定位触摸坐标。

ALIENTEK 4.3/7 寸 TFTLCD 模块自带的触摸屏采用的是电容式触摸屏,下面简单介绍电容式触摸屏的原理。

电容式触摸屏主要分为 2 种。

(1) 表面电容式电容触摸屏。

表面电容式触摸屏技术是利用 ITO(铟锡氧化物,是一种透明的导电材料)导电膜,通过电场感应方式测量屏幕表面的触摸行为。但是表面电容式触摸屏有一些局限性,它只能识别一个手指或者一次触摸。

(2) 投射式电容触摸屏。

投射电容式触摸屏是传感器利用触摸屏电极发射出静电场线,一般用于投射电容传感技术的电容类型有 2 种:自我电容和交互电容。

自我电容又称绝对电容,是最广为采用的一种方法。自我电容通常是指扫描电极与地构成的电容。玻璃表面有用 ITO 制成的横向与纵向的扫描电极,这些电极和地之间就构成一个电容的两极。当用手或触摸笔触摸的时候就会并联一个电容到电路中去,从而使该条扫描线上的总体电容量有所改变。在扫描的时候,控制 IC 依次扫描纵向和横向电极,并根据扫描前后的电容变化来确定触摸点坐标位置。笔记本电脑触摸输入板就采用这种方式,输入板采用 XY 的传感电极阵列形成一个传感格子,当手指靠近触摸输入板时,在手指和传感电极之间产生一个小量电荷。采用特定的运算法则处理来自行、列传感器的信号,从而确定手指的位置。

交互电容又叫跨越电容,它是在玻璃表面的横向和纵向的 ITO 电极的交叉处形成电容。交互电容的扫描方式就是扫描每个交叉处的电容变化来判定触摸点的位置。触摸的时候就会影响到相邻电极的耦合,从而改变交叉处的电容量。交互电容的扫描方法可以侦测到每个交叉点的电容值和触摸后电容变化,因而它需要的扫描时间与自我电容的扫描方式相比要长一些,需要扫描检测 XY 根电极。目前,智能手机/平板电脑等触摸屏都采用交互电容技术。

ALIENTEK 选择的电容触摸屏也采用的是投射式电容屏（交互电容类型），所以后面仅以投射式电容屏为例介绍。

投射式电容触摸屏采用纵横 2 列电极组成感应矩阵来感应触摸。以 2 个交叉的电极矩阵，即 X 轴电极和 Y 轴电极，从而检测每一格感应单元的电容变化，如图 26.1.1 所示。图中的电极实际是透明的，这里是为了方便读者理解。图中，X、Y 轴的透明电极电容屏的精度、分辨率与 X、Y 轴的通道数有关，通道数越多，精度越高。以上就是电容触摸屏的基本原理，接下来看看电容触摸屏的优缺点。

图 26.1.1　投射式电容屏电极矩阵示意图

电容触摸屏的优点：手感好，无须校准，支持多点触摸，透光性好。

电容触摸屏的缺点：成本高，精度不高，抗干扰能力差。

注意，电容触摸屏对工作环境的要求是比较高的，在潮湿、多尘、高低温环境下面都是不适合使用电容屏的。

电容触摸屏一般都需要一个驱动 IC 来检测电容触摸，且一般通过 IIC 接口输出触摸数据的。ALIENTEK 的 7 寸 TFTLCD 模块的电容触摸屏采用 15×10 的驱动结构（10 个感应通道，15 个驱动通道），采用 GT811/FT5206 作为驱动 IC。ALIENTEK 的 4.3 寸 TFTLCD 模块有 2 种成触摸屏：①使用 OTT2001A 作为驱动 IC，采用 13×8 的驱动结构（8 个感应通道，13 个驱动通道）；②使用 GT9147 作为驱动 IC，采用 17×10 的驱动结构（10 个感应通道，17 个驱动通道）。

这 2 个模块都只支持最多 5 点触摸，本例程支持 ALIENTEK 的 4.3 寸屏模块和新版的 7 寸屏模块（采用 SSD1963＋FT5206 方案）。电容触摸驱动 IC 只介绍 OTT2001A 和 GT9147，GT811/FT5206 的驱动方法同这 2 款 IC 类似。

OTT2001A 是中国台湾旭曜科技生产的一颗电容触摸屏驱动 IC，最多支持 208 个通道，支持 SPI/IIC 接口，在 ALIENTEK 的 4.3 寸 TFTLCD 电容触摸屏上，

OTT2001A 只用了 104 个通道,采用 IIC 接口。IIC 接口模式下,该驱动 IC 与 STM32F1 的连接仅需要 4 根线:SDA、SCL、RST 和 INT,SDA 和 SCL 是 IIC 通信用的,RST 是复位脚(低电平有效),INT 是中断输出信号。

OTT2001A 的器件地址为 0X59(不含最低位,换算成读/写命令则是读:0XB3,写:0XB2),接下来介绍 OTT2001A 的几个重要的寄存器。

(1) 手势 ID 寄存器

手势 ID 寄存器(00H)用于告诉 MCU 哪些点有效、哪些点无效,从而读取对应的数据。该寄存器各位描述如表 26.1.1 所列。

表 26.1.1　手势 ID 寄存器

位	BIT8	BIT6	BIT5	BIT4
说　明	保留	保留	保留	0,(X1,Y1)无效 1,(X1,Y1)有效
位	BIT3	BIT2	BIT1	BIT0
说　明	0,(X4,Y4)无效 1,(X4,Y4)有效	0,(X3,Y3)无效 1,(X3,Y3)有效	0,(X2,Y2)无效 1,(X2,Y2)有效	0,(X1,Y1)无效 1,(X1,Y1)有效

OTT2001A 支持最多 5 点触摸,所以表中只有 5 个位来表示对应点坐标是否有效,其余位为保留位(读为 0)。通过读取该寄存器可以知道哪些点有数据、哪些点无数据,如果读到的全是 0,则说明没有任何触摸。

(2) 传感器控制寄存器(0DH)

传感器控制寄存器(0DH)也是 8 位,仅最高位有效,其他位都是保留。当最高位为 1 的时候,打开传感器(开始检测),当最高位设置为 0 的时候,关闭传感器(停止检测)。

(3) 坐标数据寄存器(共 20 个)

坐标数据寄存器总共有 20 个,每个坐标占用 4 个寄存器,坐标寄存器与坐标的对应关系如表 26.1.2 所列。

表 26.1.2　坐标寄存器与坐标对应表

寄存器编号	01H	02H	03H	04H
坐标 1	X1[15:8]	X1[7:0]	Y1[15:8]	Y1[7:0]
寄存器编号	05H	06H	07H	08H
坐标 2	X2[15:8]	X2[7:0]	Y2[15:8]	Y2[7:0]
寄存器编号	10H	11H	12H	13H
坐标 3	X3[15:8]	X3[7:0]	Y3[15:8]	Y3[7:0]
寄存器编号	14H	15H	16H	17H
坐标 4	X4[15:8]	X4[7:0]	Y4[15:8]	Y4[7:0]
寄存器编号	18H	19H	1AH	1BH
坐标 5	X5[15:8]	X5[7:0]	Y5[15:8]	Y5[7:0]

从表中可以看出,每个坐标的值可以通过 4 个寄存器读出,比如要读取坐标 1(X1,Y1),我们则可以读取 01H～04H 就可以知道当前坐标 1 的具体数值了。这里也可以只发送寄存器 01,然后连续读取 4 个字节,也可以正常读取坐标 1,寄存器地址会自动增加,从而提高读取速度。

OTT2001A 相关寄存器的介绍就介绍到这里,更详细的资料可参考"OTT2001A IIC 协议指导.pdf"文档。OTT2001A 只需要经过简单的初始化就可以正常使用了,初始化流程:复位→延时 100 ms→释放复位→设置传感器控制寄存器的最高位为 1,开启传感器检查,这样就可以正常使用了。

另外,OTT2001A 有 2 个地方需要特别注意一下:

① OTT2001A 的寄存器是 8 位的,但是发送的时候要发送 16 位(高 8 位有效)才可以正常使用。

② OTT2001A 的输出坐标默认是以 X 坐标最大值是 2 700,Y 坐标最大值是 1 500 的分辨率输出的,也就是输出范围为 X:0～2 700,Y:0～1 500。MCU 在读取到坐标后,必须根据 LCD 分辨率做一个换算,才能得到真实的 LCD 坐标。

下面简单介绍 GT9147。该芯片是深圳汇顶科技研发的一颗电容触摸屏驱动 IC,支持 100 Hz 触点扫描频率,支持 5 点触摸,支持 18×10 个检测通道,适合小于 4.5 寸的电容触摸屏使用。

和 OTT2001A 一样,GT9147 与 MCU 连接也是通过 4 根线:SDA、SCL、RST 和 INT。不过,GT9147 的 IIC 地址可以是 0X14 或者 0X5D。当复位结束后的 5 ms 内,如果 INT 是高电平,则使用 0X14 作为地址,否则使用 0X5D 作为地址,具体的设置过程请看"GT9147 数据手册.pdf"文档。本章使用 0X14 作为器件地址(不含最低位,换算成读/写命令则是读:0X29,写:0X28),接下来介绍 GT9147 的几个重要寄存器。

(1) 控制命令寄存器(0X8040)

该寄存器可以写入不同值实现不同的控制,一般使用 0 和 2 这 2 个值。在硬复位之后,一般要往该寄存器写 2 实行软复位。写入 0 可正常读取坐标数据(并且会结束软复位)。

(2) 配置寄存器组(0X8047～0X8100)

这里共 186 个寄存器,用于配置 GT9147 的各个参数,这些配置一般由厂家提供(一个数组),所以我们只需要将厂家给的配置写入到这些寄存器里面即可完成 GT9147 的配置。由于 GT9147 可以保存配置信息(可写入内部 Flash,从而不需要每次上电都更新配置),有几点注意的地方提醒读者:①0X8047 寄存器用于指示配置文件版本号,程序写入的版本号必须大于等于 GT9147 本地保存的版本号才可以更新配置。②0X80FF 寄存器用于存储校验和,使得 0X8047～0X80FF 之间所有数据之和为 0。③0X8100 用于控制是否将配置保存在本地,写 0 则不保存配置,写 1 则保存配置。

(3) 产品 ID 寄存器(0X8140～0X8143)

这里总共由 4 个寄存器组成,用于保存产品 ID。对于 GT9147,这 4 个寄存器读出来就是 9、1、4、7 这 4 个字符(ASCII 码格式)。因此,我们可以通过这 4 个寄存器的值来判断驱动 IC 的型号,从而判断是 OTT2001A 还是 GT9147,以便执行不同的初始化。

(4) 状态寄存器(0X814E)

该寄存器各位描述如表 26.1.3 所列。这里仅关心最高位和最低 4 位,最高位用于表示 buffer 状态,如果有数据(坐标/按键),buffer 就会是 1;最低 4 位用于表示有效触点的个数,范围是 0~5,0,表示没有触摸,5 表示有 5 点触摸。这和前面 OTT2001A 的表示方法稍微有点区别,OTT2001A 是每个位表示一个触点,这里是有多少有效触点值就是多少。最后,该寄存器在每次读取后,如果 bit7 有效,则必须写 0 清除这个位,否则不会输出下一次数据,这个要特别注意!

表 26.1.3　状态寄存器各位描述

寄存器	bit7	bit6	bit5	bit4	bit3	bit2	bit1	bit0
0X814E	buffer 状态	大点	接近有效	按键		有效触点个数		

(5) 坐标数据寄存器(共 30 个)

这里共分成 5 组(5 个点),每组 6 个寄存器存储数据,以触点 1 的坐标数据寄存器组为例,如表 26.1.4 所列。

表 26.1.4　触点 1 坐标寄存器组描述

寄存器	bit7~0	寄存器	bit7~0
0X8150	触点 1 x 坐标低 8 位	0X8151	触点 1 x 坐标高 8 位
0X8152	触点 1 y 坐标低 8 位	0X8153	触点 1 y 坐标高 8 位
0X8154	触点 1 触摸尺寸低 8 位	0X8155	触点 1 触摸尺寸高 8 位

我们一般只用到触点的 x、y 坐标,所以只需要读取 0X8150~0X8153 的数据,组合即可得到触点坐标。其他 4 组分别是 0X8158、0X8160、0X8168 和 0X8170 等开头的 16 个寄存器组成,分别针对触点 2~4 的坐标。同样,GT9147 也支持寄存器地址自增,我们只需要发送寄存器组的首地址再连续读取即可,GT9147 的地址自增,从而提高读取速度。

GT9147 相关寄存器的介绍就介绍到这里,更详细的资料可参考"GT9147 编程指南.pdf"文档。GT9147 只需要经过简单的初始化就可以正常使用了,初始化流程:硬复位→延时 10 ms→结束硬复位→设置 IIC 地址→延时 100 ms→软复位→更新配置(需要时)→结束软复位。此时 GT9147 即可正常使用了。

然后,不停地查询 0X814E 寄存器,判断是否有有效触点,如果有,则读取坐标数据寄存器,得到触点坐标。特别注意,如果 0X814E 读到的值最高位为 1,就必须对该位写 0;否则,无法读到下一次坐标数据。

26.2　硬件设计

本章实验功能简介:开机的时候先初始化 LCD,读取 LCD ID,随后,根据 LCD ID

判断是电阻触摸屏还是电容触摸屏。如果是电阻触摸屏,则先读取 24C02 的数据判断触摸屏是否已经校准过,如果没有校准,则执行校准程序,校准过后再进入电阻触摸屏测试程序;如果已经校准了,就直接进入电阻触摸屏测试程序。

如果是 4.3 寸电容触摸屏,则先读取芯片 ID,判断是不是 GT9147,如果是则执行 GT9147 的初始化代码;如果不是,则执行 OTT2001A 的初始化代码。如果是 7 寸电容触摸屏(仅支持新款 7 寸屏,使用 SSD1963＋FT5206 方案),则执行 FT5206 的初始化代码,在初始化电容触摸屏完成后,进入电容触摸屏测试程序(电容触摸屏无须校准)。

电阻触摸屏测试程序和电容触摸屏测试程序基本一样,只是电容触摸屏支持最多 5 点同时触摸,电阻触摸屏只支持一点触摸,其他一模一样。测试界面的右上角会有一个清空的操作区域(RST),单击这个地方就会将输入全部清除,恢复白板状态。使用电阻触摸屏的时候,可以通过按 KEY0 来实现强制触摸屏校准,只要按下 KEY0 就会进入强制校准程序。

所要用到的硬件资源如下:指示灯 DS0、KEY0 按键、TFTLCD 模块(带电阻/电容式触摸屏)、24C02。所有这些资源与 STM32F1 的连接图都已经介绍过了,这里只针对 TFTLCD 模块与 STM32F1 的连接端口再说明一下。TFTLCD 模块的触摸屏(电阻触摸屏)总共有 5 根线与 STM32F1 连接,连接电路图如图 26.2.1 所示。可以看出,T_MOSI、T_MISO、T_SCK、T_CS 和 T_PEN 分别连接在 STM32F1 的 PF9、PB2、PB1、PF11 和 PF10 上。

图 26.2.1 触摸屏与 STM32F1 的连接图

如果是电容式触摸屏,我们的接口和电阻式触摸屏一样(图 26.2.1 右侧接口),只是没有用到 5 根线了,而是 4 根线,分别是 T_PEN(CT_INT)、T_CS(CT_RST)、T_CLK(CT_SCL)和 T_MOSI(CT_SDA)。其中,CT_INT、CT_RST、CT_SCL 和 CT_SDA 分别是 OTT2001A、GT9147、FT5206 的中断输出信号、复位信号,IIC 的 SCL 和 SDA 信号。这里用查询的方式读取 OTT2001A、GT9147、FT5206 的数据,对于 OTT2001A、FT5206 没有用到中断信号(CT_INT),所以同 STM32F1 的连接最少只需要 3 根线即可;不过 GT9147 还需要用到 CT_INT 做 IIC 地址设定,所以需要 4 根线连接。

26.3 软件设计

打开本章实验工程可以看到,我们在 HARDWARE 分组下新添加了 touch. c、cti-ic. c、cott2001a. c、gt9147. c 和 ft5206. c 这 5 个文件,每个文件都有对应的. h 头文件。其中,touch. c 和对应的头文件 touch. h 是电阻触摸屏部分的代码,兼电容触摸屏的管理控制,其他则是电容触摸屏部分的代码。

打开 touch. c 文件,这里仅介绍几个重要的函数。首先要介绍的是 TP_Read_XY2 函数,该函数专门用于从触摸屏控制 IC 读取坐标的值(0~4 095)。TP_Read_XY2 的代码如下:

```
//连续 2 次读取触摸屏 IC,且这 2 次的偏差不能超过
//ERR_RANGE,满足条件,则认为读数正确,否则读数错误
//该函数能大大提高准确度
//x,y:读取到的坐标值;返回值:0,失败;1,成功
#define ERR_RANGE 50 //误差范围
u8 TP_Read_XY2(u16 * x,u16 * y)
{
    u16 x1,y1,u16 x2,y2;
    u8 flag;
    flag = TP_Read_XY(&x1,&y1);
    if(flag == 0)return(0);
    flag = TP_Read_XY(&x2,&y2);
    if(flag == 0)return(0);
    //前后 2 次采样在 + - ERR_RANGE 内
    if(((x2 < = x1&&x1 < x2 + ERR_RANGE)||(x1 < = x2&&x2 < x1 + ERR_RANGE))
    &&((y2 < = y1&&y1 < y2 + ERR_RANGE)||(y1 < = y2&&y2 < y1 + ERR_RANGE)))
    {
        * x = (x1 + x2)/2;   * y = (y1 + y2)/2;
        return 1;
    }else return 0;
}
```

该函数采用了一个非常好的办法来读取屏幕坐标值,就是连续读 2 次,2 次读取的值之差不能超过一个特定的值(ERR_RANGE),通过这种方式可以大大提高触摸屏的准确度。另外,该函数调用的 TP_Read_XY 函数,用于单次读取坐标值。TP_Read_XY 也采用了一些软件滤波算法,具体见本书配套资料的源码。接下来介绍另外一个函数 TP_Adjust,该函数源码如下:

```
//触摸屏校准代码,得到 4 个校准参数
void TP_Adjust(void)
{
    u16 pos_temp[4][2];//坐标缓存值
    u8  cnt = 0;
    u16 d1,d2, outtime = 0;
    u32 tem1,tem2;
    float fac;
    POINT_COLOR = BLUE;
```

```
BACK_COLOR = WHITE;
LCD_Clear(WHITE);//清屏
POINT_COLOR = RED;//红色
LCD_Clear(WHITE);//清屏
POINT_COLOR = BLACK;
LCD_ShowString(40,40,160,100,16,(u8 * )TP_REMIND_MSG_TBL);//显示提示信息
TP_Drow_Touch_Point(20,20,RED);//画点 1
tp_dev.sta = 0;            //消除触发信号
tp_dev.xfac = 0;           //xfac 用来标记是否校准过,所以校准之前必须清掉! 以免错误
while(1)                   //如果连续 10 秒钟没有按下,则自动退出
{
    tp_dev.scan(1);//扫描物理坐标
    if((tp_dev.sta&0xc0) == TP_CATH_PRES)//按键按下了一次(此时按键松开了)
    {
        outtime = 0;
        tp_dev.sta& = ~(1<<6);                    //标记按键已经被处理过了
        pos_temp[cnt][0] = tp_dev.x;
        pos_temp[cnt][1] = tp_dev.y;
        cnt ++ ;
        switch(cnt)
        {
            case 1:
                TP_Drow_Touch_Point(20,20,WHITE);//清除点 1
                TP_Drow_Touch_Point(lcddev.width - 20,20,RED);//画点 2
                break;
            case 2:
                TP_Drow_Touch_Point(lcddev.width - 20,20,WHITE);//清除点 2
                TP_Drow_Touch_Point(20,lcddev.height - 20,RED);//画点 3
                break;
            case 3:
                TP_Drow_Touch_Point(20,lcddev.height - 20,WHITE);//清除点 3
                TP_Drow_Touch_Point(lcddev.width - 20,lcddev.height - 20,RED);
                //画点 4
                break;
            case 4://全部四个点已经得到
                //对边相等
                tem1 = abs(pos_temp[0][0] - pos_temp[1][0]);//x1 - x2
                tem2 = abs(pos_temp[0][1] - pos_temp[1][1]);//y1 - y2
                tem1 * = tem1;   tem2 * = tem2;
                d1 = sqrt(tem1 + tem2);//得到 1,2 的距离
                tem1 = abs(pos_temp[2][0] - pos_temp[3][0]);//x3 - x4
                tem2 = abs(pos_temp[2][1] - pos_temp[3][1]);//y3 - y4
                tem1 * = tem1;   tem2 * = tem2;
                d2 = sqrt(tem1 + tem2);//得到 3,4 的距离
                fac = (float)d1/d2;
                if(fac<0.95||fac>1.05||d1 == 0||d2 == 0)//不合格
                {
                    cnt = 0;
                    TP_Drow_ Touch _Point (lcddev. width - 20, lcddev. height - 20,
                    WHITE);//清除点 4
                    TP_Drow_Touch_Point(20,20,RED); //画点 1
```

```
        TP_Adj_Info_Show(pos_temp[0][0],pos_temp[0][1],pos_temp[1]
        [0],pos_temp[1][1],pos_temp[2][0],pos_temp[2][1],pos_temp[3]
        [0],pos_temp[3][1],fac * 100);//显示数据
        continue;
    }
    tem1 = abs(pos_temp[0][0] - pos_temp[2][0]);//x1 - x3
    tem2 = abs(pos_temp[0][1] - pos_temp[2][1]);//y1 - y3
    tem1 * = tem1; tem2 * = tem2;
    d1 = sqrt(tem1 + tem2);//得到 1,3 的距离
    tem1 = abs(pos_temp[1][0] - pos_temp[3][0]);//x2 - x4
    tem2 = abs(pos_temp[1][1] - pos_temp[3][1]);//y2 - y4
    tem1 * = tem1; tem2 * = tem2;
    d2 = sqrt(tem1 + tem2);//得到 2,4 的距离
    fac = (float)d1/d2;
    if(fac<0.95||fac>1.05)//不合格
    {
        cnt = 0;
        TP_Drow_Touch_Point(lcddev.width - 20,lcddev.height - 20,
        WHITE);//清除点 4
        TP_Drow_Touch_Point(20,20,RED); //画点 1
        TP_Adj_Info_Show(pos_temp[0][0],pos_temp[0][1],pos_temp[1]
        [0],pos_temp[1][1],pos_temp[2][0],pos_temp[2][1],pos_temp[3]
        [0],pos_temp[3][1],fac * 100);//显示数据
        continue;
    }//正确了
    //对角线相等
    tem1 = abs(pos_temp[1][0] - pos_temp[2][0]);//x1 - x3
    tem2 = abs(pos_temp[1][1] - pos_temp[2][1]);//y1 - y3
    tem1 * = tem1;   tem2 * = tem2;
    d1 = sqrt(tem1 + tem2);//得到 1,4 的距离
    tem1 = abs(pos_temp[0][0] - pos_temp[3][0]);//x2 - x4
    tem2 = abs(pos_temp[0][1] - pos_temp[3][1]);//y2 - y4
    tem1 * = tem1;   tem2 * = tem2;
    d2 = sqrt(tem1 + tem2);//得到 2,3 的距离
    fac = (float)d1/d2;
    if(fac<0.95||fac>1.05)//不合格
    {
        cnt = 0;
        TP_Drow_Touch_Point(lcddev.width - 20,lcddev.height - 20,
        WHITE);//清除点 4
        TP_Drow_Touch_Point(20,20,RED);//画点 1
        TP_Adj_Info_Show(pos_temp[0][0],pos_temp[0][1],pos_temp[1]
        [0],pos_temp[1][1],pos_temp[2][0],pos_temp[2][1],pos_temp[3]
        [0],pos_temp[3][1],fac * 100);//显示数据
        continue;
    }//正确了
    //计算结果
    tp_dev.xfac = (float)(lcddev.width - 40)/(pos_temp[1][0] - pos
    _temp[0][0]);
    //得到 xfac
```

```
                    tp_dev.xoff = (lcddev.width - tp_dev.xfac * (pos_temp[1][0] +
                    pos_temp[0][0]))/2;//得到 xoff
                    tp_dev.yfac = (float)(lcddev.height - 40)/(pos_temp[2][1] -
                    pos_temp[0][1]);//得到 yfac
                    tp_dev.yoff = (lcddev.height - tp_dev.yfac * (pos_temp[2][1] +
                    pos_temp[0][1]))/2;//得到 yoff
                    if(abs(tp_dev.xfac)>2||abs(tp_dev.yfac)>2)//触屏和预设的
                                                                //相反了
                        {
                            cnt = 0;
                            TP_Drow_Touch_Point(lcddev.width - 20,lcddev.height -
                                        20,WHITE);    //清除点 4
                            TP_Drow_Touch_Point(20,20,RED);  //画点 1LCD_ShowString
                            (40,26,lcddev.width,lcddev.height,16,"TP Need read-
                            just!");
                            tp_dev.touchtype = ! tp_dev.touchtype;//修改触屏类型
                            if(tp_dev.touchtype)    //X,Y 方向与屏幕相反
                                {
                                    CMD_RDX = 0X90;   CMD_RDY = 0XD0;
                                }else                 //X,Y 方向与屏幕相同
                            {
                                    CMD_RDX = 0XD0;CMD_RDY = 0X90;
                            }
                            continue;
                        }
                        POINT_COLOR = BLUE;
                        LCD_Clear(WHITE);                //清屏
                        LCD_ShowString(35,110,lcddev.width,lcddev.hei
                        ght,16,"Touch Screen
                        Adjust OK!");                    //校正完成
                        delay_ms(1000);
                        TP_Save_Adjdata();
                        LCD_Clear(WHITE);                //清屏
                        return;                          //校正完成
                    }
                }
                delay_ms(10);
                outtime ++ ;
                if(outtime>1000)
                {
                    TP_Get_Adjdata();  break;
                }
            }
        }
```

　　TP_Adjust 是此部分最核心的代码,这里介绍触摸屏校正原理:传统的鼠标是一种相对定位系统,只和前一次鼠标的位置坐标有关。而触摸屏则是一种绝对坐标系统,要选哪就直接点哪,与相对定位系统有着本质的区别。绝对坐标系统的特点是每一次定位坐标与上一次定位坐标没有关系,每次触摸的数据通过校准转为屏幕上的坐标,不管在什么情况下,触摸屏这套坐标在同一点的输出数据是稳定的。不过由于技术原理的

原因,并不能保证同一点触摸时每一次采样数据相同,不能保证绝对坐标定位,这就是触摸屏最怕出现的问题:漂移。对于性能质量好的触摸屏来说,漂移情况出现的并不是很严重。所以很多应用触摸屏的系统启动后,进入应用程序前,先要执行校准程序。通常应用程序中使用的 LCD 坐标是以像素为单位的。比如,左上角的坐标是一组非 0 的数值,比如(20,20),而右下角的坐标为(220,300)。这些点的坐标都是以像素为单位的,而从触摸屏中读出的是点的物理坐标,其坐标轴的方向、XY 值的比例因子、偏移量都与 LCD 坐标不同,所以,需要在程序中把物理坐标首先转换为像素坐标,然后再赋给 POS 结构,达到坐标转换的目的。

校正思路:了解校正原理之后,就可以得出从物理坐标到像素坐标的转换关系式:

LCDx = xfac • Px + xoff;LCDy = yfac • Py + yoff;

其中,(LCDx,LCDy)是在 LCD 上的像素坐标,(Px,Py)是从触摸屏读到的物理坐标。xfac、yfac 分别是 X 轴方向和 Y 轴方向的比例因子,而 xoff 和 yoff 则是这 2 个方向的偏移量。只要事先在屏幕上面显示 4 个点(这 4 个点的坐标是已知的),分别按这 4 个点就可以从触摸屏读到 4 个物理坐标,这样就可以通过待定系数法求出 xfac、yfac、xoff、yoff 这 4 个参数。保存好这 4 个参数,在以后的使用中把所有得到的物理坐标都按照这个关系式来计算,得到的就是准确的屏幕坐标,达到了触摸屏校准的目的。

TP_Adjust 就是根据上面的原理设计的校准函数,注意,该函数里面多次使用了 lcddev. width 和 lcddev. height,用于坐标设置,主要是为了兼容不同尺寸的 LCD(比如 320×240、480×320 和 800×480 的屏都可以兼容)。

接下来看看触摸屏初始化函数:TP_Init,该函数根据 LCD 的 ID(即 lcddev. id)判别是电阻屏还是电容屏,执行不同的初始化,该函数代码如下:

```
//触摸屏初始化
//返回值:0,没有进行校准  1,进行过校准
u8 TP_Init(void)
{
    if(lcddev.id == 0X5510)                  //4.3 寸电容触摸屏
    {
        if(GT9147_Init() == 0)               //是 GT9147
        {
            tp_dev.scan = GT9147_Scan;       //扫描函数指向 GT9147 触摸屏扫描
        }else
        {
            OTT2001A_Init();
            tp_dev.scan = OTT2001A_Scan;     //扫描函数指向 OTT2001A 触摸屏扫描
        }
        tp_dev.touchtype| = 0X80;            //电容屏
        tp_dev.touchtype| = lcddev.dir&0X01; //横屏还是竖屏
        return 0;
    }else if(lcddev.id == 0X1963)            //7 寸电容触摸屏
    {
        FT5206_Init();
        tp_dev.scan = FT5206_Scan;           //扫描函数指向 GT9147 触摸屏扫描
        tp_dev.touchtype| = 0X80;            //电容屏
```

```
                tp_dev.touchtype| = lcddev.dir&0X01;                      //横屏还是竖屏
                return 0;
            }else
            {
              GPIO_InitTypeDef  GPIO_InitStructure;
              RCC_APB2PeriphClockCmd(RCC_APB2Periph_GPIOB|RCC_APB2Periph_GPIOF,
                                                 ENABLE);   //使能 PB,PF 端口时钟
                GPIO_InitStructure.GPIO_Pin = GPIO_Pin_1;              //PB1 端口配置
                GPIO_InitStructure.GPIO_Mode = GPIO_Mode_Out_PP;       //推挽输出
                GPIO_InitStructure.GPIO_Speed = GPIO_Speed_50MHz;
                GPIO_Init(GPIOB,&GPIO_InitStructure);                  //B1 推挽输出
                GPIO_SetBits(GPIOB,GPIO_Pin_1);                        //上拉
                GPIO_InitStructure.GPIO_Pin = GPIO_Pin_2;              //PB2 端口配置
                GPIO_InitStructure.GPIO_Mode = GPIO_Mode_IPU;          //上拉输入
                GPIO_Init(GPIOB,&GPIO_InitStructure);                  //B2 上拉输入
                GPIO_SetBits(GPIOB,GPIO_Pin_2);                        //上拉
                GPIO_InitStructure.GPIO_Pin = GPIO_Pin_11|GPIO_Pin_9;//F9,PF11 端口配置
                GPIO_InitStructure.GPIO_Mode = GPIO_Mode_Out_PP;       //推挽输出
                GPIO_InitStructure.GPIO_Speed = GPIO_Speed_50MHz;
                GPIO_Init(GPIOF,&GPIO_InitStructure);                  //PF9,PF11 推挽输出
                GPIO_SetBits(GPIOF,GPIO_Pin_11|GPIO_Pin_9);            //上拉
                GPIO_InitStructure.GPIO_Pin = GPIO_Pin_10;             //PF10 端口配置
                GPIO_InitStructure.GPIO_Mode = GPIO_Mode_IPU;          //上拉输入
                GPIO_Init(GPIOF,&GPIO_InitStructure);                  //PF10 上拉输入
                GPIO_SetBits(GPIOF,GPIO_Pin_10);                       //上拉
                TP_Read_XY(&tp_dev.x[0],&tp_dev.y[0]);                 //第一次读取初始化
                AT24CXX_Init();                                        //初始化 24CXX
                if(TP_Get_Adjdata())return 0;                          //已经校准
                else                                                   //未校准吗
                {
                    LCD_Clear(WHITE);                                  //清屏
                    TP_Adjust();                                       //屏幕校准
                }
                TP_Get_Adjdata();
            }
        return 1;
    }
```

该函数比较简单,重点说一下:tp_dev. scan。这个结构体函数指针默认指向 TP_Scan,如果是电阻屏,则用默认的即可;如果是电容屏,则指向新的扫描函数 GT9147_Scan、OTT2001A_Scan 或 FT5206_Scan(根据芯片 ID 判断到底指向哪个),执行电容触摸屏的扫描函数。

接下来打开 touch. h 文件可以看到,除了一些函数申明和宏定义标识符之外,我们还定义了一个非常重要的结构体_m_tp_dev,定义如下:

```
typedef struct
{
    u8 ( * init)(void);          //初始化触摸屏控制器
    u8 ( * scan)(u8);            //扫描触摸屏.0,屏幕扫描;1,物理坐标
    void ( * adjust)(void);      //触摸屏校准
```

```
    u16 x0;                           //原始坐标(第一次按下时的坐标)
    u16 y0;
    u16 x;                            //当前坐标(此次扫描时,触屏的坐标)
    u16 y;
    u8  sta;                          //笔的状态;b7:按下 1/松开 0;
                                      //b6:0,没有按键按下;1,有按键按下
//////////////////////////触摸屏校准参数//////////////////////////
    float xfac;
    float yfac;
    short xoff;
    short yoff;
    //新增的参数,当触摸屏的左右上下完全颠倒时需要用到
    //touchtype = 0 的时候,适合左右为 X 坐标,上下为 Y 坐标的 TP
    //touchtype = 1 的时候,适合左右为 Y 坐标,上下为 X 坐标的 TP
    u8 touchtype;
}_m_tp_dev;
extern _m_tp_dev tp_dev;              //触屏控制器在 touch.c 里面定义
#endif
```

该结构体用于管理和记录触摸屏相关信息,在外部调用的时候一般直接调用 tp_dev 的相关成员函数/变量即可达到需要的效果。这样种设计简化了接口,另外管理和维护也比较方便,读者可以效仿一下。

ctiic.c 和 ctiic.h 是电容触摸屏的 IIC 接口部分代码,与第 22 章的 myiic.c 和 myiic.h 基本一样,这里就不单独介绍了。接下来重点看看 ott2001a.c 文件,代码如下:

```
//向 OTT2001A 写入一次数据
//reg:起始寄存器地址      buf:数据缓缓存区   len:写数据长度
//返回值:0,成功;1,失败
u8 OTT2001A_WR_Reg(u16 reg,u8 * buf,u8 len)
{
    u8 i;
    u8 ret = 0;
    CT_IIC_Start();
    CT_IIC_Send_Byte(OTT_CMD_WR);         //发送写命令
    CT_IIC_Wait_Ack();
    CT_IIC_Send_Byte(reg>>8);             //发送高 8 位地址
    CT_IIC_Wait_Ack();
    CT_IIC_Send_Byte(reg&0XFF);           //发送低 8 位地址
    CT_IIC_Wait_Ack();
    for(i = 0;i<len;i++)
    {
        CT_IIC_Send_Byte(buf[i]);         //发数据
        ret = CT_IIC_Wait_Ack();
        if(ret)break;
    }
    CT_IIC_Stop();                        //产生一个停止条件
    return ret;
}
```

```
//从 OTT2001A 读出一次数据
//reg:起始寄存器地址　buf:数据缓缓存区　len:读数据长度
void OTT2001A_RD_Reg(u16 reg,u8 * buf,u8 len)
{
    u8 i;
    CT_IIC_Start();
    CT_IIC_Send_Byte(OTT_CMD_WR);                   //发送写命令
    CT_IIC_Wait_Ack();
    CT_IIC_Send_Byte(reg>>8);                       //发送高 8 位地址
    CT_IIC_Wait_Ack();
    CT_IIC_Send_Byte(reg&0XFF);                     //发送低 8 位地址
    CT_IIC_Wait_Ack();
    CT_IIC_Start();
    CT_IIC_Send_Byte(OTT_CMD_RD);                   //发送读命令
    CT_IIC_Wait_Ack();
    for(i=0;i<len;i++)
    {
        buf[i]=CT_IIC_Read_Byte(i==(len-1)? 0:1);   //发数据
    }
    CT_IIC_Stop();//产生一个停止条件
}
//传感器打开/关闭操作
//cmd:1,打开传感器;0,关闭传感器
void OTT2001A_SensorControl(u8 cmd)
{
    u8 regval=0X00;
    if(cmd)regval=0X80;
    OTT2001A_WR_Reg(OTT_CTRL_REG,&regval,1);
}
//初始化触摸屏
//返回值:0,初始化成功;1,初始化失败
u8 OTT2001A_Init(void)
{
    u8 regval=0;
    GPIO_InitTypeDef  GPIO_InitStructure;
    RCC_APB2PeriphClockCmd(RCC_APB2Periph_GPIOF, ENABLE); //使能 PF 端口时钟
    GPIO_InitStructure.GPIO_Pin = GPIO_Pin_11;        // PF11 端口配置
    GPIO_InitStructure.GPIO_Mode = GPIO_Mode_Out_PP;  //推挽输出
    GPIO_InitStructure.GPIO_Speed = GPIO_Speed_50MHz;
    GPIO_Init(GPIOF, &GPIO_InitStructure);//PF11 推挽输出
    GPIO_SetBits(GPIOF,GPIO_Pin_1);                   //上拉
    GPIO_InitStructure.GPIO_Pin = GPIO_Pin_10;        //PB2 端口配置
    GPIO_InitStructure.GPIO_Mode = GPIO_Mode_IPU;     //上拉输入
    GPIO_Init(GPIOF, &GPIO_InitStructure);            //PF10 上拉输入
    GPIO_SetBits(GPIOF,GPIO_Pin_10);                  //上拉
    CT_IIC_Init();                                    //初始化电容屏的 I2C 总线
    OTT_RST=0;                                        //复位
    delay_ms(100);
```

```
    OTT_RST = 1;                                        //释放复位
    delay_ms(100);
    OTT2001A_SensorControl(1);                          //打开传感器
    OTT2001A_RD_Reg(OTT_CTRL_REG,&regval,1);
    printf("CTP ID:%x\r\n",regval);
    if(regval==0x80)return 0;
    return 1;
}
constu16 OTT_TPX_TBL[5]=
{OTT_TP1_REG,OTT_TP2_REG,OTT_TP3_REG,OTT_TP4_REG,OTT_TP5_REG};
//扫描触摸屏(采用查询方式)
//mode:0,正常扫描
//返回值:当前触屏状态. 0,触屏无触摸;1,触屏有触摸
u8 OTT2001A_Scan(u8 mode)
{
    u8 buf[4],i=0,res=0;
    static u8 t=0;//控制查询间隔,从而降低 CPU 占用率
    t++;
    if((t%10)==0||t<10)//空闲时,每进入 10 次 CTP_Scan 函数才检测 1 次,节省 CPU 使用率
    {
        OTT2001A_RD_Reg(OTT_GSTID_REG,&mode,1);    //读取触摸点的状态
        if(mode&0X1F)
        {
            tp_dev.sta=(mode&0X1F)|TP_PRES_DOWN|TP_CATH_PRES;
            for(i=0;i<5;i++)
            {
                if(tp_dev.sta&(1<<i))              //触摸有效吗
                {
                    OTT2001A_RD_Reg(OTT_TPX_TBL[i],buf,4);//读取 XY 坐标值
                    if(tp_dev.touchtype&0X01)     //横屏
                    {
                        tp_dev.y[i]=(((u16)buf[2]<<8)+buf[3])*OTT_SCAL_Y;
                        tp_dev.x[i]=800-((((u16)buf[0]<<8)+buf[1])*OTT_SCAL_X);
                    }else
                    {
                        tp_dev.x[i]=(((u16)buf[2]<<8)+buf[3])*OTT_SCAL_Y;
                        tp_dev.y[i]=(((u16)buf[0]<<8)+buf[1])*OTT_SCAL_X;
                    }
                    //printf("x[%d]:%d,y[%d]:%d\r\n",i,tp_dev.x[i],i,tp_dev.y[i]);
                }
            }
            res=1;
            if(tp_dev.x[0]==0 && tp_dev.y[0]==0)mode=0;//读到的数据都是 0 则忽略
            t=0;//触发一次,则会最少连续监测 10 次,从而提高命中率
        }
    }
    if((mode&0X1F)==0)                                   //无触摸点按下
    {
```

```
        if(tp_dev.sta&TP_PRES_DOWN)              //之前是被按下的
        {
            tp_dev.sta& = ~(1<<7);               //标记按键松开
        }else                                    //之前就没有被按下
        {
            tp_dev.x[0] = 0xffff;
            tp_dev.y[0] = 0xffff;
            tp_dev.sta& = 0XE0;                  //清除点有效标记
        }
    }
    if(t>240)t = 10;                             //重新从 10 开始计数
    return res;
}
```

　　此部分总共 5 个函数,其中,OTT2001A_WR_Reg 和 OTT2001A_RD_Reg 分别用于读/写 OTT2001A 芯片。注意,寄存器地址是 16 位的,与 OTT2001A 手册介绍的是有出入的,必须 16 位才能正常操作。重点介绍下 OTT2001A_Scan 函数,该函数用于扫描电容触摸屏是否有按键按下,由于我们不用中断方式来读取 OTT2001A 的数据,而是采用查询的方式,所以这里使用了一个静态变量来提高效率。当无触摸的时候,尽量减少对 CPU 的占用;当有触摸的时候,又保证能迅速检测到。对 OTT2001A 数据的读取则完全采用上面介绍的方法,先读取手势 ID 寄存器(OTT_GSTID_REG),判断是不是有有效数据,如果有,则读取;否则,直接忽略,继续后面的处理。

　　接下来看 gt9147.c 里面的代码,这里仅介绍 GT9147_Init 和 GT9147_Scan 函数,代码如下:

```
//初始化 GT9147 触摸屏
//返回值:0,初始化成功;1,初始化失败
u8 GT9147_Init(void)
{
    u8 temp[5];
    GPIO_InitTypeDef  GPIO_InitStructure;
    RCC_APB2PeriphClockCmd(RCC_APB2Periph_GPIOF, ENABLE);      //使能 PF 端口时钟

    GPIO_InitStructure.GPIO_Pin = GPIO_Pin_11;                //  PF11 端口配置
    GPIO_InitStructure.GPIO_Mode = GPIO_Mode_Out_PP;          //推挽输出
    GPIO_InitStructure.GPIO_Speed = GPIO_Speed_50MHz;
    GPIO_Init(GPIOF, &GPIO_InitStructure);                    //PF11 推挽输出
    GPIO_SetBits(GPIOF,GPIO_Pin_1);                           //上拉
    GPIO_InitStructure.GPIO_Pin = GPIO_Pin_10;               //  PB2 端口配置
    GPIO_InitStructure.GPIO_Mode = GPIO_Mode_IPU;            //上拉输入
    GPIO_Init(GPIOF, &GPIO_InitStructure);                    //PF10 上拉输入
    GPIO_SetBits(GPIOF,GPIO_Pin_10);                          //上拉
    CT_IIC_Init();                                            //初始化电容屏的 IIC 总线
    GT_RST = 0;delay_ms(10);                                  //复位
    GT_RST = 1;delay_ms(10);                                  //释放复位
    GPIO_InitStructure.GPIO_Pin = GPIO_Pin_10;               //PB2 端口配置
    GPIO_InitStructure.GPIO_Mode = GPIO_Mode_IPD;            //下拉输入
    GPIO_Init(GPIOF, &GPIO_InitStructure);                    //PF10 下拉输入
```

```
    GPIO_ResetBits(GPIOF,GPIO_Pin_10);               //下拉
    delay_ms(100);
    GT9147_RD_Reg(GT_PID_REG,temp,4);                //读取产品 ID
    temp[4] = 0;
    printf("CTP ID:% s\r\n",temp);                   //打印 ID
    if(strcmp((char * )temp,"9147") = = 0)           //ID = = 9147
    {
        temp[0] = 0X02;
        GT9147_WR_Reg(GT_CTRL_REG,temp,1);           //软复位 GT9147
        GT9147_RD_Reg(GT_CFGS_REG,temp,1);           //读取 GT_CFGS_REG 寄存器
        if(temp[0]<0X60)                             //默认版本比较低,需要更新 Flash 配置
        {
            printf("Default Ver:% d\r\n",temp[0]);
            GT9147_Send_Cfg(1);                      //更新并保存配置
        }
        delay_ms(10);
        temp[0] = 0X00;
        GT9147_WR_Reg(GT_CTRL_REG,temp,1);           //结束复位
        return 0;
    }
    return 1;
}
const u16 GT9147_TPX_TBL[5] =
{GT_TP1_REG,GT_TP2_REG,GT_TP3_REG,GT_TP4_REG,GT_TP5_REG};
//扫描触摸屏(采用查询方式)
//mode:0,正常扫描
//返回值:当前触屏状态.  0,触屏无触摸;1,触屏有触摸
u8 GT9147_Scan(u8 mode)
{
    u8 buf[4], i = 0,res = 0, temp;
    static u8 t = 0;//控制查询间隔,从而降低 CPU 占用率
    t ++;
    if((t % 10) = = 0||t<10)//空闲时,每进入 10 次 CTP_Scan 函数才检测 1 次,节省 CPU 使用率
    {
        GT9147_RD_Reg(GT_GSTID_REG,&mode,1);         //读取触摸点的状态
        if((mode&0XF)&&((mode&0XF)<6))
        {
            temp = 0XFF<<(mode&0XF);//将点的个数转换为 1 的位数,匹配 tp_dev.sta 定义
            tp_dev.sta = (∼temp)|TP_PRES_DOWN|TP_CATH_PRES;
            for(i = 0;i<5;i ++)
            {
                if(tp_dev.sta&(1<<i))                //触摸有效吗
                {
                    GT9147_RD_Reg(GT9147_TPX_TBL[i],buf,4);//读取 XY 坐标值
                    if(tp_dev.touchtype&0X01)        //横屏
                    {
                        tp_dev.y[i] = ((u16)buf[1]<<8) + buf[0];
                        tp_dev.x[i] = 800 - (((u16)buf[3]<<8) + buf[2]);
                    }else
                    {
                        tp_dev.x[i] = ((u16)buf[1]<<8) + buf[0];
```

```
                        tp_dev.y[i] = ((u16)buf[3]<<8) + buf[2];
                    }
                    //printf("x[%d]:%d,y[%d]:%d\r\n",i,tp_dev.x[i],i,tp_dev.y[i]);
                }
            }
            res = 1;
            if(tp_dev.x[0] == 0 && tp_dev.y[0] == 0)mode = 0;//读到的数据都是 0 则忽略
            t = 0;//触发一次,则会最少连续监测 10 次,从而提高命中率
        }
        if(mode&0X80&&((mode&0XF)<6))
        {
            temp = 0;
            GT9147_WR_Reg(GT_GSTID_REG,&temp,1);        //清标志
        }
    }
    if((mode&0X8F) == 0X80)                              //无触摸点按下
    {
        if(tp_dev.sta&TP_PRES_DOWN)                      //之前是被按下的
        {
            tp_dev.sta& = ~(1<<7);                       //标记按键松开
        }else                                            //之前就没有被按下
        {
            tp_dev.x[0] = 0xffff;
            tp_dev.y[0] = 0xffff;
            tp_dev.sta& = 0XE0;                          //清除点有效标记
        }
    }
    if(t>240)t = 10;                                     //重新从 10 开始计数
    return res;
}
```

以上代码中,GT9147_Init 用于初始化 GT9147,读过读取 0X8140～0X8143 这 4 个寄存器,并判断是否是"9147"来确定是不是 GT9147 芯片;在读取到正确的 ID 后,软复位 GT9147,然后根据当前芯片版本号确定是否需要更新配置。通过 GT9147_Send_Cfg 函数发送配置信息(一个数组),配置完后结束软复位,即完成 GT9147 初始化。GT9147_Scan 函数用于读取触摸屏坐标数据,这个和前面的 OTT2001A_Scan 大同小异。

最后打开 main.c 文件,这里仅介绍 3 个重要的函数:

```
//5 个触控点的颜色(用于电容触摸屏)
const u16 POINT_COLOR_TBL[5] = {RED,GREEN,BLUE,BROWN,GRED};
//电阻触摸屏测试函数
void rtp_test(void)
{
    u8 key; u8 i = 0;
    while(1)
    {
        key = KEY_Scan(0);
        tp_dev.scan(0);
```

```
        if(tp_dev.sta&TP_PRES_DOWN)                    //触摸屏被按下
        {
            if(tp_dev.x[0]<lcddev.width&&tp_dev.y[0]<lcddev.height)
            {
                if(tp_dev.x[0]>(lcddev.width-24)&&tp_dev.y[0]<16)Load_Drow_Dialog();
                else TP_Draw_Big_Point(tp_dev.x[0],tp_dev.y[0],RED);//画图
            }
        }else delay_ms(10);                            //没有按键按下的时候
        if(key==KEY0_PRES)                             //KEY0 按下,则执行校准程序
        {
            LCD_Clear(WHITE);                          //清屏
            TP_Adjust();                               //屏幕校准
            Load_Drow_Dialog();
        }
        i++;
        if(i%20==0)LED0=! LED0;
    }
}
//电容触摸屏测试函数
void ctp_test(void)
{
    u8 t=0;u8 i=0;
    u16 lastpos[5][2];                                 //最后一次的数据
    while(1)
    {
        tp_dev.scan(0);
        for(t=0;t<CT_MAX_TOUCH;t++)
        {
            if((tp_dev.sta)&(1<<t))
            {
                if(tp_dev.x[t]<lcddev.width&&tp_dev.y[t]<lcddev.height)
                {
                    if(lastpos[t][0]==0XFFFF)
                    {
                        lastpos[t][0] = tp_dev.x[t];
                        lastpos[t][1] = tp_dev.y[t];
                    }
                    lcd_draw_bline(lastpos[t][0],lastpos[t][1],tp_dev.x[t],tp_dev.y[t],2,
                                    POINT_COLOR_TBL[t]);//画线
                    lastpos[t][0]=tp_dev.x[t];
                    lastpos[t][1]=tp_dev.y[t];
                    if(tp_dev.x[t]>(lcddev.width-24)&&tp_dev.y[t]<16)
                    {
                        Load_Drow_Dialog();//清除
                    }
                }
            }else lastpos[t][0]=0XFFFF;
        }
        delay_ms(5);i++;
        if(i%20==0)LED0=! LED0;
    }
}
```

```
}
int main(void)
{
    delay_init();                           //延时函数初始化
    NVIC_PriorityGroupConfig(NVIC_PriorityGroup_2);//设置中断优先级分组为组 2
    uart_init(115200);                      //串口初始化为 115 200
    LED_Init();                             //初始化与 LED 连接的硬件接口
    LCD_Init();                             //初始化 LCD
    KEY_Init();                             //按键初始化
    tp_dev.init();                          //触摸屏初始化
    LCD_ShowString(30,70,200,16,16,"TOUCH TEST");
    //…此处省略部分非关键代码
    if(tp_dev.touchtype&0X80 == 0)//仅电阻屏显示校准提示信息,电容屏不提示
    LCD_ShowString(30,130,200,16,16,"Press KEY0 to Adjust");
    delay_ms(1500);
    Load_Drow_Dialog();
    if(tp_dev.touchtype&0X80)ctp_test();    //电容屏测试
    else rtp_test();                        //电阻屏测试
}
```

rtp_test 函数用于电阻触摸屏的测试。该函数代码比较简单,就是扫描按键和触摸屏,如果触摸屏有按下,则在触摸屏上面划线;如果按中 RST 区域,则执行清屏。如果按键 KEY0 按下,则执行触摸屏校准。

ctp_test 函数用于电容触摸屏的测试。由于我们采用 tp_dev.sta 来标记当前按下的触摸屏点数,所以判断是否有电容触摸屏按下,也就是判断 tp_dev.sta 的最低 5 位,如果有数据,则划线;如果没数据则忽略,且 5 个点划线的颜色各不一样,方便区分。另外,电容触摸屏不需要校准,所以没有校准程序。

main 函数比较简单,初始化相关外设,然后根据触摸屏类型选择执行 ctp_test 还是 rtp_test。

26.4　下载验证

编译成功之后,下载代码到 ALIENTEK 战舰 STM32F103 上,电阻触摸屏测试如图 26.4.1 所示界面。图中我们在电阻屏上画了一些内容,右上角的 RST 可以用来清屏,单击该区域即可清屏重画。另外,按 KEY0 可以进入校准模式,如果发现触摸屏不准,则可以按 KEY0 进入校准,重新校准一下即可正常使用。

如果是电容触摸屏,测试界面如图 26.4.2 所示。图中同样输入了一些内容。电容屏支持多点触摸,每个点的颜色都不一样,图中的波浪线就是 3 点触摸画出来的,最多可以 5 点触摸。注意,电容触摸屏支持 ALIENTEK 4.3 寸电容触摸屏模块或者 ALIENTEK 新款 7 寸电容触摸屏模块(SSD1963+FT5206 方案),老款的 7 寸电容触摸屏模块(CPLD+GT811 方案)本例程不支持。

同样,单击右上角的 RST 标志可以清屏。电容屏无须校准,所以按 KEY0 无效,KEY0 校准仅对电阻屏有效。

图 26.4.1 电阻触摸屏测试程序运行效果

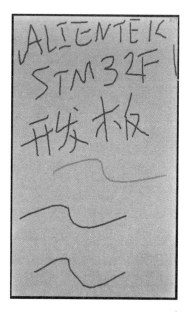

图 26.4.2 电容触摸屏测试界面

第 **27** 章

外部 SRAM 实验

STM32F103ZET6 自带了 64 KB 的 SRAM,对一般应用来说已经足够了,不过在一些对内存要求高的场合就不够用了,比如运行算法或者运行 GUI 等,所以战舰STM32 开发板板载了一颗 1 MB 容量的 SRAM 芯片 IS62WV51216,满足大内存使用的需求。

本章使用 STM32 来驱动 IS62WV51216,实现对 IS62WV51216 的访问控制,并测试其容量。注:最新的战舰 V4 开发板板载的 SRAM 芯片有 2 种不同的型号,虽然这里仅针对其中一种芯片(IS62WV51216)进行介绍,但提供的程序同样兼容另一种型号的芯片。

27.1　IS62WV51216 简介

外部 SRAM 是 ISSI(Integrated Silicon Solution,Inc)公司生产的一颗 16 位宽512K(512×16 bit,即 1 MB)容量的 CMOS 静态内存芯片,具有如下几个特点:

➤ 高速,具有 45 ns/55 ns 访问速度。

➤ 低功耗。

➤ TTL 电平兼容。

➤ 全静态操作,不需要刷新和时钟电路。

➤ 三态输出。

➤ 字节控制功能,支持高/低字节控制。

IS62WV51216 的功能框图如图 27.1.1 所示。图中 A0～18 为地址线,总共 19 根地址线(即 2^{19} =512K,1K=1 024);IO0～15 为数据线,总共 16 根数据线。CS2 和 $\overline{CS1}$ 都是片选信号,不过 CS2 是高电平有效,$\overline{CS1}$ 是低电平有效;$\overline{OE}$ 是输出使能信号(读信号);$\overline{WE}$ 为写使能信号;$\overline{UB}$ 和 $\overline{LB}$ 分别是高字节控制和低字节控制信号。

战舰 STM32 开发板使用的是 TSOP44 封装的 IS62WV51216 芯片,该芯片直接接在 STM32 的 FSMC 上。IS62WV51216 原理图如图 27.1.2 所示。可以看出,IS62WV51216 同 STM32 的连接关系:A[0：18]接 FMSC_A[0：18]、D[0：15]接FSMC_D[0：15],UB 接 FSMC_NBL1、LB 接 FSMC_NBL0、OE 接 FSMC_OE、WE 接FSMC_WE、CS 接 FSMC_NE3。

本章使用 FSMC 的 BANK1 区域 3 来控制 IS62WV51216,FSMC 的详细介绍可参考第 15 章。第 15 章采用读/写不同的时序来操作 TFTLCD 模块(因为 TFTLCD 模块读的速度比写的速度慢很多),但是本章中 IS62WV51216 的读/写时间基本一致,所以设置读/写相同的时序来访问 FSMC。

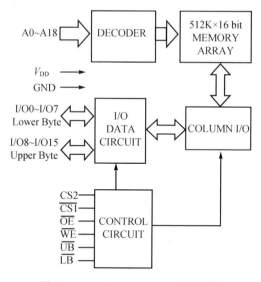

图 27.1.1   IS62WV51216 功能框图

图 27.1.2   IS62WV51216 原理图

最后来看看实现 IS62WV51216 的访问需要对 FSMC 进行哪些配置,步骤如下:

① 使能 FSMC 时钟,并配置 FSMC 相关的 I/O 及其时钟使能。

要使用 FSMC,当然首先得开启其时钟。然后需要把 FSMC_D0~15、FSMCA0~18 等相关 I/O 口全部配置为复用输出,并使能各 I/O 组的时钟。

使能 FSMC 时钟的方法：

```
RCC_AHBPeriphClockCmd(RCC_AHBPeriph_FSMC,ENABLE);
```

② 设置 FSMC BANK1 区域 3。

此部分包括设置区域 3 的存储器的工作模式、位宽和读/写时序等。本章使用模式 A、16 位宽，读/写共用一个时序寄存器。使用的函数是：

```
void FSMC_NORSRAMInit(FSMC_NORSRAMInitTypeDef * FSMC_NORSRAMInitStruct)
```

③ 使能 BANK1 区域 3。

使能 BANK 的方法跟前面 LCD 实验也是一样的，函数是：

```
void FSMC_NORSRAMCmd(uint32_t FSMC_Bank, FunctionalState NewState);
```

通过以上几个步骤就完成了 FSMC 的配置，可以访问 IS62WV51216 了。注意，因为使用的是 BANK1 的区域 3，所以 HADDR[27：26]＝10，故外部内存的首地址为 0X68000000。

27.2　硬件设计

本章实验功能简介：开机后显示提示信息，按下 KEY1 按键即测试外部 SRAM 容量大小并显示在 LCD 上，按下 WK_UP 按键即显示预存在外部 SRAM 的数据。DS0 指示程序运行状态。

本实验用到的硬件资源有指示灯 DS0、KEY1 和 WK_UP 按键、串口、TFTLCD 模块、IS62WV51216。这些都已经介绍过（IS62WV51216 与 STM32F1 的各 I/O 对应关系参考本书配套资料原理图），接下来开始软件设计。

27.3　软件设计

打开外部 SRAM 实验工程，可以看到，我们增加了 sram.c 文件以及头文件 sram.h，FSMC 初始化相关配置和定义都在这 2 个文件中。同时还引入了 FSMC 固件库文件 stm32f10x_fsmc.c 和 stm32f10x_fsmc.h 文件。

打开 sram.c 文件，代码如下：

```
#include "sram.h"
#include "usart.h"
//使用 NOR/SRAM 的 Bank1.sector3,地址位 HADDR[27,26] = 10
//对 IS61LV25616/IS62WV25616,地址线范围为 A0~A17
//对 IS61LV51216/IS62WV51216,地址线范围为 A0~A18
#define Bank1_SRAM3_ADDR    ((u32)(0x68000000))
//初始化外部 SRAM
void FSMC_SRAM_Init(void)
{
    FSMC_NORSRAMInitTypeDef  FSMC_NSInitStructure;
    FSMC_NORSRAMTimingInitTypeDef  readWriteTiming;
```

```
    GPIO_InitTypeDef  GPIO_InitStructure;

    RCC_APB2PeriphClockCmd(RCC_APB2Periph_GPIOD|RCC_APB2Periph_GPIOE|
            RCC_APB2Periph_GPIOF|RCC_APB2Periph_GPIOG,ENABLE);
    RCC_AHBPeriphClockCmd(RCC_AHBPeriph_FSMC,ENABLE);
    GPIO_InitStructure.GPIO_Pin = 0xFF33;                     //PORTD 复用推挽输出
    GPIO_InitStructure.GPIO_Mode = GPIO_Mode_AF_PP;           //复用推挽输出
    GPIO_InitStructure.GPIO_Speed = GPIO_Speed_50MHz;
    GPIO_Init(GPIOD,&GPIO_InitStructure);
    GPIO_InitStructure.GPIO_Pin = 0xFF83;                     //PORTE 复用推挽输出
    GPIO_Init(GPIOE,&GPIO_InitStructure);
    GPIO_InitStructure.GPIO_Pin = 0xF03F;                     //PORTD 复用推挽输出
    GPIO_Init(GPIOF,&GPIO_InitStructure);
    GPIO_InitStructure.GPIO_Pin = 0x043F;                     //PORTD 复用推挽输出
    GPIO_Init(GPIOG,&GPIO_InitStructure);
    readWriteTiming.FSMC_AddressSetupTime = 0x00;             //地址建立时间为 1 个 HCLK
    readWriteTiming.FSMC_AddressHoldTime = 0x00;              //地址保持时间模式 A 未用到
    readWriteTiming.FSMC_DataSetupTime = 0x03;                //数据保持时间为 3 个 HCLK
    readWriteTiming.FSMC_BusTurnAroundDuration = 0x00;
    readWriteTiming.FSMC_CLKDivision = 0x00;
    readWriteTiming.FSMC_DataLatency = 0x00;
    readWriteTiming.FSMC_AccessMode = FSMC_AccessMode_A;    //模式 A
    FSMC_NSInitStructure.FSMC_Bank = FSMC_Bank1_NORSRAM3;    //BTCR[4],[5]。
    FSMC_NSInitStructure.FSMC_DataAddressMux = FSMC_DataAddressMux_Disable;
    FSMC_NSInitStructure.FSMC_MemoryType = FSMC_MemoryType_SRAM    //SRAM
    FSMC_NSInitStructure.FSMC_MemoryDataWidth = FSMC_MemoryDataWidth_16b;
                                                    //存储器数据宽度为 16bit
    FSMC_NSInitStructure.FSMC_BurstAccessMode = FSMC_BurstAccessMode_Disable;
    FSMC_NSInitStructure.FSMC_WaitSignalPolarity = FSMC_WaitSignalPolarity_Low;
    FSMC_NSInitStructure.FSMC_AsynchronousWait = FSMC_AsynchronousWait_Disable;
    FSMC_NSInitStructure.FSMC_WrapMode = FSMC_WrapMode_Disable;
    FSMC_NSInitStructure.FSMC_WaitSignalActive =
    FSMC_WaitSignalActive_BeforeWaitState;
    FSMC_NSInitStructure.FSMC_WriteOperation = FSMC_WriteOperation_Enable;
                                                    //存储器写使能
    FSMC_NSInitStructure.FSMC_WaitSignal = FSMC_WaitSignal_Disable;
    FSMC_NSInitStructure.FSMC_ExtendedMode = FSMC_ExtendedMode_Disable;
                                                    //读/写使用相同的时序
    FSMC_NSInitStructure.FSMC_WriteBurst = FSMC_WriteBurst_Disable;
    FSMC_NSInitStructure.FSMC_ReadWriteTimingStruct = &readWriteTiming;
    FSMC_NSInitStructure.FSMC_WriteTimingStruct = &readWriteTiming;
    FSMC_NORSRAMInit(&FSMC_NSInitStructure);                 //初始化 FSMC 配置
    FSMC_NORSRAMCmd(FSMC_Bank1_NORSRAM3,ENABLE);             //使能 BANK3
}
//在指定地址开始,连续写入 n 个字节
//pBuffer:字节指针   WriteAddr:要写入的地址   n:要写入的字节数
void FSMC_SRAM_WriteBuffer(u8 * pBuffer,u32 WriteAddr,u32 n)
{
    for(;n! = 0;n - - )
    {
        * (vu8 *)(Bank1_SRAM3_ADDR + WriteAddr) = * pBuffer;
```

```
                WriteAddr ++ ;
                pBuffer ++ ;
        }
}
//在指定地址开始,连续读出 n 个字节
//pBuffer:字节指针　ReadAddr:要读出的起始地址　n:要写入的字节数
void FSMC_SRAM_ReadBuffer(u8 * pBuffer,u32 ReadAddr,u32 n)
{
        for(;n! = 0;n -- )
        {
                * pBuffer ++ = * (vu8 * )(Bank1_SRAM3_ADDR + ReadAddr);
                ReadAddr + = 1;
        }
}
```

此部分代码包含 3 个函数,FSMC_SRAM_Init 函数用于初始化,包括 FSMC 相关
I/O 口的初始化以及 FSMC 配置;FSMC_SRAM_WriteBuffer 和 FSMC_SRAM_
ReadBuffer 函数分别用于在外部 SRAM 的指定地址写入和读取指定长度的数据(以字
节为单位)。

注意,当 FSMC 位宽为 16 位的时候,HADDR 右移一位同地址对齐,但是
ReadAddr 却没有加 2,而是加 1,是因为这里用的数据为宽是 8 位,通过 UB 和 LB 来控
制高低字节位,所以地址在这里是可以只加 1 的。另外,因为使用的是 BANK1 的区域
3,所以外部 SRAM 的基址为 0X68000000。

打开 main.c 文件,内容如下:

```
u32 testsram[250000] __attribute__((at(0X68000000)));   //测试用数组
//外部内存测试(最大支持 1 MB 内存测试)
void fsmc_sram_test(u16 x,u16 y)
{
        u32 i = 0; u8 temp = 0;
        u8 sval = 0;//在地址 0 读到的数据
        LCD_ShowString(x,y,239,y + 16,16,"Ex Memory Test:   0KB");
        //每隔 4 KB,写入一个数据,总共写入 256 个数据,刚好是 1 MB
        for(i = 0;i<1024 * 1024;i + = 4096)
        {
                FSMC_SRAM_WriteBuffer(&temp,i,1);
                temp ++ ;
        }
        //依次读出之前写入的数据,进行校验
        for(i = 0;i<1024 * 1024;i + = 4096)
        {
                FSMC_SRAM_ReadBuffer(&temp,i,1);
                if(i == 0)sval = temp;
                else if(temp< = sval)break;         //后面读出的数据一定要比第一次读到的数据大
                LCD_ShowxNum(x + 15 * 8,y,(u16)(temp - sval + 1) * 4,4,16,0);//显示内存容量
        }
}
int main(void)
```

```
{
    u8 key, i = 0;
    u32 ts = 0;
    delay_init();                                   //延时函数初始化
    NVIC_PriorityGroupConfig(NVIC_PriorityGroup_2); //设置中断优先级分组为组2
    uart_init(115200);                              //串口初始化为 115 200
    LED_Init();                                     //初始化与 LED 连接的硬件接口
    KEY_Init();                                     //初始化按键
    LCD_Init();                                     //初始化 LCD
    FSMC_SRAM_Init();                               //初始化外部 SRAM
    //…此处省略部分非关键代码
    POINT_COLOR = BLUE;                             //设置字体为蓝色
    for(ts = 0;ts<250000;ts ++ )testsram[ts] = ts;  //预存测试数据
    while(1)
    {
        key = KEY_Scan(0);                          //不支持连按
        if(key == KEY0_PRES)fsmc_sram_test(30,170); //测试 SRAM 容量
        else if(key == KEY1_PRES)                   //打印预存测试数据
        {
        for(ts = 0;ts<250000;ts ++ )LCD_ShowxNum(30,190,testsram[ts],6,16,0);//显示数据
        }else delay_ms(10);
        i ++ ;
        if(i == 20)                                 //DS0 闪烁
        {
            i = 0;LED0 = ! LED0;
        }
    }
}
```

此部分代码除了 mian 函数,还有一个 fsmc_sram_test 函数,用于测试外部 SRAM 的容量大小并显示其容量。

此段代码定义了一个超大数组 testsram,指定该数组定义在外部 SRAM 起始地址 (__attribute__((at(0X68000000)))),用来测试外部 SRAM 数据的读/写。注意,该数组的定义方法是我们推荐的使用外部 SRAM 的方法。如果想用 MDK 自动分配,那么需要用到分散加载并添加汇编的 FSMC 初始化代码,相对来说比较麻烦。而且外部 SRAM 访问速度又远不如内部 SRAM,如果将一些需要快速访问的 SRAM 定义到外部 SRAM,则会严重拖慢程序运行速度。而如果以推荐的方式来分配外部 SRAM,那么就可以控制 SRAM 的分配,可以针对性地选择放外部还是放内部,有利于提高程序运行速度,使用起来也比较方便。

最后,将 fsmc_sram_test_write 和 fsmc_sram_test_read 函数加入 USMART 控制,这样就可以通过串口调试助手测试外部 SRAM 任意地址的读/写了。

27.4　下载验证

编译成功之后,下载代码到 ALIENTEK 战舰 STM32 开发板上,得到如图 27.4.1 所示界面。

此时按下 KEY1 就可以在 LCD 上看到内存测试的画面,同样,按下 WK_UP 就可以看到 LCD 显示存放在数组 testsram 里面的测试数据,如图 27.4.2 所示。

图 27.4.1　程序运行效果图

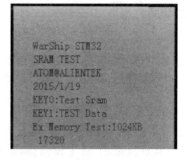

图 27.4.2　外部 SRAM 测试界面

该实验还可以借助 USMART 来测试,有兴趣的读者可以测试一下。

第 **28** 章

内存管理实验

第 27 章学会了使用 STM32 驱动外部 SRAM,以扩展 STM32 的内存,加上 STM32 本身自带的 64 KB 内存,可供使用的内存还是比较多的。如果所用的内存都像前面的 testsram 那样定义一个数组来使用,显然不是一个好办法。本章将介绍内存管理来实现对内存的动态管理。

28.1 内存管理简介

内存管理是指软件运行时对计算机内存资源的分配和使用的技术,最主要目的是如何高效、快速地分配,并且在适当的时候释放和回收内存资源。内存管理的实现方法有很多种,其实最终都是要实现 2 个函数:malloc 和 free,malloc 函数用于内存申请,free 函数用于内存释放。

本章介绍一种比较简单的办法来实现,即分块式内存管理方法。下面介绍一下该方法的实现原理,如图 28.1.1 所示。可以看出,分块式内存管理由内存池和内存管理表两部分组成。内存池等分为 n 块,对应的内存管理表大小也为 n,内存管理表的每一个项对应内存池的一块内存。

图 28.1.1 分块式内存管理原理

内存管理表的项值代表的意义为:当该项值为 0 的时候,代表对应的内存块未被占用;当该项值非 0 的时候,代表该项对应的内存块已经被占用,其数值则代表被连续占用的内存块数。比如某项值为 10,那么说明包括本项对应的内存块在内,总共分配了 10 个内存块给外部的某个指针。

　　内存分配方向如图 28.1.1 所示,是从顶到底的分配方向,即首先从最末端开始找空内存。当内存管理刚初始化的时候,内存表全部清零,表示没有任何内存块被占用。

1. 分配原理

　　当指针 p 调用 malloc 申请内存的时候,先判断 p 要分配的内存块数(m),然后从第 n 项开始向下查找,直到找到 m 块连续的空内存块(即对应内存管理表项为 0),然后将这 m 个内存管理表项的值都设置为 m(标记被占用)。最后,把最后的这个空内存块的地址返回指针 p,完成一次分配。注意,当内存不够的时候(找到最后也没找到连续的 m 块空闲内存),则返回 NULL 给 p,表示分配失败。

2. 释放原理

　　当 p 申请的内存用完,需要释放的时候,调用 free 函数实现。free 函数先判断 p 指向的内存地址所对应的内存块,然后找到对应的内存管理表项目,得到 p 所占用的内存块数目 m(内存管理表项目的值就是所分配内存块的数目),将这 m 个内存管理表项目的值都清零,标记释放,完成一次内存释放。

28.2　硬件设计

　　本章实验功能简介:开机后显示提示信息,等待外部输入。KEY0 用于申请内存,每次申请 2 KB 内存。KEY1 用于写数据到申请到的内存里面,KEY2 用于释放内存,WK_UP 用于切换操作内存区(内部内存/外部内存),DS0 用于指示程序运行状态。本章还可以通过 USMART 调试,测试内存管理函数。

　　本实验用到的硬件资源有指示灯 DS0、4 个按键、串口、TFTLCD 模块、外部 SRAM。这些都已经介绍过,接下来开始软件设计。

28.3　软件设计

　　打开内存管理实验工程目录可以看到,将内存管理部分单独做一个分组,同时在工程目录下新建一个 MALLOC 的文件夹,再新建 malloc.c 和 malloc.h 共 2 个文件,将它们保存在 MALLOC 文件夹下。在 MDK 中新建一个 MALLOC 分组,然后将 malloc.c 文件加入到该组,并将 MALLOC 文件夹添加到头文件包含路径。

　　打开 malloc.c 文件,代码如下:

```
#include "malloc.h"
//内存池(4 字节对齐)
__align(4) u8 mem1base[MEM1_MAX_SIZE]; //内部 SRAM 内存池
__align(4) u8 mem2base[MEM2_MAX_SIZE] __attribute__((at(0X68000000)));
```

```
//外部 SRAM 内存池
//内存管理表
u16 mem1mapbase[MEM1_ALLOC_TABLE_SIZE];//内部 SRAM 内存池
MAPu16 mem2mapbase[MEM2_ALLOC_TABLE_SIZE] __attribute__((at(0X68000000 + MEM2_MAX_SIZE)));
//外部 SRAM 内存池 MAP
//内存管理参数
const u32 memtblsize[2] = {MEM1_ALLOC_TABLE_SIZE,MEM2_ALLOC_TABLE_SIZE};//内存表大小
const u32 memblksize[2] = {MEM1_BLOCK_SIZE,MEM2_BLOCK_SIZE};          //内存分块大小
const u32 memsize[2] = {MEM1_MAX_SIZE,MEM2_MAX_SIZE};               //内存总大小
//内存管理控制器
struct _m_mallco_dev mallco_dev =
{
    mem_init,                    //内存初始化
    mem_perused,                 //内存使用率
    mem1base,mem2base,           //内存池
    mem1mapbase,mem2mapbase,     //内存管理状态表
    0,0,                         //内存管理未就绪
};
//复制内存    *des:目的地址    *src:源地址    n:需要复制的内存长度(字节为单位)
void mymemcpy(void * des,void * src,u32 n)
{
    u8 * xdes = des;
    u8 * xsrc = src;
    while(n -- ) * xdes ++ = * xsrc ++ ;
}
//设置内存
// * s:内存首地址    c:要设置的值    count:需要设置的内存大小(字节为单位)
void mymemset(void * s,u8 c,u32 count)
{
    u8 * xs = s;
    while(count -- ) * xs ++ = c;
}
//内存管理初始化
//memx:所属内存块
void mem_init(u8 memx)
{
    mymemset(mallco_dev.memmap[memx], 0,memtblsize[memx] * 2);//内存状态表数据清零
    mymemset(mallco_dev.membase[memx],0,memsize[memx]);        //内存池所有数据清零
    mallco_dev.memrdy[memx] = 1;                              //内存管理初始化完成
}
//获取内存使用率
//memx:所属内存块    返回值:使用率(0~100)
u8 mem_perused(u8 memx)
{
    u32 used = 0;
    u32 i;
    for(i = 0;i<memtblsize[memx];i ++ ) if(mallco_dev.memmap[memx][i])used ++ ;
    return (used * 100)/(memtblsize[memx]);
}
//内存分配(内部调用)
//memx:所属内存块    size:要分配的内存大小(字节)
```

```
//返回值:0XFFFFFFFF,代表错误;其他,内存偏移地址
u32 mem_malloc(u8 memx,u32 size)
{
    signed long offset = 0;
    u16 nmemb;                                        //需要的内存块数
    u16 cmemb = 0;                                    //连续空内存块数
    u32 i;
    if(! mallco_dev.memrdy[memx])mallco_dev.init(memx);   //未初始化,先执行初始化
    if(size == 0)return 0XFFFFFFFF;                   //不需要分配
    nmemb = size/memblksize[memx];                    //获取需要分配的连续内存块数
    if(size % memblksize[memx])nmemb ++ ;
    for(offset = memtblsize[memx] - 1;offset > = 0;offset -- )   //搜索整个内存控制区
    {
        if(! mallco_dev.memmap[memx][offset])cmemb ++ ;  //连续空内存块数增加
        else cmemb = 0;                               //连续内存块清零
        if(cmemb == nmemb)                            //找到了连续 nmemb 个空内存块
        {
            for(i = 0;i<nmemb;i ++ )                  //标注内存块非空
            {
                mallco_dev.memmap[memx][offset + i] = nmemb;
            }
            return (offset * memblksize[memx]);       //返回偏移地址
        }
    }
    return 0XFFFFFFFF;                                //未找到符合分配条件的内存块
}
//释放内存(内部调用)
//memx:所属内存块   offset:内存地址偏移
//返回值:0,释放成功;1,释放失败
u8 mem_free(u8 memx,u32 offset)
{
    int i;
    if(! mallco_dev.memrdy[memx])                     //未初始化,先执行初始化
    {
        mallco_dev.init(memx); return 1;             //未初始化
    }
    if(offset<memsize[memx])                          //偏移在内存池内
    {
        int index = offset/memblksize[memx];          //偏移所在内存块号码
        int nmemb = mallco_dev.memmap[memx][index];   //内存块数量
        for(i = 0;i<nmemb;i ++ )                       //内存块清零
        {
            mallco_dev.memmap[memx][index + i] = 0;
        }
        return 0;
    }else return 2;                                   //偏移超区了
}
//释放内存(外部调用)
//memx:所属内存块   ptr:内存首地址
void myfree(u8 memx,void * ptr)
{
```

```
    u32 offset;
    if(ptr == NULL)return;//地址为 0.
    offset = (u32)ptr - (u32)mallco_dev.membase[memx];
    mem_free(memx,offset);        //释放内存
}
//分配内存(外部调用)
//memx:所属内存块   size:内存大小(字节)
//返回值:分配到的内存首地址
void * mymalloc(u8 memx,u32 size)
{
    u32 offset;
    offset = mem_malloc(memx,size);
    if(offset == 0XFFFFFFFF)return NULL;
    else return (void * )((u32)mallco_dev.membase[memx] + offset);
}
//重新分配内存(外部调用)
//memx:所属内存块   * ptr:旧内存首地址   size:要分配的内存大小(字节)
//返回值:新分配到的内存首地址
void * myrealloc(u8 memx,void * ptr,u32 size)
{
    u32 offset;
    offset = mem_malloc(memx,size);
    if(offset == 0XFFFFFFFF)return NULL;
    else
    {
        mymemcpy((void * )((u32)mallco_dev.membase[memx] + offset),ptr,size);
        //复制旧内存内容到新内存
        myfree(memx,ptr);   //释放旧内存
        return (void * )((u32)mallco_dev.membase[memx] + offset); //返回新内存首地址
    }
}
```

这里通过内存管理控制器 mallco_dev 结构体(mallco_dev 结构体见 malloc.h)实现对 2 个内存池的管理控制。一个是内部 SRAM 内存池,定义为:

```
    __align(32) u8 mem1base[MEM1_MAX_SIZE];
```

另外一个是外部 SRAM 内存池,定义为:

```
    __align(32) u8 mem2base[MEM2_MAX_SIZE] __attribute__((at(0X68000000)));
```

其中,MEM1_MAX_SIZE 和 MEM2_MAX_SIZE 为在 malloc.h 里面定义的内存池大小,外部内存池指定地址为 0X68000000,也就是从外部 SRAM 的首地址开始的,内部内存则由编译器自动分配。__align(32)定义内存池为 32 字节对齐,以适应各种不同场合的需求。

此部分代码的核心函数为:mem_malloc 和 mem_free,分别用于内存申请和内存释放。思路就是 28.1 节介绍的那样分配和释放内存,不过这 2 个函数只是内部调用,外部调用使用的是 mymalloc 和 myfree 函数。然后打开 malloc.h,该文件代码如下:

```
#ifndef __MALLOC_H
#define __MALLOC_H
#ifndef NULL
```

```
# define NULL 0
# endif
//定义 2 个内存池
# define SRAMIN 0                                    //内部内存池
# define SRAMEX  1                                   //外部内存池
# define SRAMBANK2                                   //定义支持的 SRAM 块数
//mem1 内存参数设定.mem1 完全处于内部 SRAM 里面
# define MEM1_BLOCK_SIZE32                           //内存块大小为 32 字节
# define MEM1_MAX_SIZE40 * 1024                      //最大管理内存 40 KB
# define MEM1_ALLOC_TABLE_SIZE
MEM1_MAX_SIZE/MEM1_BLOCK_SIZE                        //内存表大小
//mem2 内存参数设定.mem2 的内存池处于外部 SRAM 里面
# define MEM2_BLOCK_SIZE32                           //内存块大小为 32 字节
# define MEM2_MAX_SIZE960 * 1024                     //最大管理内存 960 KB
# define MEM2_ALLOC_TABLE_SIZEMEM2_MAX_SIZE/MEM2_BLOCK_SIZE
//内存表大小
//内存管理控制器
struct _m_mallco_dev
{
    void ( * init)(u8);                             //初始化
    u8 ( * perused)(u8);                            //内存使用率
    u8 * membase[SRAMBANK];                         //内存池管理 SRAMBANK 个区域的内存
    u16 * memmap[SRAMBANK];                         //内存管理状态表
    u8  memrdy[SRAMBANK];                           //内存管理是否就绪
};
extern struct _m_mallco_dev mallco_dev;             //在 mallco.c 里面定义

void mymemset(void * s,u8 c,u32 count);             //设置内存
void mymemcpy(void * des,void * src,u32 n);         //复制内存
void my_mem_init(u8 memx);                          //内存管理初始化函数(外/内部调用)
u32 my_mem_malloc(u8 memx,u32 size);                //内存分配(内部调用)
u8 my_mem_free(u8 memx,u32 offset);                 //内存释放(内部调用)
u8 my_mem_perused(u8 memx);                         //获得内存使用率(外/内部调用)
//////////////////////////////////////////////////////////////////
//用户调用函数
void myfree(u8 memx,void * ptr);                    //内存释放(外部调用)
void * mymalloc(u8 memx,u32 size);                  //内存分配(外部调用)
void * myrealloc(u8 memx,void * ptr,u32 size);      //重新分配内存(外部调用)
# endif
```

这部分代码定义了很多关键数据,比如内存块大小的定义 MEM1_BLOCK_SIZE
和 MEM2_BLOCK_SIZE 都是 32 字节。内存池总大小内部为 40 KB,外部为 960 KB。
MEM1_ALLOC_TABLE_SIZE 和 MEM2_ALLOC_TABLE_SIZE 分别代表内存池 1
和 2 的内存管理表大小。

从这里可以看出,如果内存分块越小,那么内存管理表就越大,当分块为 2 字节一
个块的时候,内存管理表就和内存池一样大了(管理表的每项都是 u16 类型)。显然这
是不合适的,这里取 32 字节,比例为 1∶16,内存管理表相对就比较小了。

其他就不多说了,读者自行看代码理解就好。最后,打开 main.c 文件,代码如下:

```
int main(void)
{
    u8 key, i = 0, * p = 0, * tp = 0;
    u8 paddr[18];                               //存放 P Addr: + p 地址的 ASCII 值
    u8 sramx = 0;                               //默认为内部 SRAM
    delay_init();                               //延时函数初始化
    NVIC_PriorityGroupConfig(NVIC_PriorityGroup_2);//设置中断优先级分组为组 2
    uart_init(115200);                          //串口初始化为 115 200
    LED_Init();                                 //初始化与 LED 连接的硬件接口
    KEY_Init();                                 //初始化按键
    LCD_Init();                                 //初始化 LCD
    FSMC_SRAM_Init();                           //初始化外部 SRAM
    my_mem_init(SRAMIN);                        //初始化内部内存池
    my_mem_init(SRAMEX);                        //初始化外部内存池
    //…此处省略部分非关键代码
    while(1)
    {
        key = KEY_Scan(0);                      //不支持连按
        switch(key)
        {
            case 0:break;                       //没有按键按下

            case KEY0_PRES:                     //KEY0 按下
                p = mymalloc(sramx,2048);       //申请 2 KB
            if(p! = NULL)sprintf((char * )p,"Memory Malloc Test % 03d",i);
                                                //向 p 写入一些内容
            break;
            case KEY1_PRES:                     //KEY1 按下
                if(p! = NULL)
                {
                    sprintf((char * )p,"Memory Malloc Test % 03d",i);//更新显示内容
                    LCD_ShowString(30,250,200,16,16,p);//显示 P 的内容
                }
                break;
            case KEY2_PRES:                     //KEY2 按下
                myfree(sramx,p);                //释放内存
                p = 0;                          //指向空地址
                break;
            case WKUP_PRES:                     //KEY UP 按下
                sramx = ! sramx;                //切换当前 malloc/free 操作对象
                if(sramx)LCD_ShowString(30,170,200,16,16,"SRAMEX");
                else LCD_ShowString(30,170,200,16,16,"SRAMIN");
                break;
        }
        if(tp! = p)
        {
            tp = p;
            sprintf((char * )paddr,"P Addr:0X % 08X",(u32)tp);
            LCD_ShowString(30,230,200,16,16,paddr);     //显示 p 的地址
            if(p)LCD_ShowString(30,250,200,16,16,p);    //显示 P 的内容
            else LCD_Fill(30,250,239,266,WHITE);        //p = 0,清除显示
```

```
        }
        delay_ms(10);  i++;
        if((i%20)==0)//DS0 闪烁.
        {
LCD_ShowNum(30+96,190,my_mem_perused(SRAMIN),3,16);//显示内部内存使用率
LCD_ShowNum(30+96,210,my_mem_perused(SRAMEX),3,16);//显示外部内存使用率
            LED0 = ! LED0;
        }
    }
}
```

该部分代码比较简单,主要是对 mymalloc 和 myfree 的应用。注意,如果对一个指针进行多次内存申请,而之前的申请又没释放,那么将造成"内存泄露"。这是内存管理不希望发生的,久而久之可能导致无内存可用的情况! 所以,在使用的时候,申请的内存用完以后一定要释放。

另外,本章希望利用 USMART 调试内存管理,所以在 USMART 里面添加了 mymalloc 和 myfree 函数,用于测试内存分配和内存释放。读者可以通过 USMART 自行测试。

28.4　下载验证

编译成功之后,下载代码到 ALIENTEK 战舰 STM32 开发板上,得到如图 28.4.1 所示界面。可以看到,所有内存的使用率均为 0%,说明还没有任何内存被使用。此时按下 KEY0,就可以看到内部 SRAM 内存被使用 5% 了,同时可以看到下面提示了指针 p 所指向的地址(其实就是被分配到的内存地址)和内容。多按几次 KEY0,可以看到内存使用率持续上升(注意对比 p 的值,可以发现是递减的,说明是从顶部开始分配内存),此时如果按下 KEY2,则可以发现内存使用率降低了 5%;但是再按 KEY2 将不再降低,说明"内存泄露"了。这就是前面提到的对一个指针多次申请内存,而之前申请的内存又没释放,导致的"内存泄露"。

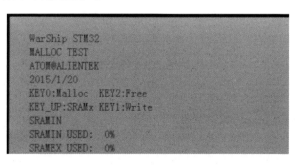

图 28.4.1　程序运行效果图

按 KEY_UP 按键,可以切换当前操作内存(内部 SRAM 内存/外部 SRAM 内存);KEY1 键用于更新 p 的内容,更新后的内容将重新显示在 LCD 模块上面。

本章还可以借助 USMART 测试内存的分配和释放,有兴趣的读者可以动手试试,如图 28.4.2 所示。

图 28.4.2　USMART 测试内存管理函数

第 29 章

SD 卡实验

很多单片机系统都需要大容量存储设备来存储数据,目前常用的有 U 盘、Flash 芯片、SD 卡等。它们各有优点,综合比较,最适合单片机系统的莫过于 SD 卡了,它不仅容量可以做到很大(32 GB 以上)、支持 SPI/SDIO 驱动,而且有多种体积的尺寸可供选择(标准的 SD 卡尺寸以及 TF 卡尺寸等),能满足不同应用的要求。

只需要几个 I/O 口即可外扩一个 32 GB 以上的外部存储器,容量从几十 M 到几十 G 选择尺度很大,更换也很方便,编程也简单,是单片机大容量外部存储器的首选。

正点原子战舰 V4 版本以后使用的接口是 MicroSD 卡接口,卡座带自锁功能,使用 STM32F1 自带的 SDIO 接口驱动,4 位模式,最高通信速度可达 24 MHz,最高每秒可传输数据 12 MB,对于一般应用足够了。本章将介绍如何在正点原子战舰 STM32F103 上实现 MicroSD 卡的读取。

29.1 SDIO 简介

ALIENTEK 战舰 STM32F103 自带 SDIO 接口,本节简单介绍 STM32F1 的 SDIO 接口,包括主要功能及框图、时钟、命令与响应和相关寄存器简介等,最后介绍 SD 卡的初始化流程。

29.1.1 SDIO 主要功能及框图

STM32F1 的 SDIO 控制器支持多媒体卡(MMC 卡)、SD 存储卡、SD I/O 卡和 CE-ATA 设备等。STM32F1 的 SDIO 控制器包含 2 个部分:SDIO 适配器模块和 AHB 总线接口,其功能框图如图 29.1.1 所示。复位后默认情况下 SDIO_D0 用于数据传输。初始化后主机可以改变数据总线的宽度(通过 ACMD6 命令设置)。

SDIO 的主要功能如下:

➤ 与多媒体卡系统规格书版本 4.2 全兼容,支持 3 种不同的数据总线模式:1 位(默认)、4 位和 8 位。

➤ 与较早的多媒体卡系统规格版本全兼容(向前兼容)。

➤ 与 SD 存储卡规格版本 2.0 全兼容。SD 卡规范版本 2.0 包括 SD 和高容量 SDHC 标准卡,不支持超大容量 SDXC/SDUC 标准卡,所以 STM32F1xx 的 SDIO 可以支持的最高卡容量是 32 GB。

图 29.1.1　STM32F1 的 SDIO 控制器功能框图

➢ 与 SD I/O 卡规格版本 2.0 全兼容:支持 2 种不同的数据总线模式:1 位(默认)和 4 位。

➢ 完全支持 CE‐ATA 功能(与 CE‐ATA 数字协议版本 1.1 全兼容),8 位总线模式下数据传输速率可达 48 MHz。

➢ 数据和命令输出使能信号用于控制外部双向驱动器。

　　复位后默认情况下 SDIO_D0 用于数据传输。初始化后主机可以改变数据总线的宽度(通过 ACMD6 命令设置)。如果一个多媒体卡接到了总线上,则 SDIO_D0、SDIO_D[3∶0]或 SDIO_D[7∶0]可以用于数据传输。MMC 版本 V3.31 和之前版本的协议只支持一位数据线,所以只能用 SDIO_D0(为了通用性考虑,程序里面只要检测到是 MMC 卡就设置为一位总线数据)。

　　如果一个 SD 或 SD I/O 卡接到了总线上,则可以通过主机配置数据传输使用 SDIO_D0 或 SDIO_D[3∶0]。所有的数据线都工作在推挽模式。

　　SDIO_CMD 有 2 种操作模式:

　　① 用于初始化时的开路模式(仅用于 MMC 版本 V3.31 或之前版本);

　　② 用于命令传输的推挽模式(SD、SD I/O 卡和 MMC V4.2 在初始化时也使用推挽驱动)。

29.1.2　SDIO 的时钟

　　从图 29.1.1 可以看到 SDIO 总共有 3 个时钟,分别是

　　① 卡时钟(SDIO_CK):每个时钟周期在命令和数据线上传输一位命令或数据。对于多媒体卡 V3.31 协议,时钟频率可以在 0～20 MHz 间变化;对于多媒体卡 V4.0/4.2 协议,时钟频率可以在 0～48 MHz 间变化;对于 SD 或 SD I/O 卡,时钟频率可以在 0～25 MHz 间变化。

　　② SDIO 适配器时钟(SDIOCLK):该时钟用于驱动 SDIO 适配器,其频率等于 AHB 总线频率(HCLK),并用于产生 SDIO_CK 时钟。

　　③ AHB 总线接口时钟(HCLK/2):该时钟用于驱动 SDIO 的 AHB 总线接口,其频率为 HCLK/2。

　　前面提到,SD 卡时钟(SDIO_CK)根据卡的不同可能有好几个区间,这就涉及时钟频率的设置。SDIO_CK 与 SDIOCLK 的关系为:

$$SDIO\_CK = SDIOCLK/(2 + CLKDIV)$$

其中,SDIOCLK 为 HCLK,一般是 72 MHz,而 CLKDIV 则是分配系数,可以通过 SDIO 的 SDIO_CLKCR 寄存器进行设置(确保 SDIO_CK 不超过卡的最大操作频率)。

注意,在 SD 卡刚刚初始化的时候,其时钟频率(SDIO_CK)是不能超过 400 kHz 的,否则可能无法完成初始化。在初始化以后,就可以设置时钟频率到最大了(但不可超过 SD 卡的最大操作时钟频率)。

29.1.3　SDIO 的命令与响应

SDIO 的命令分为应用相关命令(ACMD)和通用命令(CMD)两部分。应用相关命令(ACMD)的发送必须先发送通用命令(CMD55),然后才能发送应用相关命令(ACMD)。

SDIO 的所有命令和响应都是通过 SDIO_CMD 引脚传输的,任何命令的长度都是固定为 48 位,SDIO 的命令格式如表 29.1.1 所列。

表 29.1.1　SDIO 命令格式

位的位置	宽度	值	说明	位的位置	宽度	值	说明
47	1	0	起始位	[39:8]	32	—	参数
46	1	1	传输位	[7:1]	7	—	CRC7
[45:40]	6	—	命令索引	0	1	1	结束位

所有的命令都是由 STM32F1 发出,其中,开始位、传输位、CRC7 和结束位由 SDIO 硬件控制,我们需要设置的就只有命令索引和参数部分。其中,命令索引(如 CMD0、CMD1 之类的)在 SDIO_CMD 寄存器里面设置,命令参数由寄存器 SDIO_ARG 设置。

一般情况下,选中的 SD 卡在接收到命令后都会回复一个应答(注意,CMD0 是无应答的),这个应答称为响应,响应也是在 CMD 线上串行传输的。STM32F1 的 SDIO 控制器支持 2 种响应类型,即短响应(48 位)和长响应(136 位),这 2 种响应类型都带 CRC 错误检测(注意不带 CRC 的响应应该忽略 CRC 错误标志,如 CMD1 的响应)。

短响应的格式如表 29.1.2 所列。长响应的格式如表 29.1.3 所列。

表 29.1.2　SDIO 命令格式

位的位置	宽度	值	说明	位的位置	宽度	值	说明
47	1	0	起始位	[39:8]	32	—	参数
46	1	0	传输位	[7:1]	7	—	CRC7(或 1111111)
[45:40]	6	—	命令索引	0	1	1	结束位

表 29.1.3　SDIO 命令格式

位的位置	宽度	值	说明	位的位置	宽度	值	说明
135	1	0	起始位	[127:1]	127	—	CID 或 CSD
134	1	0	传输位				(包括内部 CRC7)
[133:128]	6	111111	保留	0	1	1	结束位

同样,硬件滤除了开始位、传输位、CRC7 以及结束位等信息;对于短响应,命令索引存放在 SDIO_RESPCMD 寄存器,参数则存放在 SDIO_RESP1 寄存器里面。对于长响应,则仅留 CID/CSD 位域,存放在 SDIO_RESP1～SDIO_RESP4 这 4 个寄存器。

SD 存储卡总共有 5 类响应(R1、R2、R3、R6、R7),这里以 R1 为例简单介绍。R1(普通响应命令)响应输入短响应,其长度为 48 位,R1 响应的格式如表 29.1.4 所列。

表 29.1.4 R1 响应格式

位的位置	宽　度	值	说　明	位的位置	宽　度	值	说　明
47	1	0	起始位	[39:8]	32	X	卡状态
46	1	0	传输位	[7:1]	7	X	CRC7
[45:40]	6	X	命令索引	0	1	1	结束位

收到 R1 响应后可以从 SDIO_RESPCMD 寄存器和 SDIO_RESP1 寄存器分别读出命令索引和卡状态信息。其他响应的介绍参考本书配套资料"SD 卡 2.0 协议.pdf"或《STM32 中文参考手册》第 20 章。

最后看看数据在 SDIO 控制器与 SD 卡之间的传输。对于 SDI/SDIO 存储器,数据是以数据块的形式传输的;而对于 MMC 卡,数据是以数据块或者数据流的形式传输。本节只考虑数据块形式的数据传输。

SDIO(多)数据块读操作如图 29.1.2 所示。可以看出,从机在收到主机相关命令后开始发送数据块给主机,所有数据块都带有 CRC 校验值(CRC 由 SDIO 硬件自动处理)。单个数据块读的时候,在收到一个数据块以后即可以停止了,不需要发送停止命令(CMD12)。但是多块数据读的时候,SD 卡将一直发送数据给主机,直到接到主机发送的 STOP 命令(CMD12)。

图 29.1.2 SDIO(多)数据块读操作

SDIO(多)数据块写操作,如图 29.1.3 所示。数据块写操作同数据块读操作基本类似,只是数据块写的时候多了一个繁忙判断,新的数据块必须在 SD 卡非繁忙的时候发送。这里的繁忙信号由 SD 卡拉低 SDIO_D0,以表示繁忙,SDIO 硬件自动控制,不需要软件处理。

图 29.1.3　SDIO(多)数据块写操作

29.1.4　SDIO 相关寄存器介绍

第一个来看 SDIO 电源控制寄存器(SDIO_POWER),定义如图 29.1.4 所示。该寄存器复位值为 0,所以 SDIO 的电源是关闭的。要启用 SDIO,第一步就是要设置该寄存器最低 2 个位均为 1,让 SDIO 上电,开启卡时钟。

31 30 29 28 27 26 25 24 23 22 21 20 19 18 17 16 15 14 13 12 11 10 9 8 7 6 5 4 3 2	1 0
保留	PWRCTRL
res	rw

位 31:2	保留,始终读为 0
位 1:0	PWRCTRL:电源控制位 这些位用于定义卡时钟的当前功能状态: 00:电源关闭,卡的时钟停止。01:保留。 10:保留的上电状态。11:上电状态,卡的时钟开启

图 29.1.4　SDIO_POWER 寄存器位定义

第二个看 SDIO 时钟控制寄存器(SDIO_CLKCR),主要用于设置 SDIO_CK 的分配系数、开关等,并可以设置 SDIO 的数据位宽。该寄存器的定义如图 29.1.5 所示。图中仅列出了部分要用到的位设置,WIDBUS 用于设置 SDIO 总线位宽,正常使用的时候,设置为 1,即 4 位宽度。BYPASS 用于设置分频器是否旁路,一般要使用分频器,所以这里设置为 0,禁止旁路。CLKEN 用于设置是否使能 SDIO_CK,我们设置为 1。CLKDIV 用于控制 SDIO_CK 的分频,设置为 1,即可得到 24 MHz 的 SDIO_CK 频率。

第三个要介绍的是 SDIO 参数制寄存器(SDIO_ARG)。该寄存器比较简单,就是一个 32 位寄存器,用于存储命令参数。注意,必须在写命令之前先写这个参数寄存器!

第四个要介绍的是 SDIO 命令响应寄存器(SDIO_RESPCMD)。该寄存器为 32 位,但只有低 6 位有效,比较简单,用于存储最后收到的命令响应中的命令索引。如果传的命令响应不包含命令索引,则该寄存器的内容不可预知。

第五个要介绍的是 SDIO 响应寄存器组(SDIO_RESP1～SDIO_RESP4)。该寄存器组总共由 4 个 32 位寄存器组成,用于存放接收到的卡响应部分信息。如果收到短响应,则数据存放在 SDIO_RESP1 寄存器里面,其他 3 个寄存器没有用到。而如果收到长响应,则依次存放在 SDIO_RESP1～SDIO_RESP4 里面,如表 29.1.5 所列。

位 12∶11	WIDBUS:宽总线模式使能位 00:默认模式,使用 SDIO_D0。 01:4 位总线模式,使用 SDIO_D[3∶0]。 10:8 位总线模式,使用 SDIO_D[7∶0]
位 10	BYPASS:旁路时钟分频器 0:关闭旁路,驱动 SDIO_ CK 输出信号之前,依据 CLKDIV 数据对 SDIOCLK 分频。 1:使能旁路:SDIOCLK 直接驱动 SDIO_CK 输出信号
位 9	PWRSAV:省电配置位 为了省电,当总线为空闲时,设置 PWRSAV 位可以关闭 SDIO_CK 时钟输出。 0:始终输出 SDIO_CK。1:仅在有总线活动时才输出 SDIO_CK
位 8	CLKEN:时钟使能位(clock enable bit) 0:SDIO_CK 关闭。1:SDIO_CK 使能
位 7∶0	CLKDIV:时钟分频系数 这个域定义了输入时钟(SDIOCLK)与输出时钟(SDIO_CK)间的分频系数: SDIO_CK 频率=SDIOCLK/[CLKDIV+2]

图 29.1.5   SDIO_CLKCR 寄存器位定义

表 29.1.5   响应类型和 SDIO_RESPx 寄存器

寄存器	短响应	长响应	寄存器	短响应	长响应
SDIO_RESP1	卡状态[31∶0]	卡状态[127∶96]	SDIO_RESP3	未使用	卡状态[63∶32]
SDIO_RESP2	未使用	卡状态[95∶64]	SDIO_RESP4	未使用	卡状态[31∶1]0b

第七个介绍 SDIO 命令寄存器(SDIO_CMD),各位定义如图 29.1.6 所示。图中只列出了部分位的描述,其中低 6 位为命令索引,也就是要发送的命令索引号(比如发送 CMD1,其值为 1,索引就设置为 1)。位[7∶6]用于设置等待响应位,用于指示 CPSM 是否需要等待以及等待类型等。CPSM(即命令通道状态机)的详细介绍可参阅《STM32 中文参考手册》V10 的第 368 页。命令通道状态机一般都是开启的,所以位 10 要设置为 1。

位 10	CPSMEN:命令通道状态机(CPSM)使能位 如果设置该位,则使能 CPSM
位 7∶6	WAITRESP:等待响应位 这 2 位指示 CPSM 是否需要等待响应,如果需要等待响应,则指示响应类型。 00:无响应,期待 CMDSENT 标志;01:短响应,期待 CMDREND 或 CCRCFAIL 标志 10:无响应,期待 CMDSENT 标志;11:长响应,期待 CMDREND 或 CCRCFAIL 标志
位 5∶0	CMDINDEX:命令索引 命令索引是作为命令的一部分发送到卡中

图 29.1.6   SDIO_CMD 寄存器位定义

第八个要介绍的是 SDIO 数据定时器寄存器(SDIO_DTIMER),用于存储以卡总线时钟(SDIO_CK)为周期的数据超时时间。一个计数器将从 SDIO_DTIMER 寄存器加载数值,并在数据通道状态机(DPSM)进入 Wait_R 或繁忙状态时进行递减计数。当 DPSM 处在这些状态时,如果计数器减为 0,则设置超时标志。DPSM(即数据通道状态机)类似 CPSM,详细可参考《STM32 中文参考手册》V10 的第 372 页。注意,在写入数据控制寄存器,并进行数据传输之前,必须先写入该寄存器(SDIO_DTIMER)和数据长度寄存器(SDIO_DLEN)!

　　第九个要介绍的是 SDIO 数据长度寄存器(SDIO_DLEN),低 25 位有效,用于设置需要传输的数据字节长度。对于块数据传输,该寄存器的数值必须是数据块长度(通过 SDIO_DCTRL 设置)的倍数。

　　第十个要介绍的是 SDIO 数据控制寄存器(SDIO_DCTRL),各位定义如图 29.1.7 所示。该寄存器用于控制数据通道状态机(DPSM),包括数据传输使能、传输方向、传输模式、DMA 使能、数据块长度等信息都是通过该寄存器设置。需要根据自己的实际情况来配置该寄存器,才可正常实现数据收发。

位 11	SDIOEN:SD I/O 使能功能 如果设置了该位,则 DPSM 执行 SD I/O 卡特定的操作
位 10	RWMOD:读等待模式 0:停止 SDIO_CK 控制读等待; 1:使用 SDIO_D2 控制读等待
位 9	RWSTOP:读等待停止 0:如果设置了 RWSTART,执行读等待; 1:如果设置了 RWSTART,停止读等待
位 8	RWSTART:读等待开始 设置该位开始读等待操作
位 7:4	DBLOCKSIZE:数据块长度 当选择了块数据传输模式时,该域定义数据块长度: 0000:块长度=2^0=1 字节;　1000:块长度=2^8=256 字节; 0001:块长度=2^1=2 字节;　1001:块长度=2^9=512 字节; 0010:块长度=2^2=4 字节;　1010:块长度=2^{10}=1 024 字节; 0011:块长度=2^3=8 字节;　1011:块长度=2^{11}=2 048 字节; 0100:(十进制 4)块长度=2^4=16 字节;　1100:块长度=2^{12}=4 096 字节; 0101:(十进制 5)块长度=2^5=32 字节;　1101:块长度=2^{13}=8 192 字节; 0110:(十进制 6)块长度=2^6=64 字节;　1110:块长度=2^{14}=16 384 字节; 0111:块长度=2^7=128 字节;　1111:保留
位 3	DMAEN:DMA 使能位 0:关闭 DMA;1:使能 DMA
位 2	DTMODE:数据传输模式 0:块数据传输;1:流数据传输
位 1	DTDIR:数据传输方向 0:控制器至卡;1:卡至控制器

图 29.1.7　SDIO_DCTRL 寄存器位定义

　　接下来介绍几个位定义十分类似的寄存器,分别是状态寄存器(SDIO_STA)、清除中断寄存器(SDIO_ICR)和中断屏蔽寄存器(SDIO_MASK),这 3 个寄存器每个位的定义都相同,只是功能各有不同,所以可以一起介绍。以状态寄存器(SDIO_STA)为例,该寄存器各位定义如图 29.1.8 所示。

位 31:24	保留,始终读为 0
位 23	CEATAEND:在 CMD61 接收到 CE-ATA 命令完成信号
位 22	SDIOIT:收到 SDIO 中断
位 21	RXDVAL:在接收 FIFO 中的数据可用
位 20	TXDVAL:在发送 FIFO 中的数据可用
位 19	RXFIFOE:接收 FIFO 空
位 18	TXFIFOE:发送 FIFO 空 若使用了硬件流控制,当 FIFO 还差 2 个字满时,RXFIFOF 信号变为有效
位 17	RXFIFOF:接收 FIFO 满 若使用了硬件流控制,当 FIFO 还差 2 个字满时,RXFIFOF 信号变为有效
位 16	TXFIFOF:发送 FIFO 满
位 15	RXFIFOHF:接收 FIFO 半满:FIFO 中至少还有 8 个字
位 14	TXFIFOHE:发送 FIFO 半空:FIFO 中至少还可以写入 8 个字
位 13	RXACT:正在接收数据
位 12	TXACT:正在发送数据
位 11	CMDACT:正在传输命令
位 10	DBCKEND:已发送/接收数据块(CRC 检测成功)(Data block sent/received)
位 9	STBITERR:在宽总线模式,没有在所有数据信号上检测到起始位
位 8	DATAEND:数据结束(数据计数器,SDIO_DCOUNT=0)
位 7	CMDSENT:命令已发送(不需要响应)
位 6	CMDRENO:已接收到响应(CRC 检测成功)
位 5	RXOVERR:接收 FIFO 上溢错误
位 4	TXUNDERR:发送 FIFO 下溢错误
位 3	DTIMEOUT:数据超时
位 2	CTIMEOUT:命令响应超时 命令超时时间是一个固定的值,为 64 个 SDIO_CK 时钟周期
位 1	DCRCFAIL:已发送/接收数据块(CRC 检测失败)
位 0	CCRCFAIL:已收到命令响应(CRC 检测失败)

图 29.1.8 SDIO_STA 寄存器位定义

状态寄存器可以用来查询 SDIO 控制器的当前状态,以便处理各种事务。比如 SDIO_STA 的位 2 表示命令响应超时,说明 SDIO 的命令响应出了问题。通过设置 SDIO_ICR 的位 2 可以清除这个超时标志,而设置 SDIO_MASK 的位 2,则可以开启命令响应超时中断,设置为 0 关闭。

最后介绍 SDIO 的数据 FIFO 寄存器(SDIO_FIFO)。数据 FIFO 寄存器包括接收和发送 FIFO,由一组连续的 32 个地址上的 32 个寄存器组成,CPU 可以使用 FIFO

读/写多个操作数。例如,要从 SD 卡读数据,就必须读 SDIO_FIFO 寄存器;要写数据到 SD 卡,则要写 SDIO_FIFO 寄存器。SDIO 将这 32 个地址分为 16 个一组,发送接收各占一半。而每次读/写的时候,最多就是读取发送 FIFO 或写入接收 FIFO 的一半大小的数据,也就是 8 个字(32 个字节)。注意,操作 SDIO_FIFO(不论读出还是写入)必须以 4 字节对齐的内存进行操作,否则将导致出错。

35.1.5　SD 卡初始化流程

要实现 SDIO 驱动 SD 卡,最重要的步骤就是 SD 卡的初始化。只要 SD 卡初始化完成了,那么剩下的(读/写操作)就简单了,所以这里重点介绍 SD 卡的初始化。从"SD 卡 2.0 协议"(见本书配套资料)文档得到 SD 卡初始化流程图如图 29.1.9 所示。

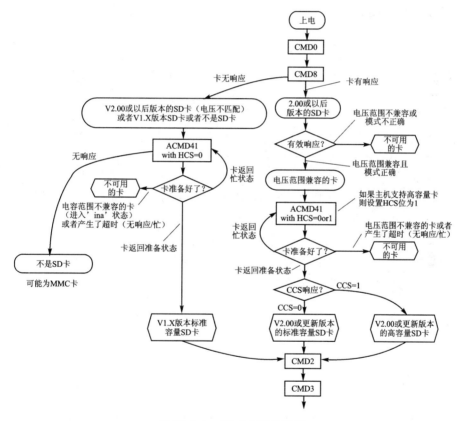

图 29.1.9　SD 卡初始化流程

可以看到,不管什么卡(这里将卡分为 4 类:SD2.0 高容量卡(SDHC,最大 32G),SD2.0 标准容量卡(SDSC,最大 2G),SD1.x 卡和 MMC 卡),首先要执行的是卡上电(需要设置 SDIO_POWER[1:0]=11),上电后发送 CMD0,对卡进行软复位;之后发送 CMD8 命令,用于区分 SD 卡 2.0,只有 2.0 及以后的卡才支持 CMD8 命令,MMC 卡和 V1.x 的卡是不支持该命令的。CMD8 的格式如图 29.1.10 所示。

位域	47	46	[45:40]	[39:20]	[19:16]	[15:8]	[7:1]	0
位宽	1	1	6	20	4	8	7	1
值	'0'	'1'	'001000'	'00000h'	x	x	x	'1'
描述	起始值	传输位	命令索引	保留位	供电电压(VHS)	检查模式	CRC7	结束位

图 29.1.10　CMD8 命令格式

　　这里需要在发送 CMD8 的时候,通过其带的参数可以设置 VHS 位,以告诉 SD 卡,主机的供电情况。VHS 位定义如表 29.1.6 所列。这里使用参数 0X1AA,即告诉 SD 卡主机供电为 2.7~3.6 V 之间。如果 SD 卡支持 CMD8 且支持该电压范围,则通过 CMD8 的响应(R7)将参数部分原本返回给主机。如果不支持 CMD8 或者不支持这个电压范围,则不响应。

表 29.1.6　VHS 位定义

供电电压	说　明	供电电压	说　明
0000b	未定义	0100b	保留
0001b	2.7~3.6 V	1000b	保留
0010b	低电压范围保留值	Others	未定义

　　发送 CMD8 后,发送 ACMD41(注意,发送 ACMD41 之前要先发送 CMD55)来进一步确认卡的操作电压范围,并通过 HCS 位来告诉 SD 卡主机是不是支持高容量卡(SDHC)。ACMD41 的命令格式如表 29.1.7 所列。

表 29.1.7　ACMD41 命令格式

ACMD 索引	类　型	参　数	响　应	缩　写	指令描述
ACMD41	bcr	[31]保留位 [30]HCS(OCR[30]) [29:24]保留位 [23:0]VDD 电压窗口 (OCR[23:0])	R3	SD_SEND_OP_COND	发送主机容量支持信息(HCS)以及要求被访问的卡在响应时通过 CMD 线发送其操作条件寄存器(OCR)内容给主机。当 SD 卡接收到 SEND_IF_COND 命令时 HCS 有效。保留位必须设置为 0。CCS 位赋值给 OCR[30]

　　ACMD41 得到的响应(R3)包含 SD 卡 OCR 寄存器内容,OCR 寄存器内容定义如表 29.1.8 所列。

　　对于支持 CMD8 指令的卡,主机通过 ACMD41 的参数设置 HCS 位为 1,从而告诉 SD 卡主机支持 SDHC 卡。如果设置为 0,则表示主机不支持 SDHC 卡。SDHC 卡如果接收到 HCS 为 0,则永远不会返回卡就绪状态。对于不支持 CMD8 的卡,HCS 位设置为 0 即可。

表 29.1.8　OCR 寄存器定义

OCR 位位置	描　述	OCR 位位置	描　述	OCR 位位置	描　述
0~6	保留	17	2.9~3.0	22	3.4~3.4
7	低电压范围保留位	18	3.0~3.1	23	3.5~3.6
8~14	保留	19	3.1~3.2	24~29	保留
15	2.7~2.8	20	3.2~3.3	30	卡容量状态位(CCS)[1]
16	2.8~2.9	21	3.3~3.4	31	卡上电状态位(busy)[2]

注:1.仅在卡上电状态位为 1 的时候有效

　　2.当卡还未完成上电流程时,此位为 0

　　3.位 0~23 为 VDD 电压窗口

SD 卡在接收到 ACMD41 后返回 OCR 寄存器内容,如果是 2.0 的卡,主机可以通过判断 OCR 的 CCS 位来判断是 SDHC 还是 SDSC;如果是 1. x 的卡,则忽略该位。OCR 寄存器的最后一个位用于告诉主机 SD 卡是否上电完成,如果上电完成,该位将会被置 1。

对于 MMC 卡,则不支持 ACMD41 指令,不响应 CMD55 指令。所以,对 MMC卡,我们只需要发送 CMD0 后再发送 CMD1(作用同 ACMD41),检查 MMC 卡的 OCR寄存器即可实现 MMC 卡的初始化。

至此,我们便实现了对 SD 卡的类型区分,图 29.1.10 最后发送了 CMD2 和 CMD3命令,用于获得卡 CID 寄存器数据和卡相对地址(RCA)。

CMD2 用于获得 CID 寄存器的数据,CID 寄存器数据各位定义如表 29.1.9 所列。

表 29.1.9　卡 CID 寄存器位定义

名　字	域	宽　度	CID 位划分	名　字	域	宽　度	CID 位划分
制造商 ID	MID	8	[127:120]	保留	—	4	[23:20]
CEM/应用 ID	OID	16	[119:104]	制造日期	MDT	12	[23:20]
产品名称	PNM	40	[103:64]	CRC7 校验值	CRC	7	[7:1]
产品修订	PRV	8	[63:56]	未用到,恒为 1	—	1	[0:0]
产品序列号	PSN	32	[55:24]				

SD 卡在收到 CMD2 后返回 R2 长响应(136 位),其中包含 128 位有效数据(CID 寄存器内容),存放在 SDIO_RESP1~4 这 4 个寄存器里面。通过读取这 4 个寄存器,就可以获得 SD 卡的 CID 信息。

CMD3 用于设置卡相对地址(RCA,必须为非 0)。对于 SD 卡(非 MMC 卡),在收到 CMD3 后,将返回一个新的 RCA 给主机,方便主机寻址。RCA 的存在允许一个SDIO 接口挂多个 SD 卡,通过 RCA 来区分主机要操作的是哪个卡。而对于 MMC 卡,则不是由 SD 卡自动返回 RCA,而是主机主动设置 MMC 卡的 RCA,即通过 CMD3 带参数(高 16 位用于 RCA 设置)实现 RCA 设置。同样,MMC 卡也支持一个 SDIO 接口挂多个 MMC 卡,不同于 SD 卡的是所有的 RCA 都是由主机主动设置的,而 SD 卡的

RCA 则是 SD 卡发给主机的。

在获得卡 RCA 之后便可以发送 CMD9(带 RCA 参数),获得 SD 卡的 CSD 寄存器内容,从 CSD 寄存器可以得到 SD 卡的容量和扇区大小等十分重要的信息。CSD 寄存器的详细介绍可参考"SD 卡 2.0 协议.pdf"。

至此,SD 卡初始化基本就结束了。最后,通过 CMD7 命令选中我们要操作的 SD 卡,即可开始对 SD 卡的读/写操作了。SD 卡的其他命令和参数可参考"SD 卡 2.0 协议.pdf"。

接下来讲解 SDIO 操作相关的固件库函数。STM32F1 的 SDIO 相关操作的函数分布在源文件 stm32f10x_sdio.c 以及对应的头文件 stm32f10x_sdio.h 中。

(1) SDIO 时钟相关初始化函数 SDIO_Init

该函数原型为:

```
void SDIO_Init(SDIO_InitTypeDef * SDIO_InitStruct);
```

该函数主要是通过设置 SDIO_InitTypeDef 结构体类型、参数成员变量的值达到设置 SDIO 时钟控制寄存器 SDIO_CLKCR 的目的,参数包括旁路时钟分频器、时钟分频系数等。

(2) SDIO 发送命令函数 SDIO_SendCommand

该函数原型为:

```
void SDIO_SendCommand(SDIO_CmdInitTypeDef * SDIO_CmdInitStruct);
```

该函数主要用来设置 SDIO 的命令寄存器 SDIO_CMD 和命令参数寄存器 SDIO_ARG。在发送命令之前必须先设置命令参数,这个函数就是一举两得,包括设置参数和发送命令 2 个功能。具体的函数配置可以对照前面讲解的寄存器 SDIO_CMD 和 SDIO_ARG 的含义来实现。

(3) SDIO 数据通道配置函数 SDIO_DataConfig

该函数原型为:

```
void SDIO_DataConfig(SDIO_DataInitTypeDef * SDIO_DataInitStruct);
```

该函数通过设置 SDIO_DataInitTypeDef 结构体类型、参数成员变量的值来配置 SDIO 的数据通道状态机,包括数据传输使能、传输方向、传输模式、DMA 使能、数据块长度等信息。

(4) SDIO 数据 FIFO 寄存器读/写函数:SDIO_ReadData 和 SDIO_WriteData

这 2 个函数比较简单,就是设置和读取 SDIO_FIFO 寄存器。

(5) 其他常用函数

其他常用函数包括 SDIO 时钟使能函数 SDIO_ClockCmd、电源状态控制函数 SDIO_SetPowerState、SDIO DMA 使能函数 SDIO_DMACmd 以及 SDIO 状态获取函数 SDIO_GetFlagStatus 等。

29.2 硬件设计

本章实验功能简介:开机的时候先初始化 SD 卡,如果 SD 卡初始化完成,则提示

LCD 初始化成功。按下 KEY0,读取 SD 卡扇区 0 的数据,然后通过串口发送到计算机。如果没初始化通过,则在 LCD 上提示初始化失败。同样,用 DS0 来指示程序正在运行。

　　本实验用到的硬件资源有指示灯 DS0、KEY0 按键、串口、TFTLCD 模块、MicroSD 卡。前面 4 部分已经介绍过了,这里介绍战舰 STM32F103 板载的 SD 卡接口和 STM32 的连接关系,如图 29.2.1 所示。

图 29.2.1　SD 卡接口与 STM32F1 连接原理图

　　前面介绍 SD 卡时已经介绍了 SD 卡对外的接口部分,实际上 SD 卡对于我们来说是可以灵活变更的部分,实际使用时常用 SD 卡座专门放置 SD 卡。战舰 STM32F103 板载的 SD 卡接口使用 SDIO 方式来操作 SD 卡。SD 卡座在 JTAG 插座附近,与开发板直接连接在一起,硬件上不需要任何改动。

29.3　软件设计

　　打开本章实验工程可以看到,我们在工程中添加了 sdio_sdcard.c 源文件,同时把对应的头文件 sdio_sdcard.h 加入到头文件包含路径。在 FWLib 分组还添加了 SDIO 相关的库函数支持文件 stm32f10x_sdio.c。

　　sdio_sdcard.c 里面代码比较多,这里仅介绍几个重要的函数,第一个是 SD_Init 函数,该函数源码如下:

```
//初始化 SD 卡
//返回值:错误代码;(0,无错误)
SD_Error SD_Init(void)
{
  NVIC_InitTypeDef NVIC_InitStructure;
  GPIO_InitTypeDef  GPIO_InitStructure;
```

```
u8 clkdiv = 0;
SD_Error errorstatus = SD_OK;
RCC_APB2PeriphClockCmd(RCC_APB2Periph_GPIOC|RCC_APB2Periph_GPIOD,
ENABLE);//使能 PORTC,PORTD 时钟
RCC_AHBPeriphClockCmd(RCC_AHBPeriph_SDIO|RCC_AHBPeriph_DMA2,ENABLE);
                                            //使能 SDIO,DMA2 时钟

GPIO_InitStructure.GPIO_Pin =
GPIO_Pin_8|GPIO_Pin_9|GPIO_Pin_10|GPIO_Pin_11|GPIO_Pin_12;//PC.8~12 复用输出
GPIO_InitStructure.GPIO_Mode = GPIO_Mode_AF_PP;      //复用推挽输出
GPIO_InitStructure.GPIO_Speed = GPIO_Speed_50MHz;    //I/O 口速度为 50 MHz
GPIO_Init(GPIOC,&GPIO_InitStructure);                //根据设定参数初始化 PC.8~12
GPIO_InitStructure.GPIO_Pin = GPIO_Pin_2;            //PD2 复用输出
GPIO_InitStructure.GPIO_Mode = GPIO_Mode_AF_PP;      //复用推挽输出
GPIO_InitStructure.GPIO_Speed = GPIO_Speed_50MHz;    //I/O 口速度为 50 MHz
GPIO_Init(GPIOD,&GPIO_InitStructure);                //根据设定参数初始化 PD2
GPIO_InitStructure.GPIO_Pin = GPIO_Pin_7;            //PD7 上拉输入
GPIO_InitStructure.GPIO_Mode = GPIO_Mode_IPU;        //复用推挽输出
GPIO_InitStructure.GPIO_Speed = GPIO_Speed_50MHz;    //I/O 口速度为 50 MHz
GPIO_Init(GPIOD,&GPIO_InitStructure);                //根据设定参数初始化 PD7
SDIO_DeInit();                                       //SDIO 外设寄存器设置为默认值
NVIC_InitStructure.NVIC_IRQChannel = SDIO_IRQn;      //SDIO 中断配置
NVIC_InitStructure.NVIC_IRQChannelPreemptionPriority = 0;  //抢占优先级 0
NVIC_InitStructure.NVIC_IRQChannelSubPriority = 0;   //子优先级 0
NVIC_InitStructure.NVIC_IRQChannelCmd = ENABLE;      //使能外部中断通道
NVIC_Init(&NVIC_InitStructure);                      //初始化外设 NVIC 寄存器
errorstatus = SD_PowerON();                          //SD 卡上电
if(errorstatus == SD_OK)
    errorstatus = SD_InitializeCards();              //初始化 SD 卡
if(errorstatus == SD_OK)
    errorstatus = SD_GetCardInfo(&SDCardInfo);       //获取卡信息
if(errorstatus == SD_OK)
    errorstatus = SD_SelectDeselect((u32)(SDCardInfo.RCA<<16));//选中 SD 卡
if(errorstatus == SD_OK)
    errorstatus = SD_EnableWideBusOperation(1);      //4 位宽度
if((errorstatus == SD_OK)||(SDIO_MULTIMEDIA_CARD == CardType))
{
if(SDCardInfo.CardType == SDIO_STD_CAPACITY_SD_CARD_V1_1||
            SDCardInfo.CardType == SDIO_STD_CAPACITY_SD_CARD_V2_0)
    {
    clkdiv = SDIO_TRANSFER_CLK_DIV + 6;     //V1.1/V2.0 卡,设置最高 72/12 = 6 MHz
    }else clkdiv = SDIO_TRANSFER_CLK_DIV;   //SDHC 等其他卡设置最高 12 MHz
    SDIO_Clock_Set(clkdiv);                 //设置时钟频率
     errorstatus = SD_SetDeviceMode(SD_POLLING_MODE);   //设置为查询模式
}
return errorstatus;
}
```

该函数先实现 SDIO 时钟及相关 I/O 口的初始化,再对 SDIO 部分寄存器进行了清零操作,然后开始 SD 卡的初始化流程,这个过程在 29.1.5 小节有详细介绍了。首先,通过 SD_PowerON 函数完成 SD 卡的上电,并获得 SD 卡的类型(SDHC/SDSC/

SDV1. x/MMC)，然后，调用 SD_InitializeCards 函数完成 SD 卡的初始化，该函数代码
如下：

```
//初始化所有的卡,并让卡进入就绪状态
//返回值:错误代码
SD_Error SD_InitializeCards(void)
{
    SD_Error errorstatus = SD_OK;
    u16 rca = 0x01;
    if(SDIO_GetPowerState() == 0)return SD_REQUEST_NOT_APPLICABLE;
                                        //检查电源状态,确保为上电状态
    if(SDIO_SECURE_DIGITAL_IO_CARD! = CardType)
    {
      SDIO_CmdInitStructure.SDIO_Argument = 0x0;        //发送 CMD2,取得 CID,长响应
      SDIO_CmdInitStructure.SDIO_CmdIndex = SD_CMD_ALL_SEND_CID;
      SDIO_CmdInitStructure.SDIO_Response = SDIO_Response_Long;
      SDIO_CmdInitStructure.SDIO_Wait = SDIO_Wait_No;
      SDIO_CmdInitStructure.SDIO_CPSM = SDIO_CPSM_Enable;
      SDIO_SendCommand(&SDIO_CmdInitStructure);         //发送 CMD2,取得 CID,长响应
      errorstatus = CmdResp2Error();                    //等待 R2 响应
      if(errorstatus! = SD_OK)return errorstatus;       //响应错误
        CID_Tab[0] = SDIO - >RESP1;
        CID_Tab[1] = SDIO - >RESP2;
        CID_Tab[2] = SDIO - >RESP3;
        CID_Tab[3] = SDIO - >RESP4;
    }
    if((SDIO_STD_CAPACITY_SD_CARD_V1_1 == CardType)||
    (SDIO_STD_CAPACITY_SD_CARD_V2_0 == CardType)||
    (SDIO_SECURE_DIGITAL_IO_COMBO_CARD == CardType)||
    (SDIO_HIGH_CAPACITY_SD_CARD == CardType))           //判断卡类型
    {
      SDIO_CmdInitStructure.SDIO_Argument = 0x00;       //发送 CMD3,短响应
      SDIO_CmdInitStructure.SDIO_CmdIndex = SD_CMD_SET_REL_ADDR;  //cmd3
      SDIO_CmdInitStructure.SDIO_Response = SDIO_Response_Short;  //r6
      SDIO_CmdInitStructure.SDIO_Wait = SDIO_Wait_No;
      SDIO_CmdInitStructure.SDIO_CPSM = SDIO_CPSM_Enable;
      SDIO_SendCommand(&SDIO_CmdInitStructure);         //发送 CMD3,短响应
      errorstatus = CmdResp6Error(SD_CMD_SET_REL_ADDR,&rca);//等待 R6 响应
      if(errorstatus! = SD_OK)return errorstatus;       //响应错误
    }
    if(SDIO_MULTIMEDIA_CARD == CardType)
    {
      SDIO_CmdInitStructure.SDIO_Argument = (u32)(rca<<16);//发送 CMD3,短响应
      SDIO_CmdInitStructure.SDIO_CmdIndex = SD_CMD_SET_REL_ADDR;  //cmd3
      SDIO_CmdInitStructure.SDIO_Response = SDIO_Response_Short;  //r6
      SDIO_CmdInitStructure.SDIO_Wait = SDIO_Wait_No;
      SDIO_CmdInitStructure.SDIO_CPSM = SDIO_CPSM_Enable;
      SDIO_SendCommand(&SDIO_CmdInitStructure);         //发送 CMD3,短响应
      errorstatus = CmdResp2Error();                    //等待 R2 响应
      if(errorstatus! = SD_OK)return errorstatus;       //响应错误
```

```c
    }
    if(SDIO_SECURE_DIGITAL_IO_CARD! = CardType)//
    {
    RCA = rca;
    SDIO_CmdInitStructure.SDIO_Argument = (uint32_t)(rca<<16);   //发送 CMD9 + 卡 RCA
    SDIO_CmdInitStructure.SDIO_CmdIndex = SD_CMD_SEND_CSD;
    SDIO_CmdInitStructure.SDIO_Response = SDIO_Response_Long;
    SDIO_CmdInitStructure.SDIO_Wait = SDIO_Wait_No;
    SDIO_CmdInitStructure.SDIO_CPSM = SDIO_CPSM_Enable;
    SDIO_SendCommand(&SDIO_CmdInitStructure);
    errorstatus = CmdResp2Error();                               //等待 R2 响应
    if(errorstatus! = SD_OK)return errorstatus;                  //响应错误
      CSD_Tab[0] = SDIO->RESP1;
      CSD_Tab[1] = SDIO->RESP2;
      CSD_Tab[2] = SDIO->RESP3;
      CSD_Tab[3] = SDIO->RESP4;
    }
    return SD_OK;//卡初始化成功
}
```

SD_InitializeCards 函数发送 CMD2 和 CMD3 获得 CID 寄存器内容和 SD 卡的相对地址（RCA），并通过 CMD9 获取 CSD 寄存器内容。到这里，实际上 SD 卡的初始化就已经完成了。

随后，SD_Init 函数又通过调用 SD_GetCardInfo 函数获取 SD 卡相关信息，之后调用 SD_SelectDeselect 函数，选择要操作的卡（CMD7＋RCA），通过 SD_EnableWideBusOperation 函数设置 SDIO 的数据位宽为 4 位（但 MMC 卡只能支持一位模式）。最后设置 SDIO_CK 时钟的频率及工作模式（DMA/轮询）。

接下来看看 SD 卡读块函数：SD_ReadBlock，该函数用于从 SD 卡指定地址读出一个块（扇区）数据，该函数代码如下：

```c
//SD卡读取一个块
//buf:读数据缓存区(必须4字节对齐!!)   addr:读取地址      blksize:块大小
SD_Error SD_ReadBlock(u8 * buf,long long addr,u16 blksize)
{
    SD_Error errorstatus = SD_OK;
    u8 power;
    u32 count = 0, * tempbuff = (u32 * )buf;//转换为 u32 指针
    u32 timeout = SDIO_DATATIMEOUT;
    if(NULL == buf)return SD_INVALID_PARAMETER;
    SDIO->DCTRL = 0x0;//数据控制寄存器清零(关 DMA)
    if(CardType == SDIO_HIGH_CAPACITY_SD_CARD)//大容量卡
    {
        blksize = 512;   addr>> = 9;
    }
    SDIO_DataInitStructure.SDIO_DataBlockSize = SDIO_DataBlockSize_1b;
    SDIO_DataInitStructure.SDIO_DataLength = 0;
    SDIO_DataInitStructure.SDIO_DataTimeOut = SD_DATATIMEOUT;
    SDIO_DataInitStructure.SDIO_DPSM = SDIO_DPSM_Enable;
```

```
SDIO_DataInitStructure.SDIO_TransferDir = SDIO_TransferDir_ToCard;
SDIO_DataInitStructure.SDIO_TransferMode = SDIO_TransferMode_Block;
SDIO_DataConfig(&SDIO_DataInitStructure);
if(SDIO->RESP1&SD_CARD_LOCKED)return SD_LOCK_UNLOCK_FAILED;//卡锁了
if((blksize>0)&&(blksize<=2048)&&((blksize&(blksize-1))==0))
{
    power=convert_from_bytes_to_power_of_two(blksize);
    SDIO_CmdInitStructure.SDIO_Argument =    blksize;
    SDIO_CmdInitStructure.SDIO_CmdIndex = SD_CMD_SET_BLOCKLEN;
    SDIO_CmdInitStructure.SDIO_Response = SDIO_Response_Short;
    SDIO_CmdInitStructure.SDIO_Wait = SDIO_Wait_No;
    SDIO_CmdInitStructure.SDIO_CPSM = SDIO_CPSM_Enable;
    SDIO_SendCommand(&SDIO_CmdInitStructure);
                                //发送 CMD16 + 设置数据长度为 blksize,短响应
    errorstatus = CmdResp1Error(SD_CMD_SET_BLOCKLEN);//等待 R1 响应
    if(errorstatus! = SD_OK)return errorstatus;      //响应错误
}else return SD_INVALID_PARAMETER;
  SDIO_DataInitStructure.SDIO_DataBlockSize = power<<4;//清除 DPSM 状态机配置
  SDIO_DataInitStructure.SDIO_DataLength = blksize;
  SDIO_DataInitStructure.SDIO_DataTimeOut = SD_DATATIMEOUT;
  SDIO_DataInitStructure.SDIO_DPSM = SDIO_DPSM_Enable;
  SDIO_DataInitStructure.SDIO_TransferDir = SDIO_TransferDir_ToSDIO;
  SDIO_DataInitStructure.SDIO_TransferMode = SDIO_TransferMode_Block;
  SDIO_DataConfig(&SDIO_DataInitStructure);
  SDIO_CmdInitStructure.SDIO_Argument =    addr;
  SDIO_CmdInitStructure.SDIO_CmdIndex = SD_CMD_READ_SINGLE_BLOCK;
  SDIO_CmdInitStructure.SDIO_Response = SDIO_Response_Short;
  SDIO_CmdInitStructure.SDIO_Wait = SDIO_Wait_No;
  SDIO_CmdInitStructure.SDIO_CPSM = SDIO_CPSM_Enable;
  SDIO_SendCommand(&SDIO_CmdInitStructure);
                            //发送 CMD17 + 从 addr 地址出读取数据,短响应
  errorstatus = CmdResp1Error(SD_CMD_READ_SINGLE_BLOCK);//等待 R1 响应
  if(errorstatus! = SD_OK)return errorstatus;          //响应错误
  if(DeviceMode == SD_POLLING_MODE)                   //查询模式,轮询数据
{
    INTX_DISABLE();//关闭总中断(POLLING 模式,严禁中断打断 SDIO 读写操作!!!)
    while(! (SDIO->STA&((1<<5)|(1<<1)|(1<<3)|(1<<10)|(1<<9))))
    {
        if(SDIO_GetFlagStatus(SDIO_FLAG_RXFIFOHF)! = RESET)
        //接收区半满,表示至少存了 8 个字
        {
            for(count = 0;count<8;count ++ )                //循环读取数据
            {
            * (tempbuff + count) = SDIO->FIFO;
            }
            tempbuff + = 8;
            timeout = 0X7FFFFF;                            //读数据溢出时间
        }else                                             //处理超时
        {
            if(timeout == 0)return SD_DATA_TIMEOUT;
            timeout -- ;
```

```
            }
        }
    if(SDIO_GetFlagStatus(SDIO_FLAG_DTIMEOUT)! = RESET)          //数据超时错误
        {
            SDIO_ClearFlag(SDIO_FLAG_DTIMEOUT);                  //清错误标志
            return SD_DATA_TIMEOUT;
    }else if(SDIO_GetFlagStatus(SDIO_FLAG_DCRCFAIL) ! = RESET)    //数据块 CRC 错误
        {
            SDIO_ClearFlag(SDIO_FLAG_DCRCFAIL);                  //清错误标志
            return SD_DATA_CRC_FAIL;
    }else if(SDIO_GetFlagStatus(SDIO_FLAG_RXOVERR) ! = RESET)     //接收 fifo 上溢错误
        {
            SDIO_ClearFlag(SDIO_FLAG_RXOVERR);                   //清错误标志
            return SD_RX_OVERRUN;
    }else if(SDIO_GetFlagStatus(SDIO_FLAG_STBITERR) ! = RESET)    //接收起始位错误
    {
            SDIO_ClearFlag(SDIO_FLAG_STBITERR);                  //清错误标志
            return SD_START_BIT_ERR;
    }
    while(SDIO_GetFlagStatus(SDIO_FLAG_RXDAVL) ! = RESET)         //FIFO 还存在可用数据
        {
            * tempbuff = SDIO_ReadData();                        //循环读取数据
            tempbuff ++ ;
        }
        INTX_ENABLE();                                           //开启总中断
        SDIO_ClearFlag(SDIO_STATIC_FLAGS);                       //清除所有标记
    }else if(DeviceMode == SD_DMA_MODE)
    {
    SD_DMA_Config((u32 * )buf,blksize,DMA_DIR_PeripheralSRC);
        TransferError = SD_OK;
        StopCondition = 0;                          //单块读,不需要发送停止传输指令
        TransferEnd = 0;                            //传输结束标置位,在中断服务置 1
        SDIO - >MASK| = (1<<1)|(1<<3)|(1<<8)|(1<<5)|(1<<9);//配置需要的中断
        SDIO_DMACmd(ENABLE);
        while(((DMA2 - >ISR&0X2000) == RESET)&&(TransferEnd == 0)&&
            (TransferError == SD_OK)&&timeout)timeout -- ;       //等待传输完成
        if(timeout == 0)return SD_DATA_TIMEOUT;                  //超时
        if(TransferError! = SD_OK)errorstatus = TransferError;
    }
    return errorstatus;
}
```

　　该函数先发送 CMD16,用于设置块大小;然后配置 SDIO 控制器读数据的长度,这里用函数 convert_from_bytes_to_power_of_two 求出 blksize 以 2 为底的指数,用于 SDIO 读数据长度设置。然后发送 CMD17(带地址参数 addr),从指定地址读取一块数据。最后,根据设置的模式(查询模式/DMA 模式),从 SDIO_FIFO 读出数据。

　　该函数有 2 个注意的地方:①addr 参数类型为 long long,以支持大于 4G 的卡,否则操作大于 4G 的卡可能有问题。②轮询方式读/写 FIFO 时严禁任何中断打断,否则可能导致读写数据出错。所以使用了 INTX_DISABLE 函数关闭总中断,在 FIFO 读/

写操作结束后才打开总中断(INTX_ENABLE 函数设置)。

另外,还有 3 个底层读/写函数:SD_ReadMultiBlocks,用于多块读;SD_Write-Block,用于单块写;SD_WriteMultiBlocks,用于多块写。注意,无论哪个函数,其数据 buf 的地址都必须是 4 字节对齐的。关于控制命令,详细可参考"SD 卡 2.0 协议.pdf"。

最后来看看 SDIO 与文件系统的 2 个接口函数:SD_ReadDisk 和 SD_WriteDisk,代码如下:

```
//读 SD 卡
//buf:读数据缓存区　 sector:扇区地址　 cnt:扇区个数
//返回值:错误状态;0,正常;其他,错误代码
u8 SD_ReadDisk(u8 * buf,u32 sector,u8 cnt)
{
    u8 sta = SD_OK;
    long long lsector = sector;
    u8 n;
    lsector<< = 9;
    if((u32)buf % 4! = 0)
    {
        for(n = 0;n<cnt;n ++ )
        {
            sta = SD_ReadBlock(SDIO_DATA_BUFFER,lsector + 512 * n,512);//单扇区读操作
            memcpy(buf,SDIO_DATA_BUFFER,512);
            buf + = 512;
        }
    }else
    {
        if(cnt == 1)sta = SD_ReadBlock(buf,lsector,512);      //单个 sector 的读操作
        else sta = SD_ReadMultiBlocks(buf,lsector,512,cnt);//多个 sector
    }
    return sta;
}
//写 SD 卡
//buf:写数据缓存区　 sector:扇区地址　 cnt:扇区个数
//返回值:错误状态;0,正常;其他,错误代码;
u8 SD_WriteDisk(u8 * buf,u32 sector,u8 cnt)
{
    u8 sta = SD_OK;
    u8 n;
    long long lsector = sector;
    lsector<< = 9;
    if((u32)buf % 4! = 0)
    {
        for(n = 0;n<cnt;n ++ )
        {
            memcpy(SDIO_DATA_BUFFER,buf,512);
            sta = SD_WriteBlock(SDIO_DATA_BUFFER,lsector + 512 * n,512);//单扇区写
            buf + = 512;
        }
    }else
    {
```

```
            if(cnt == 1)sta = SD_WriteBlock(buf,lsector,512);      //单个 sector 的写操作
            else sta = SD_WriteMultiBlocks(buf,lsector,512,cnt);//多个 sector
    }
    return sta;
}
```

这 2 个函数在下一章(FATFS 实验)将会用到的,这里提前介绍下。其中,SD_ReadDisk 用于读数据,通过调用 SD_ReadBlock 和 SD_ReadMultiBlocks 实现。SD_WriteDisk 用于写数据,通过调用 SD_WriteBlock 和 SD_WriteMultiBlocks 实现。注意,因为 FATFS 提供给 SD_ReadDisk 或者 SD_WriteDisk 的数据缓存区地址不一定是 4 字节对齐的,所以这 2 个函数里面做了 4 字节对齐判断;如果不是 4 字节对齐的,则通过一个 4 字节对齐缓存(SDIO_DATA_BUFFER)作为数据过度,以确保传递给底层读/写函数的 buf 是 4 字节对齐的。

接下来,打开 main.c 文件,关键代码如下:

```
//通过串口打印 SD 卡相关信息
void show_sdcard_info(void)
{
    switch(SDCardInfo.CardType)
    {
        case SDIO_STD_CAPACITY_SD_CARD_V1_1:
            printf("Card Type:SDSC V1.1\r\n");break;
        case SDIO_STD_CAPACITY_SD_CARD_V2_0:
            printf("Card Type:SDSC V2.0\r\n");break;
        case SDIO_HIGH_CAPACITY_SD_CARD:
            printf("Card Type:SDHC V2.0\r\n");break;
        case SDIO_MULTIMEDIA_CARD:
            printf("Card Type:MMC Card\r\n");break;
    }
    printf("Card ManufacturerID:%d\r\n",SDCardInfo.SD_cid.ManufacturerID);//制造商 ID
    printf("Card RCA:%d\r\n",SDCardInfo.RCA);                      //卡相对地址
    printf("Card Capacity:%d MB\r\n",(u32)(SDCardInfo.CardCapacity>>20));//显示容量
    printf("Card BlockSize:%d\r\n\r\n",SDCardInfo.CardBlockSize);    //显示块大小
}
int main(void)
{
    u8 key; u8 t = 0; u8 * buf = 0;
    u32 sd_size;
    delay_init();                                            //延时函数初始化
    NVIC_PriorityGroupConfig(NVIC_PriorityGroup_2);          //设置中断优先级分组为组 2
    uart_init(115200);                                       //串口初始化为 115 200
    LED_Init();                                              //初始化与 LED 连接的硬件接口
    KEY_Init();                                              //初始化按键
    LCD_Init();                                              //初始化 LCD
    my_mem_init(SRAMIN);                                     //初始化内部内存池
    //此处省略部分非关键代码
    while(SD_Init())                                         //检测不到 SD 卡
    {
        LCD_ShowString(30,150,200,16,16,"SD Card Error!"); delay_ms(500);
```

```
        LCD_ShowString(30,150,200,16,16,"Please Check! "); delay_ms(500);
        LED0 = ! LED0;                              //DS0 闪烁
    }
    show_sdcard_info();                             //打印 SD 卡相关信息
    POINT_COLOR = BLUE;                             //设置字体为蓝色
    //检测 SD 卡成功
    LCD_ShowString(30,150,200,16,16,"SD Card OK     ");
    LCD_ShowString(30,170,200,16,16,"SD Card Size:     MB");
    LCD_ShowNum(30 + 13 * 8,170,SDCardInfo.CardCapacity>>20,5,16);//显示 SD 卡容量
    while(1)
    {
        key = KEY_Scan(0);
        if(key == KEY0_PRES)                        //KEY0 按下了
        {
            buf = mymalloc(0,512);                  //申请内存
            if(buf == 0)
            {
                printf("failed\r\n");
                continue;
            }
            if(SD_ReadDisk(buf,0,1) == 0)           //读取 0 扇区的内容
            {
                LCD_ShowString(30,190,200,16,16,"USART1 Sending Data...");
                printf("SECTOR 0 DATA:\r\n");
                for (sd_size = 0;sd_size<512;sd_size++)printf(" %x ",buf[sd_
                    size]);                         //打印数据
                printf("\r\nDATA ENDED\r\n");
                LCD_ShowString(30,190,200,16,16,"USART1 Send Data Over!");
            }
            myfree(0,buf);                          //释放内存
        }
        t ++ ;
        delay_ms(10);
        if(t == 20){LED0 = ! LED0; t = 0;}
    }
}
```

这里总共 2 个函数,show_sdcard_info 函数用于从串口输出 SD 卡相关信息。main 函数先初化 SD 卡,初始化成功后调用 show_sdcard_info 函数输出 SD 卡相关信息,并在 LCD 上面显示 SD 卡容量。然后进入死循环,如果有按键 KEY0 按下,则通过 SD_ReadDisk 读取 SD 卡的扇区 0(物理磁盘,扇区 0),并将数据通过串口打印出来。这里对第 28 章学过的内存管理稍微用了下,以后尽量使用内存管理来设计。

29.4　下载验证

编译成功之后,下载代码到 ALIENTEK 战舰 STM32F103 上,可以看到 LCD 显示如图 29.4.1 所示的内容(假设 SD 卡已经插上了)。

打开串口调试助手,按下 KEY0 就可以看到从开发板发回来的数据了,如图 29.4.2

所示。注意,不同的 SD 卡,读出来的扇区 0 是不尽相同的,所以不要因为读出来的数据和图 29.4.2 不同而感到惊讶。

图 29.4.1　程序运行效果图

图 29.4.2　串口收到的 SD 卡扇区 0 内容

第30章

FATFS 实验

本章将使用 FATFS 来管理 SD 卡，实现 SD 卡文件的读/写等基本功能。

30.1 FATFS 简介

FATFS 是一个完全免费开源的 FAT 文件系统模块，专门为小型的嵌入式系统而设计。它完全用标准 C 语言编写，所以具有良好的硬件平台独立性，只须做简单的修改就可以移植到 8051、PIC、AVR、SH、Z80、H8、ARM 等系列单片机上。它支持 FAT12、FAT16 和 FAT32，支持多个存储媒介；有独立的缓冲区，可以对多个文件进行读/写，并特别对 8 位单片机和 16 位单片机做了优化。

FATFS 的特点有：

① Windows 兼容的 FAT 文件系统（支持 FAT12、FAT16、FAT32）；

② 与平台无关，移植简单；

③ 代码量少、效率高；

④ 多种配置选项：支持多卷（物理驱动器或分区，最多 10 个卷）；多个 ANSI/OEM 代码页包括 DBCS；支持长文件名、ANSI/OEM 或 Unicode；支持 RTOS；支持多种扇区大小；只读、最小化的 API 和 I/O 缓冲区等。

FATFS 的这些特点，加上免费、开源的原则，使其应用非常广泛。FATFS 模块的层次结构如图 30.1.1 所示。

最顶层是应用层，使用者无需理会 FATFS 的内部结构和复杂的 FAT 协议，只需要调用 FATFS 模块提供给用户的一系列应用接口函数，如 f_open、f_read、f_write 和 f_close 等，就可以像在 PC 上读/写文件那样简单。

中间层 FATFS 模块，实现了 FAT 文件读/写协议。FATFS 模块提供的是 ff.c 和 ff.h。除非有必要，使用者一般不用修改，使用时将头文件直接包含进去即可。

图 30.1.1　FATFS 层次结构图

需要编写移植代码的是 FATFS 模块提供的底层接口，它包括存储媒介读/写接口(disk I/O)和供给文件创建修改时间的实时时钟。

FATFS 的源码可以在 http://elm-chan.org/fsw/ff/00index_e.html 下载到,目前最新版本为 R0.11。本章使用最新版本的 FATFS 来介绍,下载最新版本的 FATFS 软件包,解压后可以得到 2 个文件夹:doc 和 src。doc 里面主要是对 FATFS 的介绍,而 src 里面才是我们需要的源码。

其中,与平台无关的是

ff conf. h:FATFS 模块配置文件;

ff. h:FATFS 和应用模块公用的包含文件;

ff. c:FATFS 模块;

diskio. h:FATFS 和 disk I/O 模块公用的包含文件;

interger. h:数据类型定义;

option:可选的外部功能(比如支持中文等)。

与平台相关的代码(需要用户提供)是

diskio. c:FATFS 和 disk I/O 模块接口层文件

FATFS 模块在移植的时候,一般只需要修改 2 个文件,即 ffconf. h 和 diskio. c。FATFS 模块的所有配置项都存放在 ffconf. h 里面,我们可以通过配置里面的一些选项来满足自己的需求。接下来介绍几个重要的配置选项。

① _FS_TINY。这个选项在 R0.07 版本中开始出现,之前的版本都以独立的 C 文件出现(FATFS 和 Tiny FATFS),有了这个选项之后两者整合在一起了,使用起来更方便。我们使用 FATFS,所以把这个选项定义为 0 即可。

② _FS_READONLY。这个用来配置是不是只读,本章需要读/写都用,所以这里设置为 0 即可。

③ _USE_STRFUNC。这个用来设置是否支持字符串类操作,比如 f_putc、f_puts 等,本章需要用到,故设置这里为 1。

④ _USE_MKFS。这个用来定时是否使能格式化,本章需要用到,所以设置这里为 1。

⑤ _USE_FASTSEEK。这个用来使能快速定位,这里设置为 1,使能快速定位。

⑥ _USE_LABEL。这个用来设置是否支持磁盘盘符(磁盘名字)读取与设置。这里设置为 1,即使能,就可以通过相关函数读取或者设置磁盘的名字了。

⑦ _CODE_PAGE。这个用于设置语言类型,包括很多选项(见 FATFS 官网说明),这里设置为 936,即简体中文(GBK 码,需要 c936. c 文件支持,该文件在 option 文件夹)。

⑧ _USE_LFN。该选项用于设置是否支持长文件名(还需要_CODE_PAGE 支持),取值范围为 0~3。0,表示不支持长文件名,1~3 是支持长文件名,但是存储地方不一样,这里选择使用 3,通过 ff_memalloc 函数来动态分配长文件名的存储区域。

⑨ _VOLUMES。用于设置 FATFS 支持的逻辑设备数目,这里设置为 2,即支持 2 个设备。

⑩ _MAX_SS。扇区缓冲的最大值,一般设置为 512。

其他配置项这里就不一一介绍了,FATFS 的说明文档里面有很详细的介绍,读者自己阅读即可。FATFS 的移植主要分为 3 步

① 数据类型:在 integer.h 里面去定义好数据的类型。这里需要了解读者用的编译器的数据类型,并根据编译器定义好数据类型。

② 配置:通过 ffconf.h 配置 FATFS 的相关功能,以满足需要。

③ 函数编写:打开 diskio.c 进行底层驱动编写,一般需要编写 6 个接口函数,如图 30.1.2 所示。

图 30.1.2　diskio 需要实现的函数

FATFS 在 STM32F4 上面的移植步骤如下:

① 这里使用的是 MDK5.13 编译器,其数据类型和 integer.h 里面定义的一致,所以此步不需要做任何改动。

② 关于 ffconf.h 里面的相关配置,前面已经有介绍(之前介绍的 10 个配置),将对应配置修改为我们介绍时候的值即可,其他的配置用默认配置。

③ 因为 FATFS 模块完全与磁盘 I/O 层分开,因此需要下面的函数来实现底层物理磁盘的读/写,并获取当前时间。底层磁盘 I/O 模块并不是 FATFS 的一部分,并且必须由用户提供。这些函数一般有 6 个,在 diskio.c 里面。

首先是 disk_initialize 函数,该函数介绍如图 30.1.3 所示。

函数名称	disk_initialize
函数原型	DSTATUS disk_initialize(BYTE Drive)
功能描述	初始化磁盘驱动器
函数参数	Drive:指定要初始化的逻辑驱动器号,即盘符,应当取值 0~9
返回值	函数返回一个磁盘状态作为结果,对于磁盘状态的细节信息,请参考 disk_status 函数
所在文件	ff.c
示例	disk_initialize(0);　　　　　　　　　　　　　/ * 初始化驱动器 0　　　　　　　　* /
注意事项	disk_initialize 函数初始化一个逻辑驱动器为读/写做准备,函数成功时,返回值的 STA_NOINIT 标志被清零; 应用程序不应调用此函数,否则卷上的 FAT 结构可能会损坏; 如果需要重新初始化文件系统,可使用 f_mount 函数; 在 FATFS 模块上卷注册处理时调用该函数可控制设备的改变; 此函数在 FATFS 挂在卷时调用,应用程序不应该在 FATFS 活动时使用此函数

图 30.1.3　disk_initialize 函数介绍

第二个函数是 disk_status 函数,该函数介绍如图 30.1.4 所示。

函数名称	disk_status
函数原型	DSTATUS disk_status(BYTE Drive)
功能描述	返回当前磁盘驱动器的状态
函数参数	Drive：指定要确认的逻辑驱动器号，即盘符，应当取值 0~9
返回值	磁盘状态返回下列标志的组合，FATFS 只使用 STA_NOINIT 和 STA_PROTECTED STA_NOINIT：表明磁盘驱动未初始化，下面列出了产生该标志置位或清零的原因： 　　　　置位：系统复位，磁盘被移除和磁盘初始化函数失败； 　　　　清零：磁盘初始化函数成功 STA_NODISK：表明驱动器中没有设备，安装磁盘驱动器后总为 0 STA_PROTECTED：表明设备被写保护，不支持写保护的设备总为 0，当 STA_NODISK 置位时非法
所在文件	ff. c
示例	disk_status(0); 　　　　　　　　　　　　　　/ * 获取驱动器 0 的状态 　　　　　　* /

图 30.1.4　disk_status 函数介绍

第三个函数是 disk_read 函数，该函数介绍如图 30.1.5 所示。

函数名称	disk_read
函数原型	DRESULT disk_read(BYTE Drive, BYTE * Buffer, DWORD SectorNumber, BYTE Sector-Count)
功能描述	从磁盘驱动器上读取扇区
函数参数	Drive：指定逻辑驱动器号，即盘符，应当取值 0~9 Buffer：指向存储读取数据字节数组的指针，需要为所读取字节数的大小，扇区统计的扇区大小是需要的 注：FATFS 指定的内存地址并不总是字对齐的，如果硬件不支持不对齐的数据传输，函数里需要进行处理 SectorNumber：指定起始扇区的逻辑块(LBA)上的地址 SectorCount：指定要读取的扇区数，取值 1~128
返回值	RES_OK(0)：函数成功 RES_ERROR：读操作期间产生了任何错误且不能恢复它 RES_PARERR：非法参数 RES_NOTRDY：磁盘驱动器没有初始化
所在文件	ff. c

图 30.1.5　disk_read 函数介绍

第四个函数是 disk_write 函数，该函数介绍如图 30.1.6 所示。

第五个函数是 disk_ioctl 函数，该函数介绍如图 30.1.7 所示。

最后一个函数是 get_fattime 函数，该函数介绍如图 30.1.8 所示。

函数名称	disk_write
函数原型	DRESULT disk_write(BYTE Drive, const BYTE * Buffer, DWORD SectorNumber, BYTE SectorCount)
功能描述	向磁盘写入一个或多个扇区
函数参数	Drive：指定逻辑驱动器号，即盘符，应当取值 0~9 Buffer：指向要写入字节数组的指针 注：FATFS 指定的内存地址并不总是字对齐的，如果硬件不支持不对齐的数据传输，函数里需要进行处理 SectorNumber：指定起始扇区的逻辑块(LBA)上的地址 SectorNumber：指定要写入的扇区数，取值 1~128
返回值	RES_OK(0)：函数成功 RES_ERROR：读操作期间产生了任何错误且不能恢复它 RES_WRPRT：媒体被写保护 RES_PARERR：非法参数 RES_NOTRDY：磁盘驱动器没有初始化
所在文件	ff.c
注意事项	只读配置中不需要此函数

图 30.1.6　disk_write 函数介绍

函数名称	disk_ioctl
函数原型	DRESULT disk_ioctl(BYTE Drive, BYTE Command, void * Buffer)
功能描述	控制设备指定特性和除了读/写外的杂项功能
函数参数	Drive：指定逻辑驱动器号，即盘符，应当取值 0~9 Command：指定命令代码 Buffer：指向参数缓冲区的指针，取决于命令代码，不使用时，指定一个 NULL 指针
返回值	RES_OK(0)：函数成功 RES_ERROR：读操作期间产生了任何错误且不能恢复它 RES_PARERR：非法参数 RES_NOTRDY：磁盘驱动器没有初始化
所在文件	ff.c
注意事项	CTRL_SYNC：确保磁盘驱动器已经完成了写处理，当磁盘 I/O 有一个写回缓存，立即刷新原扇区，只读配置下不适用此命令 GET_SECTOR_SIZE：返回磁盘的扇区大小，只用于 f_mkfs() GET_SECTOR_COUNT：返回可利用的扇区数，_MAX_SS≥1 024 时可用 GET_BLOCK_SIZE：获取擦除块大小，只用于 f_mkfs() CTRL_ERASE_SECTOR：强制擦除一块的扇区，_USE_ERASE>0 时可用

图 30.1.7　disk_ioctl 函数介绍

函数名称	get_fattime
函数原型	DWORD get_fattime()
功能描述	获取当前时间
函数参数	无
返回值	当前时间以双字值封装返回,位域如下: bit31:2　年　　(0~12)　(从 1980 开始) bit24:21　月　　(1~12) bit20:16　日　　(1~31) bit15:11　小时　(0~23) bit10:5　分钟　(0~59) bit:0　　秒　　(0~29)
所在文件	ff.c
注意事项	get_fattime 函数必须返回一个合法的时间即使系统不支持实时时钟,如果返回 0,文件没有一个合法的时间; 只读配置下无需此函数

图 30.1.8　get_fattime 函数介绍

以上 6 个函数将在软件设计部分一一实现。通过以上 3 个步骤,我们就完成了对 FATFS 的移植,就可以在代码里面使用 FATFS 了。

FATFS 提供了很多 API 函数,在 FATFS 的自带介绍文件里面都有详细的介绍(包括参考代码),这里就不多说了。注意,使用 FATFS 的时候,必须先通过 f_mount 函数注册一个工作区,才能开始后续 API 的使用。

30.2　硬件设计

本章实验功能简介:开机的时候先初始化 SD 卡,之后注册 2 个工作区(一个给 SD 卡用,一个给 SPI Flash 用),然后获取 SD 卡的容量和剩余空间,并显示在 LCD 模块上,最后等待 USMART 输入指令进行各项测试。本实验通过 DS0 指示程序运行状态。

本实验用到的硬件资源有指示灯 DS0、串口、TFTLCD 模块、SD 卡、SPI Flash。这些在之前都已经介绍过,不清楚可参考之前内容。

30.3　软件设计

本章将 FATFS 部分单独做一个分组,在工程目录下新建一个 FATFS 的文件夹,然后将 FATFS R0.11 程序包解压到该文件夹下。同时,在 FATFS 文件夹里面新建一个 exfuns 的文件夹,用于存放我们针对 FATFS 做的一些扩展代码。设计完如图 30.3.1 所示。

图 30.3.1　FATFS 文件夹子目录

　　打开本章实验工程可以看到,由于本章要用到 USMART 组件、SPI 和 W25Q128 等驱动,所以我们添加 USMART 组件到工程(方法见 16.3 节),同时还添加 spi.c 和 w25qxx.c 到 HARDWARE 组下。再新建了 FATFS 分组,将图 30.3.1 的 src 文件夹里面的 ff.c、diskio.c 以及 option 文件夹下的 cc936.c 这 3 个文件加到 FATFS 组下,并将 src 文件夹加入头文件包含路径。

　　打开 diskio.c,代码如下:

```
#define SD_CARD 0  //SD 卡,卷标为 0
#define EX_FLASH 1//外部 Flash,卷标为 1
#define FLASH_SECTOR_SIZE512
//对于 W25Q128
//前 12 MB 给 FATFS 用,12 MB 后用于存放字库,字库占 3.09 MB.剩余的给客户自己用
u16     FLASH_SECTOR_COUNT = 2048 * 12;     //W25Q1218,前 12 MB 给 FATFS 占用
#define FLASH_BLOCK_SIZE8                    //每个 BLOCK 有 8 个扇区
//获得磁盘状态
DSTATUS disk_status (
    BYTE pdrv/ * Physical drive nmuber to identify the drive * /
)
{
    return RES_OK;
}
//初始化磁盘
DSTATUS disk_initialize (
    BYTE pdrv/ * Physical drive nmuber to identify the drive * /
)
{
    u8 res = 0;
    switch(pdrv)
    {
        case SD_CARD:                        //SD 卡
            res = SD_Init();  break;        //SD 卡初始化
        case EX_FLASH:                       //外部 Flash
            W25QXX_Init();
            FLASH_SECTOR_COUNT = 2048 * 12; //W25Q1218,前 12 MB 给 FATFS 占用
            break;
        default: res = 1;
    }
```

```
        if(res)return   STA_NOINIT;
        else return 0;                              //初始化成功
}
//读扇区
//pdrv:磁盘编号 0~9          * buff:数据接收缓冲首地址
//sector:扇区地址          count:需要读取的扇区数
DRESULT disk_read (
    BYTE pdrv,/ * Physical drive nmuber to identify the drive * /
    BYTE * buff,/ * Data buffer to store read data * /
    DWORD sector,/ * Sector address in LBA * /
    UINT count/ * Number of sectors to read * /
)
{
    u8 res = 0;
    if (! count)return RES_PARERR;                //count 不能等于 0,否则返回参数错误
    switch(pdrv)
    {
        case SD_CARD:                              //SD 卡
            res = SD_ReadDisk(buff,sector,count);
            while(res)                            //读出错
            {
                SD_Init();                        //重新初始化 SD 卡
                res = SD_ReadDisk(buff,sector,count);
            }
            break;
        case EX_FLASH:                            //外部 Flash
            for(;count>0;count-- )
            {
                W25QXX_Read(buff,sector * FLASH_SECTOR_SIZE,
                        FLASH_SECTOR_SIZE);
                sector++ ;
                buff + = FLASH_SECTOR_SIZE;
            }
            res = 0;
            break;
        default:
            res = 1;
}
    //处理返回值,将 SPI_SD_driver.c 的返回值转成 ff.c 的返回值
    if(res == 0x00)return RES_OK;
    else return RES_ERROR;
}
//写扇区
//pdrv:磁盘编号 0~9       * buff:发送数据首地址
//sector:扇区地址         count:需要写入的扇区数
# if _USE_WRITE
DRESULT disk_write (
    BYTE pdrv,                     / * Physical drive nmuber to identify the drive * /
    const BYTE * buff,            / * Data to be written * /
    DWORD sector,                 / * Sector address in LBA * /
    UINT count                    / * Number of sectors to write * /
```

```
)
{
    u8 res = 0;
    if(! count)return RES_PARERR;        //count 不能等于 0,否则返回参数错误
    switch(pdrv)
    {
        case SD_CARD:                    //SD 卡
            res = SD_WriteDisk((u8 * )buff,sector,count);
            while(res)                   //写出错
            {
                SD_Init();               //重新初始化 SD 卡
                res = SD_WriteDisk((u8 * )buff,sector,count);
                //printf("sd wr error: % d\r\n",res);
            }
            break;
        case EX_FLASH:                   //外部 Flash
            for(;count>0;count -- )
            {
                W25QXX_Write((u8 * )buff,sector * FLASH_SECTOR_SIZE,
                        FLASH_SECTOR_SIZE);
                sector ++ ;
                buff + = FLASH_SECTOR_SIZE;
            }
            res = 0;
            break;
        default: res = 1;
    }
    //处理返回值,将 SPI_SD_driver.c 的返回值转成 ff.c 的返回值
    if(res == 0x00)return RES_OK;
    else return RES_ERROR;
}
# endif
//其他表参数的获得
//pdrv:磁盘编号 0~9     ctrl:控制代码    * buff:发送/接收缓冲区指针
# if _USE_IOCTL
DRESULT disk_ioctl (
    BYTE pdrv,              /* Physical drive nmuber (0..) * /
    BYTE cmd,              /* Control code * /
    void * buff            /* Buffer to send/receive control data * /
)
{
DRESULT res;
    if(pdrv == SD_CARD)               //SD 卡
    {
        switch(cmd)
        {
            case CTRL_SYNC:
                res = RES_OK; break;
            case GET_SECTOR_SIZE:
                * (DWORD * )buff = 512;
                res = RES_OK;break;
```

```
                case GET_BLOCK_SIZE:
                    *(WORD*)buff = SDCardInfo.CardBlockSize;
                    res = RES_OK; break;
                case GET_SECTOR_COUNT:
                    *(DWORD*)buff = SDCardInfo.CardCapacity/512;
                    res = RES_OK; break;
                default:
                    res = RES_PARERR; break;
            }
        }else if(pdrv == EX_FLASH)        //外部 Flash
        {
            switch(cmd)
            {
                case CTRL_SYNC:
                    res = RES_OK; break;
                case GET_SECTOR_SIZE:
                    *(WORD*)buff = FLASH_SECTOR_SIZE;
                    res = RES_OK;break;
                case GET_BLOCK_SIZE:
                    *(WORD*)buff = FLASH_BLOCK_SIZE;
                    res = RES_OK;break;
                case GET_SECTOR_COUNT:
                    *(DWORD*)buff = FLASH_SECTOR_COUNT;
                    res = RES_OK;break;
                default:
                    res = RES_PARERR;break;
            }
        }else res = RES_ERROR;              //其他的不支持
    return res;
}
#endif
//获得时间
//User defined function to give a current time to fatfs module     */
//31-25: Year(0-127 org.1980), 24-21: Month(1-12), 20-16: Day(1-31) */
//15-11: Hour(0-23), 10-5: Minute(0-59), 4-0: Second(0-29*2) */
DWORD get_fattime (void)
{
    return 0;
}
//动态分配内存
void * ff_memalloc (UINT size)
{
    return (void*)mymalloc(SRAMIN,size);
}
//释放内存
void ff_memfree (void* mf)
{
    myfree(SRAMIN,mf);
}
```

该函数实现了 30.1 节提到的 6 个函数,同时因为 ffconf.h 里面设置了对长文件名的支持为方法 3,所以必须实现 ff_memalloc 和 ff_memfree 这 2 个函数。本章用 FATFS 管理了 2 个磁盘:SD 卡和 SPI Flash。SD 卡比较好说,但是对于 SPI Flash,因为其扇区是 4 KB 大小,为了方便设计,强制将其扇区定义为 512 字节,这样带来的好处就是设计使用相对简单;坏处就是擦除次数大增,所以不要随便往 SPI Flash 里面写数据,非必要最好别写,频繁写很容易将 SPI Flash 写坏。另外,diskio.c 里面的函数直接决定了磁盘编号(盘符/卷标)所对应的具体设备,比如,以上代码中设置 SD_CARD 为 0,EX_FLASH 位为 1,对应到 disk_read/disk_write 函数里面,我们就通过 switch 来判断到底要操作 SD 卡还是 SPI Flash,然后,分别执行对应设备的相关操作,以此实现磁盘编号和磁盘的关联。

打开 ffconf.h 头文件,可以看到我们还修改了 FATFS 相关配置项。cc936.c 主要提供 UNICODE 到 GBK、GBK 到 UNICODE 的码表转换,里面就是 2 个大数组,并提供一个 ff_convert 的转换函数,供 UNICODE 和 GBK 码互换,这个在中文长文件名支持的时候必须用到。

前面提到,FATFS 文件夹下还新建了一个 exfuns 的文件夹,用于保存一些 FATFS 一些针对 FATFS 的扩展代码,本章编写了 4 个文件,分别是 exfuns.c、exfuns.h、fattester.c 和 fattester.h。其中,exfuns.c 主要定义了一些全局变量,方便 FATFS 的使用,同时实现了磁盘容量获取等函数。fattester.c 文件主要是为了测试 FATFS 用,因为 FATFS 的很多函数无法直接通过 USMART 调用,所以在 fattester.c 里面对这些函数进行了一次再封装,使得可以通过 USMART 调用。这几个文件的代码可参考本例程源码,将 exfuns.c 和 fattester.c 加入 FATFS 组下,同时将 exfuns 文件夹加入头文件包含路径。

然后,打开 main.c,main 函数代码如下:

```
int main(void)
{
    u32 total,free;
    u8 t = 0; u8 res = 0;
    delay_init();          //延时函数初始化
    NVIC_PriorityGroupConfig(NVIC_PriorityGroup_2);//设置中断优先级分组为组 2
    uart_init(115200);                        //串口初始化为 115 200
    usmart_dev.init(72);                      //初始化 USMART
    LED_Init();                               //初始化与 LED 连接的硬件接口
    KEY_Init();                               //初始化按键
    LCD_Init();                               //初始化 LCD
    W25QXX_Init();                            //初始化 W25Q128
    my_mem_init(SRAMIN);                      //初始化内部内存池
    //…此处省略部分液晶显示代码
    while(SD_Init())                          //检测不到 SD 卡
    {
        LCD_ShowString(30,150,200,16,16,"SD Card Error!"); delay_ms(500);
        LCD_ShowString(30,150,200,16,16,"Please Check! "); delay_ms(500);
        LED0 = ! LED0;                        //DS0 闪烁
    }
```

```
    exfuns_init();                          //为 FATFS 相关变量申请内存
    f_mount(fs[0],"0:",1);                  //挂载 SD 卡
    res = f_mount(fs[1],"1:",1);            //挂载 Flash
    if(res == 0X0D)//FLASH 磁盘,FAT 文件系统错误,重新格式化 Flash
    {
        LCD_ShowString(30,150,200,16,16,"Flash Disk Formatting...");//格式化 FLASH
        res = f_mkfs("1:",1,4096);//格式化 FLASH,1,盘符;1,不需要引导区,8 个扇区为 1 个簇
        if(res == 0)
        {
            f_setlabel((const TCHAR *)"1:ALIENTEK");//设置 Flash 磁盘名:ALIENTEK
            LCD_ShowString(30,150,200,16,16,"Flash Disk Format Finish");//格式化完成
        }else LCD_ShowString(30,150,200,16,16,"Flash Disk Format Error ");//格式化失败
        delay_ms(1000);
    }
    LCD_Fill(30,150,240,150 + 16,WHITE);//清除显示
    while(exf_getfree("0",&total,&free))//得到 SD 卡的总容量和剩余容量
    {
        LCD_ShowString(30,150,200,16,16,"SD Card Fatfs Error!");
        delay_ms(200);
        LCD_Fill(30,150,240,150 + 16,WHITE);//清除显示
        delay_ms(200);
        LED0 = ! LED0;                       //DS0 闪烁
    }
    POINT_COLOR = BLUE;                      //设置字体为蓝色
    LCD_ShowString(30,150,200,16,16,"FATFS OK!");
    LCD_ShowString(30,170,200,16,16,"SD Total Size:      MB");
    LCD_ShowString(30,190,200,16,16,"SD  Free Size:      MB");
    LCD_ShowNum(30 + 8 * 14,170,total>>10,5,16);//显示 SD 卡总容量 MB
    LCD_ShowNum(30 + 8 * 14,190,free>>10,5,16);//显示 SD 卡剩余容量 MB
    while(1)
    {
        t ++ ;
        delay_ms(200);
        LED0 = ! LED0;
    }
}
```

main 函数里为 SD 卡和 Flash 都注册了工作区(挂载),在初始化 SD 卡并显示其容量信息后,进入死循环,等待 USMART 测试。

最后,在 usmart_config.c 里面的 usmart_nametab 数组添加如下内容:

```
(void *)mf_mount,"u8 mf_mount(u8 * path,u8 mt)",
(void *)mf_open,"u8 mf_open(u8 * path,u8 mode)",
(void *)mf_close,"u8 mf_close(void)",
//…此处省略部分定义
(void *)mf_gets,"void mf_gets(u16 size)",
(void *)mf_putc,"u8 mf_putc(u8 c)",
(void *)mf_puts,"u8 mf_puts(u8 * c)",
```

这些函数均在 fattester.c 里面实现,通过调用这些函数即可实现对 FATFS 对应 API 函数的测试。至此,软件设计部分就结束了。

30.4　下载验证

编译成功之后,下载代码到 ALIENTEK 战舰 STM32F103 上,可以看到 LCD 显示如图 30.4.1 所示的内容(假定 SD 卡已经插上了)。

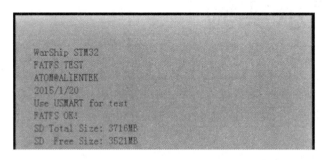

图 30.4.1　程序运行效果图

打开串口调试助手就可以串口调用前面添加的各种 FATFS 测试函数了,比如输入 mf_scan_files("0:")即可扫描 SD 卡根目录的所有文件,如图 30.4.2 所示。

图 30.4.2　扫描 SD 卡根目录所有文件

其他函数的测试用类似的办法即可实现。注意,这里 0 代表 SD 卡,1 代表 SPI Flash。注意,mf_unlink 函数在删除文件夹的时候必须保证文件夹是空的,才可以正常删除,否则不能删除。

第 **31** 章

汉字显示实验

汉字显示在很多单片机系统都需要用到,少则几个字,多则整个汉字库的支持,更有甚者还要支持多国字库,那就更麻烦了。本章将使用外部 Flash 来存储字库,并可以通过 SD 卡更新字库。STM32F1 读取存在 Flash 里面的字库,然后将汉字显示在 LCD 上面。

31.1　汉字显示原理简介

常用的汉字内码系统有 GB2312、GB13000、GBK、BIG5（繁体）等几种,其中,GB2312 支持的汉字仅有几千个,很多时候不够用,而 GBK 内码不仅完全兼容 GB2312,还支持了繁体字,总汉字数有 2 万多个,完全能满足一般应用的要求。

本实例将制作 3 个 GBK 字库,制作好的字库放在 SD 卡里面,然后通过 SD 卡将字库文件复制到外部 Flash 芯片 W25Q128 里,这样,W25Q128 就相当于一个汉字字库芯片了。

汉字在液晶上的显示原理与前面显示字符的是一样的,其实就是一些点的显示与不显示,这就像笔一样,有笔经过的地方就画出来,没经过的地方就不画。所以要显示汉字,首先要知道汉字的点阵数据,这些数据可以由专门的软件来生成。只要知道了一个汉字点阵的生成方法,那么程序里面就可以把这个点阵数据解析成一个汉字。

知道如何显示一个汉字,就可以推及整个汉字库了。汉字在各种文件里面的存储不是以点阵数据的形式存储的(否则那占用的空间就太大了),而是以内码的形式存储的,就是 GB2312、GBK、BIG5 等这几种的一种,每个汉字对应着一个内码,在知道了内码之后再去字库里面查找这个汉字的点阵数据,然后在液晶上显示出来。这个过程我们是看不到,但是计算机是要去执行的。

单片机要显示汉字也与此类似:汉字内码(GBK/GB2312)→查找点阵库→解析→显示。所以只要有了整个汉字库的点阵,就可以把计算机上的文本信息在单片机上显示出来了。这里要解决的最大问题就是制作一个与汉字内码对得上号的汉字点阵库,而且要方便单片机的查找。每个 GBK 码由 2 个字节组成,第一个字节为 0X81～0XFE,第二个字节分为两部分,一是 0X40～0X7E,二是 0X80～0XFE。其中,与GB2312 相同的区域,字完全相同。

把第一个字节代表的意义称为区,那么 GBK 里面总共有 126 个区(0XFE−0X81

＋1），每个区内有 190 个汉字（0XFE－0X80＋0X7E－0X40＋2），总共就有 126×190＝23 940 个汉字。点阵库只要按照这个编码规则从 0X8140 开始逐一建立，每个区的点阵大小为每个汉字所用的字节数×190。这样，就可以得到在这个字库里面定位汉字的方法：

当 GBKL＜0X7F 时：Hp＝((GBKH－0x81)×190＋GBKL－0X40)(size・2)；

当 GBKL＞0X80 时：Hp＝((GBKH－0x81)×190＋GBKL－0X41)(size・2)；

其中，GBKH、GBKL 分别代表 GBK 的第一个字节和第二个字节（也就是高位和低位），size 代表汉字字体的大小（比如 16 字体、12 字体等），Hp 则为对应汉字点阵数据在字库里面的起始地址（假设是从 0 开始存放）。

这样只要得到了汉字的 GBK 码，就可以显示这个汉字了，从而实现汉字在液晶上的显示。

第 30 章提到要用 cc936.c 支持长文件名，但是 cc936.c 文件里面的 2 个数组太大了（172 KB），直接刷在单片机里面太占用 Flash 了，所以必须把这 2 个数组存放在外部 Flash。cc936 里面包含的 2 个数组 oem2uni 和 uni2oem 存放 unicode 和 gbk 的互相转换对照表，这 2 个数组很大，这里利用 ALIENTEK 提供的一个 C 语言数组转 BIN（二进制）的软件：C2B 转换助手 V1.1.exe，将这 2 个数组转为 BIN 文件。将这 2 个数组复制出来存放为一个新的文本文件，假设为 UNIGBK.TXT，然后用 C2B 转换助手打开这个文本文件，如图 31.1.1 所示。

图 31.1.1　C2B 转换助手

然后单击"转换"，就可以在当前目录下（文本文件所在目录下）得到一个 UNIGBK.bin 的文件。这样就实现了将 C 语言数组转换为.bin 文件，然后只需要将 UNIGBK.bin 保存到外部 Flash 就实现了该数组的转移。

cc936.c 里面主要是通过 ff_convert 调用这 2 个数组，实现 UNICODE 和 GBK 的互转，该函数源代码如下：

```
WCHAR ff_convert ( /* Converted code, 0 means conversion error */
    WCHARsrc,    /* Character code to be converted */
    UINTdir/* 0: Unicode to OEMCP, 1: OEMCP to Unicode */
)
{
    const WCHAR * p;
    WCHAR c;
    int i, n, li, hi;
    if (src < 0x80) {/* ASCII */
        c = src;
    } else {
        if (dir) {/* OEMCP to unicode */
            p = oem2uni;
```

```
            hi = sizeof(oem2uni) / 4 - 1;
        } else {/* Unicode to OEMCP */
            p = uni2oem;
            hi = sizeof(uni2oem) / 4 - 1;
        }
    li = 0;
        for (n = 16; n; n--) {
        i = li + (hi - li) / 2;
        if (src == p[i * 2]) break;
        if (src > p[i * 2]) li = i;
        else hi = i;
        }
    c = n ? p[i * 2 + 1] : 0;
    }
    return c;
}
```

此段代码通过二分法(16 阶)在数组里面查找 UNICODE(或 GBK)码对应的 GBK (或 UNICODE)码。将数组存放在外部 Flash 的时候,将该函数修改为:

```
WCHAR ff_convert (/* Converted code, 0 means conversion error */
    WCHARsrc,/* Character code to be converted */
    UINTdir/* 0: Unicode to OEMCP, 1: OEMCP to Unicode */
)
{
    WCHAR t[2];
    WCHAR c;
    u32 i, li, hi;
    u16 n;
    u32 gbk2uni_offset = 0;
    if(src < 0x80)c = src;//ASCII,直接不用转换
else
    {
        if(dir) gbk2uni_offset = ftinfo.ugbksize/2;//GBK 2 UNICODE
        else gbk2uni_offset = 0;//UNICODE 2 GBK
        /* Unicode to OEMCP */
        hi = ftinfo.ugbksize/2;//对半开
        hi = hi / 4 - 1;
        li = 0;
        for (n = 16; n; n--)
        {
            i = li + (hi - li) / 2;
            W25QXX_Read((u8 *)&t,ftinfo.ugbkaddr + i * 4 + gbk2uni_offset,4);//读出 4 个字节
            if (src == t[0]) break;
            if (src > t[0])li = i;
            else hi = i;
        }
        c = n ? t[1] : 0;
    }
    return c;
}
```

代码中的 ftinfo. ugbksize 为刚刚生成的 UNIGBK. bin 的大小,而 ftinfo. ugbkaddr

是存放 UNIGBK. bin 文件的首地址。这里同样采用的是二分法查找。

　　字库的生成要用到一款软件,由易木雨软件工作室设计的点阵字库生成器 V3.8。该软件可以在 WINDOWS 系统下生成任意点阵大小的 ASCII、GB2312(简体中文)、GBK(简体中文)、BIG5(繁体中文)、HANGUL(韩文)、SJIS(日文)、Unicode 以及泰文,越南文、俄文、乌克兰文、拉丁文、8859 系列等二十几种编码的字库,不但支持生成二进制文件格式的文件,也可以生成 BDF 文件、图片功能,并支持横向、纵向等多种扫描方式,且扫描方式可以根据用户的需求进行增加。该软件的界面如图 31.1.2 所示。

图 31.1.2　点阵字库生成器默认界面

　　要生成 16×16 的 GBK 字库,则选择 936 中文 PRC GBK,字宽和高均选择 16,字体大小选择 12,然后模式选择纵向取模方式二(字节高位在前,低位在后),最后单击“创建”就可以开始生成需要的字库了(. DZK 文件)。具体设置如图 31.1.3 所示。

　　注意:计算机端的字体大小与我们生成点阵大小的关系为:

$$fsize = dsize \cdot 6/8$$

　　其中,fsize 是计算机端字体大小,dsize 是点阵大小(12、16、24 等)。所以 16×16 点阵大小对应的是 12 字体。

　　生成完以后,我们把文件名和后缀改成 GBK16.FON(这里是手动修改后缀)。同样的方法生成 12×12 的点阵库(GBK12.FON)和 24×24 的点阵库(GBK24.FON),总共制作 3 个字库。

　　另外,该软件还可以生成其他很多字库,字体也可选,读者可以根据自己的需要按照上面的方法生成即可。该软件的详细介绍请看软件自带的“点阵字库生成器说明书”。

图 31.1.3　生成 GBK16×16 字库的设置方法

31.2　硬件设计

本章实验功能简介：开机的时候先检测 W25Q128 中是否已经存在字库，如果存在，则按次序显示汉字(3 种字体都显示)。如果没有，则检测 SD 卡和文件系统，并查找 SYSTEM 文件夹下的 FONT 文件夹，在该文件夹内查找 UNIGBK.BIN、GBK12.FON、GBK16.FON 和 GBK24.FON。检测到这些文件之后，就开始更新字库，更新完毕才开始显示汉字。按按键 KEY0 可以强制更新字库。同样用 DS0 来指示程序正在运行。

所要用到的硬件资源如下：指示灯 DS0、KEY0 按键、串口、TFTLCD 模块、SD 卡、SPI Flash。这几部分在之前的实例中都介绍过了，在此就不介绍了。

31.3　软件设计

打开本章实验工程可以看到，我们在 HARDWARE 文件夹所在的文件夹下新建了一个 TEXT 文件夹。在 TEXT 文件夹下新建了 fontupd.c、fontupd.h、text.c、text.h 这 4 个文件，并将该文件夹加入头文件包含路径。

打开 fontupd.c，代码如下：

```
//字库区域占用的总扇区数大小(字库信息 + unigbk 表 + 3 个字库 = 3238700 字节,约占 791
//个 W25QXX 扇区)
#define FONTSECSIZE 791
//字库存放起始地址
#define FONTINFOADDR1024 * 1024 * 12
//战舰 STM32F103,是从 12 MB 地址以后开始存放字库,前面 12 MB 被 FATFS 占用了
//12 MB 以后紧跟 3 个字库 + UNIGBK.BIN,总大小 3.09 MB,被字库占用了,不能动
```

```
//15.10 MB 以后,用户可以自由使用.建议用最后的 100 KB 比较好
//用来保存字库基本信息,地址,大小等
_font_info ftinfo;
//字库存放在磁盘中的路径
u8 * const GBK24_PATH = "/SYSTEM/FONT/GBK24.FON";//GBK24 的存放位置
u8 * const GBK16_PATH = "/SYSTEM/FONT/GBK16.FON";//GBK16 的存放位置
u8 * const GBK12_PATH = "/SYSTEM/FONT/GBK12.FON";//GBK12 的存放位置
u8 * const UNIGBK_PATH = "/SYSTEM/FONT/UNIGBK.BIN";//UNIGBK.BIN 的存放位置
//显示当前字体更新进度
//x,y:坐标   size:字体大小   fsize:整个文件大小   pos:当前文件指针位置
u32 fupd_prog(u16 x,u16 y,u8 size,u32 fsize,u32 pos)
{
    ……//此处省略代码
}
//更新某一个
//x,y:坐标   size:字体大小   fxpath:路径
//fx:更新的内容 0,ungbk;1,gbk12;2,gbk16;3,gbk24
//返回值:0,成功;其他,失败
u8 updata_fontx(u16 x,u16 y,u8 size,u8 * fxpath,u8 fx)
{
    u32 flashaddr = 0;
    FIL * fftemp;
    u8 res, rval = 0, * tempbuf;
    u16 bread;
    u32 offx = 0;
    fftemp = (FIL * )mymalloc(SRAMIN,sizeof(FIL));            //分配内存
    if(fftemp == NULL)rval = 1;
    tempbuf = mymalloc(SRAMIN,4096);                         //分配 4 096 个字节空间
    if(tempbuf == NULL)rval = 1;
    res = f_open(fftemp,(const TCHAR * )fxpath,FA_READ);
    if(res)rval = 2;                                         //打开文件失败
    if(rval == 0)
    {
        switch(fx)
        {
            case 0:                                          //更新 UNIGBK.BIN
                ftinfo.ugbkaddr = FONTINFOADDR + sizeof(ftinfo);  //紧跟 UNIGBK 码表
                ftinfo.ugbksize = fftemp ->fsize;            //UNIGBK 大小
                flashaddr = ftinfo.ugbkaddr;
                break;
            case 1:
                ftinfo.f12addr = ftinfo.ugbkaddr + ftinfo.ugbksize;//紧跟 GBK12 字库
                ftinfo.gbk12size = fftemp ->fsize;           //GBK12 字库大小
                flashaddr = ftinfo.f12addr;                  //GBK12 的起始地址
                break;
            case 2:
                ftinfo.f16addr = ftinfo.f12addr + ftinfo.gbk12size;//紧跟 GBK16 字库
                ftinfo.gbk16size = fftemp ->fsize;           //GBK16 字库大小
                flashaddr = ftinfo.f16addr;                  //GBK16 的起始地址
                break;
            case 3:
```

```
                    ftinfo.f24addr = ftinfo.f16addr + ftinfo.gbk16size;//紧跟 GBK24 字库
                    ftinfo.gkb24size = fftemp->fsize;              //GBK24 字库大小
                    flashaddr = ftinfo.f24addr;                    //GBK24 的起始地址
                    break;
            }
            while(res == FR_OK)                                    //死循环执行
            {
                res = f_read(fftemp,tempbuf,4096,(UINT *)&bread);  //读取数据
                if(res! = FR_OK)break;                             //执行错误
                W25QXX_Write(tempbuf,offx + flashaddr,4096);//从 0 开始写 4 096 个数据
                offx + = bread;
                fupd_prog(x,y,size,fftemp->fsize,offx);            //进度显示
                if(bread! = 4096)break;                            //读完了
            }
            f_close(fftemp);
        }
    myfree(SRAMIN,fftemp);                                         //释放内存
    myfree(SRAMIN,tempbuf);                                        //释放内存
    return res;
}
//更新字体文件,UNIGBK,GBK12,GBK16,GBK24 一起更新
//x,y:提示信息的显示地址
//size:字体大小  src:字库来源磁盘."0:",SD 卡;"1:",FLASH 盘,"2:",U 盘
//提示信息字体大小
//返回值:0,更新成功;  其他,错误代码
u8 update_font(u16 x,u16 y,u8 size,u8 * src)
{
    u8 * pname; u8 res = 0, rval = 0;
    u32 * buf;
    u16 i,j;
    FIL * fftemp;
    res = 0XFF;
    ftinfo.fontok = 0XFF;
    pname = mymalloc(SRAMIN,100);                                  //申请 100 字节内存
    buf = mymalloc(SRAMIN,4096);                                   //申请 4 KB 内存
    fftemp = (FIL *)mymalloc(SRAMIN,sizeof(FIL));                  //分配内存
    if(buf == NULL||pname == NULL||fftemp == NULL)
    {
        myfree(SRAMIN,fftemp);
        myfree(SRAMIN,pname);
        myfree(SRAMIN,buf);
        return 5;                                                 //内存申请失败
    }
    //先查找文件是否正常
    strcpy((char *)pname,(char *)src);//copy src 内容到 pname
    strcat((char *)pname,(char *)UNIGBK_PATH);
    res = f_open(fftemp,(const TCHAR *)pname,FA_READ);
    if(res)rval| = 1<<4;                                          //打开文件失败
    strcpy((char *)pname,(char *)src);//copy src 内容到 pname
    strcat((char *)pname,(char *)GBK12_PATH);
    res = f_open(fftemp,(const TCHAR *)pname,FA_READ);
```

```
if(res)rval| = 1<<5;                                    //打开文件失败
strcpy((char * )pname,(char * )src);                    //copy src 内容到 pname
strcat((char * )pname,(char * )GBK16_PATH);
res = f_open(fftemp,(const TCHAR * )pname,FA_READ);
if(res)rval| = 1<<6;                                    //打开文件失败
strcpy((char * )pname,(char * )src);                    //copy src 内容到 pname
strcat((char * )pname,(char * )GBK24_PATH);
res = f_open(fftemp,(const TCHAR * )pname,FA_READ);
if(res)rval| = 1<<7;                                    //打开文件失败
myfree(SRAMIN,fftemp);                                  //释放内存
if(rval == 0)                                           //字库文件都存在
{
    LCD_ShowString(x,y,240,320,size,"Erasing sectors...");//提示正在擦除扇区
    for(i = 0;i<FONTSECSIZE;i ++ )                      //先擦除字库区域,提高写入速度
    {
        fupd_prog(x + 20 * size/2,y,size,FONTSECSIZE,i);//进度显示
        W25QXX_Read((u8 * )buf,((FONTINFOADDR/4096) + i) * 4096,4096);//读扇区
        for(j = 0;j<1024;j ++ )                         //校验数据
        {
            if(buf[j]! = 0XFFFFFFFF)break;              //需要擦除
        }
        if(j! = 1024)W25QXX_Erase_Sector((FONTINFOADDR/4096) + i);//要擦除扇区
    }
    myfree(SRAMIN,buf);
    LCD_ShowString(x,y,240,320,size,"Updating UNIGBK.BIN");
    strcpy((char * )pname,(char * )src);                //copy src 内容到 pname
    strcat((char * )pname,(char * )UNIGBK_PATH);
    res = updata_fontx(x + 20 * size/2,y,size,pname,0);//更新 UNIGBK.BIN
    if(res){myfree(SRAMIN,pname);return 1;}
    LCD_ShowString(x,y,240,320,size,"Updating GBK12.BIN  ");
    strcpy((char * )pname,(char * )src);                //copy src 内容到 pname
    strcat((char * )pname,(char * )GBK12_PATH);
    res = updata_fontx(x + 20 * size/2,y,size,pname,1);//更新 GBK12.FON
    if(res){myfree(SRAMIN,pname);return 2;}
    LCD_ShowString(x,y,240,320,size,"Updating GBK16.BIN  ");
    strcpy((char * )pname,(char * )src);                //copy src 内容到 pname
    strcat((char * )pname,(char * )GBK16_PATH);
    res = updata_fontx(x + 20 * size/2,y,size,pname,2);//更新 GBK16.FON
    if(res){myfree(SRAMIN,pname);return 3;}
    LCD_ShowString(x,y,240,320,size,"Updating GBK24.BIN  ");
    strcpy((char * )pname,(char * )src);                //copy src 内容到 pname
    strcat((char * )pname,(char * )GBK24_PATH);
    res = updata_fontx(x + 20 * size/2,y,size,pname,3);//更新 GBK24.FON
    if(res){myfree(SRAMIN,pname);return 4;}
    //全部更新好了
    ftinfo.fontok = 0XAA;
    W25QXX_Write((u8 * )&ftinfo,FONTINFOADDR,sizeof(ftinfo));//保存字库信息
}
myfree(SRAMIN,pname);                                   //释放内存
myfree(SRAMIN,buf);
return rval;                                            //无错误
```

```
    }
    //初始化字体
    //返回值:0,字库完好.其他,字库丢失
    u8 font_init(void)
    {
        u8 t = 0;
        W25QXX_Init();
        while(t<10)//连续读取 10 次都是错误,说明确实是有问题,须更新字库了
        {
            t ++;
            W25QXX_Read((u8 *)&ftinfo,FONTINFOADDR,sizeof(ftinfo));//ftinfo 结构体数据
            if(ftinfo.fontok == 0XAA)break;
            delay_ms(20);
        }
        if(ftinfo.fontok! = 0XAA)return 1;
        return 0;
    }
```

此部分代码主要用于字库的更新操作(包含 UNIGBK 的转换码表更新),其中,ft-info 是 fontupd.h 里面定义的一个结构体,用于记录字库首地址及字库大小等信息。我们将 W25Q128 的前 12 MB 给 FATFS 管理(用作本地磁盘),12 MB 之后的空间依次用来存放字库结构体、UNIGBK.bin 文件和 3 个汉字字库,这部分内容首地址是 $(1\,024 \times 12) \times 1\,024$,空间大小约为 3.09 MB,最后 W25Q128 还剩下约 0.9 MB 给用户自己用。

头文件 fontupd.h 内部除了函数声明之外,我们还定义了结构体_font_info,定义如下:

```
    __packed typedef struct
    {
        u8 fontok;              //字库存在标志,0XAA,字库正常;其他,字库不存在
        u32 ugbkaddr;           //unigbk 的地址
        u32 ugbksize;           //unigbk 的大小
        u32 f12addr;            //gbk12 地址
        u32 gbk12size;          //gbk12 的大小
        u32 f16addr;            //gbk16 地址
        u32 gbk16size;          //gbk16 的大小
        u32 f24addr;            //gbk24 地址
        u32 gkb24size;          //gbk24 的大小
    }_font_info;
```

这里可以看到 ftinfo 的结构体定义,总共占用 33 个字节,第一个字节用来标识字库是否 OK,其他的用来记录地址和文件大小。

接下来看看 text.c 源文件内容,代码如下:

```
    //code 字符指针开始
    //从字库中查找出字模
    //code 字符串的开始地址,GBK 码
    //mat 数据存放地址(size/8+((size%8)? 1:0)) * (size)bytes 大小
    //size:字体大小
    void Get_HzMat(unsigned char * code,unsigned char * mat,u8 size)
```

```
{
    unsigned char qh,ql;
    unsigned char i;
    unsigned long foffset;
    u8 csize = (size/8 + ((size % 8)? 1:0)) * (size);//得到一个字符对应点阵集所占的字节数
    qh = * code;
    ql = * ( ++ code);
    if(qh<0x81||ql<0x40||ql == 0xff||qh == 0xff)    //非常用汉字
    {
        for(i = 0;i<csize;i ++ ) * mat ++ = 0x00;      //填充满格
        return;                                  //结束访问
    }
    if(ql<0x7f)ql - = 0x40;                        //注意
    else ql - = 0x41;
    qh - = 0x81;
    foffset = ((unsigned long)190 * qh + ql) * csize;    //得到字库中的字节偏移量
    switch(size)
    {
        case 12:W25QXX_Read(mat,foffset + ftinfo. f12addr,csize); break;
        case 16:W25QXX_Read(mat,foffset + ftinfo. f16addr,csize);break;
        case 24:W25QXX_Read(mat,foffset + ftinfo. f24addr,csize);break;
    }
}
//显示一个指定大小的汉字
//x,y :汉字的坐标   font:汉字 GBK 码
//size:字体大小  mode:0,正常显示,1,叠加显示
void Show_Font(u16 x,u16 y,u8 * font,u8 size,u8 mode)
{
    u8 temp,t,t1;
    u16 y0 = y;
    u8 dzk[72];
    u8 csize = (size/8 + ((size % 8)? 1:0)) * (size);//得到一个字符对应点阵集所占的字节数
    if(size! = 12&&size! = 16&&size! = 24)return;//不支持的 size
    Get_HzMat(font,dzk,size);       //得到相应大小的点阵数据
    for(t = 0;t<csize;t ++ )
    {
        temp = dzk[t];              //得到点阵数据
        for(t1 = 0;t1<8;t1 ++ )
        {
            if(temp&0x80)LCD_Fast_DrawPoint(x,y,POINT_COLOR);
            else if(mode == 0)LCD_Fast_DrawPoint(x,y,BACK_COLOR);
            temp<< = 1;
            y ++ ;
            if((y - y0) == size) { y = y0; x ++ ; break;}
        }
    }
}
//在指定位置开始显示一个字符串
//支持自动换行
//(x,y):起始坐标    width,height:区域   str :字符串
//size:字体大小 mode:0,非叠加方式;1,叠加方式
```

```
void Show_Str(u16 x,u16 y,u16 width,u16 height,u8 * str,u8 size,u8 mode)
{
    ……//此处代码省略
}
//在指定宽度的中间显示字符串
//如果字符长度超过了 len,则用 Show_Str 显示
//len:指定要显示的宽度
void Show_Str_Mid(u16 x,u16 y,u8 * str,u8 size,u8 len)
{
    ……//此处代码省略
}
```

此部分代码总共有 4 个函数,我们省略了 2 个函数(Show_Str_Mid 和 Show_Str)的代码,另外 2 个函数中,Get_HzMat 函数用于获取 GBK 码对应的汉字字库,通过 37.1 节介绍的办法在外部 Flash 查找字库,然后返回对应的字库点阵。Show_Font 函数用于在指定地址显示一个指定大小的汉字,采用的方法和 LCD_ShowChar 采用的方法一样,都是画点显示,这里就不细说了。

前面提到我们对 cc936.c 文件做了修改,将其命名为 mycc936.c,并保存在 exfuns 文件夹下,将工程 FATFS 组下的 cc936.c 删除,然后重新添加 mycc936.c 到 FATFS 组下。mycc936.c 的源码其实就是在 cc936.c 的基础上去掉了 2 个大数组,然后对 ff_convert 进行了修改,详见本例程源码。

最后,打开 main.c 源文件,关键代码如下:

```
int main(void)
{
    u32 fontcnt; u8 i,j; u8 key,t;
    u8 fontx[2];                              //gbk 码
    delay_init();                             //延时函数初始化
    NVIC_PriorityGroupConfig(NVIC_PriorityGroup_2);//设置中断优先级分组为组 2
    uart_init(115200);                        //串口初始化为 115 200
    usmart_dev.init(72);                      //初始化 USMART
    LED_Init();                               //初始化与 LED 连接的硬件接口
    KEY_Init();                               //初始化按键
    LCD_Init();                               //初始化 LCD
    W25QXX_Init();                            //初始化 W25Q128
    my_mem_init(SRAMIN);                      //初始化内部内存池
    exfuns_init();                            //为 FATFS 相关变量申请内存
    f_mount(fs[0],"0:",1);                    //挂载 SD 卡
    f_mount(fs[1],"1:",1);                    //挂载 Flash
    while(font_init())                        //检查字库
    {
UPD:
        LCD_Clear(WHITE);                     //清屏
        POINT_COLOR = RED;                    //设置字体为红色
        LCD_ShowString(30,50,200,16,16,"WarShip STM32");
        while(SD_Init())                      //检测 SD 卡
        {
```

```
        LCD_ShowString(30,70,200,16,16,"SD Card Failed!"); delay_ms(200);
        LCD_Fill(30,70,200 + 30,70 + 16,WHITE); delay_ms(200);
    }
    LCD_ShowString(30,70,200,16,16,"SD Card OK");
    LCD_ShowString(30,90,200,16,16,"Font Updating...");
    key = update_font(20,110,16,"0:");                    //更新字库
    while(key)                                            //更新失败
    {
        LCD_ShowString(30,110,200,16,16,"Font 死我活 Update Failed!"); delay_ms(200);
        LCD_Fill(20,110,200 + 20,110 + 16,WHITE); delay_ms(200);
    }
    LCD_ShowString(30,110,200,16,16,"Font Update Success!    ");
    delay_ms(1500);
    LCD_Clear(WHITE);                                     //清屏
}
//···此处省略部分液晶显示代码
while(1)
{
    fontcnt = 0;
    for(i = 0x81;i<0xff;i++)
    {
        fontx[0] = i;
        LCD_ShowNum(118,150,i,3,16);                      //显示内码高字节
        for(j = 0x40;j<0xfe;j++)
        {
            if(j == 0x7f)continue;
            fontcnt++;
            LCD_ShowNum(118,170,j,3,16);                  //显示内码低字节
            LCD_ShowNum(118,190,fontcnt,5,16);            //汉字计数显示
            fontx[1] = j;
            Show_Font(30 + 132,220,fontx,24,0);
            Show_Font(30 + 144,244,fontx,16,0);
            Show_Font(30 + 108,260,fontx,12,0);
            t = 200;
            while(t--)                                    //延时,同时扫描按键
            {
                delay_ms(1);
                key = KEY_Scan(0);
                if(key == KEY0_PRES)goto UPD;
            }
            LED0 = ! LED0;
        }
    }
}
}
```

　　此部分代码实现了硬件描述部分描述的功能,至此整个软件设计就完成了。这节有太多的代码,而且工程也增加了不少,整个工程截图如图 31.3.1 所示。

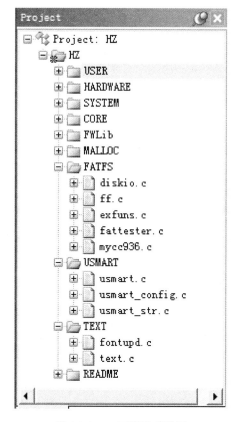

图 31.3.1　工程建成截图

31.4　下载验证

编译成功之后,下载代码到 ALIENTEK 战舰 STM32F103 上,可以看到 LCD 开始显示汉字及汉字内码,如图 31.4.1 所示。

图 31.4.1　汉字显示实验显示效果

一开始就显示汉字,是因为 ALIENTEK 战舰 STM32F103 在出厂的时候都是测试过的,里面刷了综合测试程序,已经把字库写入到了 W25Q128 里面,所以并不会提示更新字库。如果想要更新字库,那么必须先找一张 SD 卡,把本书配套资料"5,SD 卡根目录文件"文件夹下面的 SYSTEM 文件夹复制到 SD 卡根目录下,插入开发板并按复位,之后,在显示汉字的时候按下 KEY0,就可以开始更新字库了。字库更新界面如图 31.4.2 所示。

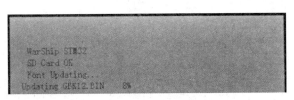

图 31.4.2　汉字字库更新界面

还可以通过 USMART 来测试该实验,将 Show_Str 函数加入 USMART 控制(方法前面已经讲了很多次了),就可以通过串口调用该函数,在屏幕上显示任何想要显示的汉字了。

第 **32** 章

USB 虚拟串口实验

STM32F103 系列芯片都自带了 USB,不过 STM32F103 的 USB 都只能用来做设备,而不能用作主机。即便如此,对于一般应用来说已经足够了。本章将介绍如何在 ALIENTEK 战舰 STM32 开发板上利用 STM32 自生的 USB 功能实现一个虚拟串口。

32.1　USB 简介

USB,是 Universal Serial BUS(通用串行总线)的缩写,中文简称为"通串线",是在 1994 年底由英特尔、康柏、IBM、Microsoft 等多家公司联合提出的,是一个外部总线标准,用于规范电脑与外部设备的连接和通信,应用在 PC 领域的接口技术。USB 接口支持设备的即插即用和热插拔功能。

USB 发展到现在已经有 USB1.0、1.1、2.0、3.0 等多个版本。目前用得最多的就是 USB1.1 和 USB2.0,USB3.0 目前已经开始普及。STM32F103 自带的 USB 符合 USB2.0 规范。

标准 USB 由 4 根线组成,除 VCC/GND 外,另外为 D+、D−;这 2 根数据线采用差分电压的方式进行数据传输。在 USB 主机上,D−和 D+都是接了 15 kΩ 的电阻到地的,所以在没有设备接入的时候,D+、D−均是低电平。而在 USB 设备中,如果是高速设备,则会在 D+上接一个 1.5 kΩ 的电阻到 VCC;如果是低速设备,则会在 D−上接一个 1.5 kΩ 的电阻到 VCC。这样当设备接入主机的时候,主机就可以判断是否有设备接入,并能判断设备是高速设备还是低速设备。接下来简单介绍一下 STM32 的 USB 控制器。

STM32F103 的 MCU 自带 USB 从控制器,符合 USB 规范的通信连接;PC 主机和微控制器之间的数据传输是通过共享一个专用的数据缓冲区来完成的,该数据缓冲区能被 USB 外设直接访问。这块专用数据缓冲区的大小由所使用的端点数目和每个端点最大的数据分组大小决定,每个端点最大可使用 512 字节缓冲区(专用的 512 字节,和 CAN 共用),最多可用于 16 个单向或 8 个双向端点。USB 模块同 PC 主机通信,根据 USB 规范实现令牌分组的检测、数据发送/接收的处理、握手分组的处理。整个传输的格式由硬件完成,其中包括 CRC 的生成和校验。

每个端点都有一个缓冲区描述块,描述该端点使用的缓冲区地址、大小和需要传输的字节数。当 USB 模块识别出一个有效的功能/端点的令牌分组时,(如果需要传输数据并且端点已配置)随之发生相关的数据传输。USB 模块通过一个内部的 16 位寄存器实现端口与专用缓冲区的数据交换。在所有的数据传输完成后,如果需要,则根据传输的方向发送或接收适当的握手分组。在数据传输结束时,USB 模块将触发与端点相关的中断,通过读状态寄存器和/或者利用不同的中断来处理。

USB 的中断映射单元:将可能产生中断的 USB 事件映射到 3 个不同的 NVIC 请求线上:

① USB 低优先级中断(通道 20):可由所有 USB 事件触发(正确传输,USB 复位等)。固件在处理中断前应当首先确定中断源。

② USB 高优先级中断(通道 19):仅由同步和双缓冲批量传输的正确传输事件触发,目的是保证最大的传输速率。

③ USB 唤醒中断(通道 42):由 USB 挂起模式的唤醒事件触发。

USB 设备框图如图 32.1.1 所示。

图 32.1.1　USB 设备框图

STM32F1 USB 的其他介绍可参考《STM32 中文参考手册》第 21 章内容,这里就不再详细介绍了。

要正常使用 STM32F1 的 USB,就得编写 USB 驱动,而整个 USB 通信的详细过程是很复杂的,有兴趣的读者可以去看看《圈圈教你玩 USB》这本书,该书对 USB 通信有详细讲解。如果要自己编写 USB 驱动,那是一件相当困难的事情,尤其对于从没了解过 USB 的人来说,基本上不花个一两年时间学习是没法实现的。不过,ST 提供了一套完整的 USB 驱动库,通过这个库可以很方便地实现我们所要的功能,而不需要详细了解 USB 的整个驱动,大大缩短了开发时间和精力。

ST 提供的 USB 驱动库,可以在 http://www.stmcu.org/document/detail/index/id-213156 下载到(STSW-STM32121)。这里已经帮读者下载到本书配套资料"8,STM32 参考资料→STM32 USB 学习资料",文件名为 STSW-STM32121.zip(源代码)和 CD00158241.pdf(教程)。STSW-STM32121.zip 这个压缩包文件里面,ST 提供了 8 个参考例程,如图 32.1.2 所示。

图 32.1.2 ST 提供的 USB 参考例程

ST 不但提供源码,还提供了说明文件 CD00158241.pdf(UM0424),专门讲解 USB 库怎么使用。这些资料对了解 STM32F103 的 USB 会有不少帮助,尤其在不懂的时候看看 ST 的例程会有意想不到的收获。本实验的 USB 部分就是移植 ST 的 Virtual_COM_Port 例程相关部分而来,从而完成一个 USB 虚拟串口的功能。

32.2 硬件设计

本章实验功能简介:本实验利用 STM32 自带的 USB 功能连接计算机 USB,虚拟出一个 USB 串口,实现计算机和开发板的数据通信。本例程功能完全同实验 4(串口实验),只不过串口变成了 STM32 的 USB 虚拟串口。当 USB 连接计算机(USB 线插入 USB_SLAVE 接口),开发板将通过 USB 和计算机建立连接,虚拟出一个串口(注意,需要先安装本书配套资料中的"6,软件资料\1,软件\STM32 USB 虚拟串口驱动\VCP_V1.4.0_Setup.exe"这个驱动软件),USB 和计算机连接成功后,DS1 常亮。

　　找到虚拟串口后即可打开串口调试助手,实现同实验 4 一样的功能,即:STM32 通过 USB 虚拟串口和上位机对话,STM32 收到上位机发过来的字符串(以回车换行结束)后,原原本本地返回给上位机。下载后,DS0 闪烁,提示程序在运行,同时每隔一定时间,通过 USB 虚拟串口输出一段信息到计算机。

　　所要用到的硬件资源如下:指示灯 DS0/DS1、串口、TFTLCD 模块、USB SLAVE 接口。前面 3 部分都介绍过了,接下来看看计算机 USB 与 STM32 的 USB SLAVE 连接口。正点原子战舰 V4 版本采用的是 TypeC USB 接头,用来和计算机的 USB 相连接,连接电路如图 32.2.1 所示。可以看出,USB 座没有直接连接到 STM32F1 上面,而是通过 P9 转接,所以我们需要通过跳线帽将 PA11 和 PA12 分别连接到 D－和 D＋,如图 32.2.2 所示。

图 32.2.1　TypeC USB 接口与 STM32 的连接电路图

图 32.2.2　硬件连接示意图

　　用跳线帽短接 PA11 和 D－、PA12 和 D＋之后,就完成了 TypeC USB 和 STM32 芯片的连接。

32.3　软件设计

　　本章在实验 13(TFTLCD 显示实验)的基础上修改,代码移植自 ST 官方例程,见本书配套资料“8,STM32 参考资料\2,STM32 USB 学习资料\STM32_USB－FS－De-vice_Lib_V4.0.0\Projects\Virtual_COM_Port”,打开该例程即可知道 USB 相关的代

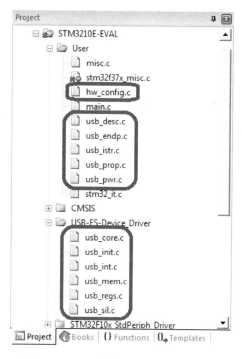

图 32.3.1　ST 官方例程 USB 相关代码

码有哪些,如图 32.3.1 所示。

有了这个官方例程做指引,我们就知道具体需要哪些文件来实现本章例程。

首先,在本章例程(即实验 13 TFTLCD 显示实验)的工程文件夹下面新建 USB 文件夹,并复制官方 USB 驱动库相关代码到该文件夹下,即复制本书配套资料"8,STM32 参考资料→STM32 USB 学习资料→STM32_USB - FS - Device_Lib_V4.0.0→Libraries 文件夹下的 STM32_USB - FS - Device_Driver 文件夹"到该文件夹下面。

然后,在 USB 文件夹下新建 CONFIG 文件夹来存放 Virtual COM 实现相关代码,即 STM32_USB - FS - Device_Lib_V4.0.0→Projects→Virtual_COM_Port→src 文件夹下的 hw_config.c、usb_desc.c、usb_endp.c、usb_istr.c、usb_prop.c 和 usb_pwr.c 这 6 个.c 文件,同时复制 STM32_USB - FS - Device_Lib_V4.0.0→Projects→Virtual_COM_Port→inc 文件夹下面的 hw_config.h、platform_config.h、usb_conf.h、usb_desc.h、usb_istr.h、usb_prop.h 和 usb_pwr.h 这 7 个头文件到 CONFIG 文件夹下。最后,CONFIG 文件夹下的文件如图 32.3.2 所示。

图 32.3.2　USB_APP 代码

之后,根据 ST 官方 Virtual_COM_Port 例程,在本章例程的基础上新建分组添加相关代码,具体细节这里就不详细介绍了,添加好之后如图 32.3.3 所示。

移植时重点要修改的就是 CONFIG 文件夹下面的代码,USB_CORE 文件夹下的代码一般不用修改。现在简单介绍 USB_CORE 文件夹下的几个.c文件。

usb_regs.c 文件,主要负责 USB 控制寄存器的底层操作,里面有各种 USB 寄存器的底层操作函数。

usb_init.c 文件,该文件里面只有一个函数 USB_Init,用于 USB 控制器的初始化。不过 USB 控制器的初始化是 USB_Init 调用其他文件的函数实现的,USB_Init 只不过是把它们连接一下,从而使得代码比较规范。

usb_int.c 文件,该文件里面只有 2 个函数 CTR_LP 和 CTR_HP,CTR_LP 负责 USB 低优先级中断的处理,CTR_HP 负责 USB 高优先级中断的处理。

usb_mem.c 文件,用于处理 PMA 数据。PMA 全称为 Packet memory area,是 STM32 内部用于 USB/CAN 的专用数据缓冲区,该文件内也只有 2 个函数(即 PMAToUser-BufferCopy 和 UserToPMABufferCopy),分别用于将 USB 端点的数据传送给主机和主机的数据传送到 USB 端点。

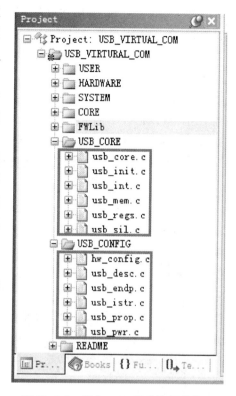

图 32.3.3　添加 USB 驱动等相关代码

usb_croe.c 文件,用于处理 USB2.0 协议。

usb_sil.c 文件,为 USB 端点提供简化的读/写访问函数。

以上几个文件具有很强的独立性,除特殊情况,不需要用户修改,直接调用内部的函数即可。接着介绍 CONFIG 文件夹里面的几个.c文件。

hw_config.c 文件,用于硬件的配置,比如初始化 USB 时钟、USB 中断、低功耗模式处理等。

usb_desc.c 文件,用于 Virtual Com 描述符的处理。

usb_endp.c 文件,用于非控制传输,处理正确传输中断回调函数。

usb_pwr.c 文件,用于 USB 控制器的电源管理。

usb_istr.c 文件,用于处理 USB 中断。

usb_prop.c 文件,用于处理所有 Virtual Com 的相关事件,包括 Virtual Com 的初始化、复位等操作。

另外,官方例程用 stm32_it.c 来处理 USB 相关中断,包括 2 个中断服务函数,第一个是 USB_LP_CAN1_RX0_IRQHandler 函数,我们在该函数里面调用 USB_Istr 函数,用于处理 USB 发生的各种中断。另外一个就是 USBWakeUp_IRQHandler 函数,在该函数就做了一件事:清除中断标志。为了方便,我们直接将 USB 中断相关代码全部放到 hw_config.c 里面,所以,本例程直接用不到 stm32_it.c。

USB 相关代码的详细介绍可参考"CD00158241.pdf"文档。注意,以上代码有些是经过修改了的,并非完全照搬官方例程。接着在工程文件里面新建 USB_CORE 和 USB_CONFIG 分组,分别加入 USB\STM32_USB – FS – Device_Driver\src 下面的代码和 USB\CONFIG 下面的代码,然后把 USB\STM32_USB – FS – Device_Driver\inc 和 USB\CONFIG 文件夹加入头文件包含路径。

接下来打开 main.c 文件,主函数关键代码如下:

```
int main(void)
{
    u16 t; u16 len;
    u16 times = 0; u8 usbstatus = 0;
    delay_init();                              //延时函数初始化
    NVIC_PriorityGroupConfig(NVIC_PriorityGroup_2);  //设置 NVIC 中断分组 2
    uart_init(115200);                         //串口初始化为 115 200
    LED_Init();                                //初始化与 LED 连接的硬件接口
    LCD_Init();                                //初始化 LCD
    //…此处省略部分液晶显示代码
    delay_ms(1800);
    USB_Port_Set(0);                           //USB 先断开
    delay_ms(700);
    USB_Port_Set(1);                           //USB 再次连接
    Set_USBClock();
    USB_Interrupts_Config();
    USB_Init();
    while(1)
    {
        if(usbstatus! = bDeviceState)          //USB 连接状态发生了改变
        {   usbstatus = bDeviceState;          //记录新的状态
            if(usbstatus = = CONFIGURED)
            {
                POINT_COLOR = BLUE;
                LCD_ShowString(30,130,200,16,16,"USB Connected     ");//连接成功
                LED1 = 0;//DS1 亮
            }else
            {   POINT_COLOR = RED;
                LCD_ShowString(30,130,200,16,16,"USB disConnected");//提示断开
                LED1 = 1;                       //DS1 灭
            }

        }
        if(USB_USART_RX_STA&0x8000)
        {len = USB_USART_RX_STA&0x3FFF;          //得到此次接收到的数据长度
            usb_printf("\r\n 您发送的消息为:% d\r\n\r\n",len);
            for(t = 0;t<len;t ++ )
            {
                USB_USART_SendData(USB_USART_RX_BUF[t]);//按字节发送给 USB
```

```
                }
                usb_printf("\r\n\r\n");//插入换行
                USB_USART_RX_STA = 0;
            }else
            {   times ++ ;
                if(times % 5000 == 0)
                {
                    usb_printf("\r\n 战舰 STM32 开发板 USB 虚拟串口实验\r\n");
                    usb_printf("正点原子@ALIENTEK\r\n\r\n");
                }
                if(times % 200 == 0)usb_printf("请输入数据,以回车键结束\r\n");
                if(times % 30 == 0)LED0 = ! LED0;//闪烁 LED,提示系统正在运行
                delay_ms(10);
            }
        }
    }
}
```

此部分代码用于实现硬件设计部分提到的功能,USB 的配置通过 3 个函数完成:
USB_Interrupts_Config()、Set_USBClock()和 USB_Init(),第一个函数用于设置 USB
唤醒中断和 USB 低优先级数据处理中断;Set_USBClock 函数用于配置 USB 时钟,也
就是从 72 MHz 的主频得到 48 MHz 的 USB 时钟(1.5 分频)。USB_Init()函数用于初
始化 USB,最主要的就是调用了 Virtual_Com_Port_init 函数,开启了 USB 部分的电源
等。这里需要特别说明的是,USB 配置并没有对 PA11 和 PA12 这 2 个 I/O 口进行设
置,是因为一旦开启了 USB 电源(USB_CNTR 的 PDWN 位清零),PA11 和 PA12 将不
再作为其他功能使用,仅供 USB 使用,所以开启了 USB 电源后不论怎么配置这 2 个
I/O 口都是无效的。要在此获取这 2 个 I/O 口的配置权,则需要关闭 USB 电源,也就
是置位 USB_CNTR 的 PDWN 位。我们通过 USB_Port_Set 函数来禁止/允许 USB 连
接,在复位的时候先禁止再允许,这样每次按复位计算机都可以识别到 USB 鼠标,而不
需要每次都拔 USB 线。USB_Port_Set 函数在 hw_config.c 里面实现,代码可参考本
例程源码。

USB 虚拟串口的数据发送通过函数 USB_USART_SendData 来实现,该函数在
hw_config.c 里面实现,代码如下:

```
//发送一个字节数据到 USB 虚拟串口
void USB_USART_SendData(u8 data)
{
    uu_txfifo.buffer[uu_txfifo.writeptr] = data;
    uu_txfifo.writeptr ++ ;
    if(uu_txfifo.writeptr == USB_USART_TXFIFO_SIZE)//超过 buf 大小了,归零
    {
        uu_txfifo.writeptr = 0;
    }
}
```

该函数实现发送一个字节到虚拟串口,这里用到了一个 uu_txfifo 的结构体。该结
构体是 hw_config 里面定义的一个 USB 虚拟串口发送数据 FIFO 结构体,定义如下:

```
//定义一个 USB USART FIFO 结构体
typedef struct
```

```
{
    u8   buffer[USB_USART_TXFIFO_SIZE];              //buffer
    vu16 writeptr;                                    //写指针
    vu16 readptr;                                     //读指针
    }_usb_usart_fifo;
extern _usb_usart_fifo uu_txfifo;//USB 串口发送 FIFO
```

该结构体用于处理 USB 串口要发送的数据,所有要通过 USB 串口发送的数据都将先存放在该结构体的 buffer 数组(FIFO 缓存区)里面。USB_USART_TXFIFO_SIZE 定义了该数组的大小,通过 writeptr 和 readptr 来控制 FIFO 的写入和读出。该结构体 buffer 数据的写入,是通过 USB_USART_SendData 函数实现,而 buffer 数据的读出(然后发送到 USB)则是通过端点 1 回调函数:EP1_IN_Callback 函数实现,该函数在 usb_endp.c 里面实现,代码如下:

```
void EP1_IN_Callback (void)
{
    u16 USB_Tx_ptr,  USB_Tx_length;
    if(uu_txfifo.readptr == uu_txfifo.writeptr) return;//无任何数据要发送,直接退出
    if(uu_txfifo.readptr<uu_txfifo.writeptr)//没有超过数组,读指针<写指针
    {
        USB_Tx_length = uu_txfifo.writeptr - uu_txfifo.readptr;      //得到要发送的数据长度
    }else//超过数组了 读指针>写指针
    {
        USB_Tx_length = USB_USART_TXFIFO_SIZE - uu_txfifo.readptr;//发送的数据长度
    }
    if(USB_Tx_length>VIRTUAL_COM_PORT_DATA_SIZE)      //超过 64 字节了吗
    {
        USB_Tx_length = VIRTUAL_COM_PORT_DATA_SIZE;   //此次发送数据量
    }
    USB_Tx_ptr = uu_txfifo.readptr;                   //发送起始地址
    uu_txfifo.readptr + = USB_Tx_length;              //读指针偏移
    if(uu_txfifo.readptr> = USB_USART_TXFIFO_SIZE)    //读指针归零
    {
        uu_txfifo.readptr = 0;
    }
    UserToPMABufferCopy(&uu_txfifo.buffer[USB_Tx_ptr],ENDP1_TXADDR,USB_Tx_length);
    SetEPTxCount(ENDP1,USB_Tx_length);
    SetEPTxValid(ENDP1);
}
```

这个函数由 USB 中断处理相关函数调用,将要通过 USB 发送给计算机的数据复制到端点 1 的发送区,然后通过 USB 发送给计算机,从而实现串口数据的发送。因为 USB 每次传输数据长度不超过 VIRTUAL_COM_PORT_DATA _SIZE,所以 USB 发送数据长度 USB_Tx_length 的最大值只能是 VIRTUAL_COM_PORT_DATA _SIZE。

以上就是 USB 虚拟串口的数据发送过程,而 USB 虚拟串口数据的接收,则是通过端点 3 来实现的,端点 3 的回调函数为 EP3_OUT_Callback,该函数也是在 usb_endp.c 里面定义,代码如下:

```
void EP3_OUT_Callback(void)
```

```
{
    u16 USB_Rx_Cnt;
    USB_Rx_Cnt = USB_SIL_Read(EP3_OUT, USB_Rx_Buffer);
    //得到 USB 接收到的数据及其长度
    USB_To_USART_Send_Data(USB_Rx_Buffer, USB_Rx_Cnt);
    //处理数据(其实就是保存数据)
    SetEPRxValid(ENDP3);//时能端点 3 的数据接收
}
```

该函数也是被 USB 中断处理调用,通过调用 USB_To_USART_Send_Data 函数实现 USB 接收数据的保存。USB_To_USART_Send_Data 函数在 hw_config.c 里面实现,代码如下:

```
//用类似串口 1 接收数据的方法,来处理 USB 虚拟串口接收到的数据
u8 USB_USART_RX_BUF[USB_USART_REC_LEN];
//接收缓冲,最大 USART_REC_LEN 个字节
//接收状态
//bit15,接收完成标志   bit14,接收到 0x0d
//bit13～0,接收到的有效字节数目
u16 USB_USART_RX_STA = 0;//接收状态标记
//处理从 USB 虚拟串口接收到的数据
//databuffer:数据缓存区   Nb_bytes:接收到的字节数
void USB_To_USART_Send_Data(u8 * data_buffer, u8 Nb_bytes)
{
    u8 i;
    u8 res;
    for(i = 0;i<Nb_bytes;i++)
    {
        res = data_buffer[i];
        if((USB_USART_RX_STA&0x8000) == 0)                //接收未完成
        {
            if(USB_USART_RX_STA&0x4000)                   //接收到了 0x0d
            {
                if(res! = 0x0a)USB_USART_RX_STA = 0;      //接收错误,重新开始
                else USB_USART_RX_STA| = 0x8000;          //接收完成了
            }else                                          //还没收到 0X0D
            {
                if(res == 0x0d)USB_USART_RX_STA| = 0x4000;
                else
                {
                    USB_USART_RX_BUF[USB_USART_RX_STA&0X3FFF] = res;
                    USB_USART_RX_STA++;
                    if(USB_USART_RX_STA>(USB_USART_REC_LEN-1))
                    USB_USART_RX_STA = 0;//接收数据错误,重新开始接收
                }
            }
        }
    }
}
```

该函数接收数据的方法同第 8 章的串口中断接收数据方法完全一样。USB_To_USART_Send_Data 函数类似于串口通信实验的串口中断服务函数(USART1_

IRQHandler),用来完成 USB 虚拟串口的数据接收。

32.4 下载验证

本例程的测试需要在计算机上先安装 ST 提供的 USB 虚拟串口驱动软件,该软件路径在本书配套资料"6,软件资料→1,软件→STM32 USB 虚拟串口驱动→VCP_V 1.4.0_Setup.exe",双击"安装"即可。

然后,代码编译成功之后,下载代码到战舰 STM32 V3 上,然后将 USB 数据线插入 USB_SLAVE 口,连接计算机和开发板(注意:不是插 USB_232 端口),此时计算机会提示找到新硬件,并自动安装驱动。如果自动安装不成功(有惊叹号),如图 32.4.1 所示,则可手动选择驱动(以 WIN7 为例)安装,在如图 32.4.1 所示的条目上面右击,在弹出的对话框中选择"更新驱动程序软件",再浏览计算机以查找驱动程序软件,选择 STM32 虚拟串口的驱动的路径为"C:\Program Files (x86)\STMicroelectronics\Software\Virtual comport driver\WIN7",然后单击"下一步",即可完成安装。安装完成后,可以看到设备管理器里面多出了一个 STM32 的虚拟串口,如图 32.4.2 所示。

图 32.4.1 自动安装失败

图 32.4.2 发现 STM32 USB 虚拟串口

图 32.4.3 USB 虚拟串口连接成功

如图 32.4.2 所示,STM32 通过 USB 虚拟的串口被计算机识别了,端口号为 COM5(可变),字符串名字为 STMicroelectronics Virtual COM Port(固定)。此时,开发板的 DS1 常亮,同时,开发板的 LCD 显示 USB Connected,如图 32.4.3 所示。

然后打开 XCOM 选择 COM5(需根据自己的计算机识别到的串口号选择),并打开串口(注意:波特率可以随意设置),就可以进行测试了,如图 32.4.4 所示。可以看到,我们的串口调试助手收到了来自 STM32 开发板的数据,同时,单击"发送"按钮(串口助手必须选中"发送新行")也可以收到计算机发送给 STM32 的数据(原样返回),说明我们的实验是成功的。实验现象同第 8 章完全一样。

图 32.4.4　STM32 虚拟串口通信测试

　　至此,USB 虚拟串口实验就完成了,通过本实就可以利用 STM32 的 USB 直接和计算机进行数据互传了,具有广泛的应用前景。

第 33 章

USB 读卡器实验

本章将利用 STM32 的 USB 来做一个 USB 读卡器。

33.1 USB 读卡器简介

ALIENTEK 战舰 STM32 开发板板载了一个 Micro SD 卡插槽,可以用来接入 SD 卡。另外战舰 STM32 开发板板载了一个 8 MB 的 SPI Flash 芯片,通过 STM32 的 USB 接口可以实现一个简单的 USB 读卡器来读/写 SD 卡和 SPI Flash。注:本章提到的 SD 卡均为 Micro SD 卡(即 TF 卡)。

本章还是通过移植官方的 USB Mass_Storage 例程来实现,该例程在 MDK 的安装目录下可以找到(..\MDK\ARM\Examples\ST\STM32F10xUSBLib\Demos\Mass_ Storage)。

USB Mass Storage 类支持 2 个传输协议:①Bulk‐Only 传输(BOT)、②Control/ Bulk/Interrupt 传输(CBI)。Mass Storage 类规范定义了 2 个类规定的请求:Get_ Max_LUN 和 Mass Storage Reset,所有的 Mass Storage 类设备都必须支持这 2 个请求。Get_Max_LUN(bmRequestType= 10100001b and bRequest= 11111110b)用来确认设备支持的逻辑单元数。Max LUN 的值必须是 0~15。注意:LUN 是从 0 开始的。主机不能向不存在的 LUN 发送 CBW,本章定义 Max LUN 的值为 1,即代表 2 个逻辑单元。

Mass Storage Reset(bmRequestType=00100001b and bRequest= 11111111b)用来复位 Mass Storage 设备及其相关接口。

支持 BOT 传输的 Mass Storage 设备接口描述符要求如下:

➢ 接口类代码 bInterfaceClass=08h,表示为 Mass Storage 设备;

➢ 接口类子代码 bInterfaceSubClass=06h,表示设备支持 SCSI Primary Com‐mand‐2(SPC‐2)。

协议代码 bInterfaceProtocol 有 3 种:0x00、0x01、0x50,前 2 种需要使用中断传输,最后一种仅使用批量传输(BOT)。

支持 BOT 的设备必须支持最少 3 个 endpoint:Control、Bulk‐In 和 Bulk‐Out。USB2.0 的规范定义了控制端点 0。Bulk‐In 端点用来从设备向主机传送数据(本章用端点 1 实现),Bulk‐Out 端点用来从主机向设备传送数据(本章用端点 2 实现)。

ST 官方的例程是通过 USB 来读/写 SD 卡（SDIO 方式）和 NAND Flash，支持 2 个逻辑单元。在官方例程的基础上，只需要修改 SD 驱动部分代码（改为 SPI），并将对 NAND Flash 的操作修改为对 SPI Flash 的操作。只要这 2 步完成了，剩下的就比较简单了，对底层磁盘的读/写都是在 mass_mal.c 文件实现的，所以只需要修改该函数的 MAL_Init、MAL_Write、MAL_Read 和 MAL_GetStatus 这 4 个函数，使之与我们的 SD 卡和 SPI Flash 对应起来即可。

本章对 SD 卡和 SPI Flash 的操作都是采用 SPI 方式，所以速度相对 SDIO 和 FSMC 控制的 NAND Flash 来说会慢一些。

33.2　硬件设计

本节实验功能简介：开机的时候先检测 SD 卡和 SPI Flash 是否存在，如果存在则获取其容量，并显示在 LCD 上面（如果不存在，则报错）。之后开始 USB 配置，配置成功之后就可以在计算机上发现 2 个可移动磁盘。用 DS1 来指示 USB 正在读/写 SD 卡，并在液晶上显示出来，同样用 DS0 来指示程序正在运行。

所要用到的硬件资源如下：指示灯 DS0/DS1、串口、TFTLCD 模块、USB SLAVE 接口、SD 卡、SPI Flash。这几个部分都已经介绍过了，在此就不多说了。

33.3　软件设计

本章在第 29 章（SD 卡实验）的基础上修改，首先打开 SD 卡实验工程，在 HARD-WARE 文件夹所在的文件夹下新建一个 USB 的文件夹，并复制官方 USB 驱动库相关代码到该文件夹下，即复制本书配套资料"8，STM32 参考资料→STM32 USB 学习资料→STM32_USB－FS－Device_Lib_V4.0.0→Libraries 文件夹下的 STM32_USB－FS－Device_Driver 文件夹到"该文件夹下面。

然后，在 USB 文件夹下面新建 CONFIG 文件夹，用来存放 USB 读卡器实现的相关代码，复制自 STM32_USB－FS－Device_Lib_V4.0.0→Projects→Mass_Storage→src 和 inc 文件夹。注意：部分代码是有修改的，并非完全照抄官方代码，详见本书配套资料本例程源码。

接下来，在工程文件里面新建 USB_CORE 和 USB_CONFIG 分组，分别加入 USB\STM32_USB－FS－Device_Driver\src 下面的代码和 USB\CONFIG 下面的代码。然后把 USB\STM32_USB－FS－Device_Driver\inc 和 USB\CONFIG 文件夹加入头文件包含路径。

打开 main.c 文件，修改 main 函数如下：

```
extern u8 Max_Lun;//支持的磁盘个数,0 表示 1 个,1 表示 2 个
int main(void)
{
    u8 offline_cnt = 0, tct = 0;
```

```
u8 USB_STA, Divece_STA;
delay_init();        //延时函数初始化
NVIC_PriorityGroupConfig(NVIC_PriorityGroup_2);//设置中断优先级分组为组 2
uart_init(115200);   //串口初始化为 115200
LED_Init();                //初始化与 LED 连接的硬件接口
LCD_Init();                //初始化 LCD
W25QXX_Init();             //初始化 W25Q128
my_mem_init(SRAMIN);       //初始化内部内存池
//···此处省略部分液晶显示代码
W25QXX_Init();
if(SD_Init())
{
    Max_Lun = 0;//SD 卡错误,则仅只有一个磁盘
    LCD_ShowString(30,130,200,16,16,"SD Card Error!");//检测 SD 卡错误
}else //SD 卡正常
{
    LCD_ShowString(30,130,200,16,16,"SD Card Size:      MB");
    Mass_Memory_Size[1] = SDCardInfo.CardCapacity;//得到 SD 卡容量(字节)
    Mass_Block_Size[1] = 512;
    Mass_Block_Count[1] = Mass_Memory_Size[1]/Mass_Block_Size[1];
    LCD_ShowNum(134,130,Mass_Memory_Size[1]>>20,5,16);//显示 SD 卡容量
}
if(W25QXX_TYPE! = W25Q128)LCD_ShowString(30,130,200,16,16,"W25Q128 Error!");
                                          //检测 SD 卡错误
else //SPI FLASH 正常
{
    Mass_Memory_Size[0] = 1024 * 1024 * 12;//前 12 MB
    Mass_Block_Size[0] = 512;//设置 SPI FLASH 的操作扇区大小为 512
    Mass_Block_Count[0] = Mass_Memory_Size[0]/Mass_Block_Size[0];
    LCD_ShowString(30,150,200,16,16,"SPI FLASH Size:12MB");
}
delay_ms(1800);
USB_Port_Set(0);//USB 先断开
delay_ms(700);
USB_Port_Set(1);//USB 再次连接
LCD_ShowString(30,170,200,16,16,"USB Connecting...");//提示 USB 开始连接
Data_Buffer = mymalloc(SRAMIN,BULK_MAX_PACKET_SIZE * 2 * 4);//申请内存
Bulk_Data_Buff = mymalloc(SRAMIN,BULK_MAX_PACKET_SIZE);//申请内存
//USB 配置
USB_Interrupts_Config();
Set_USBClock();
USB_Init();
delay_ms(1800);
while(1)
{
    delay_ms(1);
    if(USB_STA! = USB_STATUS_REG)//状态改变了
    {
        LCD_Fill(30,190,240,190 + 16,WHITE);//清除显示
        if(USB_STATUS_REG&0x01)//正在写
        {
```

```
                LCD_ShowString(30,190,200,16,16,"USB Writing...");//提示正写入数据
            }
            if(USB_STATUS_REG&0x02)//正在读
            {
                LCD_ShowString(30,190,200,16,16,"USB Reading...");//提示正读数据
            }
if(USB_STATUS_REG&0x04)LCD_ShowString(30,210,200,16,16,"USB Write Err ");else LCD_Fill
                        (30,210,240,210 + 16,WHITE);//清除显示
        if(USB_STATUS_REG&0x08)
            LCD_ShowString(30,230,200,16,16,"USB Read  Err ");//提示读出错误
        else LCD_Fill(30,230,240,230 + 16,WHITE);//清除显示
            USB_STA = USB_STATUS_REG;//记录最后的状态
        }
        if(Divece_STA! = bDeviceState)
        {
            if(bDeviceState = = CONFIGURED)
LCD_ShowString(30,170,200,16,16,"USB Connected ");//提示 USB 连接已经建立
else LCD_ShowString(30,170,200,16,16,"USB DisConnected ");//提示 USB 被拔出了
            Divece_STA = bDeviceState;
        }
        tct + + ;
        if(tct = = 200)
        {
            tct = 0;
            LED0 = ! LED0;//提示系统在运行
            if(USB_STATUS_REG&0x10)
            {
                offline_cnt = 0;//USB 连接了,则清除 offline 计数器
                bDeviceState = CONFIGURED;
            }else//没有得到轮询
            {
                offline_cnt + + ;
                if(offline_cnt>10)bDeviceState = UNCONNECTED;
                    //2 s 内没收到在线标记,代表 USB 被拔出了
            }
            USB_STATUS_REG = 0;
        }
    };
}
```

　　通过此部分代码就可以实现了硬件设计部分描述的功能,这里用到了一个全局变量 USB_STATUS_REG,用来标记 USB 的相关状态,这样就可以在液晶上显示当前 USB 的状态了。

33.4　下载验证

　　编译成功之后,下载代码到战舰 STM32F103 开发板上,USB 配置成功后(假设已经插入 SD 卡,注意:USB 数据线要插在开发板的 USB_SLAVE 口,而不是 USB_232 端口,且 P9 必须用跳线帽连接 PA11、D-以及 PA12、D+),LCD 显示效果如图 33.4.1 所示。

图 33.4.1　USB 连接成功

此时,计算机提示发现新硬件,并自动安装驱动,如图 33.4.2 所示。等 USB 配置成功后,DS1 不亮,DS0 闪烁,并且在计算机上可以看到我们的磁盘,如图 33.4.3 所示。

图 33.4.2　USB 读卡器被电脑找到

图 33.4.3　电脑找到 USB 读卡器的 2 个盘符

打开设备管理器,在通用串行总线控制器里面可以发现多出了一个 USB Mass Storage Device,同时看到磁盘驱动器里面多了 2 个磁盘,如图 33.4.4 所示。

图 33.4.4　通过设备管理器查看磁盘驱动器

此时,我们就可以通过计算机读/写 SD 卡或者 SPI Flash 里面的内容了。在执行读/写操作的时候就可以看到 DS1 亮,并且会在液晶上显示当前的读/写状态。

注意,在对 SPI Flash 操作的时候,最好不要频繁地往里面写数据,否则很容易将 SPI Flash 写爆。

参考文献

[1]刘军.例说 STM32[M].4 版.北京:北京航空航天大学出版社,2023.

[2]意法半导体.STM32 中文参考手册.第 10 版.意法半导体(中国)投资公司,2010.

[3]Joseph Yiu. ARM Cortex - M3 权威指南[M].宋岩,译.北京:北京航空航天大学出版社,2009.

[4]意法半导体.STM32 固件库 V3.5 中文参考手册.意法半导体(中国)投资公司,2010.

[5]杜春雷.ARM 体系结构与编程[M].北京:清华大学出版社,2003.

[6]李宁.基于 MDK 的 STM32 处理器应用开发[M].北京:北京航空航天大学出版社,2008.

[7]王永虹.STM32 系列 ARM Cortex - M3 微控制器原理与实践[M].北京:北京航空航天大学出版社,2008.

[8]俞建新.嵌入式系统基础教程[M].北京:机械工业出版社,2008.

[9]李宁.ARM 开发工具 RealView MDK 使用入门[M].北京:北京航空航天大学出版社,2008.

[10]马超.STM32 中断优先级相关概念与使用笔记.互联网,2009.